空间规划与土地生态系统管理丛书

国家自然科学基金重点项目（41330750）
国土资源调查评价重点工程项目　　　　联合资助
武汉大学高层次人才支持项目

# 土地生态状况调查与评估方法及实践

王　静等　著

科学出版社
北　京

# 内 容 简 介

本书全面系统地论述了土地生态状况调查与评估的理论方法、实践应用和成果应用案例。基于土地利用/覆被变化的角度，从土地生态系统的结构与功能、土地生态系统的健康与退化，以及土地生态系统恢复等方面，系统构建了土地生态状况与评估指标体系，提出了基于多源数据的土地生态状况调查指标信息挖掘方法和多尺度评估方法，构建了全国土地生态状况调查与评估网络体系和技术方法体系。并在长三角经济发达地区、黄淮海采煤塌陷区、中原经济区、西南山区生态敏感区、西部能源开发与耕地新垦区、西部生态脆弱区6个重点区域开展实践应用。同时，将调查评估成果进一步应用于区域土地生态保护红线划定、生态综合区划、土地利用规划管理和政策制定等。

本书内容丰富，具有前沿性、基础性和广泛应用性，可供土地资源、地理、生态、环境、农业、遥感、地理信息系统等领域的研究人员和大专院校师生参考。

**图书在版编目（CIP）数据**

土地生态状况调查与评估方法及实践/王静等著. —北京：科学出版社，2017.6

（空间规划与土地生态系统管理丛书）

ISBN 978-7-03-052796-7

Ⅰ.①土…　Ⅱ.①王…　Ⅲ.①土壤生态学–调查研究　②土壤生态学–评估方法　Ⅳ.①S154.1

中国版本图书馆 CIP 数据核字(2017)第 087929 号

责任编辑：朱　丽　杨新改 / 责任校对：何艳萍
责任印制：张　伟 / 封面设计：正典设计

科 学 出 版 社 出版
北京东黄城根北街 16 号
邮政编码：100717
http://www.sciencep.com

北京虎彩文化传播有限公司 印刷
科学出版社发行　各地新华书店经销
*
2017 年 6 月第 一 版　开本：720×1000 1/16
2018 年 8 月第二次印刷　印张：23 1/2　插页：4
字数：470 000
**定价：138.00 元**

（如有印装质量问题，我社负责调换）

# 前　　言

　　土地是人类生存和发展的基础。随着城市化进程加快，我国面临着人口、资源、环境与经济、社会发展失衡的严峻挑战，资源问题已上升为国家战略问题，已成为保证国家可持续发展的关键问题之一。土地生态系统是地球陆地表面上相互作用、相互依存的地貌、水文、植被、土壤、气候等自然要素之间以及与人类活动之间相互作用而形成的统一整体。土地生态系统的经济生产、社会生活及自然调节功能的强弱和活力是由土地生态系统的结构、功能、生态服务以及对社会和经济服务的持续性所决定的。面向国家生态文明建设战略实施中的自然资源综合管理、国土空间优化等问题导向，土地利用的终极目标是生态安全，土地生态系统管理应从单一的土地利用管理深化为以土地为载体的自然资源和国土空间综合管理，研究理念应从土地生产功能提升深化为土地生态功能提升和资源持续利用等，为解决我国资源、环境、社会、经济等重大问题提供支撑。研究资源与环境问题的根本目的在于控制管理和防治，调查与评估是其首要环节。全面调查并掌握我国土地生态系统的结构、功能、生态服务以及对社会和经济服务的持续性状况及其变化，在此基础上合理利用资源，优化国土空间，可持续生态系统管理，对我国生态文明建设和实现社会经济的可持续发展具有特别重要的意义。而目前，我国开展土地生态系统调查评估研究还较薄弱，开展土地生态状况调查与评估，需要统一的标准、科学的技术方法，以及理论与实践的有机结合。

　　本书所指的土地生态状况是指土地生态系统的结构、生态功能及其具备的生态系统服务能力，以及所存在的生态问题的综合反映。土地生态状况是在土地生态系统原始的自然生态质量水平基础上，经人类社会生活或社会经济活动影响后对土地生态环境的改善或破坏共同作用的最终结果。土地生态状况调查与评估即对土地生态系统的结构、生态功能及其具备的生态系统服务能力，以及所存在生态问题和生态建设状况的综合调查与评估。

　　本书综合考虑了土地的自然和社会经济属性，将基础理论方法研究与实践应用有机结合，首次构建了我国土地生态状况调查评估技术体系和应用体系。本书基于土地利用/覆被变化的角度，从土地生态系统的结构与功能、土地生态系统的健康与退化，以及土地生态系统恢复等方面，尤其关注人类社会经济过程对土地生态系统的影响，构建全国土地生态状况调查与评估网络体系，系统构建了全国/区域不同尺度的土地生态状况调查与评估指标体系，提出了基于多源数据的土地生态状况调查指标信息挖掘方法和多尺度评估方法，形成土地生态状况调查与评估技术规范。并在长三角经济发达地区、黄淮海采煤塌陷区、中原经济区、西南山区生态敏感区、西部能源开发与耕地新垦区、西部生态脆弱区 6 个重点区域实现工程化应用，形成土地生态状况调查的基础数据、图件、数据库和业务平台，服务于国家/区域自然资源综合管理和土地数量-质量-生态综合管护的技术和信息需求。同时，将土地生态状况调查评估成果进一步应用于土地生态保护红线划定、生态综合区划、土地利用规划管理和政策制定等，丰富了土地生态系统研究的理论与方法，为全面推进土地资源管护模式转变，为解决我国资源、环境、社会、经济重大问题提供支撑。

本书的内容安排是以土地生态状况调查与评估的理论方法、实践应用和成果应用为主线。第 1 章首先界定了土地生态状况调查与评估的相关概念，提出了全国/区域土地生态状况调查与评估理论和方法，构建了全国土地生态状况调查评估的网络框架，第 2～7 章依次以西部生态脆弱区甘肃省、长三角经济发达地区江苏省、西南山区生态敏感区重庆市、中原经济区河南省、西部能源开发与耕地新垦区内蒙古自治区、黄淮海采煤塌陷区徐州市 6 个重点区域为研究案例，开展了土地生态状况调查与评估方法应用研究和分析，以及调查评估信息的应用分析研究。各篇章既相互独立，又有机地联系在一起，构成了土地生态状况调查与评估理论方法与实践应用的整体框架。

本书汇集了作者主持的国家自然科学基金重点项目、国土资源调查评价重点工程项目和武汉大学高层次人才支持项目的研究成果。本书以近年来作者及其与合作团队研究的心得和成果为基础，大部分内容是首次出版。参与本书写作的还有中国土地勘测规划院刘爱霞、何挺研究员等；参与实践应用研究的包括河南省国土资源调查规划院的李保莲研究员、焦俊党高级工程师和河南理工大学的张合兵教授；甘肃省国土资源规划研究院王雯高级工程师、中国科学院寒区旱区环境与工程研究所的祁元研究员和张金龙副研究员，以及甘肃省国土资源规划研究院胡燕凌高级工程师；江苏省土地勘测规划院的朱凤武、严长清研究员和彭慧、姚新春高级工程师，中国矿业大学赵华、徐嘉兴、马昌忠副教授和李钢教授；重庆市国土资源和房屋勘测规划院罗卓高级工程师，西南大学杨庆媛教授和邓杨琼博士，以及重庆市国土资源和房屋勘测规划院马世五高级工程师；内蒙古自治区土地调查规划院的徐进才研究员和徐艳红、鲁丽波、梁洁高级工程师等。在项目完成和本书的写作过程中，得到了中国土地勘测规划院有关领导和本领域专家及同行们的大力支持、悉心指导和热心帮助，在此一并表示最衷心的感谢。在本书的出版过程中，也得到了科学出版社的大力支持，对朱丽等编辑的辛勤工作，我们表示衷心的谢意。

未来土地生态系统管理目标应强调解决人与自然的和谐和区域协调发展问题，并与全球环境变化和地球系统管理、城市化等研究相结合，土地生态状况调查与评估理论方法及其应用研究无论在理论还是在方法层面均需进一步深入，并不断地在实践中得以检验、补充和完善。

由于作者研究水平、研究条件和研究时间的局限，有些问题未能涉及，有些涉及了但未能深入。更重要的是，所涉及的有关土地生态系统的许多问题多为探讨性质，其理论方法有待于进一步完善，书中不妥、疏漏乃至错误在所难免，敬请读者见谅，并恳望读者不吝赐教。

王　静

2017 年 2 月

---

本书所涉及彩图及内容信息请扫描右侧二维码扩展阅读。

# 目　　录

# 第1章 土地生态状况调查与评估的理论及方法研究

　　1976 年，联合国粮食及农业组织（FAO）在《土地评价纲要》中首次明确了"土地"的定义，1995 年 FAO 将"土地"的定义正式确定为"土地是地球陆地表面一个可划定的区域，它包含了地表上下附近生物圈的所有属性，包括近地表的气候、土壤、地貌、地表水文（包括浅水湖、河流、沼泽、湿地）、近地表的沉积层及其相关联的地下水储备、动植物生物量、人类聚落、人类活动的物理成果（土地平整、储水或排水设施、道路、建筑等）"。在此基础上，FAO 将土地的功能归纳为生产功能、生物环境功能、气候调节功能、水文功能、储备功能、废物与污染控制功能、生活空间功能、历史档案或遗产功能、连接空间功能。

　　自 20 世纪 90 年代以来，国际上先后提出并实施了一系列与生态系统研究密切相关的科学研究计划，如国际地圈生物圈计划（IGBP）、国际全球环境变化人文因素计划（IHDP）、国际生物多样性科学研究规划（DIVESITAS）、世界气候研究计划（WCRP），以及 2000 年联合国启动的千年生态系统评估（Millennium Ecosystem Assessment，MEA）、美国地质调查局（USGS）开展的生态系统区域研究，2010 年开始的全球土地计划（GLP）、城市化与全球环境变迁（UGEC）和 2011 年发起的未来地球（Future Earth）研究计划等。上述科学研究计划核心均涉及生态系统特征及其变化与人类社会之间的相互关系、生态系统管理、生态系统途径等研究，并且全球环境变化与人类安全、地球系统管理、城市化与全球变化研究均将生态系统综合管理研究作为其重要基础（Pieri et al.，1995；Pieri，1997；Christensen et al.，1996）。同时，强调自然科学与社会科学的沟通与合作，从单问题、单要素、单学科的研究转变成整体性、综合性研究，以及政府、科研单位、企业和公众的广泛参与。生态系统研究更强调一种新的思维方式，其研究单元从以行政单元为基础转变为以自然生态系统单元为基础，生态系统管理对象不仅仅是生态系统本身，更重要的是管理人类的活动，强调生态系统结构、过程和服务功能以及社会和经济的可持续性（Stanley，1995；Boyce et al.，1997；赵士洞等，1997）。目前，典型区域层面的生态系统研究逐渐形成了一些研究热点，取得了大量的研究成果（Wood，1994；Carpenter，1995；王静等，2015）。今后研究方向必将会转向多尺度或全球尺度生态系统可持续发展及其相关重大科学问题的定量化研究方面，多尺度或全球尺度生态系统可持续管理将会成为生态系统管理学的重要发展方向（Vogt，1997；Chapin et al.，2009；傅伯杰，2010；王静等，2015）。

目前，资源问题已成为全球可持续发展和国家战略的关键问题。土地资源是人类赖以生存和进行生产活动的家园，土地可持续发展已成为各国可持续发展战略的重要组成部分。随着人口激增，经济活动不断扩大，城市化快速蔓延，给全球土地资源造成空前强大压力；全球温室效应以及土地沙漠化等自然环境的恶化，更是加剧了土地资源减少趋势；为满足粮食生产大量开垦耕地，造成森林和草地减少，湿地丧失；另一方面大量耕地被占用，引发种种社会矛盾与冲突。全球热带森林的消失速度在加速，有"地球之肺"称誉的巴西亚马孙地区，仅仅在过去 10 多年就被毁掉了 40 万平方公里的森林，人类生存环境日趋恶化。由于食物消费总量的急剧上升和可耕地的日益减少，世界将面临严峻的粮食安全问题。据联合国预测，2025 年全球人口将增加到 80 亿，2050 年将增加到 93 亿，最终全球人口可能稳定在 105 亿或 110 亿左右，而未来人口增长均来自发展中国家。在东亚和南亚，人均占有可耕地仅六分之一公顷，随着人口的增长，土地将不堪重负，加之灌溉用水短缺，将迫使上述地区增加粮食进口。因此，引入经济发展、资源开发与生态系统管理之间动态平衡的理性发展理念是未来的发展趋势。

面对资源约束趋紧、环境污染严重、生态系统退化的严峻形势，土地作为自然要素的承载主体，必须树立尊重自然、顺应自然、保护自然的生态文明理念，将可持续的土地生态系统管理放在突出地位。研究资源与环境问题的根本目的在于控制管理和防治，调查与评估是其首要环节。全面调查并掌握我国土地生态系统的结构、功能、生态服务以及对社会和经济服务的持续性状况及其变化，在此基础上合理利用资源，优化国土空间，可持续生态系统管理，将对我国生态文明建设和实现社会经济的可持续发展具有特别重要的意义。而目前，我国对土地生态状况调查评估和土地生态系统管理研究与技术体系建设仍较薄弱，这制约了我国土地生态系统管理和生态文明建设战略实施。因此，开展土地生态状况调查与评估，需要统一的标准、科学的技术方法，以及理论与实践的有机结合。本书研究将构建土地生态状况调查与评估方法体系和应用体系，对切实提升我国土地生态系统管理水平和生态安全保障能力提供科技支撑。

# 1.1　土地生态状况调查与评估相关概念

## 1.1.1　土地利用与功能

　　土地利用是人类对土地自然属性的利用方式和状况，即人类根据土地自然特点，按照一定的经济与社会目的，采取生物、技术等手段，对土地所进行的长期性和周期性的经营管理与治理活动。土地利用包含着人类利用土地的目的和意图，它是人们根据土地资源的特点按照一定的社会经济目的，对土地进行的开发利用活动。土地利用类型是一定区域内土地利用中具有不同特征与功能的空间地域组成单元。土地资源是一个综合的功能整体，其"生态功能"、"生产功能"和"生活功能"是统一不可分割的，三者相互关联，一定条件下还可以相互促进（陈百明，1986；2006）。人类生产、生活以生态系统的支撑为基础，同时生产、生活等功能又影响生态系统。土地资源的生产、生活功能是人类土地利用过程中追求的最终目标。三大功能中，生态功能是基础，是生产功能、生活功能实现的前提条件。许多土地利用活动具有多功能的特性，但其主体功能亦十分明确。从功能的主体性角度来考虑，生产、生活、生态三大功能又具有一定的独立性，以主体功能为依据进行分类，并不排斥土地利用的其他功能的存在（陈婧等，2005；王静等，2006）。

　　土地利用变化通过对生态系统格局与过程的影响，改变着生态系统产品与服务的提供能力（傅伯杰等，2009；傅伯杰，2010）。不同土地利用类型的生态系统服务供给类型与能力有着巨大差异。同时，人类的土地经营活动对地表土地覆盖产生巨大改变，驱动生态系统服务提供能力的变化（Millennium Ecosystem Assessment，2005；王静等，2015）。随着社会经济的快速发展和城市化进程的加速，建设用地需求日益增加，各类用地之间矛盾愈加严重，为维持生态系统服务功能平衡，保证人类生存环境与质量，分析土地利用变化及其对生态系统服务供给能力的影响，有助于提高区域土地生态系统管理水平，保护与恢复区域生态系统，改善人类福祉水平（刘树臣等，2009；王静等，2012）。

## 1.1.2　土地生态系统

　　土地生态系统是地球陆地表面上相互作用、相互依存的地貌、水文、植被、土壤、气候等自然要素之间以及与人类活动之间相互作用而形成的统一整体（傅伯杰，1985；于贵瑞，2001）。土地生态系统作为自然与人类活动相互作用的复合生态系统，是人类土地利用过程中土地各组成要素之间，及其与环境之间相互联系、相互依存和制约所构成的开放的、动态的、分层次的和可反馈的系统。土地生态系统的经济生产、社会生活及自然调节功能的强弱和活力是由土地生态系统的结构、功能、生态服务以及对社会和经济服务的持续性所决定的。

　　土地生态系统的演变有赖于整个地球的发展。地质历史时期的演变过程迄今仍在影响甚至控制着土地生态系统。现代土地生态系统是经过地质历史时期的人类活动长期影响发展而形成的（表 1-1）。其演变具有明显的特点，即土地生态系统的自然属性不断减弱，人文属性不断增强（梁留科等，2003）。

表 1-1　土地生态系统演化示意表

| 时间 | 认识 | 土地生态系统的演变 | 属性变化 | |
| --- | --- | --- | --- | --- |
| 19 亿年前 | 土地自然生态系统 | 纯土地自然体（包括原始岩石圈上部、大气圈下部及水圈） | 自然属性减弱 | 人文属性增强 |
| 4 亿年前 | | 原始土地生态系统（含原始生物） | | |
| 农业出现前 | | 自然生态系统（其组成与现代土地概念相近） | | |
| 农业出现之后 | 土地人工生态系统 | 半自然人工生态系统（包括森林生态系统、草原生态系统、农田生态系统） | | |
| 工业出现之后 | | 半自然和人工生态系统（包括森林生态系统、草原生态系统、农田生态系统、城市生态系统） | | |

### 1.1.3　土地生态功能

　　土地的生态功能是基于生态系统服务功能提出的。生态系统服务是指生态系统为维持人类社会的生产、消费、流通、还原和调控活动而提供有形或无形的自然产品、环境资源和生态损益的能力（王如松等，2004；李锋等，2011）。Costanza 等在 *Nature* 发表了《全球生态服务价值和自然资本》一文，使生态系统服务价值研究成为热点（Losey et al.，2006；Boyd et al.，2007；Costanza et al.，1997）。Daily (1997)在其标志性著作 *Nature's Services: Societal Dependence on Natural Ecosystem* 中从自然生态系统角度出发对生态系统服务进行了定义，并将生态系统服务功能归纳为 15 类。20 世纪 80 年代以来，生态学家和经济学家在评估自然资本和生态系统服务变动方面做了大量研究工作。Costanza 等在对全球生态系统服务及其价值的研究中，将生态系统服务功能划分为气候调节、水分调节、控制水土流失、物质循环、娱乐及文化价值等 17 种功能，对全球生态系统服务价值进行了评估，并提出了各种土地利用类型的生态服务价值系数。谢高地等（2001；2003）学者结合我国特色对 Costanza 的系数进行修正，得出中国陆地生态系统单位面积生态服务价值当量表。

　　土地的生态功能是指在物质、能量迁移与转化过程中，土地所表现的能够满足和维持生物体以及人类生活需要的自然环境条件和效用。主要包括两方面的内容：一是土地资源具有的保护和改善生态环境的作用与能力，如防风固沙、保护土壤、涵养水源、调节微气候、净化环境等；二是为维系生物多样性和唯一性提供生态空间保证，如提供生物栖息地、维持生物多样性等。

从生态学角度看，土地的功能包括生物栖息和支撑功能、植物生产和生物养育功能、环境净化功能、休闲娱乐功能、文化功能、物质与能量循环功能等（表1-2）。其中植物生产和生物养育功能、生物支撑功能、休闲娱乐功能、文化功能是土地的生产功能、承载功能和资源功能的表现，而提供栖息地、净化环境等是土地保护和改善生态环境方面起到的作用，是土地生态功能的表现。

表 1-2　土地的生态功能

| 功能 | 描述 |
| --- | --- |
| 保护土壤功能 | 由于植被和枯枝落叶层的覆盖，减少了雨水对土壤的直接冲击，保护土壤，减少侵蚀，保持土地生产力；植被盘结于土壤中的根系对土壤的固持起到了非常重要的作用，能保护海岸和河岸，防止湖泊、河流和水库的淤积，防止或减少滑坡、崩岗和泥石流等严重侵蚀事件的发生 |
| 防风固沙功能 | 植被能对风起一种阻挡作用，改变风的流动方向，降低风的动量，减弱背风面的风力；植被可加速土壤形成过程，提高黏结力，促进地表形成庇护层，起到固结沙粒作用，从而增强了抗风蚀能力 |
| 涵养水源功能 | 由于植被和土壤的截留与缓冲作用，相当部分地表水转化成为地下水，使地下水得到补充 |
| 调节微气候功能 | 生态系统还对局部气候具有直接的调节作用。植物通过发达的根系从地下吸收水分，再通过叶片蒸腾，将水分返回大气，大面积的森林蒸腾，可以导致雷雨，从而减少了该区域水分的损失，而且还降低气温 |
| 净化环境功能 | 陆地生态系统的生物净化作用包括生态系统对大气污染的净化作用和对土壤污染的净化作用。绿色植物净化大气的作用主要有：①维持大气环境化学组成的平衡；②吸附、吸收转化空气的有害物质；③减低噪声 |
| 栖息地功能 | 为植物和动物（包括人类）的正常生命活动提供空间及必需的要素，维持生命系统和生态结构的稳定与平衡 |
| 生物多样性功能 | 生态系统不仅为各类生物提供繁衍栖息地，还为生物进化及生物多样性的产生与形成提供了条件。同时，它还通过整体的生物群落创造适宜生物生存的环境，为农作物品种的改良提供了基因库 |

土地的生态功能与生产功能、承载功能既有区别又有联系。土地的生态功能表述的是生物与生存环境之间的相互关系，而生产功能和承载功能则指土地所提供生产、生活产品和生存空间的能力。生态功能是基础，是生产功能、承载功能实现的前提条件。人类的生产、生活以生态系统的支撑为基础，但又通过人的生产、消费等活动影响着生态系统（刘学录等，2008）。

土地生态状况受土地自身、自然环境、外部社会经济政策、人类土地利用行为等多方面综合影响，任何因素的变化都会打破原来的土地生态系统平衡，并带来土地生态状况的变化，由此影响土地的生态功能。从影响土地生态功能的主导因素来划分，可分为自然和人文影响两大因素。自然影响因素主要指地形地貌、气候、土壤、植被和水等自然因素变化对土地生态功能强弱的影响。而人文影响因素是指由于人类活动引起的生态功能变化，重点在于土地利用变化与管理对生态功能强弱的影响（刘学录等，2008）。

（1）自然因素

地形地貌、气候、土壤、水资源、植被等因素都会影响土地生态功能。从地形地貌看，不仅影响土地生态系统的形状、面积大小和分布位置，也影响土地生态系统中的动植物结构。从气候因素看，主要通过降水和温度影响土地生态系统结构，水热条件直接影响植物生长、植物残体分解速度，从而影响土地生态系统类型和动植物分布。土壤是生态系统的载体，土地生态功能的发挥受土壤的物理、化学、生物等性质的影响，土壤厚度、质地、水分、养分及其有效性等因素都影响着土地的生态功能。水资源对陆表植被或湖泊、湿地或土地质量良性维持有重要作用，水分的枯竭和缺乏也是土地生态系统脆弱性和不稳定性的重要诱发因素，导致土地生态系统的结构与功能的变化。植被是土地生态系统的重要组成部分，土地的生态功能与植被的数量、组成和结构、生产力与功能、品质等方面有关。

（2）人文因素

人类通过各种土地利用活动，改变了土地的结构和生态过程，影响着土地的生态功能。土地是各种陆地生态系统的载体，土地利用结构的变化引起各类生态系统类型、面积以及空间分布格局的变化。土地利用方式直接影响土地生态功能的种类和强度，如人类在土地上进行工业、交通、住宅建设等，延伸了土地的承载功能，但改变了土地覆被方式，影响了土地的生态功能；农业和林业生产使土地的生产能力得到了极大地增强，但土地的生态服务功能减弱（梁留科等，2003）。此外，土地生态功能的改变与政策因素关系很大，如政府实施西部大开发，开展退耕还林还草工程，鼓励在不宜耕种的土地上退耕还林还草、封山育林、逐步调整农林牧用地结构，使区内耕地面积不断减少，林地面积大幅增加，显著改善了土地生态状况，增强了土地生态功能。

### 1.1.4 土地生态状况

土地生态状况是指土地生态系统的结构、生态功能及其具备的生态系统服务能力，以及所存在生态问题的综合反映。土地生态状况是在土地生态系统原始的自然生态质量水平的基础上，经人类社会生活或社会经济活动影响后对土地生态环境的改善或破坏共同作用的最终结果。土地生态状况调查即对土地生态系统的结构、生态功能及其具备的生态系统服务能力，以及所存在生态问题和生态建设状况的综合调查。

　　土地生态状况质量即土地生态系统结构、生态功能和生态价值的综合属性，是指土地生态系统的结构和类型对其生态功能的容量或能力。

　　土地生态状况质量综合评估是基于土地利用/覆被变化的角度，基于不同土地生态系统类型，对土地生态系统的结构、生态功能及其具备的生态系统服务能力，以及所存在生态问题的评估，即针对土地生态系统服务的水源涵养、水土保持、碳固定、产品提供、人居保障等生态功能，以及生态系统受损和生态系统建设和保护等方面进行的综合评估。土地生态状况质量综合评估不仅包括对土地生态系统的结构与生态功能的评估，而且包括对土地生态系统的健康程度、退化程度、破坏程度，以及土地生态系统恢复状况的评估，尤其关注人类社会经济过程对土地生态系统的影响。

　　土地生态状况与生态用地结构、功能、利用状况和利用程度密不可分。从另一个角度讲，土地生态状况质量综合评估实质上是对森林、草地、湿地、农田、城市和乡村以及区域生态系统中各类生态用地结构、功能、利用状况和利用程度的评估，以及对与土地生态状况密切相关的"特殊生态用地"，如污染土地和损毁土地结构、功能、利用状况和利用程度的评估。

# 1.2　土地生态状况调查监测研究

　　国内外生态系统研究表明，当今生态系统研究已经超越了传统经典生态学范畴，愈加重视通过自然-社会经济-人类活动的综合视角，向多尺度监测与模拟和生态系统可持续管理等多维方向不断发展（傅伯杰，2010）。由于人类活动、气候变化等因素对生态系统的长期破坏和压力，导致生态系统服务功能逐渐退化。监测生态系统结构和功能变化，了解其状态及其发展趋势，是促进生态系统保护和持续利用，增加生态系统对人类福祉贡献的重要手段（Millennium Ecosystem Assessment，2003；2005）。

　　以生态监测为手段，生态系统服务为核心，对当前生态系统的状态及其变化趋势进行评估，为管理决策提供生态信息，促进了生态学与决策管理的结合，逐渐成为当代生态学的前沿领域和发展方向（李文华，2006；于秀波等，2010）。生态监测一般主要分为定位观测和遥感监测两种。目前成熟的定位观测如全球陆地观测系统（GTOS）、中国生态系统研究网络（CERN）等，均服务于地球地表过程研究的综合性长期地面观测网络（于贵瑞等，2006），将长期定位观测数据与遥感监测数据、地理空间数据进行集成和同化，发展生态系统综合监测的方法是未来研究的重点（傅伯杰，2010）。

### 1.2.1　中国土地生态状况调查监测网络体系

中国土地生态状况调查监测网络体系是由地块-网格单元（规则网格单元或不规则网格单元）-村镇-县（市）-省（市，区）或重点地区-全国六级架构构成。

中国土地生态状况调查监测网络体系包括宏观尺度、中观尺度和微观尺度。全国土地生态状况调查分级网络包括国家级调查评估、省级调查（重点区域调查评估）、县（市）级调查；调查方式包括定期调查、日常调查、专项调查三种；主要技术支撑以"3S"技术、信息技术、数据库技术和模型分析技术为支撑，以及有关标准、规范、规程和政策。在上述基础上，通过航空航天遥感、地面调查技术、分布式处理与网络技术形成数据采集、数据处理以及信息共享服务体系，实现土地生态状况调查，并建立土地资源与生态状况数据库。

宏观尺度的全国土地生态状况调查监测比例尺为1：50万～1：100万，中观尺度的土地生态状况调查监测比例尺为1：10万～1：25万，基于低、中分辨率遥感数据，实施以遥感监测为主体、叠加地面调查和各部门调查信息，以具体地块为调查评估单元，通过土地资源的变化反映生态状况变化，对我国土地生态状况进行全覆盖式定位、定量、定性的调查。调查以省为实施和组织单位，重点区域采用遥感监测与地面调查相结合的方法，开展土地利用/土地覆被、土壤、植被、地貌与气候、土地污染损毁与退化状况、生态建设与保护状况和区域性指标的信息提取和调查。

微观尺度的县（市）级土地生态状况调查监测比例尺为1：1万～1：5万，以具体地块为调查评估单元，对我国土地生态状况进行全覆盖式定位、定量、定性的调查监测，并通过土地资源的变化反映生态状况变化。调查监测以乡为实施单位，以县为组织单位，按照现有土地利用变更调查模式，利用全球定位系统（GPS）等技术，以地面调查为主体，重点区域采用遥感监测与地面调查相结合的方法，获得各行政单元内每块土地信息。采用逐级汇总与集成，开展土地利用/土地覆被、土壤、植被、地貌与气候、土地污染损毁与退化状况、生态建设与保护状况和区域性指标的信息提取和调查。

在三级土地利用生态功能亚区，选择1个完整的县（市）行政区域作为中国土地生态状况调查监测观测站点区域，用于土地生态状况调查监测典型区和本底数据库建设，开展土地生态状况调查监测。在县（市）行政区域内，选择不同类型的典型村（镇）行政区域或典型样带的不规则网格单元，作为观测站点，用于微观尺度土地利用、土地质量、土地生态状况等方面的持续观测与监测，以及农村社会、经济状况实地调查，实现数据长期收集、采集、观测和上报机制，并用以验证和补充土地生态状况调查评估观测基地的土地资源与生态状况调查评估数据。每一个网格的观测站点（村）均做样点布设，具体到地块，每个地块进行编号，对应到承包地农户。

## 1.2.2　中国土地生态状况调查监测指标体系

土地生态状况调查即对土地生态系统的结构、生态功能及其具备的生态系统服务能力，以及所存在生态问题和生态建设状况的综合调查，以获取土地利用/土地覆被因子、土壤因子、植被因子、地貌与气候因子、土地污染损毁与退化状况、生态建设状况等土地生态状况基础性调查指标信息，以及区域性调查指标信息。土地生态状况调查指标体系由基础性调查指标和区域性调查指标组成，基础性调查指标体系由土地利用/土地覆被因子、土壤因子、植被因子、地貌与气候因子、土地污染损毁与退化状况、生态建设与保护状况等准则层和系列指标层和元指标构成（表 1-3）。土地生态状况区域性调查指标体系见表 1-4。

**表 1-3　土地生态状况基础性调查指标体系**

| 准则层 | 指标层 | 元指标层 | 数据获取方式 |
| --- | --- | --- | --- |
| 土地利用/土地覆被因子 | 农用地 | 耕地（水田，旱地） | 土地利用调查与变更调查 |
| | | 林地（有林地，灌木林，生态林） | 土地利用调查与变更调查 |
| | | 草地（天然草地，人工草地） | 土地利用调查与变更调查 |
| | 湿地与水面 | 湿地（滩涂，沼泽地） | 土地利用调查与变更调查 |
| | | 水面（河流，湖泊，水库，水工建筑） | 土地利用调查与变更调查 |
| | 城镇用地 | 非渗透地表 | 遥感监测与城镇地籍调查 |
| | | 住宅用地 | 遥感监测与城镇地籍调查 |
| | | 交通用地（铁路，公路，机场） | 遥感监测与城镇地籍调查 |
| | | 城市绿地 | 遥感监测与城镇地籍调查 |
| | | 城市水面 | 遥感监测与城镇地籍调查 |
| | | 城市湿地 | 遥感监测与城镇地籍调查 |
| 土壤因子 | 土壤养分 | 土壤有机质 | 多目标地球化学调查与样点采样 |
| | | 土壤碳蓄积量 | 土地利用调查与变更调查、土壤调查 |
| | 土壤结构 | 有效土层厚度 | 基础地力调查数据、土壤普查、样点采样 |
| 植被因子 | 植被覆盖 | 植被覆盖度 | 遥感监测与野外调查 |
| | 植被净初级生产力（作物长势） | NPP | 遥感监测与野外调查 |
| 地貌气候因子 | 地貌特征 | 坡度 | 基础地理信息数据 |
| | | 海拔高程 | 基础地理信息数据 |
| | 气候特征 | 年均降水量 | 收集气象站点观测数据 |
| | | 降水量季节分配 | 收集气象站点观测数据 |

续表

| 准则层 | 指标层 | 元指标层 | | 数据获取方式 |
|---|---|---|---|---|
| 土地污染、损毁、退化状况 | 土壤污染状况 | 持久性有机污染 | 主要持久性有机污染物含量 | 基础地力调查数据、土壤普查、样点采样 |
| | | 重金属污染 | 铬、镉、铅、铜、锌、汞等含量 | 多目标地球化学调查与样点采样 |
| | | 非金属污染 | 砷等非金属含量 | 多目标地球化学调查与样点采样 |
| | | 化肥污染 | 硝态氮、铵态氮 | 基础地力调查数据、土壤普查、样点采样 |
| 土地污染、损毁、退化状况 | 土地损毁状况 | 挖损土地 | 挖损地 | 遥感监测与野外调查 |
| | | 塌陷（沉陷）土地 | 稳定塌陷（沉陷）地 | 遥感监测与野外调查 |
| | | | 不稳定塌陷（沉陷）地 | 遥感监测与野外调查 |
| | | | 漏斗、陷落、裂缝地 | 遥感监测与野外调查 |
| | | 压占土地 | 垃圾与废物占地与处理用地 | 遥感监测与野外调查 |
| | | | 废弃建筑物占地 | 遥感监测与野外调查 |
| | | | 矿石、渣、排土堆积地 | 遥感监测与野外调查 |
| | | 自然灾害损毁土地 | 洪灾损毁地 | 遥感监测与野外调查 |
| | | | 滑坡、崩塌、泥石流损毁地 | 遥感监测与野外调查 |
| | | | 风沙损毁地 | 遥感监测与野外调查 |
| | | | 地震灾毁地 | 遥感监测与野外调查 |
| | | 废弃撂荒土地 | 撂荒地 | 遥感监测与野外调查 |
| | | | 废弃水域 | 遥感监测与野外调查 |
| | | | 废弃居民点工矿用地 | 遥感监测与野外调查 |
| | | | 火烧、砍伐的迹地 | 遥感监测与野外调查 |
| | | | 其他废弃地 | 遥感监测与野外调查 |
| | 土地退化状况 | 耕地退化 | 耕地→沙地、盐碱地、其他草地和裸地 | 土地利用调查与变更调查 |
| | | 林地退化 | 林地→沙地、盐碱地、其他草地和裸地 | 土地利用调查与变更调查 |
| | | 草地退化 | 草地→沙地、盐碱地、其他草地和裸地 | 土地利用调查与变更调查 |
| | | 湿地减少 | 沼泽地、滩涂→其他用地等 | 土地利用调查与变更调查 |
| | | 水域减少 | 河流、湖泊等水面→其他用地 | 土地利用调查与变更调查 |
| 生态建设与保护状况 | 生态建设与保护状况 | 未利用土地开发和改良 | 裸地、盐碱地、沙地和其他草地→林地和草地 | 土地利用调查与变更调查 |
| | | 生态退耕 | 大于25°坡耕地→林地和草地 | 土地利用调查与变更调查 |
| | | 湿地增加 | 其他用地→沼泽地，其他用地→滩涂等 | 土地利用调查与变更调查 |

续表

| 准则层 | 指标层 | 元指标层 | 数据获取方式 |
|---|---|---|---|
| 生态建设与保护状况 | 生态建设与保护状况 | 损毁土地再利用与恢复 | 损毁土地→可利用土地类型等 | 遥感监测与野外调查 |
|  |  | 城市低效未利用土地开发与改良 | 城市低效利用土地→可利用土地类型等 | 遥感监测、野外调查与资料收集 |
|  |  | 生态保护 | 水源地保护核心区、自然保护核心区、风景旅游保护核心区、地质公园等用地 | 资料收集 |

**表 1-4　土地生态状况区域性调查指标体系**

| 重点区域 | 指标层 | 元指标层 | 数据获取方式 |
|---|---|---|---|
| 长三角经济发达地区 | 水体污染 | 水体污染面积 | 地质环境监测与环保部门调查 |
| 黄淮海采煤塌陷区 | 土地沉降 | 土地沉降面积 | 地质环境监测与矿区调查数据 |
| 中原经济区 | 防护林建设与土地退化 | 耕地林网化比例 | 遥感监测与野外调查 |
|  |  | 土壤盐碱化面积 | 遥感监测与农、林部门调查 |
| 西南山区生态敏感区 | 地质灾害风险 | 地质灾害风险程度 | 国土部门资料收集 |
| 西部能源开发与耕地新垦区 | 防护林建设与土地退化 | 防护林比例 | 遥感监测与野外调查 |
|  |  | 土地沙化面积 | 遥感监测与农、林部门调查 |
|  |  | 灌溉保证率 | 农村统计资料收集 |
| 西部生态脆弱区 | 防护林建设与土地退化 | 土地沙化面积 | 遥感监测与农、林部门调查 |
|  |  | 防护林比例 | 遥感监测与野外调查 |
|  |  | 灌溉保证率 | 农村统计资料收集 |

## 1.2.3　全国土地生态状况调查监测总体框架设计

全国土地生态状况调查监测是为全面保障国土资源安全和生态文明建设，加强土地资源的"数量管控、质量管理、生态管护"三位一体管理，充分发挥国土资源统一监管的职能，全面调查监测我国土地生态状况及变化趋势，揭示土地资源生态服务功能的变化，优化土地资源的生态服务功能，为国家实施生态文明建设重大战略实施提供基础数据，为我国生态管护水平提升和土地资源监管模式转变提供支撑。

全国土地生态状况调查监测目标是服务于国家土地资源的"数量管控、质量管理、生态管护"三位一体管理需求，全面摸清我国土地生态状况及变化趋势，提供土地生态状况和土地生态安全信息，揭示影响土地生态状况的限制性因素，切实提升区域生态安全保障能力。

全国土地生态状况调查监测总体框架由数据采集、数据处理和信息与共享服务三部分组成（图1-1）。通过开展全国土地生态状况调查监测，形成全国土地生态状况质量综合评估数据库、全国土地生态安全评估数据库、全国土地生态状况调查本底数据库、全国土地生态状况调查更新数据库、土地利用现状与变化数据库、遥感影像数据库、基础地理信息数据库、自然与社会经济数据库等数据库成果，构建全国土地生态状况调查监测业务运行系统。全国土地生态状况调查监测采用信息和数据挖掘方式，并辅助遥感调查、站点观测等方法，采用周期调查监测和年度数据更新方式，按照调查监测范围和周期，采用新机制、新技术、新方法，制定一系列技术规范和数据成果标准，开展全国土地生态状况调查监测；并建立调查监测成果的统计分析、发布制度，以及成果应用与信息共享制度。

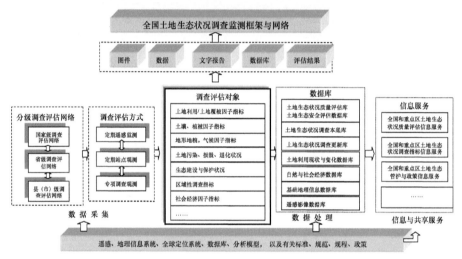

图 1-1　全国土地生态状况调查与评估框架

# 1.3　土地生态状况调查方法

## 1.3.1　土地生态状况调查与评估流程

土地生态状况调查与评估技术路线是采用遥感监测与地面调查相结合，地面观测与补充调查相结合的方法，综合集成已有调查与评估数据进行信息挖掘，以指标体系构建、信息提取、综合评估、数据库建库、成果总结为主要环节。具体技术路线如图 1-2 所示。

土地生态状况调查工作步骤依次为：准备工作 ➡ 指标体系构建 ➡ 各类指标信息提取 ➡ 内业成果整理 ➡ 成果图编制 ➡ 数据库构建 ➡ 报告编写 ➡ 成果总结等。调查与评估方法包括资料收集、信息挖掘、遥感监测、野外调查、布点采样、实验测定、内业处理、专家与公众咨询、综合分析等方法。

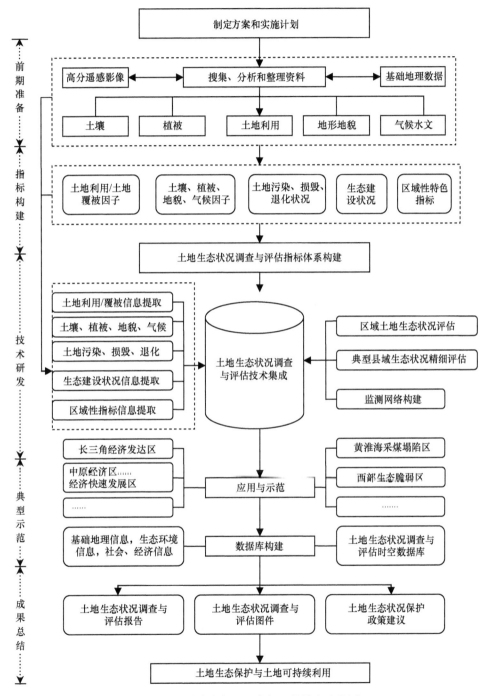

图 1-2　土地生态状况调查与评估技术路线图

**1.3.2　土地生态状况指标调查方法**

**1.3.2.1　土地利用/土地覆被因子**

土地利用/土地覆被因子的调查以第二次全国土地资源调查数据、土地利用变更调查数据和遥感影像图、城镇地籍调查数据等为数据源。采用全国土地利用变更调查数据、第二次全国土地资源调查数据和图件，参考全国土地利用变更调查 2.5～5m 遥感数据，基于 GIS 软件和遥感影像分析软件，结合地面调查，采用遥感信息挖掘和数据分析等方法，提取全国土地利用分类中耕地、林地、草地、湿地、水域及其次一级分类信息。耕地信息主要包括水田、旱地类型；林地信息包括有林地、灌木林、生态林类型；草地信息主要包括天然草地、人工草地类型；湿地信息包括滩涂、沼泽地等类型；水域信息包括河流、湖泊、水库、水工建筑等类型。

基于 2.5～5m 遥感数据或其他中高分辨率遥感数据，参考城镇地籍调查数据，基于遥感影像分析软件、GIS 软件，结合地面调查，采用监督分类方法、决策树分类方法、面向对象分类方法提取全国土地利用分类未细分的城镇住宅用地、城市非渗透地表、绿地、水面、公园、湿地等信息。

**1.3.2.2　土壤因子**

土壤因子的调查以多目标地球化学调查数据、农业部门基础地力调查数据和土壤普查为基础，辅助典型地区野外调查采样数据等，提取土壤因子指标信息。

1）针对农用地和未利用土地类型，基于多目标地球化学调查数据，以及农业部门的基础地力调查数据、土壤普查数据进行土壤有机质信息提取。

2）针对农用地和未利用土地类型，土壤碳蓄积量信息提取方法如下所述。

·保持的土地利用类型土壤碳蓄积量测算：利用第二次土壤普查的有机碳密度数据（附录表 1），叠加土壤类型图和土地利用现状栅格图，作为不同类型农用地土壤有机碳蓄积量参考值。

·转变的土地利用类型土壤碳蓄积量变化测算：根据不同类型农用地有机碳参考值，总结归纳各类土地利用类型的平均碳密度，分析土地利用类型变化对土壤有机碳密度的影响，计算转变的土地利用类型土壤有机碳蓄积量的变化。

·土地利用类型变化对内陆水域碳循环的影响测算：针对未变化水面类型，按照河湖水面、泥炭沼泽、滩涂盐沼三种用地类型土壤碳蓄积量分别进行测算；针对增加水面类型，主要考虑河湖水面增加（退耕还湖）和沼泽滩地增加（退耕还泽、湿地重建）的土壤碳蓄积量变化；针对减少水面类型，主要考虑泥炭沼泽特殊性，分别核算河湖滩地和泥炭沼泽减少的土壤碳蓄积量变化。

3）针对农用地类型，基于农业部门的基础地力调查数据、土壤普查等数据、资料进行耕作层厚度信息提取。

4）针对农用地和未利用土地类型，基于遥感数据采用模型反演方法进行土壤水分信息提取。

土壤侵蚀模数计算以年平均侵蚀模数为指标，等级划分标准与方法采用水利部发布的《土壤侵蚀分类分级标准》（SL190—96）。土壤侵蚀模数的估算可采用通用土壤流失方程（USLE）法计算：

$$A = R \cdot K \cdot LS \cdot C \cdot P$$

式中，$A$ 为土壤侵蚀量 [t/(hm$^2$·a)]；$R$ 为降雨侵蚀力指标 [m·t·cm/(hm$^2$·h)]；$K$ 为土壤可蚀性因子；LS 为坡长坡度因子；$C$ 为地表植被覆盖因子；$P$ 为土壤保持措施因子。其分级标准参考：

强度侵蚀：年平均侵蚀模数大于 5000 t/(hm$^2$·a)，或平均土壤流失厚度大于 3.7mm/a；

中度侵蚀：年平均侵蚀模数 2500～5000 t/(hm$^2$·a)，或平均土壤流失厚度 1.9～3.7mm/a；

轻度侵蚀：西北黄土高原区年平均侵蚀模数 1000～2500，或平均土壤流失厚度 0.74～1.9；东北黑土区/北方土石山区 200～2500，或平均土壤流失厚度 0.15～1.9。

### 1.3.2.3　植被因子

针对农用地和未利用土地类型进行植被覆盖度和生物量（或 NPP）信息提取。以 ASTER、TM/ETM$^+$、SPOT5、MODIS 等多波段中高分辨率遥感影像为数据源，或以全国土地利用变更调查为底图，结合地面调查和采样，提取植被覆盖度或生物量（或 NPP）信息。

植被覆盖度信息提取首先计算归一化植被指数（NDVI），然后根据植被覆盖度计算公式估算植被覆盖度（VFC）。

$$NDVI = (Band_2 - Band_1)/(Band_2 + Band_1)$$
$$VFC = (NDVI - NDVI_{min})/(NDVI_{max} - NDVI_{min})$$

式中，NDVI 为每个像元的归一化植被指数值；$Band_2$ 和 $Band_1$ 分别对应近红外波段与可见光红波段；VFC 为植被覆盖度；$NDVI_{min}$、$NDVI_{max}$ 分别为最小、最大归一化植被指数值。

NDVI 数据可直接使用 SPOT VGT 的 NDVI 产品或是 MODIS 的 NDVI 产品。SPOT VGT-S10 NDVI（10 天最大值合成化的植被归一化指数）产品旬数据的空间分辨率为 1km，可在 VITO/CTIV 网站（http://free.vgt.vito.be）上下载东南亚地区的数据，然后裁切出重点区域需要用的部分。

MODIS NDVI 产品使用 MODIS 陆地植被指数标准数据产品 MYD13Q1（MODIS/Aqua Vegetation Indices 16-Day L3 Global 250m SIN Grid V005），内容为 16 天合成的归一化植被指数和增强型植被指数（NDVI/EVI），空间分辨率为 250m，取其中的归一化植被指数 NDVI 使用。MODIS 数据可从 EOSDIS 网站（http://reverb.echo.nasa.gov/reverb/）下载。得到区域的 NDVI 旬产品或是 16 天合成产品后，使用最大值合成法 MVC 获取月 NDVI 值，年 NDVI 值使用月 NDVI（1～12 月）的平均值。计算公式为

$$NDVI_i = Max\left(NDVI_{ij}\right)$$

$$\overline{NDVI} = \frac{1}{n}\sum_{i=1}^{n} NDVI_i$$

式中，$NDVI_i$ 是第 $i$ 月的 NDVI 值，$NDVI_{ij}$ 是第 $i$ 月第 $j$ 旬（或是第 $j$ 个 16 天）的 NDVI 值；$\overline{NDVI}$ 为年 NDVI 值，$n$ 为月份。年 NDVI 值可在 Erdas 的 modeler 模块中用统计和全局两个分析工具计算获得。

生物量（或 NPP）信息提取直接使用 MODIS 的陆地 NPP 数据产品（MOD17A3）（MODIS/Terra Net Primary Production Yearly L4 Global 1km SIN Grid V055），该产品数据空间分辨率为 1 km，MOD17A3 为年度数据。利用 MOD17A3 的 NPP 值，数据可从 EOSDIS 网站（http://reverb.echo.nasa.gov/reverb/）下载。

### 1.3.2.4　地貌与气候因子

地貌与气候因子调查以地形图和 DEM 数据为基础，采用 ArcGIS 软件，提取坡度信息。收集气象部门资料，收集年降水量和年降水量的季节分配。

基于中国三级流域水资源分布等相关资料，提取地表径流量和单位面积地表水资源量信息。引用中国三级流域水资源分布图每个流域区内的水资源丰度（单位：万 m³/km²），如果调查单元位于一个流域区内，则直接取该流域区的水资源丰度为该调查单元的丰度值；如果该调查单元跨多个流域区，则用各流域区所占该调查单元的面积加权计算。其分级标准为丰水：>50 万 m³/km²；平水：20～50 万 m³/km²；少水：5～20 万 m³/km²；贫水：<5 万 m³/km²。

### 1.3.2.5　土地污染、损毁与退化状况

针对农用地、建设用地和未利用土地类型，进行土壤污染状况指标信息提取。基于农用地分等定级、多目标地球化学调查数据（土壤污染数据）、环保局土壤污染调查数据，结合样点采样调查，以第二次全国土地资源调查现状数据为底图，

提取不同用地类型的土壤污染状况信息。

依据全国各省份土壤微量金属元素背景值、中华人民共和国国家标准《土壤环境质量标准》（GB 15618—1995）、《全国土壤污染状况评价技术规定》（环发[2008]39 号）中土壤环境质量评价标准值（附录表 2、表 3、表 4），进行污染土地风险评估。

针对农用地、建设用地和未利用土地类型进行损毁土地信息提取。针对区域内不同损毁土地类型进行分区，确定本区域主要损毁土地类型。结合耕地后备资源调查和年度变更调查，针对不同分区的主要损毁土地类型，调查挖损土地、塌陷（沉陷）土地、压占土地、自然灾害损毁土地、废弃撂荒土地的面积、分布等。或采用遥感信息挖掘方法，针对不同分区内主要损毁土地类型，基于所获取的遥感影像，确定信息提取图斑大小；基于 2.5～5m 遥感影像数据，以土地利用现状图和野外调查为基础，建立地物光谱特征数据库，选择适合的遥感信息提取方法，提取挖损、塌陷、压占土地现状信息和自然灾害损毁土地信息。

基于土地利用/覆被类型变化反映的土地退化信息提取技术流程是利用土地利用变更调查数据、第二次全国土地资源调查数据、基础地理数据等，以及土地利用变更调查遥感影像底图，采用变化信息检测和实地调查相结合方法，提取土地利用/覆被类型变化反映的土地退化指标信息。耕地退化信息主要提取耕地→沙地、耕地→盐碱地、耕地→其他草地、耕地→裸土地等面积与分布信息；林地退化信息主要提取林地→沙地、林地→盐碱地、林地→其他草地、林地→裸土地等面积与分布信息；草地退化信息主要提取草地→沙地、草地→盐碱地、草地→其他草地、草地→裸土地等面积与分布信息；湿地减少信息主要提取沼泽地→其他用地、苇地→其他用地、滩涂→其他用地等面积与分布；水域减少信息主要提取河流→其他用地、湖泊→其他用地、水工建筑→其他用地等面积与分布信息。

### 1.3.2.6　生态建设与保护状况

针对农用地、建设用地和未利用土地类型进行基于土地利用/覆被类型变化反映的生态建设指标信息提取。利用土地利用变更调查数据、第二次全国土地资源调查数据、基础地理数据等，以及土地利用变更调查遥感影像底图，采用变化信息检测和实地调查相结合方法，提取土地利用/覆被类型变化反映的生态建设指标信息。

退化土地或污染土地等未利用土地治理或改良信息，主要提取盐碱地→耕地、林地和草地，沙地→耕地、林地和草地等退化土地土地治理或改良等面积与分布信息；收集污染土地（如棕地开发、污染土地治理等）治理或改良面积与分布信息。生态退耕信息主要提取大于 25°坡耕地→林地和草地等面积与分布信息。湿地增加信息主要提取其他用地→沼泽地，其他用地→苇地，其他用地→滩涂等面积与分布信息。损毁土地再利用与恢复信息主要提取损毁土地→耕地、林地、草地，损毁土地→人造湖、水面等，损毁土地→绿地、公园等面积与分布信息。生态保护信息通过收集研究区域国土资源、环保、林业等部门相关资料，获取水源地保护核心区、自然保护核心区、风景旅游保护核心区、地质公园等用地面积和范围。

### 1.3.2.7　区域性指标

水体污染、地面沉降、土壤盐碱化、土地沙化等指标信息提取，结合地质环境监测、环保部门调查、矿区调查和农、林业部门调查数据，补充进行遥感监测与野外调查，获取水体污染、地面沉降、土壤盐碱化、土地沙化等指标信息。

土壤盐碱化信息提取与程度分级（引自《全国生态功能区划》）：

轻度盐碱化：作物生长情况稍有抑制，东北 $0\sim50cm$（$SO_4^{2-}$，%）$0.3\sim0.5$，山东表土层（全盐量，%）$<0.2$，华北 $0\sim20cm$（$CL\text{-}SO_4^{2-}$，%）$0.15\sim0.25$，西北 $0\sim30cm$（$SO_4^{2-}$，%）$04\sim0.8$，新疆 $0\sim30cm$（全盐量，%）$0.554\sim0.727$。

中度盐碱化：作物生长情况中等抑制，东北 $0\sim50cm$（$SO_4^{2-}$，%）$0.5\sim0.7$，山东表土层（全盐量，%）$0.2\sim0.4$，华北 $0\sim20cm$（$CL\text{-}SO_4^{2-}$，%）$0.25\sim0.40$，西北 $0\sim30cm$（$SO_4^{2-}$，%）$0.8\sim1.2$，新疆 $0\sim30cm$（全盐量，%）$0.727\sim0.866$。

强度盐碱化：作物生长情况严重抑制，东北 $0\sim50cm$（$SO_4^{2-}$，%）$0.7\sim1.2$，山东表土层（全盐量，%）$0.4\sim0.8$，华北 $0\sim20cm$（$CL\text{-}SO_4^{2-}$，%）$0.40\sim0.60$，西北 $0\sim30cm$（$SO_4^{2-}$，%）$1.2\sim2.0$，新疆 $0\sim30cm$（全盐量，%）$0.866\sim1.345$。

盐土：作物生长情况死亡，西北 $0\sim30cm$（$SO_4^{2-}$，%）$>2.0$，新疆 $0\sim30cm$（全盐量，%）$>1.345$。

土地沙化信息提取和程度分级（引自《全国生态功能区划》）：

轻度沙化：风积地表 $<10\%$，风蚀地表 $<10\%$，植被覆盖度 $50\%\sim30\%$，土地生物生产量较沙漠化前下降 $10\%\sim30\%$；地表景观综合特征为斑点状流沙或风蚀地，2m 以下低矮沙丘或吹扬的灌丛沙堆，固定沙丘群中有零星分布的流沙（风蚀窝），旱作农地表面有风蚀痕迹和粗化地表，局部地段有积沙。

中度沙化：风积地表 $10\%\sim30\%$，风蚀地表 $10\%\sim30\%$，植被覆盖度 $50\%\sim30\%$，土地生物生产量较沙漠化前下降 $30\%\sim50\%$。地表景观综合特征为 $2\sim5m$ 高流动沙丘，成片状分布，固定沙丘群中沙丘活化显著，旱作农地有明显风蚀洼地和风蚀残丘，广泛分布的粗化砂砾地表。

强度沙化：风积地表 $\geq30\%$，风蚀地表 $\geq30\%$，植被覆盖度 $\leq30\%$，土地生物生产量较沙漠化前下降≥50%。地表景观综合特征为 5m 高以上密集的流动沙丘或风蚀地。

耕地林网化水平、防护林比例和灌溉保证率信息提取，以全国土地利用变更调查和土地利用现状调查数据为基础，结合地面调查，提取耕地林网化水平和防护林比例信息。耕地的林网化水平为各村镇林网面积与各村镇耕地总面积的比例，其分级标准参照《高标准农田建设标准》（NY/T 2148—2012）。防护林比例为各村镇防护林面积与各村镇土地总面积的比例。灌溉保证率基于农村统计数据获取。

### 1.3.3　土地生态状况外业补充调查与布点采样

应用遥感数据提取土地生态状况调查指标信息时，需在内业工作完成后进行外业补充调查。外业补充调查将充分利用所收集的地面调查成果和图件与社会经济资料等，与熟悉人员进行座谈或询问当地农民，进行相关调查的核实，并实地选择不确定图斑进行现场核实调查。

土地生态状况调查中的样点调查需在典型区域开展土壤养分指标、土壤污染指标、农作物污染指标、植被状况、土壤碳蓄积量等土壤样品、农作物样品的采集与测试。样点布设要充分考虑土地利用类型均匀分布，或按采样格布点，采样格按 1 平方公里或多目标地球化学调查数据的采样网格。在江河水系发育地区，采集河漫滩与岸边土壤样品。在水网、池塘发育地区，当小格中水域面积超过 2/3时，应采集水底沉积物样品。

土壤样品采集，表层土壤样品采用深度为 0～20cm，在采样小格中沿路线 3～5 处多点采集组合或在格子中间部位采样。采样时去除表面杂物，弃除动植物残留体、砾石、肥料团块等，采集的样品要防止玷污，土壤样品原始重量大于 500g。

农作物样品采集，农作物采集与土壤样品采集结合完成。当样地为耕地采集土壤样品时，同时采集样点上的农作物。农作物样品采集密度可适当降低。

## 1.4　土地生态状况质量综合评估研究

### 1.4.1　土地生态状况质量综合评估框架

土地生态状况质量综合评估是基于土地利用/覆被变化，基于不同土地生态系统类型，针对土地生态系统服务的生态调节、碳固定、产品提供、人居保障等，以及生态系统受损和生态系统建设和保护等方面进行的综合评估。土地生态状况质量综合评估不仅包括对土地生态系统的结构与生态功能的评估，而且包括对土地生态系统的健康程度、退化程度、破坏程度或潜在危险评估，以及土地生态系统恢复状况的评估，尤其关注人类社会经济过程对土地生态系统的影响。土地的生态功能与土地生态状况质量之间相互关系见图 1-3。

图 1-3　土地的生态功能与土地生态状况质量之间相互关系示意图

　　土地生态状况质量综合评估是按照土地利用生态功能分区，根据土地生态系统类型进行评估。土地利用生态功能分区是依据自然地理、土地利用、生态系统服务以及生态环境特征的相似性和差异性而进行的地理空间分区。采用定性分区和定量分区相结合的方法进行分区划界，边界的确定首先应考虑利用山脉、河流等自然特征与行政边界，同时应综合考虑不同区域自然气候、地理特点、生态系统服务、土地生态系统类型和人类活动强度等要素。划分出土地利用生态功能区，再主要针对生态系统服务的水源涵养、水土保持、碳固定、产品提供、人居保障等类型，以及生态系统受损和生态系统建设和保护等方面进行土地生态状况质量的综合评估；土地生态系统类型包括农田、森林、草原、湿地、荒漠、城市等。

　　针对不同土地生态系统类型进行土地生态状况质量综合评估，具体包括农田、林地、草地、湿地、城镇、荒漠生态状况质量综合评估和区域土地生态状况质量综合评估。农田生态状况质量综合评估主要是针对农田生态系统区进行评估。林地生态状况质量综合评估主要是针对森林生态系统区进行评估。我国森林生态系统主要分布在东部地区，受热量的影响，从北到南依次分布的典型森林生态系统类型有寒温带针叶林、温带针阔叶混交林、暖温带落叶阔叶林和针叶林、亚热带常绿阔叶林和针叶林、热带季雨林和雨林等。草地生态状况质量综合评估主要是针对草原生态系统区进行评估。我国草原生态系统可分为温带草原、高寒草原和荒漠区山地草原生态系统。湿地生态状况质量综合评估主要是针对湿地生态系统区进行评估。荒漠生态状况质量综合评估主要是针对荒漠生态系统区内进行评估。荒漠生态系统区主要分布在我国的西北降水稀少、蒸发强烈、极端干旱的地区。城镇土地生态状况质量综合评估是针对城市生态系统内的设市城市、城市群内所有土地进行评估。区域土地生态状况质量综合评估是针对行政区内的所有土地进行评估。

　　土地生态状况受自然环境、土地资源特性、土地利用与管理、生态建设、社会经济政策等多方面综合影响。土地生态状况质量本底是由地形地貌、气候、土壤、植被和水等自然条件和土地资源特性所决定的，上述自然影响因素决定着内在的土地生态系统的水源涵养、水土保持、碳固定、产品提供、人居保障等功能。人类的不同土地利用方式、生态建设活动和实施土地政策将改变土地生态系统的结构和过程，直接影响土地生态系统的服务和活力，土地生态状况质量又具有动态性变化特征。因此，土地生态状况质量是由土地生态状况自然基础性质量、结构性质量和动态性质量构成，由此构成了土地生态状况质量综合评估框架（图 1-4）。

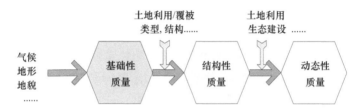

图 1-4　土地生态状况质量综合评估框架

土地生态状况质量综合评估步骤包括指标选择、指标解译和指标集成三大步骤。指标选择即构建土地生态状况质量综合评估指标体系；指标解译包括确定指标标准值或阈值、指标值计算与分析；指标集成包括确定指标权重、选择指标集成模型、确定综合评估分值（图 1-5）。

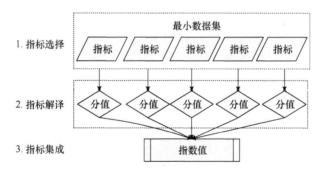

图 1-5　土地生态状况质量综合评估步骤

土地生态状况质量（LEQ）可以表达为

$$LEQ = f(LEQ_O, m)$$

$$LEQ = m \times LEQ_O + \sigma$$

区域（原位）土地生态状况质量综合评估指数 LEQ 为

$$LEQ = (m)^T (LEQ_O)$$

式中，LEQ 为某个地块、流域或区域的土地生态状况质量综合分值；$LEQ_O$ 为土地生态状况基础性质量分值，由土地生态系统所提供的水源涵养、水土保持、碳固定、产品提供、人居保障等生态系统服务功能所决定的分值；$m$ 为由土地利用、生态建设和管理政策决定的动态性影响因子；$\sigma$ 为其他影响因子或误差。

### 1.4.2　土地生态状况质量综合评估指标体系构建

#### 1.4.2.1　土地生态状况质量综合评估指标体系构建策略

对土地生态评价相关指标体系研究主要是基于《中国期刊全文数据库》（清华同方），通过检索词"土地生态适宜性评价"、"土地生态安全评价"和"土地生态风险评价"等，检索出 1990～2012 年之间所有相关文献，并筛选出通过构建指标体系进行土地评价的所有文献，最终确定"土地生态适宜性评价" 19 篇，"土地生态安全评价" 51 篇，"土地生态风险评价" 2 篇。由于土地生态风险评价研究较少，这里主要分析前两者评价指标应用情况。按气候、地形、土壤、植被、土地利用/覆被情况、土地污染/损毁/退化情况区分，其中气候主要包括年均气温、年降水量等指标；地形主要包括坡度、坡向等；土壤包括土壤有机质、土壤质地、土壤 pH 值等；植被包括植被覆盖度等；土地利用/覆被情况包括不同土地覆被类型占总土地面积的比例，如林地占比、园地占比等；土地污染/损毁/退化情况包括土壤侵蚀情况、盐碱地土地面积、污染土地面积等。

由于土地生态适宜性评价和土地生态安全评价的研究目的不同，土地生态适宜性评价中更注重对区域地形、植被、土地利用/覆被情况相关指标的选择，而土地生态安全评价主要是对区域生态自身健康状况、可持续性以及对人类的服务功能，因此，土地生态适宜性评价中对气候、地形、土壤、植被、土地利用/覆被情况、土地污染/损毁/退化的应用频次分别为 21.05%、89.47%、52.63%、73.68%、57.89%和 26.32%。土地生态安全评价中的应用频次分别为 25.49%、11.76%、17.65%、84.31%、90.20%和 58.82%（表 1-5）。

表 1-5　现有指标应用频次统计

| | 土地生态适宜性评价 | | | 土地生态安全评价 | | |
|---|---|---|---|---|---|---|
| | 文章数量 | 应用次数 | 频次（%） | 文章数量 | 应用次数 | 频次（%） |
| 气候 | 19 | 4 | 21.05 | 51 | 13 | 25.49 |
| 地形 | 19 | 17 | 89.47 | 51 | 6 | 11.76 |
| 土壤 | 19 | 10 | 52.63 | 51 | 9 | 17.65 |
| 植被 | 19 | 14 | 73.68 | 51 | 43 | 84.31 |
| 土地利用/覆被情况 | 19 | 11 | 57.89 | 51 | 46 | 90.20 |
| 土地污染/损毁/退化 | 19 | 5 | 26.32 | 51 | 30 | 58.82 |

通过对土地生态适宜性评价和土地生态安全评价现有指标体系构建情况分析，除区域社会经济因子外，气候、地形、土壤、植被、土地利用/覆被情况、土地污染/损毁/退化的应用频次均处于较高水平，说明这些都对区域土地生态状况有重要影响，因此在构建土地生态状况评估指标体系中，也应从上述方面着手。

### 1.4.2.2　土地生态状况质量综合评估指标体系

土地生态状况质量综合评估指标体系由土地生态系统服务状况指标、土地生态系统受损状况指标、土地生态系统建设与保护状况和区域性指标等 4 个准则层、系列指标层和元指标构成。土地生态状况质量综合评估指标体系包括农田生态状况质量综合评估指标体系、林地生态状况质量综合评估指标体系、草地生态状况质量综合评估指标体系、湿地生态状况质量综合评估指标体系、荒漠生态状况质量综合评估指标体系、城镇土地生态状况质量综合评估指标体系、区域土地生态状况质量综合评估指标体系等不同类型、不同层级指标体系。

表 1-6～表 1-12 为农田、林地、草地、湿地、荒漠生态状况质量综合评估指标体系，以及区域和城镇土地生态状况质量综合评估指标体系。

**表 1-6　区域土地生态状况质量综合评估指标体系**

| 准则层 | 指标层 | 元指标层 |
| --- | --- | --- |
| 生态系统服务 | 水源涵养 | 年均降水量-蒸散量 |
| | | 降水量季节分配 |
| | | 水资源丰度 |
| | 水土保持 | 土壤有机质含量 |
| | | 植被覆盖度 |
| | | 土壤侵蚀模数 |
| | 碳固定 | 土壤碳蓄积量 |
| | | 生物量（或 NPP） |
| | 产品提供 | 高等级耕地比例 |
| | | 有林地与防护林比例 |
| | | 天然草地比例 |
| | 支持服务 | 城镇建设用地比例 |
| | | 土地利用类型多样性指数 |
| | | 土地利用格局多样性指数 |
| | | 人口密度 |
| | | 容积率 |
| 生态系统受损 | 生态基础设施保障 | 生态基础设施用地比例 |

续表

| 准则层 | 指标层 | 元指标层 |
| --- | --- | --- |
| 生态系统受损 | 土壤污染 | 土壤典型污染物污染指数 |
| | | 土壤污染面积比例 |
| | 土地损毁 | 挖损、塌陷、压占土地比例 |
| | | 自然灾毁土地比例 |
| | 土地退化 | 耕地、林地、草地年均退化率 |
| | | 湿地、水域年均减少率 |
| 生态系统建设与保护 | 生态建设与保护 | 污染或退化土地治理与修复年均比例 |
| | | 生态退耕年均比例 |
| | | 湿地、水域年均增加率 |
| | | 损毁土地再利用与恢复年均比例 |
| | | 生态基础设施建设与保护比例 |
| | 生态效益 | 区域水环境质量指数 |
| | | 区域 $PM_{2.5}$ 监测无污染天数 |
| | 生态建设的协调性 | 人口与生态用地增长弹性系数 |
| | | 人口与生态用地增长贡献度 |
| | | 地区生产总值与生态用地增长弹性系数 |
| | | 地区生产总值与生态用地增长贡献度 |
| 区域性指标准则层 | | |
| 长三角经济发达地区 | 水体污染 | 水体污染面积比例 |
| 黄淮海采煤塌陷区 | 土地沉降 | 土地沉降面积比例 |
| 中原经济区 | 防护林建设 | 耕地林网化比例 |
| | 土壤盐碱化 | 土壤盐碱化面积比例 |
| 西南山区生态敏感区 | 地质灾害风险 | 高风险地质灾害面积比例 |
| 西部能源开发与耕地新垦区 | 防护林建设 | 防护林面积比例 |
| | 土地沙化 | 土地沙化面积比例 |
| 西部生态脆弱区 | 土地沙化 | 土地沙化面积比例 |
| | 防护林建设 | 防护林面积比例 |

**表 1-7　城镇土地生态状况质量综合评估指标体系**

| 准则层 | 指标层 | 元指标层 |
| --- | --- | --- |
| 生态系统服务 | 支持服务 | 城市用地类型 |
| | | 城市非渗透地表比例 |
| | | 人口密度 |
| | | 容积率 |
| | 生态调节 | 植被覆盖度 |
| | | 年均降水量-蒸散量 |
| | | 水资源丰度 |
| | 生态基础设施保障 | 城市生态基础设施用地重要性等级 |
| 生态系统受损 | 土壤污染 | 土壤中 Hg、挥发性有机污染物等典型污染物污染指数，pH 值 |
| | 土地损毁 | 土地挖损、塌陷、压占程度 |
| | | 土地自然灾毁程度 |
| 生态系统建设与保护 | 生态建设 | 污染土地治理与修复程度 |
| | | 城市绿地、湿地、水面增加程度 |
| | | 损毁土地再利用与恢复程度 |
| | | 城市生态基础设施用地保护程度 |
| | 生态效益 | 城市水环境质量指数 |
| | | 城市空气质量指数 |

**表 1-8　农田生态状况质量综合评估指标体系**

| 准则层 | 指标层 | 元指标层 |
| --- | --- | --- |
| 生态系统服务 | 水源涵养 | 年均降水量-蒸散量 |
| | | 降水量季节分配 |
| | | 水资源丰度 |
| | 水土保持 | 土壤有机质含量 |
| | | 耕作层厚度 |
| | | 土壤侵蚀模数 |
| | 碳固定 | 土壤碳蓄积量 |
| | | 生物量（或 NPP） |
| | 产品提供 | 坡度 |
| | | 耕地分等等级 |
| | | 粮食单产 |
| 生态系统受损 | 生态基础设施保障 | 生态基础设施用地重要性等级 |

续表

| 准则层 | 指标层 | 元指标层 |
|---|---|---|
| 生态系统受损 | 土壤污染 | 土壤典型污染物污染指数 |
| | | 灌溉水污染指数 |
| | 土地损毁 | 土地挖损、塌陷、压占程度 |
| | | 土地自然灾毁程度 |
| | | 废弃撂荒土地年限 |
| | 土地退化 | 耕地→沙地、盐碱地、裸土地、其他草地程度 |
| 生态系统建设与保护 | 生态建设与保护 | 生态退耕程度 |
| | | 污染或退化耕地治理与修复程度 |
| | | 损毁土地再利用与恢复程度 |
| | | 生态基础设施建设与保护程度 |
| 区域性指标准则层 | | |
| 长三角经济发达地区 | 水体污染 | 水体典型污染物污染指数 |
| 黄淮海采煤塌陷区 | 土地沉降 | 地面沉降量 |
| 中原经济区 | 防护林建设 | 耕地林网化比例 |
| | 土壤盐碱化 | 土壤盐碱化程度 |
| 西南山区生态敏感区 | 地质灾害 | 地质灾害风险等级 |
| 西部能源开发与耕地新垦区 | 灌溉条件 | 灌溉保证率 |
| | 土地沙化 | 土地沙化程度 |
| 西部生态脆弱区 | 土地沙化 | 土地沙化程度 |
| | 灌溉条件 | 灌溉保证率 |

表 1-9　林地生态状况质量综合评估指标体系

| 准则层 | 指标层 | 元指标层 |
|---|---|---|
| 生态系统服务 | 水源涵养 | 年均降水量-蒸散量 |
| | | 降水量季节分配 |
| | | 水资源丰度 |
| | 水土保持 | 土壤有机质含量 |
| | | 土壤侵蚀模数 |
| | 碳固定 | 土壤碳蓄积量 |
| | | 生物量（或 NPP） |
| | 产品提供 | 植被覆盖度 |
| | | 林地类型 |
| | | 单位面积林木蓄积量 |
| 生态系统受损 | 生态基础设施保障 | 生态基础设施用地重要性等级 |

续表

| 准则层 | 指标层 | 元指标层 |
|---|---|---|
| 生态系统受损 | 土壤污染 | 土壤典型污染物污染指数 |
| | 土地损毁 | 土地挖损、塌陷、压占程度 |
| | | 土地自然灾毁程度 |
| | 土地退化 | 林地→沙地、盐碱地、裸土地、其他草地程度 |
| 生态系统建设与保护 | 生态建设与保护 | 污染或退化土地治理与修复程度 |
| | | 损毁土地再利用与恢复程度 |
| | | 生态基础设施建设与保护程度 |
| 区域性指标准则层 | | |
| 长三角经济发达地区 | 水体污染 | 水体典型污染物污染指数 |
| 黄淮海采煤塌陷区 | 土地沉降 | 地面沉降量 |
| 中原经济区 | 防护林建设 | 防护林比例 |
| | 土壤盐碱化 | 土壤盐碱化程度 |
| 西南山区生态敏感区 | 地质灾害 | 地质灾害风险等级 |
| 西部能源开发与<br>耕地新垦区 | 防护林建设 | 防护林比例 |
| | 土地沙化 | 土地沙化程度 |
| 西部生态脆弱区 | 土地沙化 | 土地沙化程度 |
| | 防护林建设 | 防护林比例 |

表 1-10　草地生态状况质量综合评估指标体系

| 准则层 | 指标层 | 元指标层 |
|---|---|---|
| 生态系统服务 | 水源涵养 | 年均降水量-蒸散量 |
| | | 降水量季节分配 |
| | | 水资源丰度 |
| | 水土保持 | 土壤有机质含量 |
| | | 土壤侵蚀模数 |
| | 碳固定 | 土壤碳蓄积量 |
| | | 生物量（或 NPP） |
| | 产品提供 | 植被覆盖度 |
| | | 草地类型 |
| | | 单位面积产草量 |
| 生态系统受损 | 生态基础设施保障 | 生态基础设施用地重要性等级 |
| | 土壤污染 | 土壤典型污染物污染指数 |
| | 土地损毁 | 土地挖损、塌陷、压占程度 |
| | | 土地自然灾毁程度 |
| | 土地退化 | 草地→沙地、盐碱地、裸土地、其他草地程度 |

续表

| 准则层 | 指标层 | 元指标层 |
|---|---|---|
| 生态系统建设与保护 | 生态建设与保护 | 污染或退化土地治理与修复程度 |
| | | 损毁土地再利用与恢复程度 |
| | | 生态基础设施建设与保护程度 |
| 区域性指标准则层 | | |
| 长三角经济发达地区 | 水体污染 | 水体典型污染物污染指数 |
| 黄淮海采煤塌陷区 | 土地沉降 | 地面沉降量 |
| 中原经济区 | 防护林建设 | 防护林比例 |
| | 土壤盐碱化 | 土壤盐碱化程度 |
| 西南山区生态敏感区 | 地质灾害 | 地质灾害风险等级 |
| 西部能源开发与耕地新垦区 | 防护林建设 | 防护林比例 |
| | 土地沙化 | 土地沙化程度 |
| 西部生态脆弱区 | 土地沙化 | 土地沙化程度 |
| | 防护林建设 | 防护林比例 |

表 1-11　湿地生态状况质量综合评估指标体系

| 准则层 | 指标层 | 元指标层 |
|---|---|---|
| 生态系统服务 | 水源涵养 | 年均降水量-蒸散量 |
| | | 降水量季节分配 |
| | | 水资源丰度 |
| | 水土保持 | 土壤有机质 |
| | | 植被覆盖度 |
| | 碳固定 | 土壤碳蓄积量 |
| | | 生物量（或 NPP） |
| 生态系统受损 | 生态基础设施保障 | 湿地类型 |
| | | 生态基础设施用地重要性等级 |
| | 土壤污染 | 土壤典型污染物污染指数 |
| | 土地损毁 | 土地挖损、塌陷、压占程度 |
| | | 土地自然灾毁程度 |
| | 土地退化 | 湿地、水域→其他土地程度 |
| 生态系统建设与保护 | 生态建设与保护 | 污染或退化土地治理与修复程度 |
| | | 损毁土地再利用与恢复程度 |
| | | 湿地、水域增加程度 |
| | | 生态基础设施建设与保护程度 |

表 1-12　荒漠生态状况质量综合评估指标体系

| 准则层 | 指标层 | 元指标层 |
|---|---|---|
| 生态系统服务 | 水源涵养 | 年均降水量-蒸散量 |
| | | 降水量季节分配 |
| | | 水资源丰度 |
| | 水土保持 | 土壤有机质 |
| | | 土壤侵蚀模数 |
| | | 植被覆盖度 |
| | 碳固定 | 土壤碳蓄积量 |
| | | 生物量（或 NPP） |
| | 生态基础设施保障 | 生态基础设施用地重要性等级 |

在具体评估中，区域土地生态状况质量综合评估元指标获取与计算方法、城镇土地生态状况质量综合评估元指标获取与计算方法见附录表 5 和表 6。

### 1.4.3　土地生态状况质量综合评估方法

#### 1.4.3.1　评估单元与评估尺度

土地生态状况质量综合评估单元包括栅格单元、不规则网格单元和行政区域单元。

土地生态状况质量综合评估的不规则网格单元是指自然地理条件（土壤、植被、地貌等）、土地利用方式、生态用地类型相对一致的单元，即土地利用生态功能相似的最小单元，不打破行政村（镇）界限和交通线，即实质是土地利用生态功能区的细分。

1）农田生态状况质量综合评估：省（自治区）级尺度（宏观尺度）评估以 1000m×1000m～5000m×5000m 栅格单元或不规则网格单元为评估单元，工作底图比例尺为 1∶25 万～1∶50 万；县（市）级尺度（中观尺度）评估以 100m×100m～500m×500m 栅格单元或不规则网格单元为评估单元，工作底图比例尺为 1∶5 万～1∶10 万。

2）林地生态状况质量综合评估：省（自治区）级尺度（宏观尺度）评估以 1000m×1000m～5000m×5000m 栅格单元或不规则网格单元为评估单元，工作底图比例尺为 1∶25 万～1∶50 万；县（市）级尺度（中观尺度）评估以 100m×100m～500m×500m 栅格单元或不规则网格单元为评估单元，工作底图比例尺为 1∶5 万～1∶10 万。

3）草地生态状况质量综合评估：省（自治区）级尺度（宏观尺度）评估以 1000m×1000m～5000m×5000m 栅格单元或不规则网格单元为评估单元，工作底图比例尺为 1：25 万～1：50 万；县（市）级尺度（中观尺度）评估以 100m×100m～500m×500m 栅格单元或不规则网格单元为评估单元,工作底图比例尺为 1：5 万～1：10 万。

4）湿地生态状况质量综合评估：省（自治区）级尺度（宏观尺度）评估以 1000m×1000m～5000m×5000m 栅格单元或不规则网格单元为评估单元,工作底图比例尺为 1：25 万～1：50 万；县（市）级尺度（中观尺度）评估以 100m×100m～500m×500m 栅格单元或不规则网格单元为评估单元,工作底图比例尺为 1：5 万～1：10 万。

5）荒漠生态状况质量综合评估：省（自治区）级尺度（宏观尺度）评估以 1000m×1000m～5000m×5000m 栅格单元或不规则网格单元为评估单元,工作底图比例尺为 1：25 万～1：50 万；县（市）级尺度（中观尺度）评估以 100m×100m～500m×500m 栅格单元或不规则网格单元为评估单元,工作底图比例尺为 1：5 万～1：10 万。

6）城镇土地生态状况质量综合评估：省（自治区）级尺度（宏观尺度）评估以 500m×500m～2000m×2000m 栅格单元或不规则网格单元为评估单元,工作底图比例尺为 1：25 万～1：50 万；县（市）级尺度（中观尺度）评估以 100m×100m～200m×200m 栅格单元或不规则网格单元为评估单元,工作底图比例尺为 1：5 万～1：10 万。

7）区域土地生态状况质量综合评估：以村（镇）行政区域为评估单元。

### 1.4.3.2 土地生态状况质量综合评估方法与模型选择

根据土地生态系统特点、功能及保护目的,构建不同层次的土地生态状况质量综合评估模型。综合指数法是最常用的方法,评估指标权重确定采用德尔菲法、层次分析法、因素成对比较法等方法确定的权重进行比较,确定多方法综合权重。

采用以下公式计算土地生态评估分值：

$$S = \sum_{i=1}^{5} \left\langle W_i \times \left\{ \sum_{j=1}^{n} \times \left[ W_j \times \sum_{k=1}^{m} (W_k \times Y_k) \right] \right\} \right\rangle$$

式中, $S$ 为土地生态评估分值; $W_i$ 为准则层的权重; $n$ 为指标层的数量; $W_j$ 为指标层的权重; $m$ 为元指标数量; $W_k$ 为元指标的权重; $Y_k$ 为元指标分值。

综合指数法是利用计算综合指数的方式定量地对研究区域环境质量进行综合评价的一种方法,可用于省级尺度、县级、乡镇级、流域等不同尺度下的土地生态评估。但将评价对象的各项指标值换算成可比的指数,直接累加或算术平均并加以排序,这样往往由于强项指标值和弱项指标值相互抵消融合而损失部分有用信息，从而形成最终评价结果趋同的现象。

评估指标标准值或阈值确定参考以下标准和有关文件：

1）国家、地方、行业标准或区域各种规划指标，如国家规定的耕地保护目标、基本农田保护目标、水土流失控制目标、森林覆盖率规划目标等。

2）区域本底背景，如以自然条件相似的未受人类干扰的土地利用系统背景作为标准。

3）科学研究的判定标准，对于一些限制型指标，则采用通过综合研究和科学试验所测得的底线值或警戒值作为评价标准。

从目前的研究来看，采用国家、行业与国际的标准较多，而背景与本底值、类比标准运用较少。

土地生态状况质量综合评估目的更重要的是在于寻找土地生态状况的障碍因素，以便有针对性地对现行土地利用行为与政策进行调整，因此，需进一步对土地生态状况进行病理诊断。本研究引入了"指标偏离度"（$P_i$）和"障碍度"（$A_i$）的概念。

$$P_i = 1 - Y_k$$
$$A_i = P_i W_i W_j W_k / \sum \left( P_i W_i W_j W_k \right)$$

式中，$P_i$ 为指标偏离度；$A_i$ 为障碍度；$Y_k$ 为元指标分值；$W_i$ 为准则层的权重；$W_j$ 为指标层的权重；$W_k$ 为元指标的权重。

评估结果等级依据根据区域实际需要，按照总分值、准则层分值和指标分值综合确定，依据综合评估分值的高低，原则上控制在 3～5 类。

土地生态评估等级划分可按照综合评估分值区段和障碍因子诊断相结合的方法进行划分。

分值区段划分可参考频率曲线分析方法，即对总分值、准则层分值和指标分值进行频率统计，绘制频率直方图，按照区域现状，选择频率曲线波谷处作为分值区段的分界点。

若存在具有较大影响的障碍因子，在评估分级时，以障碍因子的分级作为该评估单元的等级。

评估结果分级方法包括：

1）主导因素划分等级。主导因素划分等级就是针对研究区域的土地生态特征，找出影响本地区生态状况的主要因素，根据主导因素的划分级别确定研究区域的整体状况。此方法适合以行政单元为评价单元，且研究尺度较大的省市级的土地生态状况评价工作。

2）多指标层矩阵法。多指标层矩阵法是将有关土地生态状况的指标分别进行分等级，通过矩阵的形式综合各个指标从而确定评价单元的级别。比如分别划分土地污染程度指数、土地毁损程度、土地退化程度、土地变化环境效应图层的等级，建立矩阵，综合确定生态状况情况。每个层面的级别划分可根据该行业标准或经验。此方法适合行政单元的评价。

3）综合指数法确定评价等级。综合指数法确定评价等级就是针对不同的评价指标体系将确定的各指数权重在 GIS 下进行叠加处理，生成生态指数结果图。

4）多指标等级组合划分法。多指标等级组合划分法是指首先对影响土地生态状况的指标进行分级，通过各指标间不同等级的组合确定最终等级结果的方法。本书以三层指标为例，将三个指标层各划分为 3 级，通过三个指标层的交叉组合最后划分评价等级（图 1-6）。

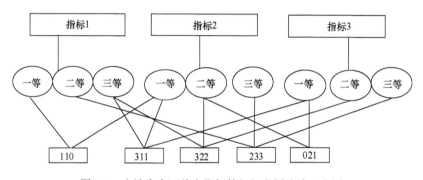

图 1-6　土地生态评估多指标等级组合划分法示意图

5）关联度分级法。如果研究区域土地生态状况评价的方法采用的是物元法，则可计算综合关联度并确定评价等级。

# 第2章　西部生态脆弱区土地生态状况调查与评估

## 2.1　引　　言

　　我国西部地区受气候、地形地貌特点的影响，气候干旱，降雨稀少，土地生态系统受外界干扰后，系统自身修复能力弱，生态环境比较脆弱。在快速工业化和城镇化的背景下，西部地区产业结构调整从单一粗放的土地利用方式向节约集约转变。随着东部地区重工业向西部地区转移，土地资源随意浪费、土地污染、生态环境破坏等土地利用问题日益严重，资源环境约束成为不可回避的现实问题。定量分析土地生态状况和水平是土地资源生态研究的重要内容之一。目前，对土地资源的生态问题研究集中于不同尺度生态安全评价和生态系统服务等方面，对土地利用政策制订和实施具有实际指导意义的土地生态状况信息匮乏，并且国内外对土地生态状况调查和评估仍未有统一的方法和技术指标。为保障土地资源合理配置，实现土地资源的可持续发展，保障我国经济社会持续、健康发展，实现我国可持续发展战略，获取土地生态状况调查评估信息及其相关研究迫在眉睫。本章以甘肃为研究区域，在全面调查西部生态脆弱区（甘肃）土地生态状况的基础上，构建了西部生态脆弱区（甘肃）土地生态状况质量综合评估体系，摸清了西部生态脆弱区（甘肃）土地生态状况，并构建了土地生态状况调查评估数据库，开展了甘肃省生态系统服务功能评定、功能区划和生态系统红线划定等，为构建绿色国土空间格局提供强有力的科技和信息支撑。

## 2.2　研究区概况

　　甘肃省地处祖国西北地区中心地带，是多民族交汇融合聚集区，东西蜿蜒1600多公里，纵横 42.59 万平方公里，约占全国面积 4.72%。地理坐标为北纬32°31′～42°57′，东经 92°13′～108°46′，是我国东部季风区、西北干旱区、青藏高寒区三大自然区的交汇地带。东接陕西，南临巴蜀青海，西倚新疆，北靠内蒙古、宁夏，被称为古丝绸之路的锁钥之地和黄金路段。是我国东中部地区和西北地区的结合部，是连接大西北的枢纽，也是新亚欧大陆桥的重要通道。在保障国家生态安全、促进民族团结繁荣发展和边疆稳固等方面，具有重要的战略地位。

甘肃省包括兰州、天水、白银、金昌、嘉峪关、武威、庆阳、平凉、张掖、酒泉、定西、陇南 12 个地级市，临夏、甘南 2 个自治州，兰州市为省会城市，是全省政治、经济和文化的中心。甘肃省是古代东西往来的交通要道，是丝绸之路必经之地，如今，甘肃省的省会兰州又是陇海、包兰、兰新、兰青、青藏铁路的枢纽，向东可达宝鸡、西安、洛阳、郑州、南京、上海，向东北可到银川、包头、呼和浩特、北京，向西经过乌鲁木齐可达哈萨克斯坦的阿拉木图，向西南经过西宁、格尔木可达拉萨。

# 2.3　西部生态脆弱区（甘肃）土地生态状况调查与评估技术方法

## 2.3.1　土地生态状况调查指标与方法

调查指标从土地利用/土地覆被因子、土壤因子、植被因子、地貌与气候因子、土地污染损毁与退化状况、生态建设状况等土地生态状况基础性调查指标，以及区域性调查指标等方面，构建土地生态状况调查指标体系，其构成包括准则层、指标层和元指标层。

区域性指标信息获取：采用 ETM、MODIS 等多波段遥感影像，结合野外调查，提取土地沙化信息。水土流失敏感性信息获取以通用水土流失方程（USLE）为基础，综合考虑地形地貌、降水、植被与土壤质地等因素，选取地形起伏度、降水冲蚀力 $R$ 值、植被覆盖度和土壤质地等因子作为评价甘肃省水土流失的敏感性因子，见表 2-1。

表 2-1　水土流失影响因子及分级指标

| 影响因子 | 不敏感 | 轻度敏感 | 中度敏感 | 高度敏感 | 极敏感 |
|---|---|---|---|---|---|
| 地形起伏度（m） | 0~20 | 20~50 | 50~100 | 100~250 | >250 |
| 植被覆盖度（%） | >85 | 85~60 | 60~35 | 35~15 | <15 |
| 土壤质地 | 石砾、沙 | 粗砂土、细砂土、黏土 | 面砂、壤土 | 砂壤土、粉黏土、壤黏土 | 砂粉土、粉土 |
| 降水侵蚀力 | <25 | >600 | 400~600 | 100~400 | 25~100 |

地形因素：地形起伏、坡度、坡长和坡形都会影响水土流失的程度，其中地形起伏度、坡度、坡长与水土流失强度呈正相关；坡形可分为凸形和凹形，凸形坡面水流较急，凹形坡面下部水流较缓，凸形坡面的水土流失常较凹形坡面严重。此外，地形破碎程度亦对水土流失有重要影响，破碎度越高，发生水土流失的可能性也越高。黄土梁峁丘陵在本区分布很广，是最重要的地貌类型。该地貌类型

地形起伏度变化较大，地表形态支离破碎，沟壑纵横，一般坡度也较大，坡长较长，凸形坡面较多，易造成水土流失。

植被因素：植被防止水土流失的主要功能有截留降水、涵养水源、固持土体、改良土壤活化性质、减低风速、防止风害，改善小气候。良好的植被可以改良土壤性状，通过根系固结土壤，阻留降水，减轻水蚀作用，缓和并分散径流。植被覆盖率高的地区，如森林茂密区很少发生水土流失；而在过度砍伐或过度放牧引起植被破坏的地区，水土流失则较严重。本区自然植被覆盖率广泛低下，以草原类型为主，由多年旱生、丛生的草本和小灌木及次生林木组成，且由于生态环境恶劣，往往群落低矮、稀疏，不利于水土保持。

土壤：土壤是侵蚀作用的主要对象，土壤的透水性、抗蚀性、抗冲性对水土流失的影响很大。土壤质地过粗，抗冲力小，易发生水土流失；质地过细，渗水性差，地表径流强，也易发生水土流失。经过专家研究，将土壤质地根据其易侵蚀程度分为五级，本区对水土流失敏感性为中度敏感和高度敏感的土类占全部土类的 80%以上，质地多为黏壤土、壤土、砂质壤土和粉砂质黏壤土。

气候因素：降水强度、降水历时、降水频率与水土流失的强度和频率成正比。据统计，一般最大一次降雨的水土流失量可以占全年总水土流失量的 50%~70%，最大两次降雨的水土流失量可占全年水土流失量的 80%以上。本区降水季节分配不均，主要集中于 6~9 月，雨季雨强、雨量较大，是造成水土流失的重要原因之一。

选取降水侵蚀力作为综合衡量降水对水土流失影响的因子，计算时选用 Wischmeier 经验公式，根据本区近 10 年来的气象站点数据插值获得降水侵蚀力的空间连续数据。降水侵蚀力计算公式如下：

$$R = \sum_{i=1}^{12} 1.735 \times 10^{1.5 \times \lg(P_i^2 / P) - 0.8188}$$

式中，$R$ 为年降水侵蚀力；$P_i$ 为各月平均降水量，mm；$P$ 为年平均降水量，mm。

水土流失敏感性分析采用层次分析法结合 GIS 空间分析的方法来进行。通过层次分析法来确定各影响因子的权重。具体步骤如下：首先选取水土流失敏感性分析的影响因子；其次建立层次结构模型；然后进行模型计算。具体如下所述。

层次结构模型：a. 总目标：A—水土流失敏感性分析；b. 影响因子：$B_1$—地形起伏度，$B_2$—植被覆盖度，$B_3$—土壤质地，$B_4$—降水侵蚀力。

模型计算：根据该模型层次结构，依据专家汇总、数据资料分析及认识，通过构造判断矩阵，利用 Matlab6.5 计算层次单排序及一致性检验。计算结果如表 2-2。结果显示，在水土流失敏感性分析的 4 个因子中，地形起伏度是最重要的，其权重为 0.523；其次是降水侵蚀力，权重为 0.216；再次是植被覆盖度，其权重为 0.211；最后是土壤质地，权重为 0.052。

表 2-2 **A-B 判断矩阵及层次排序结果**

| A | $B_1$ | $B_2$ | $B_3$ | $B_4$ | W | 排序 | |
|---|---|---|---|---|---|---|---|
| $B_1$ | 1 | 3 | 7 | 3 | 0.523 | 1 | $\lambda_{max}$=4.0741 |
| $B_2$ | 1/3 | 1 | 5 | 1 | 0.211 | 3 | CI=0.0247 |
| $B_3$ | 1/7 | 1/5 | 1 | 1/5 | 0.052 | 4 | RI=0.90 |
| $B_4$ | 1/3 | 1 | 5 | 1 | 0.216 | 2 | CR=0.0274，<0.1 |

### 2.3.2 土地生态状况质量评估指标构建与综合评估

评估指标采用重点区域土地生态状况质量综合评估指标体系。将各个指标因子权重与德尔菲法获取的权重值进行比较，对各个指标因子权重值进行校验，得到各指标权重（表 2-3）。

表 2-3 **元指标权重**

| 准则层 | 指标层 | 元指标层 | 权重 | 属性 |
|---|---|---|---|---|
| 土地生态状况自然基础性指标层 | 气候条件指数 | 年均降水量 | 0.0411 | 区间值 |
| | 土地生产力 | 粮食产量 | 0.0400 | 正指标 |
| | | 土壤有机质含量 | 0.0400 | 正指标 |
| | 土壤条件指数 | 有效土层厚度 | 0.0403 | 正指标 |
| | | 土壤碳蓄积量水平 | 0.0405 | 正指标 |
| | 立地条件指数 | 坡度 | 0.0414 | 区间值 |
| | | 高程 | 0.0374 | 区间值 |
| | 植被状况指数 | 植被覆盖度 | 0.0523 | 正指标 |
| | | NPP | 0.0408 | 正指标 |
| 土地生态状况结构性指标层 | 景观多样性指数 | 土地利用类型多样性指数 | 0.0305 | 正指标 |
| | 土地利用/覆盖类型比例 | 无污染高等级耕地比例 | 0.0316 | 正指标 |
| | | 有林地与防护林比例 | 0.0297 | 正指标 |
| | | 天然草地比例 | 0.0283 | 正指标 |
| | | 无污染水面比例 | 0.0279 | 正指标 |
| | | 生态基础设施用地比例 | 0.0280 | 正指标 |
| | | 城镇建设建设用地比例 | 0.0241 | 正指标 |
| | 土地退化指标(−) | 耕地年退化率 | 0.0222 | 逆指标 |
| | | 林地年退化率 | 0.0234 | 逆指标 |
| | | 湿地年减少率 | 0.0234 | 逆指标 |
| | | 水域年减少率 | 0.0235 | 逆指标 |

续表

| 准则层 | 指标层 | 元指标层 | 权重 | 属性 |
|---|---|---|---|---|
| 生态建设与保护综合效应指标层 | 生态建设指标 | 未利用土地开发利用面积年增加率 | 0.0205 | 正指标 |
| | | 生态退耕年比例 | 0.0295 | 正指标 |
| | | 湿地年均增加率 | 0.0290 | 正指标 |
| | 生态压力指数 | 区域环境质量指数 | 0.0500 | 正指标 |
| | | 人口密度 | 0.0396 | 逆指标 |
| | 生态建设与保护发展协调指数 | 人口与生态用地增长弹性系数 | 0.0191 | 正指标 |
| | | 地区生产总值与生态用地增长贡献度 | 0.0181 | 正指标 |
| | | 地区生产总值与生态用地增长弹性系数 | 0.0181 | 正指标 |
| 西部生态脆弱区区域性指标 | 土地退化 | 土地沙化面积比例 | 0.0403 | 逆指标 |
| | | 水土流失敏感性 | 0.0503 | 逆指标 |

# 2.4　西部生态脆弱区（甘肃）土地生态状况质量准则层评估结果

## 2.4.1　土地生态自然基础状况

自然基础状况从根本上决定了土地生态环境的综合质量，起到核心和关键作用。良好的水热条件和土壤质地是植被或者农作物生长的基础条件，地形地貌从自然分区和微地形多方面决定了该区域的自然条件，所以说土地生态自然基础状况从根本上对土地生态状况质量起决定作用。综合地形、气候、土壤、植被状况等方面的因素对该区土地生态自然基础状况进行评价，选取年均降雨量、土壤有机质含量、有效土层厚度、土壤碳蓄积量水平、坡度、高程、植被盖度、生物量等因子综合评估甘肃省的土地生态自然基础状况。

甘肃省土地生态基础状况总体呈现南高北低、东高西低的趋势，甘南藏族自治州、陇南山区和祁连山地区土地自然基础状况好于北部戈壁、荒漠区。良好的水热条件和肥沃的土壤地质在土地生态自然基础状况中起到关键作用，也决定了甘肃省土地生态自然基础状况的基本格局。其中，南部甘南、陇南地区土地生态基础状况数值最高，为 0.7478。酒泉戈壁、民勤沙漠地区土地生态基础状况数值最低，为 0.0323。河西走廊地区居中。甘肃省土地生态自然基础状况空间分布图详见图 2-1。

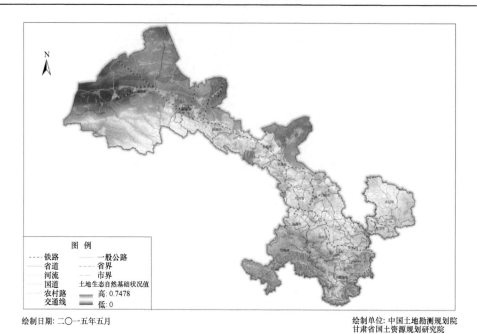

图 例
----铁路　　　----一般公路
——省道　　　----省界
——河流　　　--　市界
——国道　　　土地生态自然基础状况值
——农村路　　　高: 0.7478
——交通线　　　低: 0

绘制日期: 二〇一五年五月　　　　　　　　　　　绘制单位: 中国土地勘测规划院
　　　　　　　　　　　　　　　　　　　　　　　甘肃省国土资源规划研究院

图 2-1　甘肃省土地生态自然基础状况图

### 2.4.1.1　酒泉市土地生态基础状况

　　酒泉市土地生态基础状况总体呈现南高北低的趋势，祁连山区和中部绿洲区土地自然基础状况好于北部戈壁、荒漠区。南部肃北县、阿克塞县、玉门市、肃州区、金塔绿洲土地生态基础状况数值较高，最高为 0.1825，敦煌市、瓜州县、肃北县数值较低，最低为 0.0216。这与酒泉市的植被分布、水源涵养区分布规律相吻合。酒泉市土地生态基础状况空间分布图详见图 2-2。对酒泉市土地自然基础状况的各指标进一步分析，高程因子变化较为明显，南高北低，中部地区形成一个低海拔区域，海拔在 658~5843m 之间。南部阿克塞、肃北地区为祁连山地，海拔在 3000~5000m 左右;中部低海拔地区是酒泉盆地和部分洼地，海拔在 1500m以下;盆地南部是祁连山山前倾斜平原，海拔略高，约 1500~1800m，盆地以北为北部系广阔砾漠，即砾质和沙质戈壁区，紧接北山，北山为阿拉善台块的一部分，范围广大，统称马鬃山，海拔 1500~2000m。土壤有机质含量总体较少，在 0~0.56%之间，就空间分布而言，南部冰川高山地区和北部马鬃山地区有机质含量相对较高，中间盆地相对较低;酒泉地区植被盖度相对较低，总体而言，中间盆地地区植被高度相对较高;NPP 测算结果显示，南部高山地区和中部盆地地区NPP 相对较高，北部山区相对较低。

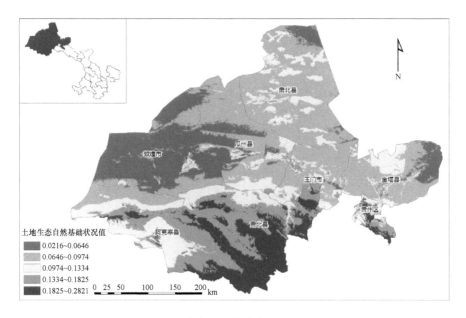

图 2-2　酒泉市土地生态自然基础状况图

#### 2.4.1.2　陇南市土地生态基础状况

陇南市土地生态基础状况总体呈现：高海拔山脊山坡地区良好、低海拔河谷地区较差的规律，这与水土流失有直接关系。具体空间分布上表现为文县、武都区、康县一线东南部，宕昌县西南部、两当县东南部土地生态基础状况较好，数值在 0.4072~0.5046 之间，礼县东北部、武都区西北部土地生态基础状况较差。西和、成县地区土地生态基础状况处于中间档次，数值在 0.3262~0.3655 之间。陇南市土地生态基础状况空间分布图详见图 2-3。

#### 2.4.1.3　甘南州土地生态自然基础状况

甘南州土地生态基础状况总体呈现：南高北低状态，迭部、舟曲、玛曲、碌曲、卓尼等县整体状况较好，区间值为 0.3821~0.5696；夏河、临潭、合作市所在地土地生态基础状况较差，区间值为 0.1842~0.3821。

#### 2.4.1.4　陇东陇中黄土高原土地生态状况自然基础性状况

陇东陇中黄土高原土地生态状况自然基础性指标分值介于 0.138~0.486 之间，采用 Natural Breaks 法将评价结果分值分为 5 级，1~5 级自然状况逐级递增，分值区间分别为 0.138~0.216、0.216~0.258、0.258~0.299、0.299~0.350、0.350~0.48。评估区分为两大区域：西南区和东北区，西南区大部分区域为渭河流域，

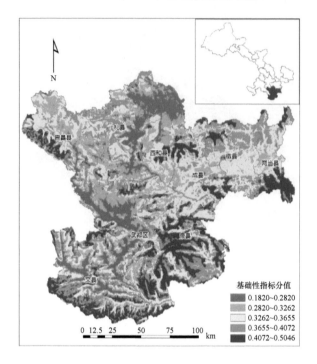

图 2-3 陇南市土地生态状况基础性指标准则层评估图

东北北区为泾河流域。从空间分布上来看，评估区土地生态自然基础状况基本沿东南-西北一线，逐级变差，但两大流域间略有差别。土地生态状况最好的区域主要集中在渭河流域西南区域，最差的区域在泾河支流马莲河上游和会宁县。

#### 2.4.1.5 河西走廊土地生态基础性状况

河西走廊评估区生态状况基础性指标分值介于 0～0.184 之间，自然基础性指标分值自南向北呈明显的规律性特征，其中黑河流域自东南向西北分值逐渐降低，从行政区来看，呈现由民乐县→山丹县、甘州区、肃南裕固族自治县→临泽县、高台县、嘉峪关三级递减的趋势；石羊河流域自西南向东北分值逐渐降低，也呈现由肃南裕固族自治县、天祝藏族自治县→古浪县、凉州区、永昌县→金川区、民勤县三级递减的趋势。评估区地貌上属于青藏高原、内蒙古高原及黄土高原的交汇区，南北依山，大体可分为中低山、山前冲积平原、走廊细土平原、沙漠戈壁平原、河谷冲积平原以及风积沙丘平原，地势自南向北逐渐降低，区内黑河与石羊河均发源于南部祁连山脉，降雨量自南向北逐渐降低。由图 2-4 可知，评估区土地生态自然基础状况指标层分值变化趋势与地势变化、降雨量变化趋势相近。

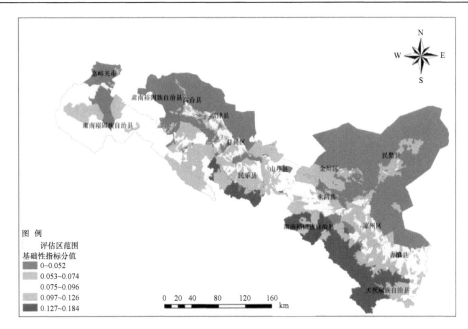

图 2-4　河西走廊土地生态状况基础性指标准则层评估图

## 2.4.2　土地生态结构状况

土地生态结构反映区域土地利用景观特点，评价主要从各类生态用地比重方面来分析土地生态结构状况，选取地物所占比例和土地利用/覆被指数进行评价。

景观多样性是指景观单元在结构和功能方面的多样性，它反映了景观的复杂程度。景观多样性主要研究组成景观的斑块在数量、大小、形状和景观的类型、分布及其斑块间的连接性、连通性等结构和功能上的多样性，它与生态系统多样性、物种多样性和遗传多样性在研究内容和研究方法上有所不同。景观要素可分为斑块、廊道和基质。斑块是景观尺度上最小的均质单元，它的大小、数量、形态和起源等对景观多样性有重要意义。廊道成线状或带状，是联系斑块的纽带，不同景观有不同类型的廊道。基质是景观中面积较大、连续性高的部分，往往形成景观的背景。

景观类型多样性的生态意义主要表现为对物种多样性的影响。类型多样性和物种多样性的关系不是简单的正比关系。景观类型多样性的增加既可增加物种多样性又可减少物种多样性。在单一的农田景观中，增加适度的森林斑块，可引入一些森林生境的物种，增加物种的多样性。而近年来森林大规模破坏，毁林开荒，造成生境的片段化，森林面积的锐减以及结构单一的人工生态系统的大面积出现，形成了极为多样化的变化模式。其结果虽然增加了景观类型多样性，但给物种多样性保护造成了严重的困难。在景观中类型多样性和物种多样性的关系一般呈正态分布。在景观类型少、大的均质斑块、小的边缘生境条件下，物种多样性也低；随着类型（生境）多样性和边缘物种增加，物种多样性也增加，当景观类型、斑块数目与边缘生境达到最佳比率时，物种多样性最高。随着景观类型增多、斑块数目增多，景观破碎化，致使斑块内部物种迁移出去，物种多样性降低；最后，残留的小斑块有重要意义的生境，维持低的物种多样性。

　　甘肃省土地生态状况结构性指标分值介于 0.0101～0.5642 之间，空间分布总体呈现南高北低、东高西低的规律。兰州以南、以东土地利用形式多样，景观结构相对复杂；中部祁连山区因森林、灌丛密布，土地生态结构指数也相对较高；酒泉地区因戈壁广布、土地利用形式单一，景观比较单调，土地生态结构指数在全省范围内属最低。甘肃省土地生态结构状况空间分布图详见图 2-5。

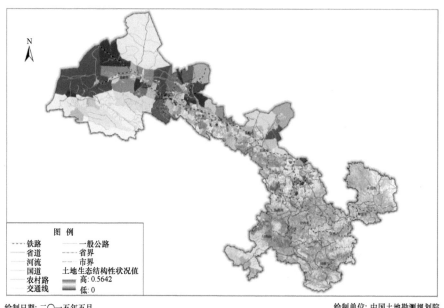

绘制日期：二〇一五年五月

绘制单位：中国土地勘测规划院
　　　　　甘肃省国土资源规划研究院

图 2-5　甘肃省土地生态结构性状况图

## 2.4.2.1　酒泉市土地生态基础状况

　　酒泉市地处河西走廊荒漠草原区，土地利用类型相对简单，土地生态状况结构性指标评价分值介于 0.0077～0.3625 之间，空间分布总体呈现南北高、中间低的规律。酒泉市南部阿克塞县、肃北县南部、肃州区部分区域和肃北县北部土地生态结构评价分值较高，其中肃北县北部地区和肃州区部分地区土地生态结构最好，阿克塞县和肃北县北部地区相对次之，而敦煌市、瓜州县、玉门市、金塔县一线以北，土地生态结构状况数值较低，其中敦煌市和瓜州县北部地区及玉门市东部地区及其他零星地区土地生态结构状况相对较差。究其原因主要是南部地区海拔相对较高，草地比例数值较大，所以南部及北部肃北县土地生态结构相对良好。

### 2.4.2.2　陇南市土地生态结构状况

陇南市土地生态状况结构性指标分值介于 0.0015～0.3875 之间，土地生态结构状况总体呈现：高海拔地区良好、低海拔地区较差的规律。具体空间分布上表现为文县、康县南部地区、宕昌县西南部、两当县南部及徽县北部土地生态结构状况较好，礼县、成县、宕昌县东部、康县北部、武都区东部土地生态基础状况较差。陇南市土地生态结构状况空间分布图详见图 2-6。

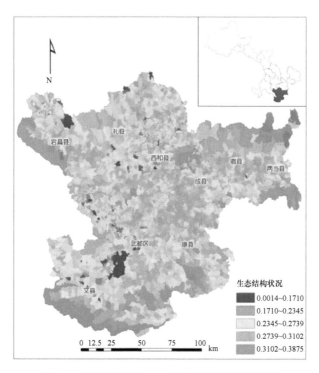

图 2-6　陇南市土地生态结构状况准则层评估图

### 2.4.2.3　甘南州土地生态结构状况

甘南州土地生态状况结构性指标分值介于 0.1714～0.3883 之间，空间分布规律为：南部碌曲县、玛曲县及舟曲县、迭部县大部分区域土地生态结构状况较好，东北部地区卓尼县、临潭县、夏河县较差，但合作市东部土地生态结构状况较好。

### 2.4.2.4 陇东陇中黄土高原地区土地生态结构状况

对陇东陇中黄土高原地区土地生态结构状况进行评价，评价分值介于0.030～0.383之间，共分为5个等级：0.030～0.176为1级，0.176～0.231为2级，0.231～0.268为3级，0.268～0.300为4级，0.300～0.383为5级（图2-7）。由图2-7可知，本区西南区土地生态结构状况评价分值较高，东北区相对较低。西南区除临洮西北角，岷县及会宁等地零星出现分值较低的区域外，土地生态结构状况基本都在3级以上，大部分区域在4～5级之间；而东北区泾河流域土地生态结构状况整体较差，除泾川县、环县西南部及其他地区零星出现5级的高值外，大部分区域介于3～4级之间，区域东北部子午岭地区出现1～2级的低值区。

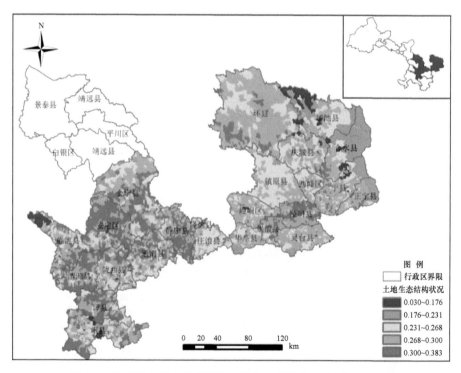

图2-7 陇东陇中黄土高原地区土地生态结构状况准则层评估图

### 2.4.2.5 河西走廊土地生态结构

从景观多样性指数和土地利用/覆被类型比例两方面对评估区土地生态状况结构性特征进行分析。土地生态结构性指标分值可分为<0.014，015～0.027，

0.028～0.037，0.038～0.047，0.048～0.085 五个等级，结合降雨量、地形等因素进行分析，未发现土地生态结构性指标分值的分布特征。考虑到河西走廊的绿洲生态与内陆河关系密切，将评估区水系图与土地生态结构性指标分布图叠加后发现，分值较高的区域主要沿河流分布（图 2-8）。

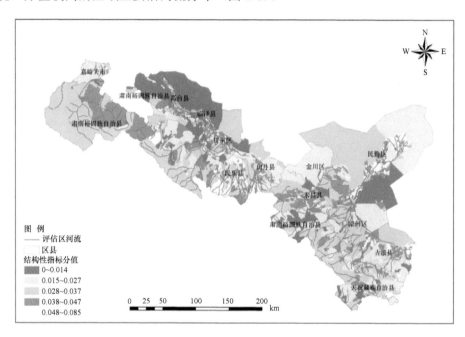

图 2-8　河西走廊土地生态状况结构性指标准则层评估图

## 2.4.3　土地生态退化情况

　　土地退化是导致贫困和阻碍经济与社会持续发展的全球性的严重生态环境问题之一，主要是指人类不合理或过度的经济活动和脆弱生态系统之间相互作用、相互影响而造成土地压力，如生产力下降、土地资源丧失的过程，从而降低土地的物理、化学或生物状态。土地退化分为沙化、盐渍化和水土流失等。土地沙化是指沙质荒漠化或风蚀荒漠化，是在干旱、半干旱和部分半湿润地区，在一定沙砾物质基础和干旱大风的空气动力为主的自然营力条件下，由过度人为活动造成植被破坏与资源环境不相协调所产生的一种以风沙活动为重要标志的土地退化过程。

　　根据土地生态退化相关研究理论和数据库实际情况，本研究考虑了耕地、林地、草地、湿地、水域等具有生态功能的土地利用类型年均减少率。本次评价主要从耕地、林地、湿地及水域四种生态类型的年均退化率进行分析，综合评估甘肃省土地退化状况。

　　甘肃省土地退化状况评价分值在 0～0.6034 之间，评价分值高说明土地退化严重，分值低说明土地退化不明显。综合评价结果显示，甘肃省土地退化状况不严重，整体耕地、林地、草地、湿地、水域等具有生态功能的土地退化现象不明显。全省退化零星分布。相对退化严重地区分布在河西走廊西段，张掖至酒泉一段小部分区域评价值较高，玉门市、瓜州县及敦煌市有零星高值区分布，其余地区土地退化不明显。从各类生态功能较为突出的土地利用类型面积变化情况来看，甘肃省耕地、林地、湿地面积均有明显退化，水域面积退化较少，其余地区各种土地利用类型退化率都很小，说明甘肃省耕地、林地、湿地及水域的保护工作相对较好。甘肃省土地退化状况评价结果空间分布及评价指标因子土地利用退化率详见图 2-9。

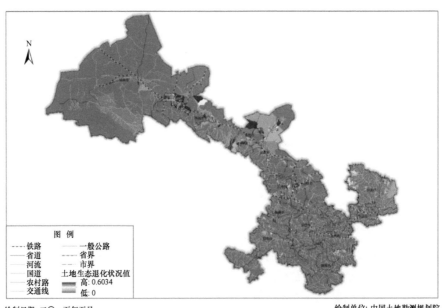

图 2-9　甘肃省土地生态退化状况空间分布图

### 2.4.3.1　酒泉市土地生态退化状况

　　酒泉市土地退化状况评价分值在 0～0.6034 之间，评价分值高说明土地退化严重，分值低说明土地退化不明显。综合评价结果显示，肃州区土地退化评价值较高，玉门市、瓜州县及敦煌市有零星高值区分布，其余地区土地退化不明显。从各类生态功能较为突出的土地利用类型面积变化情况来看，肃州区耕地、林地、湿地面积均有明显退化，水域面积退化较少，其余地区各种土地利用类型退化率都很小，说明当地除肃州区以外其余地区耕地、林地、湿地及水域的保护工作相对较好（详见《2013 年西部生态脆弱区土地生态状况各类指标系列图册》）。

### 2.4.3.2　陇南市土地退化状况

陇南市土地退化状况评价分值在 0～0.3874 之间，综合评价结果显示，陇南市每个县都存在不同程度的土地退化，中部及东北部地区土地退化较为严重，武都区、徽县及两当县界内土地退化严重区域面积较大，其余各县土地退化状况分值较大区域零星分布，大部分区域土地退化不明显。单从各类评价指标因子土地利用退化情况来看，陇南市耕地、林地、湿地、水域面积年均变化范围及退化率都不大，各类因子退化状况大体上呈点状分布。耕地年均退化面积较大区域主要在徽县，林地退化面积在两当县及武都区图斑较大且有零星严重退化图斑，湿地退化区域主要分布在武都区，康县及礼县存在个别退化值较大的碎小图斑，水域退化较少，大部分分布在武都区及文县。总体来说，土地退化现象不严重。陇南市土地退化状况评价结果空间分布及评价指标因子土地利用退化率详见图 2-10。

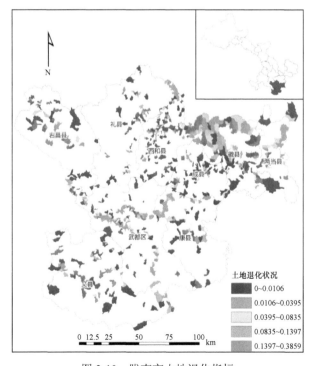

图 2-10　陇南市土地退化指标

### 2.4.3.3　甘南州土地退化状况

甘南州土地退化状况评价分值在 0～0.1546 之间，数值整体偏小，说明土地退化现象不严重。甘南土地退化地区主要分布在夏河县、合作市、迭部县、卓尼县、舟曲县，其中土地退化重点区域分布在夏河县及迭部县，其他地区土地退化状况均为零星分布，甘南州西南地区基本没有出现土地退化现象。从各类评价指标因子土地利用退化情况来看，耕地年均退化面积较大区域主要分布在舟曲县、卓尼县、临潭县、迭部县及夏河县小部分地区，但退化幅度不大，退化率指标指数基本不超过 5%，林地退化面积分布在甘南州东部地区，大部分区域退化率小于2%，湿地及水域退化区域主要分布东部地区，且退化幅度都很小。综合四类评价指标土地利用退化状况，甘南州土地退化现象不严重。

### 2.4.3.4　陇东陇中黄土高原地区土地退化状况

土地退化主要考虑耕地、林地、草地、湿地、水域等具有生态功能的土地利用类型年均减少率。评价分值在 0～0.373 之间，评价分值高说明土地退化严重，分值低说明土地退化不明显。综合评价结果显示，单从各类生态功能较为突出的土地利用类型面积减少情况来看，评估区土地退化不是十分明显。高值区零星分布在安定区、崆峒区、西峰区等经济较为发达的地区。

## 2.4.4　生态建设与保护状况

在西部大开发战略中，生态环境保护与建设被列为重要内容，使得西部生态环境得到了明显的改善，不仅造福西部，而且惠及全国。尽管西部的生态环境保护与建设工程及政策取得了一定的成就，但不少生态环境保护与建设工程，在工程规划、设计、实施和可持续性等诸多方面存在亟待解决的重大问题，生态环境仍处于局部在改善、整体在恶化的状态，环境问题依然严峻。

根据生态建设与保护相关研究理论和数据库实际情况，甘肃省生态建设与保护针对性地综合考虑了生态建设指数、生态压力指数、生态效益指数、生态建设与保护发展协调指数四方面，并对评估区生态建设与保护状况进行评估。

甘肃省生态建设与保护综合效应总分值在 0～0.8500 之间，区域间分值差异较大，空间分布总体呈现南高北低、东高西低的规律，其中河西走廊祁连山段生态建设与保护状况也比较良好。数值越大，表示该地区生态建设与保护措施有效，效果良好，反之，生态建设与保护欠佳。

甘肃省东部、南部、中部祁连山地区因林场建设，生态建设与环境保护效果良好。内陆河流中的石羊河下游、黑河下游、疏勒河下游地区生态建设与保护相对较差，数值较低，同时该地区也是甘肃省生态环境脆弱地区和敏感地区，一旦遭到破坏，生态环境再恢复就需要付出极大的代价。生态建设与保护状况详图见图 2-11。

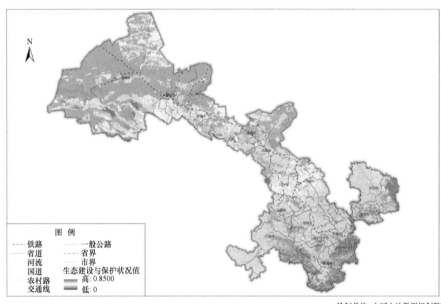

图 2-11　甘肃省生态建设与保护状况空间分布

### 2.4.4.1　酒泉市生态建设与保护状况

酒泉市生态建设与保护综合效应总分值在 0.1676～0.7712 之间，区域间分值差异较大，空间分布总体呈现南北高、中间低的规律，南部阿克塞县、肃北县、肃州区部分区域生态建设与保护状况较好；敦煌市、瓜州县、玉门市、金塔县一线以北，生态建设与保护状况分值较低；北部肃北县生态建设与保护状况良好。酒泉市生态建设与保护状况空间分布详见图 2-12。

### 2.4.4.2　陇南市土地生态建设与保护状况

陇南市生态建设与保护综合效应总分值在 0.1978～0.8474 之间，总体上生态建设与保护状况较好，空间分布呈现西北地区高、东部及南部较低的规律，宕昌县东南部、礼县、西和县、武都区生态建设与保护状况较好；文县、康县东南部，徽县、两当县北部，宕昌县西部生态建设与保护状况分值较低；其余地区生态建设与保护状况良好。陇南市生态建设与保护状况空间分布详见图 2-13。

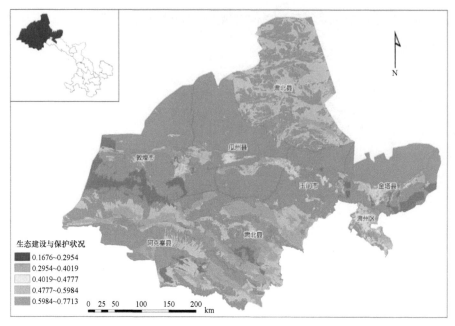

图 2-12　酒泉市生态建设与保护综合效应准则层评估图

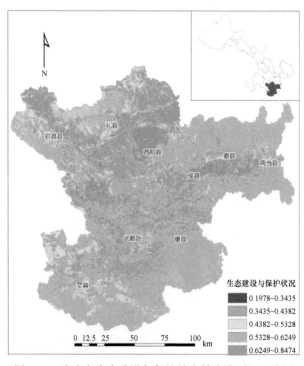

图 2-13　陇南市生态建设与保护综合效应准则层评估图

### 2.4.4.3 甘南生态建设与保护综合效应状况

甘南州生态建设与保护综合效应总分值在 0.1998～0.7046 之间，区域间分值差异较小，大部分地区生态建设与保护状况较好，分值处于均值或均值以上，空间分布总体呈现西部低、东部高的规律。西部玛曲县、碌曲县、夏河县生态建设与保护状况良好，综合效应分值在 0.4 左右；东部舟曲县、迭部县、卓尼县生态建设与保护状况分值高；临潭县、迭部县与卓尼县交界处小片区域及其他县一些零星碎小图斑生态建设与保护状况较差，甘南州生态建设与保护状况空间分布详见图 2-14。

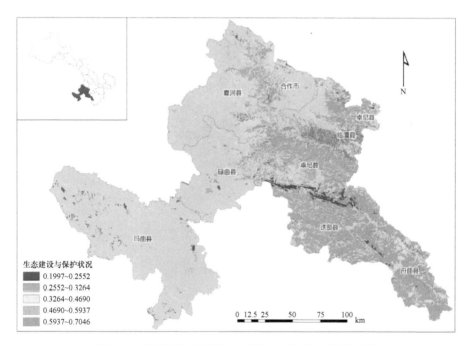

图 2-14 甘南州生态建设与保护综合效应准则层评估图

### 2.4.4.4 陇东陇中黄土高原地区生态建设与保护综合效应状况

本区土地生态建设与保护状况整体较差，大部分地区评估分值集中在 2～3 级之间。从区域来看，东北区整体状况好于西南区。东北区泾河流域人口相对集中，且环境质量相对较好，因此，整体而言，该区生态建设与保护综合效应好于西南区。从空间分布来看，该区生态建设与保护综合效应较好的 4、5 级区域主要集中在合水、宁县、正宁县东北区的子午岭及崆峒区、华亭县、崇信县、灵台县的西南部地区；最差的 1 级区域主要集中在西峰区、镇远县及崆峒区、华亭县东北部等地。西南区大部分地区生态建设与保护综合效应较差,主要集中在0.196～0.334的1级范围内。渭河流域渭源、漳县、岷县部分区域生态环境较好的区域生态建设与保护综合效应相对较好。因此,本区土地生态管护工作以水土保持和流域综合治理为重点,加强森林资源保护,巩固和发展退耕还林成果,加强坡耕地改造,促进黄土高原生态屏障建设(图2-15)。

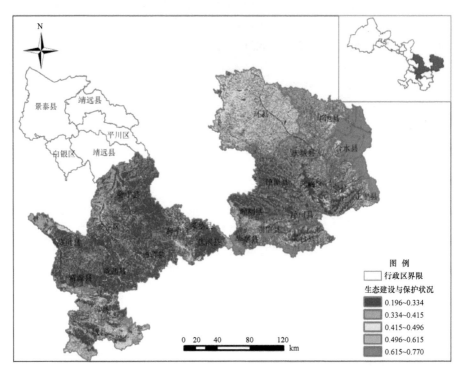

图2-15　陇东陇中黄土高原地区生态建设与保护综合效应准则层评估图

### 2.4.4.5　河西走廊生态建设与保护状况

从生态建设指数、生态压力指数、生态建设与保护发展协调指数三方面对评估区生态建设与保护状况进行评估,河西走廊生态建设与保护综合效应分值总体上呈现南北两侧较高,中部较低的特点,总分值在0.044～0.134之间,大部分县区土地利用类型较多的城市区域分值较低。土地生态建设从未利用土地开发利用面积年增加率、生态退耕率、湿地年均增加率、人均林木蓄积量4个方面进行评估,评估区除民勤县外,其他县区两年来土地开发利用面积年增加率、生态退耕率、湿地年均增加率计算数值均很小,可忽略不计,因此大部分区域人均林木蓄积量即反映土地生态建设与保护状况。除肃南裕固族自治县大部分区域、天祝藏

族自治县南部地区外,民勤县土地生态建设与保护分值较高,这是由于民勤县近
年来生态环境恶化严重,为维持当地人民生产、生活,民勤县生态建设与保护工
作较其他地区做得较好。

## 2.4.5 西部生态脆弱区特征

西部生态脆弱区的主要区域特征为水土流失和土地沙化,依据相关数据搜集
和计算情况,综合考虑并选取地形地貌、降水、植被与土壤质地等因素,选取地
形起伏度、植被覆盖度和土壤质地等因素作为评价因子,对甘肃省的水土流失问
题进行量化评价。甘肃省水土流失评价分值在 0~1 之间,水土流失程度在空间上
表现出复杂的空间分布规律。具体表现为:南高北低规律、水土流失依据地形起
伏分散分布,其中河谷坡面水土流失相对严重,比如甘肃的庆阳市西北部地区、
甘南州东南部地区、祁连山脉西段等;相对而言,酒泉北部广袤戈壁滩、黑河、
石羊河下游地区水土流失程度评价分值较低。造成此现象的主要原因为:南部地
处祁连山西端,海拔较高,地形起伏大,降水量相对于北部略多,造成水土流失
现象严重且水土流失风险较大。而北部戈壁滩及沙漠面积较大,地势平坦,降雨
量极少,水土不易流失,土壤侵蚀程度较低。甘肃水土流失状况空间分布详见
图 2-16。

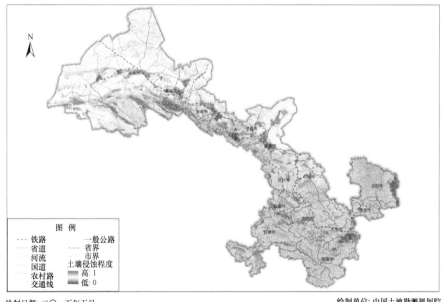

图 2-16 甘肃省水土流失状况空间分布图

### 2.4.5.1　酒泉市土地沙化情况

酒泉市土地沙化面积在 0～47.03%之间,土地沙化面积在空间上呈东西高南北低的规律。东部金塔县南部和肃州区南部土地沙化面积相对较大,最高达47.03%,西部敦煌市土地沙化面积较大,阿克塞县和肃北县南部地区相对次之;北部肃北县北部、瓜州县、玉门市一线以北土地沙化面积相对较少。造成此现象的主要原因为:东部金塔县和肃州区位于巴丹吉林沙漠西南部边缘地区,敦煌市为库姆塔格沙漠东部地区,因而沙化面积较大;南部地区由于临近沙漠,土地沙化面积相对较大,北部戈壁滩及沙漠面积较大,地势平坦,降雨量极少,土地利用以戈壁荒滩为主,沙化相对较少。

### 2.4.5.2　陇南市土壤侵蚀

陇南市土壤侵蚀评价分值在 0.1413～0.7430 之间,土壤侵蚀规律呈现为:高海拔山脊山坡地区水土流失程度较小,低海拔河谷地区水土流失情况较为严重。具体空间分布上表现为西南部文县、武都区、宕昌县、礼县和西和县南部沿河道水土流失严重;北部徽县、礼县及西和县北边大部分区域水土流失程度较轻;其余地区水土流失程度较轻,分布不集中,但分布范围较大。陇南市土壤侵蚀状况空间分布详见图2-17。

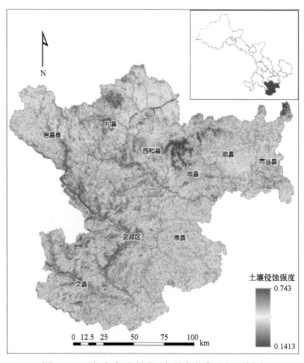

图 2-17　陇南市土壤侵蚀强度指标层评估图

### 2.4.5.3　甘南州土壤侵蚀强度状况

综合考虑地形地貌、降水、植被与土壤质地等因素，选取地形起伏度、植被覆盖度和土壤质地等因素作为评价因子，对酒泉市、陇南市、甘南州的水土流失问题进行量化评价。甘南州土壤侵蚀评价分值在 0.1639～0.8207 之间，土壤侵蚀规律总体呈现为南高北低，但玛曲县东南部土壤侵蚀分值较低，这是海拔及降水量共同作用的结果。具体空间分布上表现为玛曲县西北部、碌曲县、迭部县、舟曲县水土流失程度较为严重；北部夏河县、合作市、卓尼县及玛曲县东南部水土流失程度较轻；其余地区水土流失图斑比较碎小分散，但分布范围较大。甘南州土壤侵蚀状况空间分布详见图 2-18。

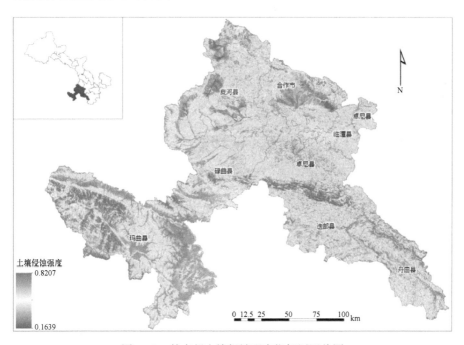

图 2-18　甘南州土壤侵蚀强度指标层评估图

### 2.4.5.4　陇东陇中黄土高原地区水土流失状况

水土流失敏感性估算是以通用水土流失方程（USLE）为基础，综合考虑地形地貌、降水、植被与土壤质地等因素，选取地形起伏度、降水侵蚀力 $R$ 值、植被覆盖度和土壤质地等因素作为评价因子，对陇东陇中黄土高原地区的水土流失问题进行量化评价。评价结果如图 2-19 所示。

陇东陇中黄土高原地区水土流失敏感性评价分值在 0.07～0.76 之间，分为

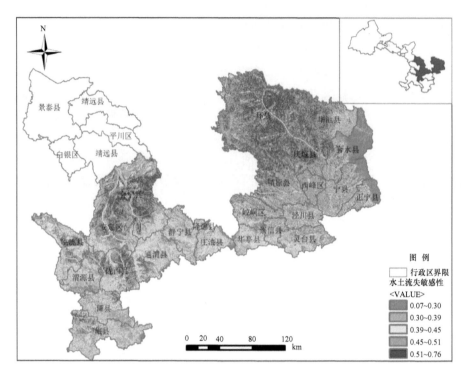

图 2-19　陇东陇中黄土高原地区水土流失敏感性图

5 个等级，0.07～0.30 为 1 级区，水土流失敏感度最低，发生水土流失的潜在风险最低；0.30～0.39 为 2 级区，水土流失敏感度相对较低；0.39～0.45 为 3 级区，水土流失敏感度居中；0.45～0.51 为 4 级区，水土流失敏感度相对较高，易发生水土流失；0.51～0.71 为 5 级区，水土流失敏感度最高，极易发生水土流失。由图 2-19 可知，本区植被覆盖较好的合水、宁县、正宁县东北部的子午岭及庄浪县、华亭县交界处的关山林区及渭源县、漳县、岷县等西南部地区，水土流失敏感度较低，是本区发生水土流失潜在风险最低的区域，而西北部地区的安定区、会宁县、环县、庆城县等地区植被覆盖度不高，且降雨量相对丰富，极易出现水土流失，需引起重视，做好水土保持防治措施。

### 2.4.5.5　河西走廊土地沙化情况

从土地沙化面积比例和土地沙化程度两方面对河西走廊土地沙化情况进行评估。黑河流域土地沙化情况呈两极分化的趋势，分值最低的山丹县、民乐县和分值最高的甘州区、临泽县及高台县都集中于此，而石羊河流域土地沙化情况相对较好，呈现由流域中心向周围辐射的特点。流域中心分值较高，土地沙化相比四周情况相对较好，周围的民勤北部、金川区及肃南裕固族自治县南部分值较低，除肃南的部分行政村分值较高外，其他地区基本集中在 0.024～0.056 之间。

# 2.5　西部生态脆弱区（甘肃）土地生态状况质量综合评估结果

## 2.5.1　甘肃省土地生态状况质量综合评估结果

对甘肃省土地生态状况自然基础性指标层、土地生态状况结构性指标层、土壤侵蚀状况指标层、生态建设与保护综合效应指标层以及区域性指标准则层的分值进行评估，最终得到土地生态状况质量的综合分值，得到土地生态状况质量综合评估图。甘肃省土地生态质量综合评价分值在 0.1177～0.9017 之间，土地生态质量在空间上呈现南高北低、东高西低的趋势。甘肃省土地生态质量分值较大的区域分布在陇东陇中黄土高原地区东部、南部，甘南高原南部、陇南东南部地区、河西走廊中段南部祁连山地区；北部石羊河下游、酒泉地区分值较小，生态质量较差。由此可见甘肃省土地生态质量空间差异性较大。甘肃省土地生态质量综合状况空间分布详见图 2-20。

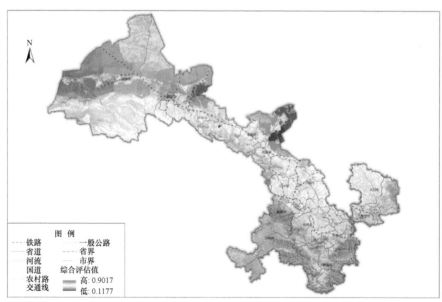

图 2-20　甘肃省土地生态状况质量综合评估图

2.5.1.1　酒泉市土地生态状况质量综合评估

酒泉市土地生态状况综合评价分值在 0.1388～0.4522 之间，土地生态质量在空间上呈现南高北低的趋势。酒泉市土地生态质量分值较大的区域分布在南部地处祁连山脉的阿克塞县、肃北县及肃州区；北部敦煌市、瓜州县、玉门市、金塔县土地生态质量分值较小，生态质量较差；而最北边肃北县土地生态质量中等，分值在 0.2 左右。由此可见酒泉市土地生态质量空间差异性较大。酒泉市土地生态质量综合状况空间分布详见图 2-21。

2.5.1.2　陇南市土地生态状况质量综合评估

陇南市土地生态质量综合评价分值在 0.2429～0.5228 之间，土地生态质量规律呈现为：高海拔山脊山坡地区土地生态质量分值较小，低海拔河谷地区土地生态质量分值较大。具体空间分布上表现为西南部文县、武都区、宕昌县、礼县和西和县沿河道地区土地生态质量较好；东部两当县、徽县、成县、康县、武都区及文县东南部区域及宕昌县西南部区域土地生态质量较差。陇南市土地生态质量综合状况空间分布详见图 2-22。

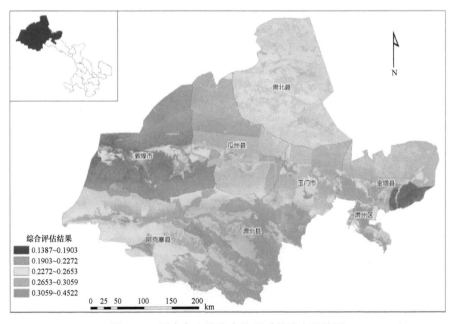

图 2-21　酒泉市土地生态状况质量综合评估图

2.5.1.3　甘南州土地生态状况质量综合评估

甘南州土地生态质量综合评价分值在 0.2594～0.5295 之间，土地生态质量规

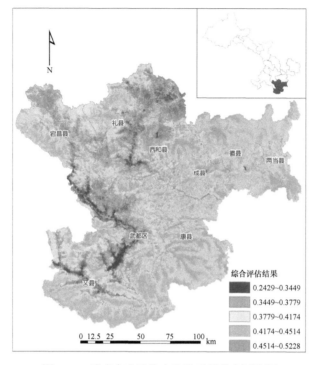

图 2-22　陇南市土地生态状况质量综合评估图

律呈现为：西部及北部地区土地生态质量分值整体偏小，东部地区土地生态质量分值较大。具体空间分布上表现为玛曲县、碌曲县、夏河县及合作市土地生态质量较差；东部舟曲县、迭部县及卓尼县的大部分地区土地生态质量分值很高，但中间低海拔沿河道地区土地生态质量极差；临潭县区域内差异较大，南北海拔较高地区土地生态质量较好，而中间低海拔地区土地生态质量极差。总体来看，甘南州土地生态质量区域分布差异较大，且海拔对其影响较大。甘南州土地生态质量综合状况空间分布详见图 2-23。

### 2.5.1.4　陇东陇中黄土高原土地生态状况质量综合评估

综合自然基础特征、土地生态状况结构特征、土地退化特征、生态建设与保护综合效应特征以及区域水土流失敏感性特征等 5 个方面对陇中陇东黄土高原各区县的土地生态状况进行综合评估，最终得到陇东陇中黄土高原土地生态状况质量综合评估结果（图 2-24）。将陇东陇中黄土高原土地生态状况质量综合评估结果分为 5 级，分值在 0.242～0.509 之间。0.242～0.314 为 1 级，土地生态状况最差；0.314～0.341 为 2 级；0.341～0.376 为 3 级；0.376～0.415 为 4 级；0.415～0.509 为 5 级；其中，1 级为最差，5 级为最好。

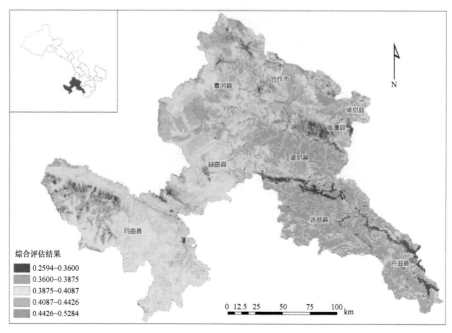

图 2-23 甘南州土地生态状况质量综合评估图

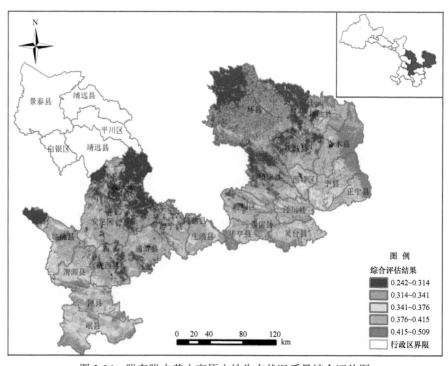

图 2-24 陇东陇中黄土高原土地生态状况质量综合评估图

除部分林区外，区内土地生态状况基本沿东南西北走向逐渐变差。东南部地区由于降雨量大且位处流域中下游河流水量大的部位，植被较好，土地生态状况较好。区内华亭、灵台、正宁、宁县等地年均降雨量在 600mm 以上，且东南部地区位于渭河流域和泾河流域中下游地区，河流径流量增大，均为土地生态造就有利条件。

西北部地区降雨量小，且地表径流少，加之人类活动干扰，植被恢复缓慢，导致该区土地生态状况较差。本区祖厉河流域的会宁县及马莲河上游的环县土地生态状况最差。首先由于降雨量条件的限制，本区自然植被状况较差，会宁县年均降雨量不足 400mm，环县年均降雨量不足 300mm，是本区降雨量最少的县区；其次，两县境内可利用地表径流量较小，会宁县境内的祖厉河虽为黄河上游一级支流，但部分河段因流域地层含盐碱较多，河水难以利用，而环县境内的马莲河水量小而输沙量大，利用率也较低，导致该区土地生态状况是陇东陇中黄土高原最差的区域。中部区域位于东南西北部地区的过渡地段，土地生态状况亦处于过渡阶段，以处于 2、3、4 级的中间值为主。

此外，本区东北区土地生态状况好于西南区，东北区 5 级区域占土地总面积的 13.54%，而西南区 5 级区域只占土地总面积的 4.70%，而土地生态状况最差的 1、2 级区域，西南区占土地总面积的 56.55%，东北区占 53.93%。

### 2.5.1.5　河西走廊土地生态状况质量综合评估

对河西走廊 13 个县区的土地生态状况自然基础性指标层、土地生态状况结构性指标层、土地污染损毁与退化指标层、生态建设与保护综合效应指标层以及区域性指标层进行综合评估，最终得到河西走廊土地生态状况质量综合评估图。

## 2.5.2　评估结果合理性分析

选取植被覆盖度、年均降水量、区域环境质量指数等 12 个指标因子对评估区土地生态状况质量综合评估结果进行合理性分析。采用 Pearson 法对各项指标因子进行标准化后与综合评估分值进行相关关系分析，相关系数如表 2-4 所示。

分析结果显示，区域环境质量指数、植被覆盖度、年均降水量、土壤侵蚀等 12 项指标与综合评估结果相关性较为明显。区域环境质量指数、植被覆盖度、年均降水量等 9 项指标与本区土地生态状况呈正相关关系，其中区域环境质量指数和植被覆盖度正相关性最强，相关系数达到 0.8118 和 0.7840；其次为年均降水量和水土流失敏感性，相关系数分别为 0.5678 和 0.5578；土壤有机质含量、土壤碳蓄积量水平、高程、人口密度等与本区土地生态状况相关性不是很强，相关

表 2-4　综合评估结果与各评估因子相关系数值

| 序号 | 元指标层 | 综合评估相关系数 |
|:---:|:---:|:---:|
| 1 | 区域环境质量指数 | 0.8118 |
| 2 | 植被覆盖度 | 0.7840 |
| 3 | 年降水量 | 0.5678 |
| 4 | 水土流失敏感性 | 0.5578 |
| 5 | 土壤有机质含量 | 0.3725 |
| 6 | 土壤碳蓄积量水平 | 0.2606 |
| 7 | 高程 | 0.1389 |
| 8 | 人口密度 | 0.0366 |
| 9 | 林地年均退化率 | 0.0213 |
| 10 | 湿地年均退化率 | −0.0299 |
| 11 | 耕地年均退化率 | −0.0950 |
| 12 | 土地利用类型多样性指标 | −0.1980 |

系数分别为 0.3725、0.2606、0.1389、0.036。土地利用类型多样性指标、耕地年均退化率、湿地年均退化率等与本区土地生态状况呈负相关关系，但相关关系不是很强，相关系数分别为−0.1980、−0.0950、−0.0299。由此可见，对本区土地生态状况影响较为明显的主要还是区域环境质量指数、植被覆盖度、降雨等自然因素。为进一步准确分析评估结果的合理性，将各个指标因子与各个评估指标层评估结果进行相关关系分析。

（1）基础性指标层评估合理性分析

选取年降水量、粮食产量、土壤有机质含量、有效土层厚度、土壤碳蓄积量水平、高程、坡度、植被覆盖度及 NPP 作为本区基础性指标层合理性评估分析的指标因子，进行相关关系分析（表 2-5）。

表 2-5　自然基础性指标层与各评估因子相关系数值

| 准则层 | 元指标层 | 指标层相关系数 |
|:---:|:---:|:---:|
| | 年降水量 | 0.6930 |
| | 粮食产量 | 0.1367 |
| | 土壤有机质含量 | 0.6268 |
| | 有效土层厚度 | 0.0985 |
| 自然基础性<br>指标层 | 土壤碳蓄积量水平 | 0.5097 |
| | 坡度 | −0.1181 |
| | 高程 | 0.3442 |
| | 植被覆盖度 | 0.8091 |
| | NPP | 0.7934 |

分析结果表明,除坡度以外,年降水量、粮食产量、土壤有机质含量等都与自然基础性指标层分值呈正相关关系,其中植被覆盖度、NPP、年降水量、土壤有机质含量、土壤碳蓄积量水平与自然基础状况相关性较好,相关关系分别为0.8091、0.7934、0.6930、0.6268。说明本区自然基础条件由降雨、植被、土壤决定,高程和坡度的相关系数分别为0.3442和−0.1181,说明地形对土地生态状况的影响不是很明显。

(2)结构性指标层评估合理性分析

选取土地利用类型多样性指数和无污染高等级耕地比例进行结构性指标评估结果合理性分析(表2-6),标准化后与结构性指标评估结果进行相关关系分析,分析结果显示,二者呈正相关关系,相关系数分别为0.6106和0.3147,说明土地利用多样性指数越大,无污染高等级耕地比例越高,结构性指标评估结果就越大,间接说明土地利用多样性对土地生态环境影响较大。另一方面说明结构性指标评估结果较为合理。

**表 2-6　结构性指标层与各评估因子相关系数值**

| 准则层 | 元指标层 | 指标层相关系数 |
| --- | --- | --- |
| 结构性指标层 | 土地利用类型多样性指数 | 0.6106 |
| | 无污染高等级耕地比例 | 0.3147 |

(3)土地退化状况指标层评估合理性分析

对耕地、林地、湿地等地类的年均退化率与土地退化指标相关性进行分析(表2-7),分析结果显示,耕地、林地、湿地等年均退化率与土地退化准则层呈负相关关系,相关系数分别为−0.5081、−0.5423和−0.5175。即各地类年均退化率越高,土地退化指标层分值就越低。

**表 2-7　土地退化指标层与各评估因子相关系数值**

| 准则层 | 元指标层 | 指标层相关系数 |
| --- | --- | --- |
| 土地退化指标层 | 耕地年均退化率 | −0.5081 |
| | 林地年均退化率 | −0.5423 |
| | 湿地年均退化率 | −0.5175 |

(4)生态建设与保护指标层评估合理性分析

选取区域环境质量指数和人口密度对生态建设综合效应指标层评估结果合理性进行分析(表2-8)。人口密度指标数值进行标准化后,进行相关性分析,分析结果显示,区域环境质量指数、人口密度与生态建设保护指标评估结果都呈线性正相关关系,相关系数分别为0.994和0.1547,说明区域环境质量对生态建设与保护影响很大,而人口密度对生态建设与保护评价有一定贡献。

表 2-8　生态建设与保护与各评估因子相关系数值

| 准则层 | 元指标层 | 指标层相关系数 |
| --- | --- | --- |
| 生态建设与保护 | 区域环境质量指数 | 0.9994 |
| | 人口密度 | 0.1547 |

## 2.5.3　土地生态状况质量综合评估尺度选定及合理性分析

### 2.5.3.1　土地生态状况质量综合评估尺度的重要性

生态学中的尺度最具复杂性和多样性，它是生态学研究的核心问题之一。但是在几乎所有生态学研究和应用中，对尺度问题都没有明确清晰的论述和充分量化。格局与过程是生态学的重要范式。过程产生格局，格局作用于过程。若要正确理解格局与过程的关系就必须认识到其依赖于尺度的特点，即尺度效应。对生态学中的尺度进行广泛而深入的研究具有非常重要的理论和实践意义。一方面，生态学家在研究同一生态系统时，由于各自所采用的时间和空间尺度大小不一，结论往往差别很大；虽然生态学家已经认识到时空尺度的重要意义，但是如何选择合适的尺度对某一生态过程进行研究，还没有形成完整的理论和方法体系；同时，对不同尺度上生态过程相互作用机制的研究也还很不充分。另一方面，从自然生态系统到社会-经济-自然复合生态系统，生态学家所面临的研究对象异常复杂；尺度便成为解析这些复杂系统的有效手段以及整合生态学知识和研究成果的核心轴线。深刻理解和把握生态学尺度和尺度效应对于顺利开展生态系统评价与管理、生物多样性和自然资源保护、利用与可持续管理等实践活动，保证其科学性和实效性也同样非常必要和迫切。

### 2.5.3.2　生态尺度概念

尺度是生态学中的一个基本概念，早已引起了广泛关注。尽管通常意义上的尺度是研究对象或现象在空间上或时间上的量度，即空间尺度和时间尺度，但是生态学家们对尺度仍是众说纷纭。尺度还可以指研究对象或过程的时间或空间维、用于信息收集和处理的时间或空间单位、由时间或空间范围决定的一种格局变化等。诚然生态学家们是从不同出发点和角度对尺度概念进行表述的，因而侧重点不尽相同。总的来讲，尺度的存在根源于地球表层自然界的等级组织和复杂性。尺度本质上是自然界所固有的特征或规律，而为有机体所感知。因而尺度又可分为测量尺度和本征尺度。测量尺度是用来测量过程和格局的，是人类的一种感知尺度，随感知能力的发展而不断发展。本征尺度是自然现象固有而独立于人类控制之外的。测量尺度相当于研究手段，隶属方法论范畴，而本征尺度则是研究的对象。尺度研究的根本目的在于通过适宜的测量尺度来揭示和把握本征尺度中的规律性。

### 2.5.3.3　生态尺度特征

在生态学中，尺度的用法往往不同于地理学或地图学中的比例尺，并且表现为相反的含义。大尺度通常指较大的空间范围，对应于小比例尺、低分辨率；而小尺度则对应于大比例尺和高分辨率。尺度的概念主要有以下几个基本特征：

1）多维性与二重性广义上，尺度有多种维度，例如组织尺度、功能尺度和时空尺度等。这对于分析和描述不同性质的生态学问题是必要的。但是，尺度的空间和时间两个维度在生态学研究实践中更受重视，因而主要表现为时空二重性特征。截至目前，对空间尺度的研究较多，所涉及的问题也较广，而对时间尺度的研究相对较少。实际上，自然现象和过程的空间和时间尺度是紧密相关的，一定空间尺度内的生态实体都有一定的形成演化过程，从而也就与一定的时间尺度相对应。在生态学研究中把二者结合起来就能够更为充分地获得研究对象的信息，也就更有助于揭示和把握其规律性。

2）层次复杂性。尺度层次复杂性是地表自然界等级组织和复杂性的反映。地表自然界的发展演化是一个系统性的复杂过程。因而在研究中也应该构筑相应的尺度体系。宏观生态学研究的4个尺度域：微观尺度域、中观尺度域、宏观尺度域、超级尺度域。

3）变异性。生态学的格局和过程在不同尺度上会表现出不同的特征。正是这种变异性增加了跨尺度预测的难度。不同尺度的现象和过程之间相互作用、相互影响，表现出复杂性特征。大尺度上发现的许多全球和区域性生物多样性变化、污染物行为、温室效应等，都根源于小尺度上的环境问题；同样，人尺度上的改变（如全球气候变化和大洋环流异常）也会反过来影响小尺度上的现象和过程。不同尺度间的相互作用机制正是生态学研究的重要课题。

### 2.5.3.4　尺度研究在土地生态评估中的应用

（1）空间尺度选择问题

土地生态调查与评估过程中，数据来源多样，数据格式、尺度、表达方式不统一，难免造成原始数据尺度繁杂。比如：社会经济相关数据（人口数据、GDP等）多为行政村、乡镇级甚至县区级尺度；植被覆盖度数据一般多为30m×30m尺度数据，植被净初级生产力为公里级尺度；土地利用相关数据多为精细图版级别，尺度较小，比例尺较大；土壤类型、质地等相关数据为粗糙图版级别，尺度较大，比例尺较小。以上多源数据的尺度不统一问题在土地生态评估过程中就造成数据尺度调整和整合的问题。精细图版粗化，粗糙图版细化，进而统一评估数据尺度。

（2）时间尺度问题

时间尺度精度主要描述土地生态评估中数据更新频率问题，比如：榆中县为西部生态脆弱区的典型调查与评估区，时间频率高，每年一次更新。但是甘肃省其他市州、县区是按照任务计划轮流覆盖进行评估。具有一定的随机性，时间相对不固定。兰州市作为先期评估研究区，数据时间期限就相对较短，甘南、陇南作为评估较晚的区域，数据积累就相对丰富。从而各个区域在评估时段就不一致。本次评估面对甘肃省全境范围，同空间尺度、不同时间尺度的问题就凸现出来。

（3）多尺度交互与转换

因数据源多样，空间、时间尺度各异，造成评估尺度不一。为了在同一尺度下进行全省范围土地生态评估，就有必要进行同一尺度的数据标准化处理。本书采用通过数据重采样的方法进行数据标准化，标准化处理后在栅格计算器下进行综合土地生态评估。

# 2.6 西部生态脆弱区（甘肃）生态系统服务功能评估

## 2.6.1 土地生态与生态服务功能

生态系统为人类生存发展提供了不可或缺的物质基础。自然与半自然生态系统为满足人类生存与发展，直接或间接提供的所有商品与服务统称为生态系统服务。土地利用是人类对土地自然属性的利用方式和状况，即人类根据土地自然特点，按照一定的经济与社会目的，采取生物、技术等手段，对土地长期性和周期性的经营管理与治理活动。土地利用变化通过对生态系统格局与过程的影响，改变着生态系统产品与服务的提供能力。不同土地利用类型的生态系统服务供给类型与能力有着巨大差异。同时，人类在土地上的经营活动对地表的土地覆盖状况产生了巨大的改变，驱动着生态系统服务提供能力的变化。随着甘肃省社会经济的快速发展和城市化进程的加速，建设用地需求日益增加，各类用地之间矛盾愈加严重。为维持生态系统服务功能平衡，保证人类生存环境与质量，以土地利用的生态用地相关类型为研究单元，分析土地利用变化及其对生态系统服务供给能力的影响，有助于提高区域土地生态管理水平，保护与恢复区域生态系统，改善人类福祉水平。

土地生态系统是地球陆地表面上由相互作用、相互依存的地貌、岩石、水文、植被、土壤、气候等自然要素之间以及与人类活动之间相互作用而形成的统一整体。它不仅是指生物和环境以及生物各种群之间长期相互作用而形成的统一整体，着眼于土地各构成要素如植物、岩石、大气、陆地水、动物和人之间的物质迁移与能量转换，更主要的内涵是空间区域上各土地利用类型子系统之间的物质、能量与信息交流与转换，既包括一定的陆地生态系统，也包括人类在利用土地资源过程中形成的各种社会经济系统。因此，土地生态是生态价值和功能评价的重要组成部分，本节将基于土地生态状况质量综合评估体系和土地生态状况调查数据库，充分利用数据库中土地利用和自然、社会经济相关数据开展甘肃省生态服务功能评价。

### 2.6.2 甘肃省生态服务功能评价方法

#### 2.6.2.1 生态服务功能评价方法

（1）评价思路

生态系统评估方法的目的是通过综合分析生态系统的初级生产及服务功能，对生态系统进行健康诊断、现状评价、安全性评价，并对其发展趋势做出预测，为生态系统管理提供科学依据和技术支持。从生态系统评价的研究现状来看，总体上可以把生态系统服务评价分为两类：一是对生态系统服务功能状态进行评价；二是对生态系统服务功能供给的实物/价值量进行评价。

本次生态系统服务评价主要是针对生态系统服务功能进行评价，是以生态系统本身为对象，针对生态环境和生态系统的质量、持续性、健康等重要属性进行评价，分析当前状态下生态系统提供相关生态系统服务功能的能力，同时分析由于区域生态用地变化引起的生态系统服务功能的状态变化。基于上述目标，本次评价采用多线性加权法，即依据评估的目的，建立评估指标体系，然后确定各指标的权重，并对各个评估指标进行量化与标准化，最后建立评估模型。根据模型进行评估，得出生态系统服务功能状况评估结果。

（2）指标体系构建原则

为了较为准确地分析甘肃省生态系统服务功能状况，需要构建合理的评估指标体系。评价指标体系需要满足如下构建原则：

1）注重区域差异，分区构建评价指标体系。不同生态功能区的生态系统服务类型及各类服务在功能区内的重要性大相径庭。如果采用单一的评价体系开展评价，无法对各区域生态系统服务供给的真实状态进行反映，因此需要注重各生态功能区间的差异，抓住各功能区的生态系统服务供给特点，分区构建评价指标体系。

2）注重所选指标与生态系统服务功能的关联性。所选因子是否能够直接反映研究区生态系统服务供给状态将直接影响本次评估结果的准确性和实用性，因此需要对各类功能与相关因子间的关系进行梳理，选取能够直接反映生态系统服务功能的因子开展评价。

3）注重所选指标与土地生态的关联性。在进行评价指标体系构建和评价因子选择时，要选取与土地生态有关的相关因子。

4）注重数据可获得性。数据是支撑分析结果的最终要素，没有数据支撑的指标体系是无源之水，无法完成评估，因此在指标体系构建中要注重数据可获得性，在可获数据的指标中择优选取。

（3）评价方法

1）技术路线。

土地利用变化引起了区域范围内土地上附属的生态系统要素的改变，生态系统结构与功能也随之发生变化，导致系统所能提供的生态系统服务功能的质量发生变化。通过研究土地利用来分析区域生态系统服务功能是当前研究生态系统服务的主要手段之一，该方法在生态系统服务供给实物量模拟、生态系统服务价值评估等研究中被广泛应用。

基于上述，本研究的主要技术路线是：第一，划分生态系统服务功能类型。基于甘肃省生态功能区，分别对各生态功能区的生态系统服务功能类型进行分析，确定影响各生态区各类生态系统服务的主要生态因子及其对各类生态系统服务功能的贡献度，最终得到各主要生态功能区生态系统服务功能与各类生态因子间的关系。第二，综合各生态功能区的相关生态因子数据分析生态系统服务功能。

2）生态系统服务供给类型划分。

首先选择合适的生态系统服务功能分类体系，确保生态系统服务功能变化在该体系中能够得到应有的反映。同时评价基于甘肃省生态功能区，各功能区的主要生态系统及其提供的生态系统服务多样，因此该体系应当具有较高的普适性与认知度，尽可能地保证评价结果的可信度。

当前使用较多的分类方法包括：Costanza 等（1997）提出的将生态系统服务划分为气候调节、水分调节、控制水土流失、物质循环等 17 类的划分方法；千年生态系统评估（MA）（2005）提出的将生态系统服务划分为供给服务、调节服务、支持服务、文化服务四大类的划分方法；de Groot 等（2005）提出的将生态系统服务划分为调节功能、栖息地功能、生产功能、信息功能四大类 23 小类的划分方法；等等。这其中最具影响的是 MA 的分类方案，该方案简洁明了，有较为广泛的适用性。

选择当前最具影响的 MA 生态系统服务分类体系作为主体，但考虑到生态要素难以反映文化服务的变化情况，因此只选择供给服务、调节服务、支持服务作为分析内容,并对具体生态系统服务进行细化。最终确定了三大类 13 小类的生态系统服务分类框架体系。

3) 不同生态功能区生态系统服务供给类型分析。不同生态功能区的生态系统服务供给类型和各类生态系统服务在区域内的重要性有巨大的差异。例如农业生态区和森林生态区相比较,农业生态区食品生产、原料生产等供给服务的重要性较强,而森林生态区氧气生产、水质净化、物质循环、生物多样性保护等调解服务和支持服务的重要性较强。因此,需要针对不同生态区的自身特点着重分析区域内较为重要的生态系统服务类型。本研究采用环境保护部和中国科学院联合编制的《全国生态功能区划》中的生态区划分方法,对甘肃省主要生态功能区的生态系统服务供给能力进行分析。

因本研究涉及的生态区功能区较多且空间范围广,为了确保研究的准确性,采用文献计量分析方法对区域主要生态系统服务供给类型进行了分析。

文献计量分析法是以文献信息为研究对象、以文献计量学为理论基础的一种研究方法,经过数十年的发展这一分析方法已经成为社会科学研究领域的普遍研究方法之一。文献计量分析法主要有统计分析法、数学模型分析法、引文分析法、计算机辅助计量分析法等。结合本研究分析不同生态功能区主要生态系统服务的研究目标,选取了统计分析法中的词频分析法作为主要研究方法,结合计算机辅助信息计量分析法开展相关分析。具体的操作方法如下:

第一步,分析目标的确定与原始数据收集。本次分析的目标是分析甘肃省各主要生态功能区内的重要生态系统服务类型。为了上述目标,需要收集各生态功能区生态系统服务研究的相关文献作原始数据进行评价分析。本研究选取 CNKI 数据库为数据源,检索了 1990~2014 年有关全国 48 个主要生态功能区生态系统服务的期刊论文、会议论文、硕士/博士毕业论文等相关文献,总计 486 篇,按照不同生态功能区对文献进行分类归纳。

第二步,文献关键词词频分析。词频分析方法是通过选取需要分析的关键词,对文献中的相关关键词进行抽取,通过研究各关键词出现的频率来分析其在某一领域或区域相关研究中的被关注程度和重要性。本次研究是分析区域内不同生态系统服务的重要程度,因此应以各类生态系统服务作为关键词开展检索、分析。但是在以往的研究中,由于生态系统服务分类体系的差异,同种生态系统服务往往以不同表达形式出现在各类文献中,因此首先需要扩展关键词分析目录,以便完整抽取。以前述的生态系统服务供给类型划分为标准,结合不同服务生态系统组分和生态过程,以及相关分类方法的表述内容,构建了关键词提取库(表 2-9)。

**表 2-9 生态系统服务分类与检索关键词**

| 分类 | 服务类型 | 关键词 |
|------|----------|--------|
| 供给服务 | 食品生产 | 食品生产、粮食生产、肉类生产、畜牧产品 |
| | 原料生产 | 原料生产、木材、薪柴、纤维 |
| | 基因资源 | 基因资源、种质资源、遗传资源 |
| 调节服务 | 氧气生产 | 氧气生产、生产氧气、光合作用 |
| | 气候调节 | 气候调节、调节气候、气体调节 |
| | 水质净化 | 水质净化、净化水质、水质提升 |
| | 水源涵养 | 水源涵养、涵养水源、植被储水 |
| | 洪水调蓄 | 洪水调蓄、洪水调节 |
| | 土壤保持 | 土壤保持、侵蚀控制、控制侵蚀 |
| | 防风固沙 | 防风固沙、防风、固沙 |
| 支持服务 | 初级生产 | 初级生产、固碳、碳固定 |
| | 物质循环 | 物质循环、废物降解、营养物质循环、固氮 |
| | 生物多样性保护 | 生物多样性 |

以表 2-9 中的关键词为依据，针对各类生态系统服务构建关键词库，编写代码。对各生态功能区相关文献进行分词，之后采用计算机辅助信息计量分析方法对关键词进行抽取，之后进行合并频次统计，获取各类生态系统服务关键词在每篇文献中出现的频度。

第三步，数据筛选与分析。经过词频统计后，要将其中不符合分析需求的相关文献剔除，以保证数据可靠性。在获取的文献中，有部分是针对研究区单项或少数几项生态系统服务进行分析的，无法全面反映区域的生态功能区的生态系统服务特征，因此需要将这一部分文献剔除。在实际操作中，将生态系统服务研究种类少于 4 类的相关文献剔除。剔除后剩余有效文献 299 篇。在确定有效文献后，以 1 篇文献作为 1 个数据单元，统计每个单元内各类生态系统服务类型出现的频度。按照频度的高低确定某类生态系统服务在某一生态功能区内的重要性程度。综合各生态功能区所有有效文献综合分析，明确各生态功能区生态系统服务重要性数据。

4）各类生态系统服务与生态因子关系分析。生态系统服务供给能力强弱与生态系统中的各类因子有直接关系，例如有研究表明地表植被可以起到对大气降雨进行再分配的作用，从而实现调节地表径流、缓洪、蓄水、增加水资源的目的。同时，当森林覆盖率达到 50%以上，林草覆盖率达到 60%～70%，就能持续发挥小流域调节径流、涵蓄水源的生态功能，保证河流供水的稳定性和连续性。上述研究说明区域植被状况对其水源涵养生态服务的供给能力具有重要影响，而各类植被指数可以很好地反映区域的植被状况，因此植被指数可以作为研究区域水源涵养能力的重要指标。

为了明确各类生态因子对不同生态系统服务供给能力的影响，首先对可获取用于分析生态系统服务供给的各类生态因子进行了分类汇总，共获取气候因子、地形因子、土壤因子、水文水资源、生物因子、社会经济因子等六大类 16 小项。在此基础上，我们对各类生态系统服务模拟的综述类文章进行了检索，共检索 87 篇相关文献，依据文献中的相关模型公式，对影响各类生态系统服务的因子进行了分析，获得了各类生态系统服务与相应生态因子之间的影响关系。

5）甘肃省主要生态功能区生态系统服务供给能力与生态因子关系。

结合 3）和 4）的分析结果，采用层次分析方法和偏好比率法，对各生态功能区生态系统服务供给能力与生态因子关系进行分析，明确各生态因子在各功能区生态系服务供给分析中的重要性程度。在全国生态功能区基础上归纳并筛选出与甘肃省主要生态功能区相关的结果。

### 2.6.2.2　评价因子与数据

根据生态服务功能评价方法及其对评价因子的要求，从土地生态状况质量综合评估体系和土地生态状况调查数据库中选择相关数据；根据生态服务功能评价的特点对数据属性进行处理，最终确定了表 2-10 所示的评价数据。

表 2-10　甘肃省生态服务功能评估指标体系

| 准则层 | 指标层 | 元指标层 |
|---|---|---|
| 自然基础性指标层 | 气候条件指数 | 温度 |
| | | 降水 |
| | | 湿润度 |
| | | >10℃积温 |
| | 土壤条件指数 | 土壤质地 |
| | | 土壤持水力 |
| | | 土壤有机质 |
| | | 土壤固肥力 |
| | | 土壤酸碱度 |
| | 立地条件指数 | 海拔 |
| | | 坡度 |
| | | 破碎度 |
| | 植被状况指数 | 植被覆盖度 |
| | | 植被类型 |
| | 水文状况指数 | 水系密度 |
| | | 产水系数 |
| 社会经济发展指标层 | 社会经济指数 | 道路密度 |
| | | 城镇密度 |
| | | 人口密度 |

### 2.6.3　甘肃省生态服务功能评价

生态系统服务功能是生态系统与生态过程所形成及维持人类赖以生存的自然环境条件与效用。生态系统服务功能评价的目的不仅是给环境或其组成部分功能进行多少的衡量，而且是为了体现生态系统服务对人类的生产、生活产生的积极影响。在微观上，评价可以提供关于生态系统结构和功能的信息，提供生态系统在支持人类福利方面所起的多样性和复杂作用。在宏观水平上，生态系统服务功能评价有助于制订人类福利和可持续发展的指标体。

依据上述的方法和评价数据，甘肃省生态系统服务功能分布如图 2-25 所示。依据甘肃省土地利用/覆盖数据，将生态系统归类为森林、草原、农业、城市、荒漠和湿地六大生态系统（表 2-11），甘肃省生态系统的单位面积生态系统服务供给能力与生态系统服务总供给能力呈现以下特点。

第一，甘肃省生态系统单位面积生态系统服务能力区域差异性较大，总体呈现陇东黄土高原、陇南山地强于陇中黄土丘陵，河西荒漠区域最小的特点。

第二，森林生态系统单位面积生态系统服务能力最高，平均为 0.4016。由于甘肃省林地面积较少，森林生态系统服务总供给能力仅占全省的 12.18%，空间上基本分布在省域南部从西到东的带状区域和中东部的部分山区，包括白龙江、小陇山、洮河、祁连山、子午岭、关山、西秦岭、康南、大夏河、马衔山等 10 个林区。

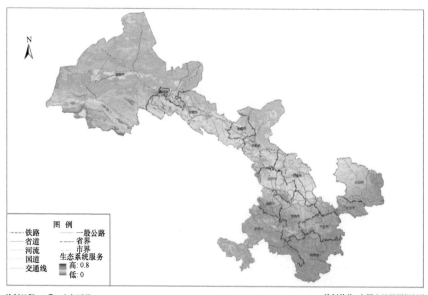

图 2-25　甘肃省生态系统服务功能评估结果图

表 2-11 甘肃省生态系统服务供给能力表

| 生态系统类型 | 面积（万 hm²） | 面积比例（%） | 单位面积生态系统服务能力指数 | 生态系统服务总能力指数 | 生态系统服务全省占比（%） |
|---|---|---|---|---|---|
| 森林生态系统 | 400.06 | 9.39 | 0.4016 | 15750 | 12.18 |
| 草原生态系统 | 1467.18 | 34.45 | 0.3492 | 47663 | 36.86 |
| 农业生态系统 | 690.90 | 16.22 | 0.3409 | 23819 | 18.42 |
| 城市生态系统 | 37.11 | 0.87 | 0.3264 | 1247 | 0.96 |
| 荒漠生态系统 | 1634.79 | 38.39 | 0.2725 | 40028 | 30.95 |
| 湿地生态系统 | 28.84 | 0.68 | 0.2899 | 803 | 0.62 |

第三，草地生态系统单位面积生态系统服务能力平均为 0.3492，但其面积占甘肃省土地面积的 34.45%，生态系统服务总供给能力占全省的 36.86%。主要分布在甘南草原、祁连山—阿尔金山山地及北部沙漠沿线。草原类型多样，主要有温性荒漠草原、温性草原、温性草甸草原、高寒灌丛草原等，不同的草原类型显示了不同的生态服务功能，甘南高寒草甸明显大于温性草原和荒漠草原。

第四，荒漠生态系统面积最大，占全省面积的 38.39%，单位面积生态系统服务能力最低，达 0.2725，主要分布在河西武威、张掖、酒泉。

第五，农田生态系统分布较广，在黄土高原和河西绿洲地区较为集中。由于各地地形、热量、降水、土壤等自然条件的不同，农田生态系统存在较大差异，主要类型有丘陵山区坡耕地、雨养农田生态系统、川台地和干旱区绿洲灌溉农田生态系统，单位面积生态系统服务能力次于草原生态系统，达 0.3409。

第六，城市生态系统由市（州）府所在地及县级城市和规模大小不等的城镇构成，多数城市和城镇处于干旱、半干旱区，绿化水平较低，单位面积生态系统服务能力不高。

第七，湿地生态系统所占面积较小，单位面积生态系统服务能力和总供给能力均不最小。

## 2.7 西部生态脆弱区（甘肃）生态安全屏障建设

### 2.7.1 生态安全屏障建设

生态安全屏障是指一定区域的生态系统的生态过程，对相邻环境或大尺度环境具有保护性作用，给人类生存和发展提供良好的生态服务。生态安全屏障建设最直接的目标是恢复重建生态系统功能，其内涵也强调人与生态环境的关系。生态屏障建设应当是构建能满足人类特定生态要求并处于与人类社会发展密切相关的特定区域的复合生态系统。在建设生态屏障的社会实践中，应当充分认识人与生态环境的关系，明确人类的生态要求，结合生态系统功能的区域分异特征，选择那些在生态地位上处于重要的或关键的地段，建立具有明确生态目标的生态系统，而不是粗略的生态保护、生态建设或环境治理。生态屏障建设不仅仅是一种自然生态环境修补的系统工程，同时也是一种资源配置的供给和运行机制，生态屏障建设要通过生态水平和生态功能的完善和优化，实现社会经济与生态环境系统的良性互动、区域可持续发展的最终目标。

因此，生态安全屏障建设需要对生态系统格局和结构有基本的掌握，依据各类生态系统间的分布规律与空间关系，分析生态系统服务功能的整体状况及空间差异，最终为不同区域实施不同生态安全屏障建设措施提供重要依据。

### 2.7.2　甘肃省生态安全屏障作用与建设

#### 2.7.2.1　甘肃省生态安全屏障作用

甘肃地处黄土高原、青藏高原、内蒙古高原三大高原交汇处，分属长江、黄河和内陆河三大流域。中东部是黄土高原丘陵沟壑水土保持生态功能区的重要组成部分，甘南高原和陇南山地是长江与黄河重要的水源涵养与补给地，河西走廊的祁连山冰川是石羊河、黑河和疏勒河三大内陆河水系的发源地，其水资源支撑着河西绿洲经济社会的可持续发展，在阻止巴丹吉林、腾格里、库姆塔格三大沙漠合拢和抵御风沙东扩中发挥着重要作用。

当前，国家主体功能区战略明确提出要构建以"两屏三带"为骨架，以其他国家重点生态功能区为重要支撑，以点状分布的国家禁止开发区域为重要组成的生态安全战略格局。甘肃省由东向西纵横 1600 公里，是国家"十二五"规划纲要确定的"两屏三带"中青藏高原生态屏障、黄土高原-川滇生态屏障、北方防沙带的重要组成部分。在全国 50 个重要生态服务功能区域中，甘肃省涉及 6 个，分别是秦巴山地水源涵养重要区、甘南水源涵养重要区、祁连山山地水源涵养重要区、黄土高原丘陵沟壑区土壤保持重要区、黑河中下游防风固沙重要区、岷山-邛崃山生物多样性保护重要区。同时，甘肃还是欧亚大陆桥的战略通道和沟通西南、西北的交通枢纽，丝绸之路的咽喉要道。因此，甘肃省的生态安全屏障作用是我国生态安全的根本与核心所在，在维护全国稳定大局和生态安全战略格局中具有极其重要的地位。

#### 2.7.2.2　甘肃省生态安全屏障建设

加强沙漠化和荒漠化治理，加大沙化和退化草原治理力度，合理开发利用甘肃省东西经度跨度大、地形起伏多变、地貌复杂,从而造成南北、东西迥然不同的水热自然条件和土壤类型分异,从生态安全屏障建设的客观情况出发,遵循"功能定位、合理布局、突出重点、整体推进"原则,将甘肃省划分为以下区域进行生态安全屏障的建设:以祁连山冰川与水源涵养生态保护区为重点的河西内陆河流域生态安全屏障,以甘南黄河水源补给生态功能为重点的黄河上游生态安全屏障,"两江一水"流域水土保持与生物多样性保护区为重点的长江上游生态安全屏障。"四区"即石羊河下游生态保护治理区、敦煌生态环境与文化遗产保护区、黄土高原丘陵沟壑水土流失防治区、北山荒漠自然保护区。

(1)河西内陆河流域生态安全屏障

河西内陆河流域生态安全屏障包括祁连山生态保护和综合治理区、石羊河中下游生态修复保护区、黑河中游生态修复保护区和疏勒河中下游生态修复保护区、祁连山生态保护和综合治理区。

祁连山区是河西走廊各条内陆河流的源头区、集流区,地跨兰州、武威、金昌、张掖、酒泉 5 市。区内植被类型主要有针叶林、灌丛及高山草甸、高山草原和荒漠草原等,其水源涵养、保护生物多样性和控制沙漠化功能极为重要。由于自然和人为因素影响,区域植被退化严重,水源涵养能力下降,生态环境保护任务非常艰巨。生态建设的重点是减少和停止人为破坏活动和干扰,加强对森林、草原、湿地、荒漠等生态系统和野生动植物资源的保护。逐步将祁连山自然保护区的农牧民转为生态管护人员,加快缓冲区农村剩余劳动力转移。建设祁连山生态补偿试验区,保护、修复祁连山生态系统,提高水源涵养能力,构筑河西内陆河流域生态安全屏障。

石羊河中下游生态修复区位于石羊河流域中北部,是河西走廊绿洲农业区向腾格里、巴丹吉林沙漠的过渡区。行政范围包括凉州区、古浪县的部分地区,民勤县、金川区全部,永昌县的部分地区。石羊河流域处于自然生态环境的脆弱带和气候的敏感区。随着人类活动的增加和气候的变化,该地区水资源供需矛盾突出,植被覆盖度不断降低。生态建设要持续推进节水型社会建设,不断优化产业结构和用水结构。加强水资源管理,合理配置水资源,增加下游生态用水。积极开展流域防沙治沙和实施生态综合治理、退耕还林、退牧还草、防护林建设等工程,有计划地实施生态移民,逐步修复绿洲荒漠生态系统。

石羊河下游(民勤)防沙治沙生态保护区包括民勤县除连古城自然保护区以外的区域。区域东西北三面被腾格里和巴丹吉林两大沙漠包围,降水稀少,以荒漠植被为主,大部分土地不适宜开发。由于石羊河上中游大量用水,民勤地下水位急剧下降,植被严重退化,土地荒漠化加剧。生态治理要立足流域水资源,实施水资源统一管理,全面推进节水型社会建设,不断优化产业结构和用水结构,提高水资源利用效率。适度发展优势特色产业，加强防沙治沙、生态修复和环境保护。

黑河中游经河西走廊的甘州、临泽、高台、肃南、民乐、山丹、金塔和嘉峪关等县市，区域内有巴丹吉林沙漠区缘和走廊内部沙地分布，生态环境脆弱。由于自然环境变化及人类活动强度的增加，流域生态退化严重；生态建设要全面建设节水型社会，提高水资源利用率，增加生态用水量；完善绿洲森林植被防护体系，保护湿地，封育荒漠草场，治理盐碱地；实施流域综合治理、防沙治沙、防护林建设、退牧还草等工程，促进区域生态经济协调可持续发展。

疏勒河中下游地区包括酒泉市玉门、瓜州、敦煌、肃北、阿克塞等县市，境内有库姆塔格沙漠和走廊内部沙地分布。区内气候干燥，蒸发强度大，植被退化、土地荒漠化严重，生态问题突出。生态治理要全面建设节水型社会，加大农业节水力度，提高水资源利用率。通过实施人工造林、封沙育林（草）、补播改良、鼠虫害防控等综合措施，建立林草相结合的防风固沙体系，遏制沙化扩展，减轻风沙危害。加强防护林体系建设，加大西湖、阳关国家级自然保护区、大小苏干湖等湿地类型自然保护区建设力度，实现区域生态平衡。

（2）黄河上游生态安全屏障

黄河上游生态安全屏障包括甘南黄河水源补给生态功能区、子午岭黄河水源涵养生态保护区和黄河干流生态修复保护区。

甘南黄河水源补给生态功能区位于甘南藏族自治州的西北部，涉及玛曲、碌曲、夏河、卓尼、临潭和合作 5 县 1 市。区域植被类型以草甸、草原为主，其次还有较大面积的湿地生态系统，具有重要的水源涵养功能和生物多样性保护、水土保持、沙化控制功能，对确保整个黄河流域生态安全发挥着极其重要的作用。主要生态环境问题表现为：草场退化、沙化、盐渍化严重，草原生产能力大幅下降，水源涵养能力普遍降低，河流补给量减少，生物多样性减少。生态治理要减少和停止人为破坏和干扰，全面推行草原保护、草畜平衡、禁牧休牧等制度，加强草原综合质量和重点区段沙漠化防治。加强黄河首曲、尕海则岔、洮河等自然保护区建设。实施游牧民定居工程。保护和恢复境内草原生态系统、森林生态系统和湿地生态系统，构筑黄河上游生态安全屏障。

子午岭黄河水源涵养区生态屏障主要位于子午岭林区甘肃段庆阳市华池、合水、宁县和正宁 4 个县，在涵养水源、蓄洪、防止水土流失等方面起着重要作用。由于植被总量较小，自然灾害和人为破坏较为频繁，涵养水源能力下降，水土流失严重，生物多样性受到破坏。生态治理要加强现有森林草原资源保护力度，实施封山育林、退化草原禁牧，继续进行低效林改造和中幼林抚育。林区按照小流域综合、连续、集中治理，防止水土流失。探索建设子午岭生态补偿实验区，保护和恢复境内现有森林草地生态系统。

黄河干流生态修复保护区涉及临夏州永靖县、兰州市全部县区，白银市白银区、平川区、靖远县、景泰县。本区气候干旱，降水量不均，植被稀疏，水土流失严重。加之历史上长时期、高强度的开发，生态环境与经济发展矛盾突出。生态治理要积极进行黄河干流区原生态植被修复与保护，把植被的自我修复与适度的人工修复有机结合起来，增强群落的稳定性与抗逆性。全面推进兰州-白银经济圈绿色通道及城郊生态景观工程、兰州新城区防护林体系工程，落实草原生态保护补助奖励政策，建设城乡一体绿色防护林体系，加大城市大气污染防治，加快实施水污染防治工程，建设都市生态圈，实现生态与经济"双赢"。

（3）长江上游生态安全屏障

长江流域甘肃区段主要为"两江一水"（白龙江、白水江、西汉水）流域，涉及甘南州、陇南市、天水市和定西市4市州。"两江一水"流域内植被覆盖率较高，生物多样性丰富，对保障长江流域生态安全和保护生物多样性起着重要作用。由于历史上长期高强度的开发，导致森林资源减少，涵养水源能力减弱，水土保持功能降低，水土流失十分严重，严重影响长江上游生态安全。生态建设要着重扩大森林面积，加大退化草原治理力度，加强自然保护区建设，着力解决重点流域水污染、矿区环境污染等环境问题，实施地质灾害综合治理工程，建立地质灾害预警系统，加强观测预报，构建以"两江一水"水土保持与生物多样性保护区为主体的长江上游生态安全屏障。

（4）黄土高原丘陵沟壑水土流失防治区

陇东地区是我国黄土高原丘陵沟壑水土流失防治区极具代表性的地区之一。区域降水偏少，植被稀疏，加之降雨集中，黄土土质疏松，丘陵沟壑密布，水土流失现象极为严重。由于自然条件差，虽然人均土地较多，但农业生产粗放，产出水平不高。生态治理应加快以梯田建设工程为主体的小流域综合治理，促进退耕还林还草；充分利用生态系统的自我修复能力，采取封山育林、封坡禁牧、补播改良、人工种草等措施，加强径渭河流域生态环境保护与治理，加快林草植被恢复和生态系统改善，合理开发利用优势能源资源。

（5）北山荒漠自然保护区

该区域地处亚洲中部温带荒漠、极旱荒漠和典型荒漠的交汇区，位于青藏高原和蒙新荒漠结合部，其荒漠生态系统在整个西北地区具有一定的典型性和代表性。生态保护应依法保护荒漠植被和珍稀、濒危野生动植物资源及生物多样性资源，发展适合当地生态环境的特色产业，促进区域生态自然修复。

### 2.7.3　甘肃省生态功能区与生态安全屏障建设

#### 2.7.3.1　生态功能区划

生态功能区是在分析研究区域生态环境特征与生态环境问题、生态环境敏感性和生态服务功能空间分异规律的基础上，根据生态环境特征、生态环境敏感性和生态服务功能在不同地域的差异性和相似性，将区域空间划分为不同生态功能区。因此，生态功能区从根本上是对生态系统的生态服务功能区域差异的体现。生态安全屏障建设则需要对生态系统格局和结构有基本的掌握，依据各类生态系统间的分布规律与空间关系，分析生态系统服务功能的整体状况及空间差异，最终为不同区域实施不同生态安全屏障建设措施提供重要依据。因此，选择由环境保护部和中国科学院共同编制完成的《全国生态功能区划》，进行甘肃省生态安全屏障建设的具体分析。

《全国生态功能区划》是在全国生态调查的基础上，分析区域生态特征、生态系统服务功能与生态敏感性空间分异规律，确定不同地域单元的主导生态功能，在充分认识区域生态系统结构、过程及生态服务功能空间分异规律的基础上，划分的生态功能区。《全国生态功能区划》明确了区域生态系统类型的结构与过程及其空间分布特征，体现了不同生态系统类型的生态服务功能及其对区域社会经济发展的作用。基于全国生态区划的甘肃省生态功能区划，结合甘肃省土地生态状况质量综合评估结果和甘肃省生态服务功能评价结果，可以从生态系统特征与空间分布、生态系统服务、土地生态质量、生态敏感性空间分异等多方面对甘肃省生态安全屏障建设进行深入分析，选择那些在生态地位上处于重要的或关键的地段，建立具有明确生态目标的生态系统。

甘肃省生态功能区大部分位于西北干旱区和青藏高原生态大区，三级功能分区如表2-12。甘肃省三级功能区的土地生态状况质量综合评估结果和生态服务功能评价结果如图2-26和图2-27所示。

#### 2.7.3.2　甘肃省生态安全屏障建设中的重点生态功能区

根据甘肃省生态安全屏障建设确定的河西内陆河流域生态安全屏障、黄河上游生态安全屏障、长江上游生态安全屏障、黄土高原丘陵沟壑水土流失防治区、北山荒漠自然保护区和敦煌生态环境与文化遗产保护区。考虑土地生态质量和生态服务功能结果，各生态安全屏障建设的重点功能区依次如下所述。

黄河上游生态安全屏障包括甘南黄河水源补给生态功能区、子午岭黄河水源涵养生态保护区和黄河干流生态修复保护区。其中甘南黄河水源补给生态功能区具体

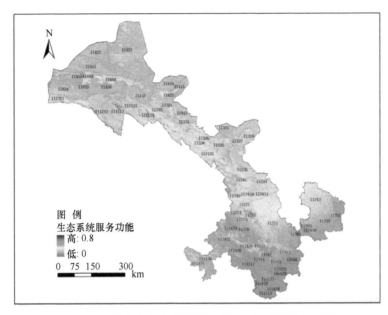

图 2-26　甘肃省生态系统服务功能三级功能区分布图

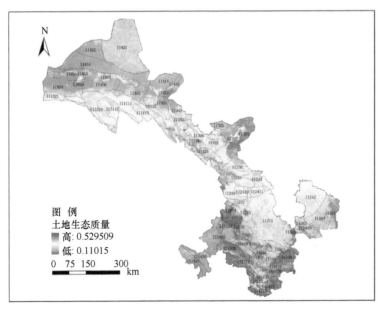

图 2-27　甘肃省土地生态状况质量三级功能区分布图

包括碌曲高原草甸牧业及鸟类保护生态功能区（III422）、太子山山地森林恢复与水源涵养生态功能区（III424）、临潭-卓尼山地农牧业与森林恢复生态功能区（III425）、洮河上游森林恢复与水源涵养生态功能区（III426）、玛曲黄河首曲草甸

表 2-12 甘肃省三级生态功能区生态系统服务与土地生态质量表

| 编码 | 面积 (万 hm²) | 面积比例 (%) | 生态服务 | 土地生态 | 生态功能区 | 区域位置 | 存在问题 |
|---|---|---|---|---|---|---|---|
| I1242 | 140.16 | 3.29 | 0.3455 | 0.3179 | 环县黄土丘陵、滩地强烈水土流失牧农生态功能区 | 庆阳市的环县和华池县 | 水蚀、风蚀并重区 |
| I1249 | 129.31 | 3.04 | 0.3896 | 0.3588 | 黄土残塬旱作农业强烈水土流失生态功能区 | 合水西部、庆城县东部、镇原县南部、西峰区、泾川和灵台县 | 塬坡边地水土流失强烈、土壤贫瘠 |
| I12410 | 15.11 | 0.35 | 0.3761 | 0.3528 | 泾河谷地城镇与灌溉农业区 | 崆峒区东部、崇信北部 | 土壤侵蚀严重 |
| I1251 | 51.77 | 1.22 | 0.4497 | 0.3966 | 子午岭次生林水源涵养生态功能区 | 华池、合水、宁县和正宁等县 | 大量毁林开流、生物物种及其栖息环境大量丧失 |
| I1263 | 31.03 | 0.73 | 0.4303 | 0.3948 | 六盘山、关山森林水源涵养生态功能区 | 庄浪东部、张家川东南部、华亭西部和北部 | 自然植被破坏严重 |
| I1265 | 4.47 | 0.10 | 0.4098 | 0.3712 | 华亭农业生态功能区 | 华亭县 | 采矿破坏地表景观 |
| I1271 | 303.82 | 7.13 | 0.3514 | 0.3249 | 黄土丘陵东部强烈水蚀农业生态功能区 | 秦安、甘谷、清水、武山等县区的全部或部分、静宁、庄浪、安定、陇西、通渭、会宁等 | 土地开发强度大、坡耕地比例大、水土流失严重 |
| I1272 | 28.31 | 0.66 | 0.3370 | 0.2975 | 黄河谷地城市与城郊农业生态区 | 红古区、西固区、安宁区、七里河区、城关区 | 城市生态系统结构不合理、功能不完善、植被覆盖率低、环境污染严重 |
| I1273 | 33.69 | 0.79 | 0.3604 | 0.3380 | 马衔山-兴隆山地水源涵养与生物多样性保护生态功能区 | 榆中南部、临洮北部 | 土壤侵蚀较重 |
| I1274 | 3.10 | 0.07 | 0.2995 | 0.4340 | 刘家峡湿地及鸟类保护功能区 | 永靖县中部 | 鸟类活动受一定强度的人类干扰 |
| I1275 | 62.90 | 1.48 | 0.3670 | 0.3935 | 西部黄土丘陵农田及水土保持功能区 | 东乡族自治县、临洮中部、渭源县北部 | 水土流失严重、且经常遭受春旱、导致农业生产率低而不稳 |
| I1276 | 41.57 | 0.98 | 0.4005 | 0.4160 | 和政、渭源土石丘陵农林及水源涵养生态功能区 | 渭源、临洮、武山、康乐、和政、临夏 | 由于长期砍伐、森林面积减小 |
| I1511 | 33.20 | 0.78 | 0.3770 | 0.3701 | 漳县、武山农林与水土保持生态功能区 | 漳县以及武山北部 | 土壤中度或强度侵蚀 |

续表

| 编码 | 面积<br>（万 hm²） | 面积<br>比例（%） | 生态<br>服务 | 土地<br>生态 | 生态功能区 | 区域位置 | 存在问题 |
|---|---|---|---|---|---|---|---|
| I1512 | 45.50 | 1.07 | 0.4092 | 0.3935 | 北秦岭西部水源涵养生态功能区 | 岷县东部、礼县西部和武山南部 | 土壤侵蚀较重 |
| I1513 | 32.13 | 0.75 | 0.3815 | 0.3665 | 天水南部农林业生态功能区 | 北道区和秦城区的北部 | 中山区次生林破坏 |
| I1514 | 27.20 | 0.64 | 0.4143 | 0.3717 | 岷谷山地农业与水土保持生态功能区 | 岷县中部和宕昌县北部 | 中山带人类活动频繁，森林破坏、林相残败，水土流失较重 |
| I1515 | 35.26 | 0.83 | 0.4092 | 0.3718 | 西礼盆地农业与水土保持生态功能区 | 西和北部、礼县东北部 | 水土流失较严重，采矿破坏地表景观 |
| I1516 | 49.38 | 1.16 | 0.4846 | 0.4402 | 小陇山林区水源涵养与生物多样性保护重要生态功能区 | 徽县和两当北部 | 生物多样性中度丧失区 |
| I15120 | 62.97 | 1.48 | 0.4631 | 0.4231 | 南秦岭中山地落叶阔叶林地多样性保护生态功能区 | 康县、武都区北部、徽县、两当县南部地区 | 土壤中度侵蚀区 |
| I15121 | 17.96 | 0.42 | 0.4512 | 0.4048 | 徽成盆地农业与水土保持生态功能区 | 西和、成县及徽县南部 | 大规模采矿破坏地表景观 |
| I15122 | 29.78 | 0.70 | 0.4487 | 0.3948 | 白龙江河谷山地滑坡及泥石流重点控制生态功能区 | 舟曲南部、武都区西北部和文县北部 | 全国泥石流密度最大的地区 |
| I15123 | 21.02 | 0.49 | 0.4216 | 0.3579 | 白龙江、白水江河谷农业生态功能区 | 武都区北部 | 土壤中度侵蚀 |
| I15124 | 34.47 | 0.81 | 0.4719 | 0.4262 | 康县、武都南部水源涵养与生物多样性保护生态功能区 | 武都区、康县、文县南部 | 低山区自然植被基本不复存在，流水侵蚀强烈 |
| II244 | 43.94 | 1.03 | 0.3004 | 0.2769 | 北部引黄灌溉农业生态功能区 | 景泰东部、靖远东部 | 沙化较重 |
| II245 | 69.61 | 1.63 | 0.3176 | 0.3124 | 乌鞘岭、昌岭山水源涵养与水土保持生态功能区 | 天祝东部、景泰南部、古浪南部 | 土壤轻度侵蚀 |
| II249 | 72.66 | 1.71 | 0.3239 | 0.2914 | 黄河两岸黄土低山丘陵农牧业与风沙控制生态功能区 | 永登大部分、白银区、皋兰、靖远、平川等 | 草质面积大，但超载严重，天然植被受到破坏，风蚀危害严重地区 |

续表

| 编码 | 面积<br>（万hm²） | 面积<br>比例（%） | 生态<br>服务 | 土地<br>生态 | 生态功能区 | 区域位置 | 存在问题 |
|---|---|---|---|---|---|---|---|
| II2410 | 19.07 | 0.45 | 0.3095 | 0.3051 | 秦王川灌溉农业与次生盐渍化防冶生态功能区 | 永登东部，皋兰西北部 | 盐渍化较重 |
| II2411 | 23.43 | 0.55 | 0.3006 | 0.2757 | 白银工矿"与生态恢复区 | 白银区，靖远县北部和平川 | 环境污染严重 |
| II324 | 155.34 | 3.65 | 0.2681 | 0.1866 | 绿洲两侧沙漠化重点控制生态功能区 | 民勤、凉州、古浪三县东部 | 严重沙化，威胁绿洲 |
| II325 | 28.24 | 0.66 | 0.2604 | 0.2399 | 绿洲西北部草原风蚀沙荒风化控制生态功能区 | 金川北部，民勤西部 | 风蚀强烈，环境污染较严重 |
| II326 | 33.72 | 0.79 | 0.2880 | 0.2759 | 龙首山山前牧业及防风固沙生态功能区 | 山丹和金川 | 草场退化，地表出现不同程度的沙化 |
| II327 | 25.64 | 0.60 | 0.3027 | 0.2528 | 民勤绿洲农业及沙漠化控制生态功能区 | 民勤西部和中部 | 绿洲来水减少、地下水位下降，导致绿洲植被大量死亡，绿洲面积不断缩小，草 |
| II331 | 97.06 | 2.28 | 0.2690 | 0.2357 | 绿洲两侧农牧业及沙漠化控制生态功能区 | 金塔南部，肃州、高台西部，甘州南部，民乐北部 | 放牧过度，植被破坏严重，草场退化、沙化 |
| II332 | 35.47 | 0.83 | 0.2949 | 0.2781 | 酒泉绿洲盐渍化敏感农牧生态功能区 | 肃州区和嘉峪关东部 | 蒸发量大、开垦农田排水不良、土壤盐碱化严重；植被受到破坏，退化和沙化不断增加 |
| II333 | 32.32 | 0.76 | 0.3171 | 0.2995 | 张掖绿洲城市、节水农业生态功能区 | 甘州、临泽及高台等县区 | 对黑河平原和额济纳旗的生态需水造成影响；部分地区盐沙化严重 |
| II334 | 84.16 | 1.98 | 0.3275 | 0.3249 | 武威绿洲城市、节水农业生态功能区 | 民乐、山丹和永昌地中部 | 生产、生活用水不断增加及农业灌溉耗水的增多造成水资源日趋紧张 |
| II335 | 38.09 | 0.89 | 0.2809 | 0.2805 | 河西堡风蚀草原化荒漠生态功能区 | 金川南部，永昌北部 | 地表风蚀严重，植被稀疏，加之放牧过度，造成不同程度的沙漠化 |

续表

| 编码 | 面积（万hm²） | 面积比例(%) | 生态服务 | 土地生态 | 生态功能区 | 区域位置 | 存在问题 |
|---|---|---|---|---|---|---|---|
| II336 | 21.92 | 0.51 | 0.3035 | 0.3030 | 当浪草田风蚀沙化敏感生态功能区 | 主要为古浪中部 | 风沙危害较大 |
| II414 | 61.42 | 1.44 | 0.2488 | 0.2065 | 平原北部戈壁荒漠风蚀沙化控制生态功能区 | 金塔县北部 | 风蚀作用强烈 |
| II415 | 15.98 | 0.38 | 0.2444 | 0.1915 | 平原东部防沙固沙生态功能区 | 金塔县中部 | 中度沙化区 |
| II421 | 334.66 | 7.86 | 0.2497 | 0.2375 | 马鬃山风蚀荒漠牧业、采矿生态功能区 | 肃北 | 有水草场地区放牧强度过大 |
| II422 | 73.55 | 1.73 | 0.2474 | 0.1913 | 花牛山、柳园强烈风蚀戈壁荒漠功能区 | 安西县北部，敦煌东部 | 风蚀较严重 |
| II423 | 39.50 | 0.93 | 0.2649 | 0.2125 | 金塔、鼎新绿洲农业盐渍化敏感生态功能区 | 金塔县中部 | 有不同程度的盐渍化现象 |
| II441 | 43.29 | 1.02 | 0.2594 | 0.2308 | 合黎山北麓风蚀沙化控制生态功能区 | 高台县东部、临泽北部、甘州北部 | 重度沙化 |
| II451 | 148.69 | 3.49 | 0.2451 | 0.1883 | 疏勒河北部荒漠戈壁生态功能区 | 安西中部、敦煌市北部 | 沙漠化严重 |
| II452 | 116.56 | 2.74 | 0.2500 | 0.2101 | 玉门镇荒漠风蚀控制生态功能区 | 玉门市和金塔县西部 | 风蚀严重、地表逐步沙化 |
| II453 | 37.22 | 0.87 | 0.2612 | 0.1938 | 疏勒河下游盐渍化草甸灌木生态功能区 | 敦煌市中部 | 土壤盐化区 |
| II454 | 52.25 | 1.23 | 0.2824 | 0.2331 | 玉门安西绿洲与沿河胡杨林保护功能区 | 安西县中部、玉门市中西部 | 次生盐渍化；胡杨林已经呈残败相 |
| II455 | 42.24 | 0.99 | 0.2349 | 0.1858 | 疏勒河下游南部风蚀控制生态功能区 | 敦煌市中部地区 | 风蚀严重、风沙侵害频繁 |
| II456 | 106.47 | 2.50 | 0.2507 | 0.2099 | 安西干旱荒漠生物多样性保护生态功能区 | 安西县南部、敦煌市东部 | 生物多样性丧失严重 |
| II824 | 115.02 | 2.70 | 0.2449 | 0.1919 | 库穆塔格流动沙漠景观生态功能区 | 阿克塞北部 | 强烈的风蚀作用，采矿业破坏地表景观 |
| II825 | 13.69 | 0.32 | 0.2463 | 0.1872 | 鸣沙山强烈风蚀及特殊景观生态功能区 | 敦煌市南部 | 流沙侵蚀严重 |
| III111 | 210.72 | 4.95 | 0.2680 | 0.2792 | 党河谷地、疏勒河谷地草原、草甸牧业与生物多样性保护生态功能区 | 肃北东部、肃南北部 | 剧烈的风蚀、河谷、盆地草场退化严重 |

续表

| 编码 | 面积（万 hm²） | 面积比例(%) | 生态服务 | 土地生态 | 生态功能区 | 区域位置 | 存在问题 |
| --- | --- | --- | --- | --- | --- | --- | --- |
| III112 | 77.59 | 1.82 | 0.2569 | 0.2944 | 宽河南山、托勒南山高山冰雪水源补给生态功能区 | 东北中部 | 没有明显的生态环境问题 |
| III113 | 29.80 | 0.70 | 0.2627 | 0.2841 | 祁连山高山冰雪水源补给生态功能区 | 甘南北部 | 没有明显的生态环境问题 |
| III116 | 5.31 | 0.12 | 0.2461 | 0.2399 | 哈拉湖盆地沙漠化控制生态功能区 | 德令哈市北部和天峻县西北 | 草地退化轻微、生物多样性减少 |
| III121 | 197.33 | 4.63 | 0.3198 | 0.3500 | 冷龙岭、走廊南山水源涵养与生物多样性保护生态功能区 | 甘南、民乐、山丹和天祝的西部 | 南部靠近的少数地区冻融侵蚀严重；人类活动的干扰和狩猎活动使区内的生物多样性受到威胁 |
| III211 | 30.17 | 0.71 | 0.2542 | 0.2974 | 山前洪积扇荒漠、高寒草原牧业生态功能区 | 阿兑塞中部、东部和南部 | 风蚀作用严重 |
| III321 | 51.38 | 1.21 | 0.2745 | 0.2632 | 安南坝山地荒漠牧业生态功能区 | 阿兑塞中部靠北 | 中部生物多样性丧失严重 |
| III422 | 126.05 | 2.96 | 0.3838 | 0.3937 | 碌曲高原草甸牧业及灌丛类保护生态功能区 | 夏河南部、碌曲、合作、卓尼北部 | 放牧强度较大、出现超载现象 |
| III424 | 40.59 | 0.95 | 0.4033 | 0.4139 | 太子山山地森林恢复与水源涵养生态功能区 | 夏河、和政和临夏县南部、卓尼和临潭北部 | 大部分地区已遭受严重砍伐和开垦 |
| III425 | 28.82 | 0.68 | 0.3899 | 0.3903 | 临潭-卓尼山地农牧业与森林恢复生态功能区 | 临潭、岷县两县 | 植被破坏严重 |
| III426 | 49.71 | 1.17 | 0.4082 | 0.4251 | 洮河上游森林恢复与水源涵养生态功能区 | 卓尼、碌曲 | 因过度采伐，目前大部地区林相残败，森林面积缩小 |
| III436 | 44.96 | 1.06 | 0.3784 | 0.3912 | 玛曲黄河首曲草甸牧业及沙漠化控制生态功能区 | 玛曲东部 | 过度放牧，草地开始退化，部分阶地已出现严重沙化 |
| III437 | 60.24 | 1.41 | 0.3747 | 0.3986 | 积石山山地灌丛草甸水源涵养生态功能区 | 玛曲西部 | 南部河曲草场过度放牧、重度退化 |
| III711 | 76.15 | 1.79 | 0.4458 | 0.4283 | 白龙江上游针叶林水源涵养与生物多样性保护生态功能区 | 迭部、舟曲 | 生境基本完好 |
| III713 | 14.73 | 0.35 | 0.4835 | 0.4452 | 白水江山地水源涵养与生物多样性保护生态功能区 | 文县南部 | 海拔2500m以下受一定的人为干扰 |

牧业及沙漠化控制生态功能区（III436）和积石山地灌丛草甸水源涵养生态功能区（III437），这些功能区植被以高寒草甸和森林灌丛为主，生态服务功能和土地生态质量普遍较高，重点建设的生态服务功能为水源涵养、生物多样性保护和防风固沙。子午岭黄河水源涵养区生态服务功能和土地生态质量分别为 0.4497 和 0.3966，在涵养水源、蓄洪、防止水土流失等方面起着重要作用。黄河干流生态修复保护区主要包括黄河谷地城市与城郊农业生态区（II1272）、黄河两岸黄土低山丘陵农牧业与风沙控制生态功能区（II249）、秦王川灌溉农业与次生盐渍化防治生态功能区（II2410）、白银工矿与生态恢复区（II2411）、北部引黄灌溉农业生态功能区（II244），区内兰州和白银为传统工业城市，普遍存在大气、土壤和水污染的问题，污染防治和土壤保持是重点建设的生态服务功能。

长江上游生态安全屏障主要为"两江一水"（白龙江、白水江、西汉水）流域，区域地形复杂，植被覆盖率较高，生物多样性丰富，生态功能区包括漳县、武山农林与水土保持生态功能区（I1511），北秦岭西部水源涵养生态功能区（I1512），天水南部农林业生态功能区（I1513），岷宕山地农业与水土保持生态功能区（I1514），西礼盆地农业与水土保持生态功能区（I1515），小陇山林区水源涵养与生物多样性保护重要生态功能区（I1516），南秦岭山地落叶阔叶林水源涵养与生物多样性保护生态功能区（I15120），徽成盆地农业与水土保持生态功能区（I15121），白龙江河谷山地滑坡及泥石流重点控制生态功能区（I15122），白龙江、白水江河谷农业生态功能区（I15123），康县、武都南部水源涵养与生物多样性保护生态功能区（I15124），白龙江上游针叶林水源涵养与生物多样性保护生态功能区（III711），白水江山地水源涵养与生物多样性保护生态功能区（III713），生态服务功能和土地生态质量普遍较高，重点建设的生态服务功能为水源涵养、土壤保持、生物多样性保护和地质灾害防治。

黄土高原丘陵沟壑水土流失防治区的生态功能区为黄土丘陵东部强烈侵蚀农业生态功能区（I1271），主要位于陇东黄土高原丘陵沟壑地区，是我国水土流失防治代表性地区之一。生态服务功能和土地生态质量分别为 0.3514 和 0.3249，由于土地开发强度大，坡耕地比例大，水土流失严重，水源涵养和土壤保持极重要地区是重点生态服务建设内容。

河西内陆河流域生态安全屏障建设中祁连山山地水源涵养生态功能区是建设重点，具体包括：党河谷地、疏勒河谷地草原、草甸牧业与生物多样性保护生态功能区（III111），党河南山、托勒南山高山冰雪水源补给生态功能区（III112），祁连山高山冰雪水源补给生态功能区（III113），冷龙岭、走廊南山水源涵养与生物多样性保护生态功能区（III121），其中冷龙岭、走廊南山生态功能区生态服务功能和土地生态质量最好，相关指数分别为 0.3198 和 0.35，重点建设的生态服务功能为水源涵养、土壤保持和生物多样性保护。其次，酒泉绿洲盐渍化敏感农牧生态功能区（II332），张掖绿洲城市、节水农业生态功能区（II333），武威绿洲城市、节水农业生态功能区（II334），其中武威绿洲生态服务功能和土地生态质量最好，相关指数分别为 0.3275 和 0.3249，酒泉和张掖绿洲稍低，重点建设的生态服务功能为水源涵养和防风固沙。

北山荒漠地处亚洲中部温带荒漠、极旱荒漠和典型荒漠的交汇区，位于青藏高原和蒙新荒漠结合部，主要生态功能区包括平原北部戈壁荒漠风蚀沙化控制生态功能区（II414），平原东部防沙固沙生态功能区（II415），马鬃山风蚀荒漠牧业、采矿生态功能区（II421），花牛山、柳园强烈风蚀戈壁荒漠功能区（II422），金塔、鼎新绿洲农业盐渍化敏感生态功能区（II423），合黎山北麓风蚀沙化控制生态功能区（II441），疏勒河北部荒漠戈壁生态功能区（II451），玉门镇荒漠风蚀控制生态功能区（II452），疏勒河下游盐渍化草甸灌木生态功能区（II453），玉门安西绿洲与沿河胡杨林保护功能区（II454），疏勒河下游南部风蚀控制生态功能区（II455），安西干旱荒漠生物多样性保护生态功能区（II456）。北山荒漠多处于河西绿洲周边，戈壁、沙漠等荒漠化土地广泛分布，生态服务功能和土地生态质量较低，存在风蚀强烈、草地退化、沙漠化严重等问题，需强化防风固沙等生态服务功能。

## 2.8　西部生态脆弱区（甘肃）生态保护红线划定

### 2.8.1　生态保护红线

生态保护红线是维护国家和区域生态安全及经济社会可持续发展，提升生态功能、保障生态产品与服务持续供给而必须严格保护的最小空间范围。划定生态保护红线是维护国家生态安全、增强区域可持续发展能力的重要举措，建立生态保护红线制度是保障生态保护红线落地的基础和保障。

目前，我国面临着经济高速增长和环境资源严重不足的矛盾，面临着传统经济增长模式对人类生存环境构成的重大威胁。随着工业化、城镇化进程的加快，我国许多典型的自然生态环境受到严重干扰和破坏，很多珍稀动植物处于濒危。许多地区不顾自身资源环境承载能力，盲目开发和布局，城镇土地快速扩张，人口急剧膨胀，对生态环境造成了巨大压力。面对资源约束趋紧、环境污染严重、生态系统退化的严峻形势，为保障国家和区域生态安全，《中共中央关于全面深化改革若干重大问题的决定》提出"加快生态文明制度建设，划定生态保护红线"。新修订的《环境保护法》规定"国家在重点生态功能区、生态环境敏感区和脆弱区等区域划定生态保护红线,实行严格保护"。2015 年 5 月,环境保护部在《国家生态保护红线——生态功能红线划定技术指南(试行)》基础上,经过试点、反馈和技术论证,印发了《生态保护红线划定技术指南》,指出生态保护红线是依法在重点生态功能区、生态环境敏感区和脆弱区等区域划定的严格管控边界,是国家和区域生态安全的底线。

### 2.8.1.1　生态保护红线的划定

生态保护红线是依据重点生态功能区、生态环境敏感区和脆弱区等区划而形成的严格管控边界,是国家和区域生态安全的底线。生态保护红线是依据《环境保护法》和生态保护相关规范性文件以及技术方法,根据涵养水源、保持水土、防风固沙、调蓄洪水、保护生物多样性,以及保持自然本底、保障生态系统完整和稳定性等要求,兼顾经济社会发展需要,划定并严守生态保护红线。

划定生态保护红线,需要遵循原则包括以下几个方面。

1)考虑生态重要性。划入生态保护红线的是国家和区域生态保护的重要地区,应具有珍稀濒危性、特有性、代表性及不可替代性等特征,对于人类生存与经济社会发展具有重要的支撑作用。

2)分类划定。生态保护红线划定是一项系统工程,应在不同区域范围内,根据生态保护红线的功能与类型,分别划定生态保护红线,通过叠加形成国家或区域生态保护红线。

3)尊重现实。生态保护红线划定应基于我国现有各类生态保护地空间分布现状,结合主体功能区规划实施,充分考虑我国国情和各地实际情况,与受保护对象、经济支撑能力和当前监管能力相适应,突出重点,限定有限目标,确保划定的生态保护红线得到有效管护。

4)动态调整。即随着经济社会发展和需要,生态保护红线需作相应调整,以保障区域生态安全。

依据重点生态功能区、生态环境敏感区和脆弱区等区域划定生态保护红线。重点生态功能区保护红线是指根据不同类型重点生态功能区的主要服务功能,开展水源涵养、水土保持、防风固沙、生物多样性保护等生态系统服务重要性评价与等级划分,将重要性等级高的区域纳入生态保护红线。生态敏感脆弱区保护红线是指针对区域生态敏感性特征,开展水土流失、土地沙化、石漠化等生态敏感性评价与等级划分,将敏感性等级高的区域纳入生态保护红线。禁止开发区保护红线是指根据生态保护重要性评估结果并结合内部管理分区,综合确定纳入生态保护红线的具体区域范围,原则上将自然保护区全部纳入生态保护红线,对面积较大的自然保护区,其实验区将根据生态保护重要性评估结果，确定纳入生态保护红线的具体区域范围。生态保护红线划定将实行严格保护，确保生态功能不降低、面积不减少、性质不改变，科学划定森林、草原、湿地、海洋等领域生态保护红线，严格自然生态空间征（占）用管理，有效遏制生态系统退化的趋势。

作为国家和区域生态安全的底线、可持续发展的生命线和人民生命健康的保障线，生态保护红线划定只是第一步，而其能不能守得住、能不能管得住是接下来面临的更为艰巨的挑战。据统计，我国 592 个贫困县中有 499 个县位于重点生态功能区或生物多样性保护优先区。由此可见，生态保护红线区主要是"老、少、边、穷"地区，这些地区面临着摆脱贫困和加快发展的迫切需求。生态保护红线作为保障我国生态安全与可持续发展的基线，其划定范围内的区域需要进行特殊的保护，禁止进行大规模工业化与城镇化开发，这也意味着这些区域发展和保护的矛盾会愈加突出。

### 2.8.1.2　生态保护红线的划定

生态保护红线的划定是从生态安全保障的需求出发，依据生态系统的完整性和稳定性，在充分认识生态系统的结构—过程—功能的基础上，考虑区域经济社会发展现状和未来发展需求，识别、划分、确认生态保护的关键区域的过程。在空间范围上，生态保护红线包括重要（点）生态功能区、陆地生态环境敏感区、脆弱区的全部和部分范围。生态保护红线的划分技术方法需研究确定，但在划分过程中，要特别关注解决三个方面的问题：①生态保护红线与主体功能区划的关系。主体功能区划是我国国土空间开发的战略性、基础性和约束性规划，是我国经济社会发展的空间总体安排，生态保护红线的划分需要与全国主体功能区划相衔接。其中，既需要进一步研究重点生态功能区（包括限制开发区域以及自然保护区等禁止开发区域）与生态保护红线的相互关系，也需要提出城市化地区和农业空间的生态保护红线划分方法。从生态系统的完整性和连通性的需要出发，城市化地区和农业空间同样有划分生态保护红线的必要和需要，在优化开发区域和重点开发的生态空间应该划入生态保护红线。②生态保护红线与生态功能区划和环境功能区划的关系。生态保护红线与环境功能区划关系密切，是环境功能区划的组成部分。如果考虑到正在推动开展的城市生态环境总体规划，生态保护红线也是城市生态环境总体规划的组成部分。而生态功能区划是生态保护红线划分的基础，生态功能区划开展的生态系统综合评估、生态敏感性和生态功能重要性评估是认识生态系统结构—过程—功能的基础工作。在这个意义上，生态保护红线的划分是生态功能区划工作的深化和拓展，要求生态功能区划进一步提高评估技术方法的科学性、评估结果的准确性，以及空间尺度的精确性。③生态保护红线的划分应采取自上而下和自下而上相结合的方式。生态系统和生态保护红线的尺度特征决定了生态环境管理的分级特点,难以在一个层面关注所有的问题。因此,生态保护红线的划分也不可能在一个尺度上解决所有问题,需要根据不同尺度的特征,确定生态保护红线的划分方法。在划分方式上,采取自上而下和自下而上相结合的方式,国家确定生态保护红线划分的技术规范和划定标准,划分国家层面生态保护红线,而地方层面的生态保护红线由地方在国家标准规范的基础上进一步划分,地方的生态保护红线必须包括国家生态保护红线的范围,管理也应严于国家生态保护红线。

### 2.8.2　甘肃省生态保护红线与国家生态安全屏障构建

甘肃省是国家"两屏三带"生态安全屏障的重要组成部分,是西北乃至全国的重要生态安全屏障,这说明了甘肃生态建设地位的重要性和全局性,因此,我们必须立足自身生态的脆弱性的现实,采取有效措施来重点解决构筑全国生态安全屏障的问题,划定生态保护红线。

由于山地、干旱及季风区末端等因素的影响,甘肃省是我国生态系统最脆弱、最复杂的地区之一,统计数据显示,荒漠化、沙化土地面积分别占全省土地面积的 45.1%和 28%,风沙线长达 1600 多公里,在国家主体功能区规划中,近 90%的国土面积被纳入限制开发和禁止开发区。虽然,甘肃在生态建设方面投入大量的人力、物力,但生态局部改善,总体恶化的趋势仍未扭转。主要体现在:①河西内陆河流域生态问题突出。祁连山水源涵养功能不断降低,使河西走廊地区水资源供给出现减少趋势。绿洲溯源转移、沙漠南侵、沙尘源地扩大,民勤绿洲的退化没有从根本上得到遏制。②甘肃黄土高原地区水土流失严重。③甘南重要水源补给区生态恶化严重。该区域生态环境恶化问题日益突出,表现在草场"三化"现象严重、湿地面积锐减、水源涵养功能普遍降低等方面。目前,有 80% 的天然草场出现退化,被誉为"黄河蓄水池"的玛曲湿地干涸面积已高达 $10.2\times10^4$ hm²,水源涵养补给功能正在显著下降。④兰州-白银经济圈生态环境长期透支。兰州-白银经济圈是黄河上游重要的社会经济和生态环境建设的核心区,但植被覆盖度低,恢复成本高,生态建设任务艰巨。⑤滑坡泥石流灾害严重。天水、陇南和甘南部分地区是全国四大滑坡、泥石流集中暴发区之一,滑坡、泥石流具有分布面积大、成片密集分布、暴发频率高、危害严重的特征。

甘肃要从国家和地方生态安全利益出发,着眼于更大空间的公共利益、整体利益和长远利益,从全国范围的视角承担构筑西北、国家重要生态安全屏障的"职能"分工。按照国家主体功能区规划,甘肃大部分土地属于限制开发区和禁止开发区,同时甘肃在全国范围经济社会发展滞后,生存、发展、竞争与生态保护和建设的矛盾尖锐,生态补偿自我投入能力薄弱,人类活动胁迫下的重要生态功能区生态系统退化趋势仍然比较突出。因此，必须确立国家主导推动、地方政府组织实施和全社会广泛参与的生态建设补偿政策体系。应积极争取在重点生态功能区建立国家级自然保护区，既符合国家在国土空间规划上对甘肃的基本定位，同时符合国家层面对甘肃境内的典型生态敏感区的强烈关注。甘肃生态保护红线的划定要在全国重要生态功能以及甘肃自身生态环境特点下，立足已有大量的生态安全方面的基础研究工作，以构筑生态安全屏障为目标划定甘肃生态保护红线。通过划定生态保护红线为在甘肃生态修复与建设的同时，推进传统的经济社会发展方式转变，实现生态系统与经济社会发展良性循环。

### 2.8.3　甘肃省生态保护红线的划定方法

#### 2.8.3.1　确定生态保护红线划定范围

根据《全国生态功能区划》、《全国生态脆弱区保护规划纲要》、《全国中小河流治理和病险水库除险加固、山洪地质灾害防御和综合治理总体规划》、《全国海岛保护规划（2011～2020 年）》、《中国生物多样性保护战略与行动计划（2011～2030 年）》等全国纲领性文件，结合生态保护红线保护功能，分别确定生态保护红线的划定范围。甘肃省及以下行政区可参考全国性规划文件以及本辖区内相关规划文件，结合当地实际情况，确定具有重要意义的其他生态保护地作为红线划定范围。

通过现场踏勘、实地调查与遥感信息解析等方式，对生态保护红线分布范围进行生态调查与边界核查，结合保护重要性评价结果，确定重要（点）生态功能区、生态脆弱区/敏感区、生物多样性保育区的生态保护红线。通过 GIS 空间分析技术，对重要生态功能保护红线、生态脆弱区/敏感区保护红线、生物多样性保育红线进行图层叠加，并进行属性识别和空间分析等，构建形成基于国家层面和甘肃省地方层面的生态保护红线区。

#### 2.8.3.2　建立指标体系

结合甘肃省的自然地理条件和生态环境特征，从生态功能重要性、生态环境敏感性和环境灾害危险性三方面构建生态保护红线划定指标体系。通过实地调查、现场监测等方法收集相关数据和图像资料，建立生态保护红线划定的空间属性数据库。生物资源丰富度及生物多样性可通过实际监测获得，环境灾害数据采取现场调查、监测和遥感影像分析相结合方式确定。

（1）重要生态服务功能保护红线划定

生态系统服务功能分为提供产品、生态调节、文化、生态支持服务功能四大类。生态系统服务功能的大小是生态规划的重要依据，包括绿地、水、土、能源和生物地球化学循环的生态系统服务功能,可以为城市规划提供生态学基础。生态系统服务功能重要性评价,是针对区域典型生态系统对区域生态环境的主要服务功能的重要性进行评价。评价不同生态系统类型的生态服务功能,如生物多样性保护、水源涵养、蓄水调洪、土壤保持等,分析生态服务功能的区域分异规律及其对社会经济发展的作用,明确生态系统服务功能的重要区域。

通过实地调查、资料收集等方式获取重要生态功能区各类基础数据,收集重要(点)生态功能区植被图、土地利用图、功能分区图以及其他专题图件,应用GIS 技术构建地理信息数据库。围绕各重要(点)生态功能主导生态功能,开展生态服务功能重要性评价。生态服务功能重要性评价是针对区域典型生态系统,分析生态系统服务功能的区域分异规律,对每一项生态服务功能按照其重要性划分出不同级别,明确其空间分布,然后在区域上进行综合。

评价内容包括生物多样性保护、水源涵养和水文调蓄、土壤和营养物质保持、沙漠化控制、海岸带防护等功能。评价方法包括指标体系的构建、评价模型的建立,对生态服务功能定量评价结果作归一化处理,结合人类干扰和影响强度的空间归一化值,在 GIS 环境下进行图层叠加运算与重分类,得到生态系统服务重要性分级结果。

确定重要生态服务功能保护红线边界。生态服务功能重要性等级分为 3 级,分别为极重要、中等重要、较重要。将生态服务功能重要性等级高且人类干扰和胁迫相对较小或易于管控的区域划为重要(点)生态功能区的保护红线。

(2)区域生态环境敏感性评价

根据主要生态环境问题的形成机制,分析可能发生的主要生态环境问题类型与可能性大小及其生态环境敏感性的区域分异规律,明确主要生态环境问题,如土壤侵蚀、盐渍化、石漠化、生境退化、地质灾害等可能发生的地区范围与可能程度,以及生态环境脆弱区。生态环境敏感性评价可以应用定性与定量相结合的方法进行。在评价中应利用遥感数据、地理信息系统技术及空间模拟等先进的方法与技术手段。

(3)生态脆弱区/敏感区保护红线划定

确定生态脆弱区/敏感区在甘肃省的类型与分布,然后在进行区域生态脆弱性/敏感性评价的基础上划定生态保护红线。根据生态脆弱区/敏感区的空间分布差异,生态保护红线划定对象包括水陆过渡区、农牧生态交错区、沙漠化扩展区等。甘肃省省级以下行政区可根据生态脆弱区/敏感区的内涵,结合当地实际情况确定生态保护红线划定区域。

1)河湖水库缓冲带红线。开展河流、湖泊和水库带生态分类,以面源污染净化和土壤保持为目标,以土壤基质、植被类型、地形地貌、流域水文特征和土地利用情况为基本条件，根据各地具体情况划定达到预期面源污染净化效率和土壤保持效率的缓冲带红线宽度。

2）农牧生态交错区红线。确定农牧生态交错区的空间范围，评估农牧生态交错区内生态系统脆弱性并划分等级，将极脆弱区域划定为红线。

3）沙漠化扩展区红线。以沙漠化控制与治理为目标，依据沙漠化扩展区域周围的地形、地貌、水文特征及沙漠化扩展的时空动态格局，结合与沙漠化扩展显著相关的地下水位、植被覆盖度及植物种类状况，提出防治沙漠化扩展的屏障宽度。

4）生物多样性保育红线。首先选择关键动植物物种，收集其分布信息，确定其生境范围与特征；然后确定动植物物种保护的最小面积和范围，最终划定物种保护红线。

关键生态系统保护红线划定方法。考虑到生态系统分类等尺度大小不同，红线划定应首先确定生态系统分类层次，在此基础上选择关键生态系统类型，并收集关键生态系统分布的相关信息，评估生态系统优先保护等级，最终划定关键生态系统保护红线。

### 2.8.3.3　甘肃省宏观生态保护红线划定

甘肃省土地生态状况质量评估是利用第二次全国土地资源调查、多目标地球化学调查、农用地分等定级等国土资源重大调查工程成果，从土地生态功能和土地利用/土地覆盖变化反映的生态环境变化出发，通过建立土地生态状况调查指标体系，运用"多指标集合度量法"模型，形成对甘肃省土地资源生态状况和水平的定量分析。甘肃省生态服务功能评价利用了土地生态状况质量综合评估体系和土地生态状况调查数据库中选择相关数据，根据甘肃省生态系统特点，针对生态环境和生态系统的质量、持续性、健康等重要属性，形成对当前状态下生态系统提供相关生态系统服务功能能力的评价。甘肃省三级生态功能区划是在分析研究区域生态环境特征与生态环境问题、生态环境敏感性和生态服务功能空间分异规律的基础上，根据生态环境特征、生态环境敏感性和生态服务功能在不同地域的差异性和相似性，将甘肃省划分为不同生态功能区。

甘肃省土地生态状况质量评估、生态服务功能评价和三级功能区划可在以下方面支撑甘肃省生态保护红线的划定。

首先，生态服务功能评价可从甘肃省重要生态服务功能保护方面支持生态保护红线划定。通过分析甘肃省不同生态系统类型的生态服务功能，如生物多样性保护、水源涵养、蓄水调洪、土壤保持等，分析生态服务功能的区域分异规律，定量评价生态服务功能的能力大小，将生态服务功能重要的、功能高的区域划为重要生态功能区的保护红线。

其次，甘肃省土地生态状况质量评价从土地资源生态状况方面支持了生态保护红线的划定。第二次全国土地资源调查是生态保护红线划定的基础，生态脆弱区/敏感区需要农用地分等定级和多目标地球化学调查资料。在划定生态保护红线中可系统、灵活应用土地生态状况自然基础性指标层、结构性指标层、土地污染损毁与退化状况指标、生态建设与保护综合效应指标和西部生态脆弱区区域性指标。

最后，甘肃省三级生态功能区是生态保护红线划定中考虑区域差异性和相似性的基础。生态功能区综合考虑了生态环境特征、生态环境敏感性和生态服务功能的特点，是国家生态安全屏障建设的基础。生态保护红线的划定可全面、系统考虑不同功能区在生态系统结构—过程—功能上的差异，兼顾国家生态安全与区域生态环境保护，从而划定国家和区域生态安全的底线。

基于以上考虑，以甘肃省国家生态安全屏障建设为目标设置甘肃省重点三级生态功能区，通过对土地生态状况质量和生态服务功能的等级划分，进行了甘肃省生态保护红线划定的宏观、大尺度空间分析（图 2-28）。

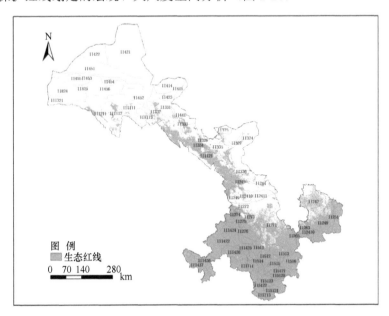

图 2-28　甘肃省生态保护红线三级功能区分布图

结合图 2-28 和表 2-13，利用土地生态状况质量和生态服务功能结果进行的甘肃省生态保护红线划定，基本体现了生态保护红线对甘肃省重要生态功能区生态

表 2-13　甘肃省三级功能区生态保护红线面积

| 编码 | 面积（万hm²） | 面积比例（%） | 生态保护红线面积（万hm²） | 生态保护红线比例（%） | 生态功能区 | 生态敏感性 |
|---|---|---|---|---|---|---|
| I1516 | 49.38 | 1.16 | 49.38 | 100 | 小陇山林区水源涵养与生物多样性保护重要生态功能区 | 东部为土壤侵蚀高度敏感区 |
| I15120 | 62.97 | 1.48 | 62.97 | 100 | 南秦岭山地落叶阔叶林水源涵养与生物多样性保护生态功能区 | 南部为土壤侵蚀高度敏感区 |
| I15121 | 17.96 | 0.42 | 17.96 | 100 | 徽成盆地农业与水土保持生态功能区 | 土壤侵蚀中度敏感区 |
| I15124 | 34.47 | 0.81 | 34.47 | 100 | 康县、武都南部水源涵养与生物多样性保护生态功能区 | 土壤侵蚀高度敏感区 |
| III713 | 14.73 | 0.35 | 14.73 | 100 | 白水江山地水源涵养与生物多样性保护生态功能区 | 土壤侵蚀综合敏感区 |
| I1274 | 3.1 | 0.07 | 3.1 | 100 | 刘家峡湿地及鸟类保护功能区 | 土壤侵蚀高度敏感区 |
| I1276 | 41.57 | 0.98 | 41.54 | 99.92 | 和政、渭源土石丘陵农林及水源涵养生态功能区 | 土壤侵蚀极敏感或高度敏感区 |
| I1514 | 27.2 | 0.64 | 27.18 | 99.92 | 岷宕山地农业与水土保持生态功能区 | 土壤侵蚀中度敏感区 |
| III425 | 28.82 | 0.68 | 28.78 | 99.85 | 临潭-卓尼山地农牧业与森林恢复生态功能区 | 生物多样性保护极敏感区 |
| I1265 | 4.47 | 0.1 | 4.46 | 99.76 | 华亭农业生态功能区 | 水源涵养极敏感区 |
| I15122 | 29.78 | 0.7 | 29.69 | 99.72 | 白龙江河谷山地滑坡及泥石流重点控制生态功能区 | 生物多样性保护极敏感区 |
| I15123 | 21.02 | 0.49 | 20.92 | 99.55 | 白龙江、白水江河谷农业生态功能区 | 土壤侵蚀中度敏感区 |
| III711 | 76.15 | 1.79 | 75.78 | 99.52 | 白龙江上游针叶林水源涵养与生物多样性保护生态功能区 | 生物多样性保护极敏感区 |
| III424 | 40.59 | 0.95 | 40.37 | 99.46 | 太子山山地森林恢复与水源涵养生态功能区 | 生物多样性保护极敏感区 |
| III422 | 126.05 | 2.96 | 125.33 | 99.42 | 碌曲高原草甸牧业及鸟类保护生态功能区 | 综合生态环境轻度敏感 |
| III426 | 49.71 | 1.17 | 49.39 | 99.34 | 洮河上游森林恢复与水源涵养生态功能区 | 生物多样性保护极敏感区 |
| I1251 | 51.77 | 1.22 | 51.33 | 99.15 | 子午岭次生林水源涵养生态功能区 | 生物多样性及生境极敏感区 |
| I1515 | 35.26 | 0.83 | 34.94 | 99.08 | 西礼盆地农业与水土保持生态功能区 | 土壤侵蚀中度敏感区 |
| III436 | 44.96 | 1.06 | 44.51 | 99 | 玛曲黄河首曲草甸牧业及沙漠化控制生态功能区 | 生物多样性保护极敏感区 |

续表

| 编码 | 面积（万 hm²） | 面积比例（%） | 生态保护红线面积（万 hm²） | 生态保护红线比例（%） | 生态功能区 | 生态敏感性 |
|---|---|---|---|---|---|---|
| III437 | 60.24 | 1.41 | 59.53 | 98.81 | 积石山地灌丛草甸水源涵养生态功能区 | 生物多样性保护极敏感区 |
| I1512 | 45.5 | 1.07 | 44.91 | 98.71 | 北秦岭西部水源涵养生态功能区 | 土壤侵蚀中度敏感区 |
| I1275 | 62.9 | 1.48 | 60.6 | 96.34 | 西部黄土丘陵草原农田及水土保持功能区 | 土壤侵蚀极敏感或高度敏感区 |
| I1263 | 31.03 | 0.73 | 29.76 | 95.9 | 六盘山、关山森林水源涵养生态功能区 | 水源涵养极敏感区 |
| I1513 | 32.13 | 0.75 | 30.2 | 93.98 | 天水南部农林业生态功能区 | 东部为土壤侵蚀重要地区 |
| I1511 | 33.2 | 0.78 | 30.91 | 93.1 | 漳县、武山农林与水土保持生态功能区 | 土壤侵蚀中等敏感区 |
| II12410 | 15.11 | 0.35 | 14 | 92.63 | 泾河谷地城镇与灌溉农业区 | 土壤侵蚀极敏感区 |
| I1249 | 129.31 | 3.04 | 119.03 | 92.05 | 黄土残塬旱作农业强烈水土流失生态功能区 | 土壤侵蚀极敏感区 |
| III121 | 197.33 | 4.63 | 136.56 | 69.2 | 冷龙岭、走廊南山水源涵养与生物多样性保护生态功能区 | 生物多样性保护极敏感区 |
| I1273 | 33.69 | 0.79 | 23.15 | 68.71 | 马衔山-兴隆山地水源涵养与生物多样性保护生态功能区 | 生物多样性极敏感区；土壤侵蚀极敏感或高度敏感区 |
| II334 | 84.16 | 1.98 | 53.7 | 63.82 | 武威绿洲城市、节水农业生态功能区 | 土地沙漠化高度敏感区 |
| I1271 | 303.82 | 7.13 | 179.94 | 59.23 | 黄土丘陵东部强烈侵蚀农业生态功能区 | 土壤侵蚀极敏感或高度敏感区 |
| II333 | 32.32 | 0.76 | 15.06 | 46.59 | 张掖绿洲城市、节水农业生态功能区 | 土地沙漠化高度敏感区；盐渍化中度敏感区 |
| I1242 | 140.16 | 3.29 | 60.24 | 42.98 | 环县黄土丘陵、滩地强烈水土流失牧农生态功能区 | 土壤侵蚀极敏感区 |
| II245 | 69.61 | 1.63 | 27.79 | 39.92 | 乌鞘岭、昌岭山水源涵养与水土保持生态功能区 | 土壤侵蚀中度或轻度敏感区 |
| III211 | 30.17 | 0.71 | 7.99 | 26.47 | 山前洪积荒漠、高寒草原牧业生态功能区 | 属于生物多样性极敏感区 |
| I1272 | 28.31 | 0.66 | 7.37 | 26.02 | 黄河谷地城市与城郊农业生态区 | 土壤侵蚀极敏感或高度敏感区 |
| II336 | 21.92 | 0.51 | 5.7 | 25.98 | 古浪农田风蚀沙化敏感生态功能区 | 土地沙漠化高度敏感区 |
| II332 | 35.47 | 0.83 | 7.2 | 20.29 | 酒泉绿洲盐渍化敏感农牧生态功能区 | 盐渍化高度或中度敏感区 |

续表

| 编码 | 面积（万hm²） | 面积比例（%） | 生态保护红线面积（万hm²） | 生态保护红线比例（%） | 生态功能区 | 生态敏感性 |
|---|---|---|---|---|---|---|
| II249 | 72.66 | 1.71 | 13.16 | 18.11 | 黄河两岸黄土低山丘陵农牧业与风沙控制生态功能区 | 土壤侵蚀极敏感或高度敏感区 |
| III112 | 77.59 | 1.82 | 13.67 | 17.62 | 党河南山、托勒南山高山冰雪水源补给生态功能区 | 综合生态环境轻度敏感区 |
| II2410 | 19.07 | 0.45 | 3.12 | 16.36 | 秦王川灌溉农业与次生盐渍化防治生态功能区 | 土壤侵蚀高度敏感区 |
| II327 | 25.64 | 0.6 | 3.34 | 13.03 | 民勤绿洲农业及沙漠化控制生态功能区 | 土壤盐渍化中度或高度敏感区；沙漠化高度或极敏感区 |
| II335 | 38.09 | 0.89 | 4.79 | 12.58 | 河西堡风蚀草原化荒漠生态功能区 | 土地沙漠化高度敏感区 |
| III113 | 29.8 | 0.7 | 3.32 | 11.14 | 祁连山高山冰雪水源补给生态功能区 | 综合生态环境轻度敏感区 |
| II325 | 28.24 | 0.66 | 2.78 | 9.86 | 绿洲西北部草原化荒漠风蚀沙化控制生态功能区 | 沙漠化高度敏感区 |
| II244 | 43.94 | 1.03 | 4.13 | 9.4 | 北部引黄灌溉农业生态功能区 | 土壤侵蚀高度敏感区和极敏感区；土壤沙化高度敏感区 |
| II326 | 33.72 | 0.79 | 2.95 | 8.76 | 龙首山山前牧业及防风固沙生态功能区 | 生物多样性保护高度敏感区 |
| III111 | 210.72 | 4.95 | 15.6 | 7.41 | 党河谷地、疏勒河谷地草原、草甸牧业与生物多样性保护生态功能区 | 综合生态环境轻度敏感区 |
| II331 | 97.06 | 2.28 | 4.97 | 5.12 | 绿洲两侧农牧业及沙漠化控制生态功能区 | 土地沙漠化高度敏感区 |
| II441 | 43.29 | 1.02 | 1.27 | 2.94 | 合黎山北麓风蚀沙化控制生态功能区 | 土的沙漠化高度或极敏感区 |
| II2411 | 23.43 | 0.55 | 0.65 | 2.78 | 白银工矿与生态恢复区 | 土壤侵蚀极敏感或高度敏感区 |
| III321 | 51.38 | 1.21 | 1.17 | 2.27 | 安南坝山地荒漠牧业生态功能区 | 属于生物多样性极敏感区 |
| II324 | 155.34 | 3.65 | 3.33 | 2.14 | 绿洲两侧沙漠化重点控制生态功能区 | 沙化高度和极敏感地区 |
| II454 | 52.25 | 1.23 | 1.1 | 2.11 | 玉门安西绿洲与沿河胡杨林保护功能区 | 土地沙漠化高度或极敏感区 |
| II423 | 39.5 | 0.93 | 0.55 | 1.38 | 金塔、鼎新绿洲农业盐渍化敏感生态功能区 | 土地沙漠化高度敏感区；生物多样性极敏感区；部分地区土壤盐渍化高度或中度敏感 |

续表

| 编码 | 面积（万 hm²） | 面积比例（%） | 生态保护红线面积（万 hm²） | 生态保护红线比例（%） | 生态功能区 | 生态敏感性 |
|---|---|---|---|---|---|---|
| II825 | 13.69 | 0.32 | 0.15 | 1.07 | 鸣沙山强烈风蚀及特殊景观生态功能区 | 沙漠化极敏感区 |
| II452 | 116.56 | 2.74 | 0.5 | 0.43 | 玉门镇荒漠风蚀控制生态功能区 | 土地沙漠化高度或极敏感区 |
| II453 | 37.22 | 0.87 | 0.07 | 0.2 | 疏勒河下游盐渍化草甸灌木生态功能区 | 沙漠化和生物多样性保护极敏感区 |
| II824 | 115.02 | 2.7 | 0.22 | 0.19 | 库穆塔格流动沙漠景观生态功能区 | 生态环境综合高度或极敏感区 |
| II456 | 106.47 | 2.5 | 0.16 | 0.15 | 安西干旱荒漠生物多样性保护生态功能区 | 土地沙漠化高度或极敏感区 |
| II414 | 61.42 | 1.44 | 0.03 | 0.05 | 平原北部戈壁荒漠风蚀沙化控制生态功能区 | 土地沙漠化高度敏感区 |
| II451 | 148.69 | 3.49 | 0.01 | 0.01 | 疏勒河北部荒漠戈壁生态功能区 | 土壤侵蚀中度敏感区 |
| II415 | 15.98 | 0.38 | 0 | 0 | 平原东部防沙固沙生态功能区 | 土地沙漠化高度或极敏感区 |
| II421 | 334.66 | 7.86 | 0.01 | 0 | 马鬃山风蚀荒漠牧业、采矿生态功能区 | 土地沙漠化高度敏感区 |
| II422 | 73.55 | 1.73 | 0 | 0 | 花牛山、柳园强烈风蚀戈壁荒漠功能区 | 土地沙漠化高度敏感区 |
| II455 | 42.24 | 0.99 | 0 | 0 | 疏勒河下游南部风蚀控制生态功能区 | 沙漠化和生物多样性保护极敏感地区 |
| III116 | 5.31 | 0.12 | 0 | 0 | 哈拉湖盆地沙漠化控制生态功能区 | 土壤侵蚀、盐渍化为轻度敏感区；土地沙漠化、生物多样性及生境为中度敏感区 |

服务功能的管控作用。在国家生态安全屏障建设的重点区域，黄河上游生态安全屏障、长江上游生态安全屏障、河西内陆河流域生态安全屏障、黄土高原丘陵沟壑水土流失防治区的重点生态功能区，生态保护红线比例达 90%～100%。结果一方面表明这些重点生态功能区对于国家生态安全屏障作用的关键性，另一方面也说明必须通过功能区内部的精细评估来对宏观生态保护红线结果进行细致、深入的修正，才能使生态保护红线既满足国家生态安全屏障建设的需要，保持自然本底，保障生态系统完整和稳定性，又兼顾区域经济社会发展和生态保护红线可管控性。

# 2.9　西部生态脆弱区（甘肃）土地生态系统可持续发展政策建议

　　土地合理利用是保护和建设生态环境的核心。合理开发利用土地资源，实施土地的永续利用是国民经济与社会可持续发展的重要内容。土地作为最重要的生产要素之一，对经济发展的重要作用就包括对产业结构进行调整。土地利用结构调整是产业结构调整的基础。目前经济总量的增长对结构转变的依赖显著增加，经济发展和效益提高在很大程度上取决于资源的合理配置和产业结构优化。调整产业结构也是增加国民收入，增强经济综合实力的必经途径，又是生态环境建设成功与否的关键。西部生态脆弱区（甘肃）位于西部干旱半干旱区，生态环境极其脆弱。推进土地利用结构战略性调整，保障土地生态服务质量，是甘肃土地发展的持久性特征。土地利用环境影响取决于资源利用、环境质量、污染治理、生态环境建设，因此按照各个地区社会经济发展规划和土地利用总体规划要求，因地制宜，调整土地利用结构与方式，加强生态环境保护，构建区域发展模式，有利于提高土地利用与生态环境的协调性。

　　（1）实施环境综合治理，建立生态环境补偿机制

　　生态环境优劣将对区域经济和社会的发展起到长远影响。因此，必须实施土地环境综合治理，治理工业"三废"；植树造林、荒山绿化、治理水土流失，在城市内部增加城镇绿化用地面积，提高植被覆盖率；在农业生产中，控制化肥、农药的用量，减少农村的污染源的产生，防止农产品污染；对工矿废弃地进行复垦，改善生态环境。坚持"谁开发谁保护、谁受益谁补偿"的原则，建立生态补偿机制，消除环境资源消费不公平带来的发展不平衡问题。建立科学的生态补偿标准测算体系，引入经济控制政策和市场机制，探索多元化的生态补偿方法与模式，逐步建立并完善生态环境共建共享的长效运行机制，推动生态补偿政策法规的制定和开展区域生态补偿机制的试点，鼓励、扶植一批企业或个人发展生态经济，改善区域生态环境状况，逐步积累经验，形成可操作的生态补偿模式，促进区域协调发展。

　　（2）构建土地生态系统，推进土地生态环境实施

　　按照建设环境友好型社会的要求，切实保护自然生态环境条件，协调土地利用与生态环境建设，构建较为完善的土地生态体系，促进人与自然的和谐发展。根据"以土为首，土水林综合治理"的水土保持和"以治水改土为中心，山、水、田、林、路综合整治"的土地生态建设方针，开展以小流域综合治理为单元，采

取工程措施、粮草轮作的"草、灌、乔"结合的植物措施，开展农田基本建设和整理，建立"梯田+水窖+科技"为特色的旱作农业和生态农业发展区，水土保持综合防御和治理区，因地制宜的调整各类用地布局，合理规划居民点、农田、林地、牧草地等用地结构，加强土地生态环境基础建设。加强对自然保护区、文化遗产的保护与建设，强化用地管理，严格控制在自然保护区、文化遗址区内安排与保护景观相悖的建筑物和构筑物建设用地，严禁在各类保护区内勘察开采矿产资源。进一步界定各类保护区范围，明确保护核心区，严格控制在核心区内乱占滥用土地进行与保护无关的其他建设活动，保护好自然生态和文化遗迹。

（3）调整产业结构，促进绿色农业发展

正确处理眼前利益与长远利益的关系，充分考虑生态承载能力，杜绝以牺牲生态环境为代价换取眼前和局部经济利益的各类开发和建设行为。充分发挥区域内光热资源丰富的优势，坚持"多采光、少用水、新技术、高效益"的原则，大力发展沙产业，着力开发利用风能、太阳能等清洁能源，变劣势为优势，逐步减轻农业生产对水资源的过度依赖。要按照资源节约型社会和环境友好型社会的要求，转变经济增长方式，从西部生态脆弱区域的实际出发，坚持以水资源承载能力确定发展的规模和速度，以提高有限水资源的利用效益为目标调整优化经济结构，积极推广日光温室、地膜覆盖、间作套种、立体栽培等充分利用光热资源和集约利用水资源的"阳光农业"，切实做到"以水定产业、以水定面积、以水定结构、以水定规模"，加快推进经济工业化进程。大力推行节水灌溉，积极引进高新节水技术的试验示范，充分发掘内部节水潜力。在经济条件好的地区推广滴灌、渗灌和喷灌技术，加大抗旱节水作物的引进推广力度。

（4）改造低生态适宜度土地，提高土地综合生态承载力

生态适宜度较低的土地，主要包括流沙和戈壁地区，此类土地生态系统单调而脆弱、物种消亡快，目前是不宜治理的。重点是以预防和保护为主，最大限度地减少人为破坏，依靠生态自我修复能力，从源头上阻止流沙移动，减轻沙化危害，遏制沙漠化扩展，利用最自然的手段逐步改善该区域自然生态状况，提高土地的生态利用价值。

# 第 3 章  长三角经济发达地区土地生态状况调查与评估

## 3.1  引    言

近年来，随着经济社会快速发展，土地利用成为人类活动作用于生态系统的重要途径，人类干扰强度持续加大，人地关系日益紧张，土地生态状况备受关注。长三角地区是我国经济最发达、经济效益最高、最具综合竞争力的地区之一，占全国 1.1%的土地资源，12.1%的人口，却贡献了全国 24.5%的经济总量。该地区的城市化率已近 60%并呈现加速上升趋势，是人类活动最频繁、最密集的地区之一。区域内的人工生态系统比重逐年增大，自然生态系统比重逐步下降，自然生态系统的退化直接影响土地生态系统的健康发展。区域的土地资源承载力、生物多样性、区域可持续发展都面临着严峻的挑战。在快速工业化和城镇化背景下，资源环境约束成为不可回避的现实问题，开展土地生态状况调查与评估是促进资源高效利用和环境保护的基础工作。无论是从保障国家的资源可持续利用、粮食和生态安全、土地节约集约化的发展需求考虑，抑或从长三角地区经济建设和社会发展遭遇资源瓶颈与生态压力的实际出发，还是从丰富生态学科的理论与实践角度着想，开展长三角经济发达地区的土地生态状况调查与评估，对切实提升我国生态安全保障能力，为构建绿色国土空间格局提供强有力的科技和信息支撑均有着重大的意义。本章以江苏省域内的全省范围为重点调查区域，充分应用第二次全国土地资源调查、多目标地球化学调查、农用地分等定级等国土资源重大调查工程成果，以高分辨率遥感影像为底图，结合内业分析、外业调查和采样等技术手段，从土地生态功能和土地利用/土地覆盖变化反映的生态环境变化出发，开展土地生态状况调查和评估，分析江苏省土地生态状况，形成江苏省土地生态状况调查与评估技术体系，为全面推进土地资源管护模式转变，切实提升区域生态安全保障能力，构建绿色国土空间格局提供强有力的科技和信息支撑。

# 3.2　调查与评估区域概况

## 3.2.1　调查与评估区范围

　　研究区江苏省位于北纬 30°45′~35°20′，东经 116°18′~121°57′之间，地跨长江、淮河南北。江苏地理上跨越南北，气候、植被也同时具有南方和北方的特征。江苏东临黄海、太平洋，与上海市、浙江省、安徽省、山东省接壤，与日本九州岛、韩国济州岛、美国第一大州加利福尼亚州隔海相望。江苏省际陆地边界线 3383 km，面积 10.72 万 km²，占国土面积的 1.12%，人均占地土地面积在中国各省区中最少。江苏地形以平原为主，平原面积达 7 万多平方公里，占江苏面积的 69%，比例居中国各省区首位。2014 年，江苏常住人口达 7960.06 万人，居中国第 5 位。2014 年，江苏 13 市 GDP 全部进入中国前 100 名，人均 GDP 达 81874 元，居中国各省首位。

　　本次江苏省土地生态状况调查与评估以 2014 年为基期年。以江苏省全省为研究区域进行土地生态状况信息集成与整合，包括 13 个地级市，下分 98 个县市级行政（56 个市辖区、21 个县级市、21 个县）。

## 3.2.2　自然环境概况

　　江苏省基本上由长江和淮河下游的大片冲积平原组成。全省的地势总体上相当低平，是中国地势最为低平的一个省份。江苏省的平原面积在 7 万 km² 左右，占全省面积的 69%，主要包括长江下游两岸的太湖平原、高沙土平原（均属于长江三角洲）和江淮之间的里卜河平原、淮北地区的黄淮平原以及东部滨海平原，这些平原之间连为一片。与大片辽阔的平原形成鲜明对照，丘陵和低山仅仅孤立地散落于江苏省西南部的南京、镇江、盱眙，东北角的连云港附近以及太湖附近，低山和丘陵岗地占 14.3%，水面占 16.8%。

　　江苏省境内一个显著的特征是全省大部分地区水系相当发达，水面面积达 1.73 万 km²，水面所占比例之大，在全国各省中居首位。其中尤以长江以南的太湖平原和江淮之间的里下河平原最显著，大大小小的河流形成蛛网状，分布极为稠密，为大面积的水网密集地带。长江是江苏省最大的河流，呈东西向横穿江苏省，省境内长度达 400 多公里，将江苏省分割为南北两部分。在江苏省境内，长江的支流有江苏省西南部的秦淮河，在南京市汇入长江。淮河在历史上曾经流过江苏省中北部，注入黄海，不过，自 1194 年以后黄河夺取淮河河道入海，虽然黄河在 1855 年又再度向北注入渤海，但是淮河已经无法经由原道入海，而是主要由洪泽湖、高邮湖、京杭大运河注入长江。除了天然河流以外，江苏省的人工河道也极为众多。其中京杭大运河纵贯南北达 690 km，江苏省有 8 座地级市均位于京杭大运河沿线，占全部地级市数量（13 个）的 60%以上，孕育了苏州、淮安、无锡、镇江、扬州、徐州六座中国历史文化名城。此外，江苏省著名的人工河道尚有徐州灌溉总渠、通扬运河等。

江苏省也是中国淡水湖泊最为集中的省份之一，有大小湖泊 290 多个，全省湖泊总面积达到 6853 km²，湖泊率为 6%，居全国之首。其中面积超过 1000 平方公里的湖泊有太湖和洪泽湖，分别名列中国五大淡水湖的第三和第四位；面积在 100～1000 km² 的有高邮湖、骆马湖、石臼湖、滆湖、白马湖和阳澄湖；面积在 50～100 km² 的有长荡湖、邵伯湖、淀山湖、固城湖。这些湖泊不仅是重要的水源地和各种水产品的产地，而且拥有重要的航运价值，对于地势低洼的江苏省，在调蓄洪水方面也起到重要的作用。

江苏经济一直保持稳步向前的势头。改革开放以来江苏经济总量和人均占有量均居中国内地前列。2007 年开始，江苏 GDP 总量稳居第 2 位；2009 年开始，人均 GDP 前移至第 4 位，仅次于津沪京。江苏经济一直保持高速增长，1979～2008 年的 30 年，经济总量增加 123 倍，年均增速达到 11.27%，增速仅次于浙江、福建、内蒙古和山东，居第 5 位。2011 年，江苏省 GDP 总量达到 48604 亿元，占内地 GDP 总量的 10.31%。按国际汇率折合为 7525 亿美元，2011 年江苏 GDP 总量超过了同期瑞士的 6361 亿美元，逼近土耳其 7781 亿美元的 GDP 水平。按购买力平价推算，2011 年江苏 GDP 达到 11647 亿国际元，超过了同期印尼 11246 亿国际元 GDP 总量，直逼加拿大的 13961 亿国际元 GDP 水平。2011 年，江苏人均 GDP 达到 61649 元，折合 9545 美元，逼近同期马来西亚人均 9700 美元水平；按购买力平价折算，人均达到 14773 国际元，高于同期墨西哥人均 14610 国际元的水平。

## 3.3　江苏省土地生态状况调查与评估补充提取

### 3.3.1　土地生态状况调查与评估指标构建与获取

在全国土地生态状况调查指标的基础上，制定了江苏省土地生态状况评估城镇和区域两套评估指标体系，具体指标体系见表 3-1 和表 3-2。

土地生态状况评估各准则层和综合值与元指标层之间的关系，共有三种情况：正向型关系、逆向型关系和区间型关系。三种指标的标准化模型解释如下所述。

表 3-1　区域土地生态状况综合评估指标体系

| 序号 | 准则层 | 指标层 | 元指标层 | 权重 | 单位 | 属性 |
|---|---|---|---|---|---|---|
| 1 | 土地生态状况自然基础性指标层 | 气候条件指数 | 年均降水量 | 0.0282 | mm | 区间值 |
| 2 | | | 降水量季节分配 | 0.0553 | mm | 区间值 |
| 3 | | 土壤条件指数 | 土壤有机质含量 | 0.0213 | % | 区间值 |
| 4 | | | 有效土层厚度 | 0.0238 | cm | 正指标 |
| 5 | | | 土壤碳蓄积量水平 | 0.0014 | t | 正指标 |
| 6 | | 立地条件指数 | 坡度 | 0.0054 | ° | 区间值 |
| 7 | | | 高程 | 0.0025 | m | 区间值 |
| 8 | | 植被状况指数 | 植被覆盖度 | 0.0399 | — | 正指标 |
| 9 | | | 生物量 | 0.0283 | gC/(m²·a) | 正指标 |
| 10 | 土地生态状况结构性指标层 | 景观多样性指数 | 土地利用布局多样性指数 | 0.0038 | — | 正指标 |
| | | | 土地利用类型多样性指数 | 0.0056 | — | 正指标 |
| 11 | | | 斑块多样性指数 | 0.004 | — | 正指标 |
| 12 | | 土地利用/覆盖指数 | 无污染高等级耕地比例 | 0.1541 | % | 正指标 |
| 13 | | | 有林地与防护林比例 | 0.0039 | % | 正指标 |
| 14 | | | 天然草地比例 | 0.0020 | % | 正指标 |
| 15 | | | 无污染水面比例 | 0.0246 | % | 正指标 |
| 16 | | | 生态基础设施用地比例 | 0.0206 | % | 正指标 |
| 17 | | | 城镇建设用地比例 | 0.0262 | % | 正指标 |
| 18 | 土地污染、损毁与退化状况指标层 | 土壤污染指数 | 土壤污染面积比例 | 0.2237 | % | 逆指标 |
| 19 | | | 土壤综合污染指数 | 0.0073 | — | 逆指标 |
| 20 | | 土壤损毁指数 | 压占土地比例 | 0.0010 | % | 逆指标 |
| 21 | | | 废弃撂荒土地比例 | 0.0044 | % | 逆指标 |
| 22 | | 土地退化指数 | 耕地年均退化率 | 0.0010 | % | 逆指标 |
| 23 | | | 林地年均退化率 | 0.0020 | % | 逆指标 |
| 24 | | | 草地年均退化率 | 0.0020 | % | 逆指标 |
| 25 | | | 湿地年均减少率 | 0.0153 | % | 逆指标 |
| 26 | | | 水域年均减少率 | 0.0651 | % | 逆指标 |
| 27 | 生态建设与保护综合效应指标层 | 生态建设指数 | 未利用土地开发与改良面积年均增加率 | 0.0010 | % | 正指标 |
| 28 | | | 生态退耕年均比例 | 0.0010 | % | 正指标 |
| 29 | | | 湿地年均增加率 | 0.0010 | % | 正指标 |
| 30 | | | 损毁土地再利用与恢复年均增加率 | 0.0010 | % | 正指标 |

| 序号 | 准则层 | 指标层 | 元指标层 | 权重 | 单位 | 属性 |
|---|---|---|---|---|---|---|
| 31 | 生态建设与保护综合效应指标层 | 生态效益指数 | 区域环境质量指数 | 0.1114 | — | 正指标 |
| 32 | | | 人均林草地面积 | 0.0345 | m²/人 | 正指标 |
| 33 | | 生态压力指数 | 人口密度 | 0.0012 | 人/km² | 逆指标 |
| 34 | | 生态建设与保护发展协调指数 | 人口与生态用地增长弹性系数 | 0.0010 | — | 正指标 |
| 35 | | | 人口与生态用地增长贡献度 | 0.0010 | — | 正指标 |
| 36 | | | 地区生产总值与生态用地增长弹性系数 | 0.0011 | — | 正指标 |
| 37 | | | 地区生产总值与生态用地贡献度 | 0.0010 | — | 正指标 |
| 38 | 区域性指标准则层 | 水体污染指数 | 水体污染面积比例 | 0.0542 | % | 逆指标 |
| 39 | | | 水体污染程度 | 0.0179 | — | 逆指标 |

**表 3-2　城镇土地生态状况综合评估指标体系**

| 序号 | 准则层 | 指标层 | 元指标层 | 权重 | 单位 | 属性 |
|---|---|---|---|---|---|---|
| 1 | 土地生态状况自然基础性指标层 | 气候条件指数 | 年均降水量 | 0.0381 | mm | 区间值 |
| 2 | | | 降水量季节分配 | 0.0525 | mm | 区间值 |
| 3 | 土地生态状况结构性指标层 | 景观多样性指数 | 土地利用格局多样性指数 | 0.0101 | — | 正指标 |
| | | | 土地利用类型多样性指数 | 0.0105 | — | 正指标 |
| 4 | | | 斑块多样性指数 | 0.0132 | — | 正指标 |
| 5 | | 土地利用/覆盖指数 | 城市绿地比例 | 0.0064 | % | 正指标 |
| 6 | | | 无污染低噪声住宅用地比例 | 0.0303 | % | 正指标 |
| 7 | | | 无污染高等级耕地比例 | 0.0989 | % | 正指标 |
| 8 | | | 无污染城市水面比例 | 0.0208 | % | 正指标 |
| 9 | | | 城市生态基础设施用地比例 | 0.0144 | % | 正指标 |
| 10 | | | 城市非渗透地表比例 | 0.1034 | % | 逆指标 |
| 11 | 土地污染、损毁与退化状况指标层 | 土壤污染指数 | 土壤污染面积比例 | 0.1671 | % | 逆指标 |
| 12 | | | 土壤综合污染指数 | 0.0244 | — | 逆指标 |
| 13 | | 土壤损毁指数 | 压占土地比例 | 0.0028 | % | 逆指标 |
| 14 | | | 废弃撂荒土地比例 | 0.0073 | % | 逆指标 |
| 15 | 生态建设与保护综合效应指标层 | 生态建设指数 | 低效未利用土地开发与改良面积年均增加率 | 0.0010 | % | 正指标 |
| 16 | | | 城市绿地、湿地、水面面积年均增加率 | 0.0010 | % | 正指标 |

续表

| 序号 | 准则层 | 指标层 | 元指标层 | 权重 | 单位 | 属性 |
|---|---|---|---|---|---|---|
| 17 | 生态建设与保护综合效应指标层 | | 损毁土地再利用与恢复年均增加率 | 0.0010 | % | 正指标 |
| 18 | | | 城市空气质量指数 | 0.0925 | — | 正指标 |
| 19 | | 生态压力指数 | 人口密度 | 0.0068 | 人/km² | 逆指标 |
| 20 | | 生态建设与保护发展协调指数 | 人口与生态用地增长弹性系数 | 0.0378 | — | 正指标 |
| 21 | | | 人口与生态用地增长贡献度 | 0.0378 | — | 正指标 |
| 22 | | | 地区生产总值与生态用地增长弹性系数 | 0.0378 | — | 正指标 |
| 23 | | | 地区生产总值与生态用地贡献度 | 0.0378 | — | 正指标 |
| 24 | 区域性指标准则层 | 水体污染指数 | 水体污染面积比例 | 0.0923 | % | 逆指标 |
| 25 | | | 水体污染程度 | 0.0541 | — | 逆指标 |

（1）正/逆向型标准化模型

正向型关系指标即因素指标值越大，反映土地生态质量越好，如植被覆盖度、生物量、无污染高等级耕地比例等，该类指标通过公式（3-1）标准化。逆向型关系指标即因素指标值越大，反映土地生态质量越差，如压占土地比例、土壤污染面积比例等，该类指标通过公式（3-2）标准化。

$$y_i = \frac{x_i - x_{i\min}}{x_{i\max} - x_{i\min}} \tag{3-1}$$

$$y_i = \frac{x_{i\max} - x_i}{x_{i\max} - x_{i\min}} \tag{3-2}$$

式中，$y_i$ 为标准值；$x_i$ 为各土地生态评价因子的实际值；$x_{i\min}$ 和 $x_{i\max}$ 分别为该评价因子在评价区域内实际值的最小值和最大值。

（2）区间型标准化模型

区间型指标即因素指标有一适度值，在此适度值上，土地生态质量最优，大于或小于此适度值，土地生态质量均由优向劣方向发展。区间型关系根据实际情况，参照有关研究成果和江苏省农用地分等定级成果，对该类指标用隶属函数模型进行标准化。

元指标阈值和分级主要参见相关科研成果，国家、地方、行业标准，相关规划指标，区域本底背景等，具体分级见表3-3。

表 3-3 评估指标分级表

| 元指标 | 分级方法 | | | | | 依据 |
|---|---|---|---|---|---|---|
| (1) | 赋值分级法 | | | | | 来源 |
| | 1 | 2 | 3 | 4 | 5 | |
| 坡度 | <8 | 8~15 | 15~25 | 25~35 | >35 | 刘孝富等，2010 |
| 高程 | <20 | 20~50 | 50~100 | 100~200 | >200 | 廖兵等，2012 |
| 植被覆盖度 | 0~0.2 | 0.2~0.4 | 0.4~0.6 | 0.6~0.85 | 0.85~1 | 刘孝富等，2010 |
| 无污染水面比例 | <5 | 5~10 | 10~20 | 20~30 | >30 | 于海霞等，2011 |
| 土壤综合污染指数 | >3.0 | 2~3 | 1~2 | 0.7~1 | ≤0.7 | 行业标准 |
| (2) | 阈值标准化+等间距划分法 | | | | | 来源 |
| 降水量季节分配 | 阈值：591.6 | | | | | 张文柯，2009 |
| 无污染高等级耕地比例 | 阈值：13.55 | | | | | 全国平均值 |
| 有林地与防护林比例 | 阈值：22 | | | | | 全国平均值 |
| 天然草地比例 | 阈值：34.35 | | | | | 全国平均值 |
| 人口密度 | 阈值：128.78 | | | | | 国际公认值 |
| (3) | 隶属函数法+等间距划分法 | | | | | 来源 |
| 土壤有机质含量 | 隶属度： $y = \begin{cases} 100 & (x \geqslant 2.5\%) \\ 20x+50 & (1.5\% \leqslant x < 2.5\%) \\ \dfrac{300}{7}x + \dfrac{110}{7} & (0.8\% \leqslant x < 1.5\%) \\ 62.5x & (0 \leqslant x < 0.8\%) \end{cases}$ | | | | | 江苏省农用地分等定级标准 |
| 有效土层厚度 | 隶属度： $y = \begin{cases} 100 & (x \geqslant 18\ cm) \\ \dfrac{25}{4}x - \dfrac{25}{2} & (10cm < x < 18cm) \\ 5x & (0 < x \leqslant 10cm) \end{cases}$ | | | | | 江苏省农用地分等定级标准 |
| 年均降雨量 | 隶属度： $y = 1 / \left[ 1 + 8.0 \times 10^{-5} \times (x-790)^2 \right]$<br>降雨量为 $x$，标准值为 $y$，按线形内插方法计算 | | | | | 边振兴，2015 |
| (4) | 正向标准化法+等间距划分法 | | | | | 来源 |
| 正指标 | $y_{ei} = \dfrac{x_{ei} - x_{i\min}}{x_{i\max} - x_{i\min}}$ | | | | | 王增，2011 |
| 逆指标 | $y_{ei} = \dfrac{x_{i\max} - x_{ei}}{x_{i\max} - x_{i\min}}$ | | | | | |

　　土地生态状况质量等级依据区域实际需要，按照总分值、准则层分值和指标分值综合确定，依据综合评估分值的高低，原则上控制在 3~5 类，依次可分为土地生态状况质量优、质量良好、质量中等、质量较差、质量差 5 个等级。土地生

态状况质量等级划分可按照综合评估分值区段与障碍因子诊断相结合的方法进行划分。分值区段划分可参考频率曲线分析方法,即对总分值、准则层分值和指标分值进行频率统计,绘制频率直方图,按照区域土地生态质量现状,选择频率曲线波谷处作为分值区段的分界点。若存在具有较大影响的障碍因子,在评估质量分级时,以障碍因子的分级作为该评估单元的等级。

### 3.3.2　资料收集

经过各方协调,目前收集到的数据包括:高分遥感影像、基础地理信息数据、第二次全国土地资源调查、土地利用变更调查、多目标地球化学调查数据、地形地貌、植被、气候、水资源以及社会经济数据等基础和专题数据、图件(表 3-4)。区域环境质量指数数据下载于江苏省环境监测网站。

**表 3-4　收集的数据与资料清单**

| 数据类别 | 生成时间 | 来源 |
|---|---|---|
| 第二次土地资源调查(1∶5000) | 2009 年 | 国土资源局 |
| 土地利用变更调查(1∶5000) | 2010~2015 年 | 国土资源局 |
| TM 影像(30m 分辨率) | 2015 年 | USGS 网站 |
| 高分辨率遥感影像(0.5m 分辨率) | 2009~2015 年 | 土地规划勘测院 |
| DEM、Slope(30m 分辨率) | 2012 年 | 国际科学数据共享平台 |
| 农用地分等数据库 | 2012 年 | 土地整理中心 |
| 水质监测数据 | 2015 年 | 江苏省环境监测中心 |
| 区域环境质量数据 | 2015 年 | 江苏省环保局 |
| VGT-S10 NDVI 数据集 | 2008~2015 年 | VITO/CTIV 网站 |
| 气象资料 | 1990~2015 年 | 购买 |
| 31 县(市、区)统计年鉴 | 2009~2015 年 | 国土资源局、统计局 |
| 江苏省统计年鉴 | 2009~2015 年 | 江苏统计局网站 |
| 多目标地球化学数据 | 2010 年 | 地调院 |
| 乡镇土地利用总体规划 | 2012 年 | 国土资源局 |
| 耕地质量相关资料 | 2009~2012 年 | 国土资源局 |
| 相关科研项目资料 | 2009~2015 年 | 国土资源局 |

## 3.4　江苏省各区域土地生态状况与障碍因子分析

### 3.4.1　江苏省各区域土地生态状况质量综合评估分析

将江苏省各区域内市县城镇、农村的土地生态状况自然基础性指标层,土地生态状况结构性指标层、土地污染、损毁与退化状况指标层、生态建设与保护综合效应指标层以及区域性指标准则层的分值进行评估，最终得到江苏省各区域土地生态状况质量的综合分值，并进行 JENK 自然断裂法分类得到综合评估图。

### 3.4.1.1　沿海地区

江苏省沿海滩涂区由北向南依次为连云港市的连云区、灌云县、灌南县；盐城市的响水县、滨海县、射阳县、大丰市、东台市；南通市的海安县、如东县、通州市、海门市和启东市，共 13 个县级调查单位，共计 2.4 万 km²。

沿海地区土地生态状况质量分值较小的区域分布于该地区的北部和南部，即灌云县、灌南县、滨海县、响水县以及海门市和启东市，而北部各市县相对于南部综合评估值更小，分值较大的区域分布在中部地区，如典型研究区大丰市、东台市、亭湖区等，其中大丰、东台、射阳等市县的东部综合评估值小于其他区域（图 3-1）。由此可见，综合评估值在沿海各市县的空间分布大小排序为：沿海地区北部<沿海地区南部<沿海地区中部（东部边缘区）<沿海地区中部（中西部）。

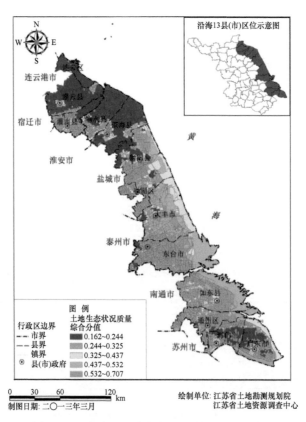

图 3-1　沿海地区土地生态状况质量综合评估图

　　综合评估结果与区域自然条件、社会经济发展等相关指标进行相关性分析，其中区域自然条件指标选取如表 3-5 所示的年均降雨量、有机质含量、有效土层厚度、碳储量、坡度和高程为代表性指标；社会经济发展指标选取 2012 年人口数和 GDP 为代表性指标。

**表 3-5　综合评估值与自然条件、社会经济发展相关度值**

| 指标层 | 元指标层 | 相关系数 |
| --- | --- | --- |
| 自然条件指标 | 年均降雨量 | −0.4127 |
| | 有机质含量 | −0.4333 |
| | 有效土层厚度 | 0.6822 |
| | 碳储量 | 0.3360 |
| | 坡度 | 0.3556 |
| | 高程 | 0.6546 |
| | 植被覆盖度 | 0.5546 |
| 社会经济发展指标 | 2012 年人口 | −0.4190 |
| | 2012 年 GDP | −0.6293 |

　　相关性分析结果表明：在与自然条件指标相关性分析中，有效土层厚度、碳储量、坡度、高程以及植被覆盖率都与土地生态综合状况分值呈正相关关系，表明这些自然条件指标值越大，大丰市土地生态状况质量越好，最大值为有效土层厚度，其值为 0.6822；同时，与综合分值呈负相关关系的指标有年均降雨量和有机质含量，表明这两个指标值越大，土地生态综合质量越差。在与社会经济发展指标相关性分析中，人口与 GDP 都和综合评估结果呈负相关关系，两者的相关度值分别为−0.4190 和−0.6293，表明人口和 GDP 值越大的地区，换而言之，人口集聚和经济发展较快的地区，土地综合生态质量越差，反之，质量越好，这与人类活动对土地生态效益的影响有关。另外，沿海地区 GDP 值对综合评估分值的影响程度大于人口数。分析自然条件指标和社会经济发展指标与综合评估结果相关度值均值得到，自然条件指标相关度绝对值均值为 0.4899，社会经济发展指标相关度绝对值均值为 0.5242，表明整体上自然条件指标与综合评估结果的相关性没有社会经济发展指标高，其对土地生态状况的影响程度低于社会经济发展指标。

### 3.4.1.2　苏南地区

　　江苏省经济较为发达的苏南地区包括苏州、无锡、常州、镇江和南京辖区内的共 24 个县级调查单位，共计 2.2 万 km²。苏南地区的土地生态状况质量综合指标范围为 0.1286～0.6669，较高值主要分布在溧水县、句容市、丹阳市、溧阳市、高淳县东北部等区域，这些地区的指标范围主要为 0.5418～0.6669，说明这些地区的土地状况较好；较小值分布在张家港市、江阴市、太仓市、宜兴市、镇江市区北部、扬中市等地区，指标范围为 0.1286～0.2674，说明这些地区土地生态状况最亟需改善（图 3-2）。

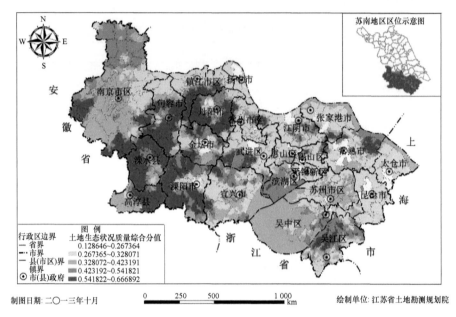

图 3-2　苏南地区土地生态状况质量综合评估图

将综合评估结果与区域社会经济发展、自然条件、景观格局、资源与生态保护等相关指标进行相关性分析，相关性分析结果表明：①与社会经济指标相关性分析中，人口与 GDP 都和综合评估结果呈负相关关系，两者的相关度值分别为 −0.5947、−0.8726，表明人口和 GDP 值越高的地区，土地综合评价指标值越低。换言之，人口越密集、经济越发达的地区，土地生态质量越差。其中，GDP 与土地综合评估值相关度高达−0.8726，进一步说明人类活动对土地生态效益具有极其显著的影响。②与自然指标的分析中，降雨量季节分配、土壤有机质含量、土壤碳蓄积量、有效土层厚度、地形位指数、植被覆盖度六个指标均与土地综合评估值呈正相关关系，表明这些指标的值越大，土地综合生态效益越好。其中土壤有机质含量与土地综合评估指标值相关系数最大，说明土壤中储存的有机质越多，越有利于形成良好的土地生态环境；而土层厚度、土壤碳蓄积量、植被覆盖度与土地综合评估值的相关系数最小，不足 0.1，说明这几个指标对土地综合效益影响甚微。③与景观格局指标的分析中，土地利用格局多样性指数、土地利用类型多样性指数、斑块多样性指数三个指标均与土地综合评估值呈现正相关关系，说明这三个评估值越高，土地综合生态效益越好。其中斑块多样性指数与土地综合评估值的相关系数最大，说明在这三个指标中，斑块多样性指数对土地综合生态效益的影响最大。④与资源和生态保护指标的相关性分析中，土壤综合污染指数、水体污染程度、土地退化年均比例三个指标均与土地综合评估值呈负相关关系，说明这三个指标值越大，土地综合评估值越低，土地综合生态效益越差。这说明，人类活动带来的水体污染、土壤污染、土地退化等问题，对土地生态质量造成了不良影响。分析社会经济指标、自然条件指标、景观格局指标和资源生态保护指标与综合评估结果相关度绝对值均值得到（表 3-6），社会经济指标相关度均值为0.7337，自然条件指标相关度均值为 0.1321，景观格局相关度均值为 0.1924，资源与生态保护指标相关度均值为 0.1139。其中社会经济指标相关度均值最高，说明人类活动对土地生态质量造成的影响最大。

**表 3-6　综合评估值与社会经济、自然条件、景观格局等相关度值表**

| 指标 | | 相关度值 | 相关度绝对值均值 |
|---|---|---|---|
| 社会经济指标 | 人口 | −0.5947 | 0.7337 |
| | GDP | −0.8726 | |
| 自然条件指标 | 降雨量季节分配 | 0.1319 | 0.1321 |
| | 土壤有机质含量 | 0.4121 | |
| | 土层厚度 | 0.0305 | |
| | 有机碳蓄积量 | 0.0099 | |
| | 地形位指数 | 0.2020 | |
| | 植被覆盖度 | 0.0059 | |
| 景观格局指标 | 土地利用格局多样性指数 | 0.1183 | 0.1924 |
| | 土地利用类型多样性指数 | 0.1730 | |
| | 斑块多样性指数 | 0.2858 | |
| 资源与生态保护指标 | 土壤综合污染指数 | −0.2994 | 0.1139 |
| | 水体污染程度 | −0.0296 | |
| | 土地退化年均比例 | −0.0126 | |

苏南地区土地生态状况质量综合分值呈现出两个规律：一方面，市政府所在地的城镇中心值普遍低于该市县的其他地区；另一方面，经济更为发达的地区，如大部分的苏锡常区域土地生态综合分值是低于经济相对于不发达的市县。具体来讲，南京市的溧水县、高淳县，常州市的溧阳市、金坛市和镇江市的句容市和丹阳市在图 3-3 中呈现较为明显的高值。

考虑到该现象直接受经济因素（城镇化、工业化等）的影响，本研究对其中的理论依据进行了探索。我国的研究，特别是社会经济研究常常面临数据年限不足的局面。因此采用空间换时间方式进行研究。受统计数据收集的限制，采用这一方法对 2010 年 63 个县（市区）研究单元的经济发展水平及其城镇化与工业化关系进行研究，以刻画经济发展下城镇化及工业化发展特征。考虑到数据可比性，所有经济指标亦转换为 2000 年水平。分别计算各单元人均 GDP 水平并按降序排列，同时计算各单元城镇化与工业化水平差值。

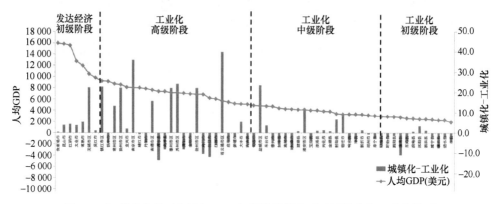

图 3-3　江苏省各县（市区）2010 年经济发展水平及城镇化与工业化关系

从图 3-3 可以看出，在发达经济阶段地区全部实现了城镇化大于工业化发展，随着发展水平降低，逐渐出现城镇化>工业化频率减少，在工业化初级及刚刚进入工业化中期的县（市区），基本上表现为工业化大于城镇化。整体上是一种在经济发展水平越高，其城镇化>工业化的县（市区）越密集，经济发展水平越低，城镇化<工业化县（市区）越集中格局，工业化带动城镇化发展模式在江苏区域发展中得到充分体现。苏南地区的市县基本处于发达经济初级阶段和工业化高级阶段，这也说明了苏南地区在江苏省经济发展的地位。

另外从图 3-4 可以看出，江苏全省经济发展差距明显，苏南地区已经全面进入工业化高级阶段，紧邻上海的县（市、区）甚至已经进入发达经济初级阶段；从城镇化与工业化关系可以看出，苏南地区已经基本上进入城镇化带动工业化发展的阶段，与苏南地区土地质量综合分值分布图规律十分一致，分值较低的区域基本都是城镇化>工业化，即处于城镇化带动工业化发展阶段的区域；而土地生态综合分值较高的区域，即土地生态质量较好的区域，如溧水县、高淳县、溧阳市、金坛市、句容市和丹阳市还处于城镇化<工业化的阶段。

由此规律发展看出，苏南地区城镇化、工业化发展，经济发展阶段的分布规律与土地生态质量的分布规律一致，经济发展较慢的区域土地生态质量较好。

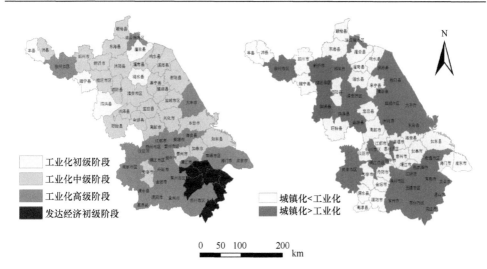

图 3-4  江苏省各县（市区）2010 年经济发展水平及城镇化与工业化空间差异

### 3.4.1.3  苏北地区

江苏省经济相对欠发达的苏北地区包括淮安市、扬州市、泰州市、宿迁市辖区内全部县（市、区）以及南通市、连云港市、盐城市部分辖区共 31 个县级调查单位，共计 4.19 万 km²。

苏北地区土地生态状况质量综合指标范围为 0.2315～0.7048，平均值为 0.4476±0.0886，由图 3-5 可以看出，空间上总体呈现北高南低的规律，存在多个高值区域向外辐射减少和多个低值中心向外辐射增加。苏北地区土地生态状况质量指标主要集中在较高值（0.4885～0.5567）、较低值（0.3407～0.4174）和中间值（0.4174～0.4885）三个区间，这三个区间占苏北面积的 79%，其中中间值分布面积最大，占苏北面积的 31%，最高值（0.5567～0.7048）和最低值（分值介于 0.2315～0.3407 之间）分布面积较少，分别占苏北面积的 12% 和 9%。最低值地区主要分布在洪泽湖地区、长江沿岸地区和各县市中心城区地区，较低值地区主要分布在苏北地区的南部区域，如金湖县、高邮市、仪征市南部、扬州市区、兴化市、泰州市区、靖江市和南通市区等，说明这些地区土地生态状况最亟需改善；中间值主要分布在苏北行政区北部地区，空间分布较为连续；较高值和最高值两个高值区主要分布在苏北地区西北部区域和泰兴市、如皋市、海安县、姜堰市部分区域、兴化市东北部和盐都区东南部等南部部分区域，空间上较高值分布在最高值地区的四周。

对苏北地区各县市的建设保护指标分值面积加权统计计算平均值（图 3-6），结果显示苏北地区各县市的土地生态状况指标分值平均值差异较小，主要介于较低值（0.3407～0.4174）和中间值（0.4174～0.4885）两个区间，其中东海县、赣榆县、盱盱眙县、如皋市、沭阳县和泰兴市等 5 个县市的土地生态状况指标分值平均值都大于 0.4885，属于较高值区间，说明这些地区的土地生态状况最好，只有南通市区的土地生态状况指标分值平均值略低于 0.3407，说明南通市区土地生态状况最差。

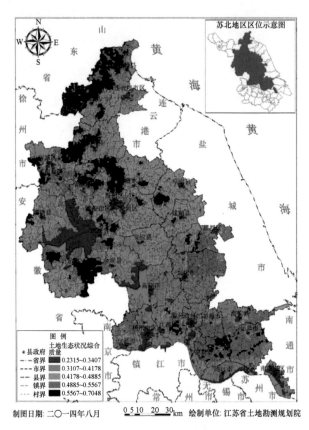

图 3-5　苏北地区土地生态状况质量综合评估图

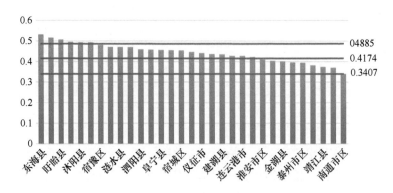

图 3-6　苏北地区各县市土地生态状况质量平均值

　　综合评估结果与区域社会经济发展、自然背景、景观格局、生态保护等相关指标进行相关性分析。相关性分析结果表明：①土地生态综合质量与社会经济指标相关性分析中，人口与 GDP 均与综合评估结果呈负相关关系，两者的相关度值比较接近，分别为–0.6947、–0.6726，表明人口和 GDP 值越高的地区，土地综合评价指标值相对越低。换言之，人口越密集，经济越发达的地区，土地生态状况越差。其中，人口与土地综合评估值相关度达–0.6947，说明人口数量的增加使得人类活动对区域生态环境影响更为深刻，对土地生态效益具有极其显著的影响。②土地生态综合质量与自然背景指标的分析中，降雨量季节分配、土壤有机质含量、土壤碳蓄积量、有效土层厚度、地形位指数、植被覆盖度六个指标均与土地生态综合评估值呈正相关关系，表明这些指标的值越大，区域土地综合生态状况越好。其中土壤有机质含量与土地综合评估指标值相关系数最大，说明土壤中储存的有机质越多，越有利于形成良好的土地生态自然环境背景；而有效土层厚度与土地综合评估值的相关系数最小，为 0.0821，说明该指标对土地综合状况影响甚微。③土地生态综合质量与景观格局指标的分析中，土地利用格局多样性指数、土地利用类型多样性指数、土地利用斑块多样性指数三个指标均与土地综合评估值呈正相关关系，说明这三个评估值越高，土地综合生态效益越好。其中土地利用格局多样性指数与土地生态综合评估值的相关系数最大为 0.2873，说明在这三个指标中，土地利用格局多样性指数对土地综合生态效益的影响最大。④土地生态综合质量与生态保护指标的相关性分析中，土壤综合污染指数与土地生态综合评估值呈负相关关系，说明这两个指标值越大，土地综合评估值越低，土地综合生态效益越差。这说明，人类活动带来的土壤污染、水体污染等问题，对土地生态质量造成了不良影响。

表 3-7　苏北地区综合评估值与社会经济、自然背景、景观格局、生态保护相关度值表

| 指标 | | 相关度值 |
| --- | --- | --- |
| 社会经济指标 | 人口 | –0.6947 |
| | GDP | –0.6726 |
| 自然背景指标 | 降雨量季节分配 | 0.1319 |
| | 土壤有机质含量 | 0.3121 |
| | 有效土层厚度 | 0.0821 |
| | 有机碳蓄积量 | 0.1076 |
| | 地形位指数 | 0.2123 |
| | 植被覆盖度 | 0.2134 |
| 景观格局指标 | 土地利用格局多样性指数 | 0.2873 |
| | 土地利用类型多样性指数 | 0.1539 |
| | 土地利用斑块多样性指数 | 0.2132 |
| 生态保护指标 | 土壤综合污染指数 | –0.4421 |

### 3.4.2　江苏省各区域障碍因子分析

#### 3.4.2.1　沿海地区

障碍度旨在于分析实际值偏离某障碍因子理想值的程度。障碍度值越大,表示区域障碍因子的实际值偏离理想值越大。对沿海 13 个市县进行障碍度和障碍因子分析,得到表 3-8。沿海地区障碍因子共七大类,分别为城市非渗透地表比例、城市空气质量指数、区域环境质量指数、水体污染面积比例、水域减少率、土壤污染面积比例和无污染高等级耕地比例。其中,主控障碍因子为城市非渗透地表比例的行政村有 99 个,其平均障碍度为 0.25;主控障碍因子为城市空气质量指数的行政村有 12 个,其平均障碍度为 0.22;主控障碍因子为区域环境质量指数的行政村有 533 个,其平均障碍度为 0.20;主控障碍因子为水体污染面积比例的行政村有 5 个,其平均障碍度为 0.21;主控障碍因子为水域减少率的行政村有 479 个,其平均障碍度为 0.15;主控障碍因子为土壤污染面积比例的行政村有 2315 个,其平均障碍度为 0.29;主控障碍因子为无污染高等级耕地比例的行政村有 267 个,其平均障碍度为 0.24。其中,主控障碍因子影响行政村个数最多的是土壤污染面积比例,其影响行政村个数占总数的 62.39%;主控障碍因子影响行政村个数最少的是水体污染面积比例,其影响行政村个数占总数的 0.13%。另外,主控障碍因子中平均障碍度最大的为土壤污染面积比例,表明该主控因子实际值在沿海地区与理想值偏离度最大,该项因子的生态效应最需要得到改善。

**表 3-8　主控障碍因子分析表**

| 序号 | 主控障碍因子 | 行政村个数 | 平均障碍度 |
|---|---|---|---|
| 1 | 城市非渗透地表比例 | 99 | 0.25219 |
| 2 | 城市空气质量指数 | 12 | 0.22255 |
| 3 | 区域环境质量指数 | 533 | 0.19701 |
| 4 | 水体污染面积比例 | 5 | 0.21150 |
| 5 | 水域减少率 | 479 | 0.15363 |
| 6 | 土壤污染面积比例 | 2315 | 0.28654 |
| 7 | 无污染高等级耕地比例 | 267 | 0.24298 |

对大丰市进行障碍度和障碍因子的分析,得到表 3-9。如表结果所示,典型研究区大丰市障碍因子共五大类,分别为城市非渗透地表比例、城市空气质量指数、区域环境质量指数、土壤污染面积比例和无污染高等级耕地比例。其中,主控障碍因子为城市非渗透地表比例的行政村有 30 个,其平均障碍度为 0.24;主控障碍

因子为城市空气质量指数的行政村有 3 个，其平均障碍度为 0.18；主控障碍因子为区域环境质量指数的行政村有 185 个，其平均障碍度为 0.17；主控障碍因子为土壤污染面积比例的行政村有 25 个，其平均障碍度为 0.25；主控障碍因子为无污染高等级耕地比例的行政村有 62 个，其平均障碍度为 0.25。其中，主控障碍因子影响行政村个数最多的是区域环境质量指数，其影响行政村个数占总数的 60.66%；主控障碍因子影响行政村个数最少的是城市空气质量指数，其影响行政村个数占总数的 0.98%。另外，主控障碍因子中平均障碍度最大的为无污染高等级耕地比例，表明该主控因子实际值在大丰地区与理想值偏离度最大，该项因子的生态效应最需要得到改善。

表 3-9　主控障碍因子分析表

| 序号 | 主控障碍因子 | 行政村个数 | 平均障碍度 |
| --- | --- | --- | --- |
| 1 | 城市非渗透地表比例 | 30 | 0.24455 |
| 2 | 城市空气质量指数 | 3 | 0.18003 |
| 3 | 区域环境质量指数 | 185 | 0.17203 |
| 4 | 土壤污染面积比例 | 25 | 0.24630 |
| 5 | 无污染高等级耕地比例 | 62 | 0.25461 |

结合沿海地区主控因子障碍度分布图和沿海地区主控障碍因子分布图（图 3-7），可以看出沿海地区障碍度和障碍因子的空间分异特征。从障碍度分布情况来看，障碍度较大的地区主要分布于沿海 13 市县的南部和北部，中部区域较之障碍度小。南北部地区，如北部灌云县、灌南县、响水县、滨海县以及南部的海门市和启东市都分布于障碍度大的区域。而中部的典型研究区大丰市、东台市等障碍度都较小，表明该区域综合生态效应较好。

从障碍因子分布情况来看，影响行政村较多的主控障碍因子主要是土壤污染面积比例、区域环境质量指数、水域减少率和水体污染面积比例等因子。主控障碍因子无污染高等级耕地比例所影响行政村范围集中在沿海地区的东部，主要为射阳县、亭湖区、大丰市、东台市以及如东县的东部区域；水域减少率影响范围集中在东台市、如东县和通州市的部分区域；区域环境质量指数影响范围分布在射阳县、亭湖区、大丰市的大部分区域和东台市的小部分区域；土壤污染面积比例分布范围广且集中，大面积地分布在灌云县、灌南县、响水县、启东市、海门市等。水体污染面积比例影响范围很小，只集中分布在通州市。具体各市县主要所受主控障碍因子影响见表 3-10。

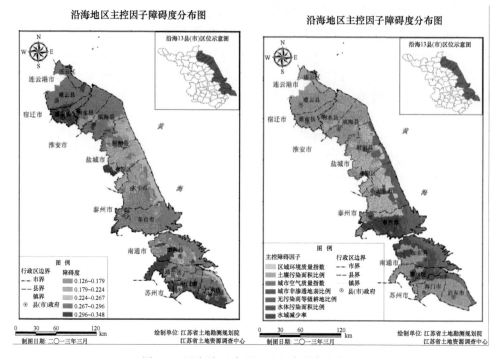

图 3-7　沿海地区障碍因子和障碍度分布图

表 3-10　沿海地区各市县主要主控障碍因子汇总表

| 序号 | 市县名称 | 主控障碍因子 |
|---|---|---|
| 1 | 灌云县 | 土壤污染面积比例 |
| 2 | 灌南县 | 土壤污染面积比例 |
| 3 | 响水县 | 土壤污染面积比例 |
|  |  | 区域环境质量指数 |
| 4 | 滨海县 | 土壤污染面积比例 |
|  |  | 区域环境质量指数 |
| 5 | 射阳县 | 土壤污染面积比例 |
|  |  | 区域环境质量指数 |
|  |  | 城市非渗透地表比例 |
| 6 | 亭湖区 | 土壤污染面积比例 |
|  |  | 区域环境质量指数 |
|  |  | 城市非渗透地表比例 |
|  |  | 区域环境质量指数 |
| 7 | 大丰市 | 城市非渗透地表比例 |
|  |  | 无污染高等级耕地比例 |
| 8 | 连云区 | 土壤污染面积比例 |

| 序号 | 市县名称 | 主控障碍因子 |
|---|---|---|
| 9 | 东台市 | 水域减少率 |
| | | 土壤污染面积比例 |
| | | 区域环境质量指数 |
| | | 无污染高等级耕地比例 |
| | | 城市非渗透地表比例 |
| 10 | 如东县 | 土壤污染面积比例 |
| | | 无污染高等级耕地比例 |
| | | 城市非渗透地表比例 |
| | | 水域减少率 |
| 11 | 通州市 | 土壤污染面积比例 |
| | | 无污染高等级耕地比例 |
| | | 城市非渗透地表比例 |
| | | 水域减少率 |
| 12 | 海门市 | 土壤污染面积比例 |
| | | 城市非渗透地表比例 |
| | | 水域减少率 |
| 13 | 启东市 | 土壤污染面积比例 |
| | | 城市非渗透地表比例 |

### 3.4.2.2　苏南地区

对苏南地区进行障碍度和障碍因子的分析，得到结果见表 3-11。由表可知，苏南地区的障碍因子共八大类，分别是斑块多样性指数、城市非渗透地表比例、城镇建设用地比例、高程、生态基础设施用地比例、水体污染面积、损毁土地再利用与恢复年均增加率、无污染低噪声住宅用地比例。其中，主控障碍因子为斑块多样性指数的行政村有 1016 个，其平均障碍度为 0.25；主控障碍因子为城市非渗透地表比例的行政村有 447 个，其平均障碍度为 0.31；主控障碍因子为城镇建设用地比例的行政村有 3570 个，其平均障碍度为 0.33；主控障碍因子为高程的行政村仅一个，其障碍度为 0.12；主控障碍因子为生态基础设施用地比例的行政村有 6 个，其平均障碍度为 0.24；主控障碍因子为水体污染面积的行政村有 4 个，其平均障碍度为 0.16；主控障碍因子为损毁土地再利用与恢复年均增加率的行政村有 549 个，其平均障碍度为 0.21；主控障碍因子为无污染低噪声住宅用地比例的行政村有 37 个，其平均障碍度为 0.22。在各项主控障碍因子中，平均障碍度最大的是城镇建设用地比例，表明苏南地区该主控障碍因子的实际值与理想值偏离程度最大，该项因子对土地生态质量带来的负面效应最大，应采取措施降低该项主控因子对土地生态质量造成的负面影响。

**表 3-11　苏南地区主控障碍因子分析表**

| 序号 | 主控障碍因子 | 行政村个数 | 平均障碍度 |
|---|---|---|---|
| 1 | 斑块多样性指数 | 1016 | 0.2504 |
| 2 | 城市非渗透地表比例 | 447 | 0.3078 |
| 3 | 城镇建设用地比例 | 3570 | 0.3260 |
| 4 | 高程 | 1 | 0.1244 |
| 5 | 生态基础设施用地比例 | 6 | 0.2356 |
| 6 | 水体污染面积 | 4 | 0.1598 |
| 7 | 损毁土地再利用与恢复年均增加率 | 549 | 0.2053 |
| 8 | 无污染低噪声住宅用地比例 | 37 | 0.2169 |

其中，主控障碍因子影响行政村个数最多的也是城镇建设用地比例，其影响行政村个数占行政村总个数的 63.41%，说明城镇建设用地比例这一障碍因子影响范围最广；其次是斑块多样性指数因子，其影响行政村的个数占行政村总个数的 18.05%；城市非渗透地表比例因子和损毁土地再利用与恢复年均增加率因子影响行政村的个数相对较少，分别占行政村总个数的 7.94%和 9.75%；高程因子影响的范围最小，仅影响一个行政村。

结合苏南地区主控障碍因子分布图及苏南地区主控因子障碍度分布图可以看出，苏南地区主控障碍因子和障碍度的空间分异特征。从障碍因子分布情况看，影响行政村较多的障碍因子是城镇建设用地比例和城市非渗透地表比例，这两个因子零散地分布在苏南地区的各个市县；其中，吴中区主要受城镇建设用地比例因子的影响，表示在这一地区城镇建设用地分布较为密集，对土地生态质量产生了较大的负面影响。在苏南地区的西北部地区，斑块多样性指数这一障碍因子的分布较为集中，说明该地区受斑块多样性指数影响较大。从主控因子障碍度分布图来看，位于苏南地区偏中部地带的溧水县大部分地区、高淳县和溧阳市的部分地区障碍度水平最低，说明该地区的主控障碍因子实际值与理想值偏离最小，土地生态质量较好；南京市区、苏州市区、常熟市等地的障碍度水平最高，说明这些地区的主控障碍因子的实际值与理想值偏离程度最大，该地的土地生态质量较差，这与当地的城市化水平较高存在密切关系，应采取措施控制主控障碍因子对土地生态质量产生的不良影响。总体来看，苏南地区的主控因子障碍度呈现出从中心向四周逐渐升高的趋势。

### 3.4.2.3　苏北地区

障碍度旨在分析某障碍因子实际值偏离其理想值的程度。障碍度值越大，表示该区域这一障碍因子的实际值偏离理想值越大，说明该障碍因子对土地生态质量的影响越大。对苏北地区进行障碍度和障碍因子的分析，得到结果见表 3-12。苏北地区的障碍因子共四大类，分别是土地污染面积比例、无污染高等级耕地比例、林地比例和区域环境质量指数。其中，主控障碍因子为土地污染面积比例的行政村有 4815 个，其平均障碍度为 0.22；主控障碍因子为无污染高等级比例的行政村有 2018 个，其平均障碍度为 0.21；主控障碍因子为林地比例的行政村有 1846 个，其平均障碍度为 0.17；主控障碍因子为区域环境质量指数的行政村仅 633 个，其障碍度为 0.17。在各项主控障碍因子中，平均障碍度最大的是土地污染面积比例，表明苏北地区该主控障碍因子的实际值与理想值偏离程度最大，该项因子对土地生态质量带来的负面效应最大，应采取措施降低该项主控因子对土地生态质量造成的负面影响。其中，主控障碍因子影响行政村个数最多的也是土地污染面积比例，其影响行政村个数占行政村总个数的 51.71%，说明土地污染面积比例这一障碍因子影响范围最广；其次是无污染高等级耕地比例因子，其影响行政村的个数占行政村总个数的 21.67%；林地比例和区域环境质量指数因子影响行政村的个数相对较少，分别占行政村总个数的 19.82% 和 6.80%。

表 3-12　苏北地区主控障碍因子分析表

| 序号 | 主控障碍因子 | 行政村个数 | 平均障碍度 |
|---|---|---|---|
| 1 | 土地污染面积比例 | 4815 | 0.2186 |
| 2 | 无污染高等级耕地比例 | 2018 | 0.2088 |
| 3 | 林地比例 | 1846 | 0.1675 |
| 4 | 区域环境质量指数 | 633 | 0.1722 |

结合苏北地区主控障碍因子分布图及苏北地区主控因子障碍度分布图可以看出，苏北地区主控障碍因子和障碍度的空间分异特征。从障碍因子分布情况看，土地污染面积比例障碍因子在苏北整个地区分布最广泛和均匀。由于苏北地区中淮安和连云港地区林地面积较大，这些地区土地生态状况普遍较好，因此一些林地面积较少或者无林地的地区主控障碍因子为林地比例，空间上主要分布在西北和东南区域。无污染高等级耕地比例障碍因子主要分布在一些河流和湖泊地区，这些地区无污染高等级耕地比例相对其他地区较少，而该指标权重相对较大，造成这些地区土地生态状况的主控因子为无污染高等级耕地比例。区域环境质量指数障碍因子分布相对较为集中，基本分布在苏北南部地区，尤以泰州市的姜堰市

和泰兴市分布最为集中。

从主控因子障碍度分布图来看,障碍度较大的地区为苏北的中部和东北部,主要包括金湖县、宝应县、建湖县、阜宁县、沭阳县、连云港市区等,说明这些地区的主控障碍因子的实际值与理想值偏离程度较大,应采取措施控制主控障碍因子对土地生态质量产生的不良影响。障碍度较小地区主要分布在苏北的西部和东南部,包括宿豫区、泗阳县、淮阴区、盐都区、兴化市、姜堰市、泰兴市、如皋市等地区,说明该地区的主控障碍因子实际值与理想值偏离较小,土地生态质量相对较好。总体来看,苏北地区的主控因子障碍度呈现出从中部—东北部一线向四周逐渐降低的趋势。

# 3.5　土地生态状况综合评估数据库建库问题解决方案

在江苏省土地生态状况综合评估数据库建库中,存在栅格与矢量文件对齐匹配问题、接边匹配问题等,这些细节问题并不影响数据库使用评估,但客观存在,仍然需要解决。

## 3.5.1　调查与评估数据边沿匹配处理

### 3.5.1.1　边沿匹配问题处理必要性

边沿匹配是每个通过合并工作得到的数据库都会存在的固有问题。根据前文研究可知,由于前几年度工作遵循了统一的工作原则和操作规范,虽然指标在时间、指标结构上存在一定差异。但从全省尺度来看,总体上差异并不大,可以通过直接合并的方法进行数据的整合与拼接。不过,这一算法只是从整体上估计,缺少空间上的分析研究。

具体来说,哪怕总体上差异不显著,但是若研究每年调查评估成果相接壤的地区,若是发生相邻地区数据差异过大的情况,最终合并的结果中会明显地显示出不同工作年份的工作边界。实际上,从江苏省具体情况来说,任何两个相邻地区都不应该出现"跳跃性"差异的情况,因此,在合并完成的数据库中,需要对这一问题进行研究分析,并加以解决。

### 3.5.1.2　边沿匹配状况分析

根据工作图件,划分四条典型条带,如图 3-8 所示。

这四条条带分别代表四个不同方向和地区的情况,其中,A、B 两条条带反映 2012 年度工作和 2014 年度工作边沿匹配情况,C、D 两条条带反映 2015 年度工作和 2014 年度工作边沿匹配情况。对这四条条带上的指标数值分别做沿条带方

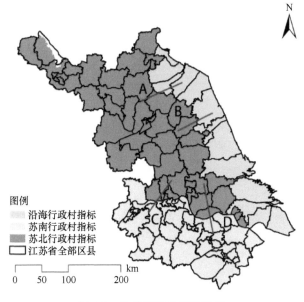

图 3-8 边沿匹配条带选择图

向的折线图以及条带中左右两个区域的指标差异状况，如图 3-9 所示。从图中可以看出，所选择的四条分析条带 A 中存在一定的边沿跳跃情况。在条带 A 中，徐州指标区和沿海指标区在第 21 个地块处相接，可以看出生态综合指标和结构性指标在此处都有显著的降低，而在之前和之后的指标则无明显变动趋势。在条带 B、C、D 中，不同指标区分别在第 25 个、第 21 个、第 40 个地块处相接，可以看出在条带 B、C、D 中，指标边沿跳跃性并不明显。

### 3.5.1.3 边沿匹配问题调整

从上述分析研究可见，四条跨区域条带中，有一条存在数据跳跃现象。通过进一步的分析可见，造成数据跳跃的主要原因是两个区域生态结构性指标差异过大。梳理每一个结构性指标中的二级指标，发现主要问题在格局多样性、斑块多样性和无污染耕地面积比例中，如图 3-10 所示。从图中可以看出，格局多样性、斑块多样性和无污染耕地面积比例在徐州和沿海区域，即 2014 年度和 2012 年度工作中，2012 年度没有计算格局多样性和无污染耕地，同时斑块多样性数据明显偏小。进一步研究发现，格局多样性是 2013 年度新增加的指标，同时斑块多样性计算方法在 2013 年度也进行过改进。从上述研究可知，此差异不显著，但在此地区由于两块相邻地区紧密接触，形成了指标跳跃的情况。在此情况下，项目对沿海地区指标进行了重新计算处理，解决了这一问题。

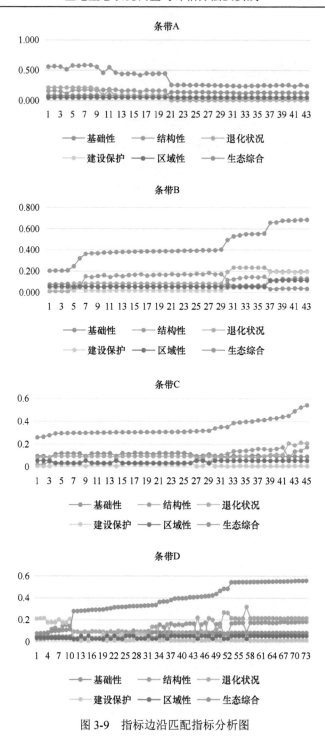

图 3-9 指标边沿匹配指标分析图

| 格局多样 | 斑块多样 | 无污染耕地 |
|---|---|---|
| 1.5957 | 18.6555 | 63.148976 |
| 1.5531 | 18.3585 | 64.372264 |
| 1.4729 | 17.0124 | 71.850606 |
| 1.4437 | 17.0029 | 74.788139 |
| 1.4517 | 21.8289 | 73.543524 |
| 0 | 2.3959 | 0 |
| 0 | 2.8607 | 0 |
| 0 | 1.7904 | 0 |
| 0 | 1.4653 | 0 |

图 3-10　指标差异示意图

## 3.5.2　栅格数据对齐处理

### 3.5.2.1　矢量面裁剪栅格数据的对齐问题

在进行数据库合并处理时，经常遇到通过矢量面裁剪栅格数据的问题。在空间数据处理中，矢量数据与栅格数据是最重要的两类数据格式。栅格结构是以规则的阵列来表示空间地物或现象分布的数据组织，组织中的每个数据表示地物或现象的非几何属性特征。栅格结构的显著特点：属性明显，定位隐含，即数据直接记录属性的指针或数据本身，而所在位置则根据行列号转换为相应的坐标。栅格数据的编码方法：直接栅格编码，就是将栅格数据看作一个数据矩阵，逐行（或逐列）逐个记录代码；压缩编码，包括链码（弗里曼链码）比较适合存储图形数据，游程长度编码通过记录行或列上相邻若干属性相同点的代码来实现；块码是游程长度编码扩展到二维的情况，采用方形区域为记录单元；四叉树编码是最有效的栅格数据压缩编码方法之一，还能提高图形操作效率，具有可变的分辨率。矢量数据结构是通过记录坐标的方式尽可能精确地表示点、线和多边形等地理实体，坐标空间设为连续，允许任意位置、长度和面积的精确定义。矢量结构的显著特点：定位明显，属性隐含。矢量数据的编码方法：对于点实体和线实体，直接记录空间信息和属性信息；对于多边形地物，有坐标序列法、树状索引编码法和拓扑结构编码法。坐标序列法是由多边形边界的 $(x, y)$ 坐标对集合及说明信息组成，是最简单的一种多边形矢量编码法，文件结构简单，但多边形边界被存储两次产生数据冗余，而且缺少邻域信息。树状索引编码法是将所有边界点进行数字化，顺序存储坐标对，由点索引与边界线号相联系，以线索引与各多边形相联系，形成树状索引结构，消除了相邻多边形边界数据冗余问题。拓扑结构编码法是通过建立一个完整的拓扑关系结构，彻底解决邻域和岛状信息处理问题的方法，但增加了算法的复杂性和数据库的大小。

矢量数据的优缺点：优点为数据结构紧凑、冗余度低，有利于网络和检索分析，图形显示质量好、精度高；缺点为数据结构复杂，多边形叠加分析比较困难。栅格数据的优缺点：优点为数据结构简单，便于空间分析和地表模拟，现势性较强；缺点为数据量大，投影转换比较复杂。

两者比较：栅格数据操作总的来说容易实现，矢量数据操作则比较复杂；栅格结构是矢量结构在某种程度上的一种近似，对于同一地物达到与矢量数据相同的精度需要更大量的数据；在坐标位置搜索、计算多边形形状面积等方面栅格结构更为有效，而且易与遥感相结合，易于信息共享；矢量结构对于拓扑关系的搜索则更为高效，网络信息只有用矢量才能完全描述，而且精度较高。对于地理信息系统软件来说，两者共存，各自发挥优势是十分有效的。

矢量转栅格：内部点扩散法，即由多边形内部种子点向周围邻点扩散，直至到达各边界为止；复数积分算法，即由待判别点对多边形的封闭边界计算复数积分，来判断两者关系；射线算法和扫描算法，即由图外某点向待判点引射线，通过射线与多边形边界交点数来判断内外关系；边界代数算法，是一种基于积分思想的矢量转栅格算法，适合于记录拓扑关系的多边形矢量数据转换，方法是由多边形边界上某点开始，顺时针搜索边界线，上行时边界左侧具有相同行坐标的栅格减去某值，下行时边界左侧所有栅格点加上该值，边界搜索完毕之后即完成多边形的转换。

栅格转矢量：即是提取具有相同编号的栅格集合表示的多边形区域的边界和边界的拓扑关系，并表示成矢量格式边界线的过程。步骤包括：多边形边界提取，即使用高通滤波将栅格图像二值化；边界线追踪，即对每个弧段由一个节点向另一个节点搜索；拓扑关系生成和去除多余点及曲线圆滑。

由于栅格与矢量数据的存储模型不相同，这就导致栅格数据的像元无法与矢量数据的点等同，从而导致裁切后的对齐问题，放大数据我们就能发现，如图 3-11 可以说明。图中，黑白色为栅格数据，每个正方形代表一个像元，框中区域为矢量面数据。可见所需矢量面与栅格数据并不完全重叠，按照默认设置运行 Raster 工具箱中的 Clip 工具，结果如图 3-12 蓝色的栅格部分。

从图中可以发现，栅格数据裁剪完，并不是需要的矢量数据范围，而是矢量数据压盖的最小栅格数据范围，与实际需求有误差。从项目实现角度来看，需要得到的栅格是矢量数据的范围。因此，便产生了矢量数据裁剪的对齐问题。

### 3.5.2.2 对齐问题解决方法

在早期的 ArcGIS 版本中，解决这一问题较为繁琐，解决效果也得不到保证。

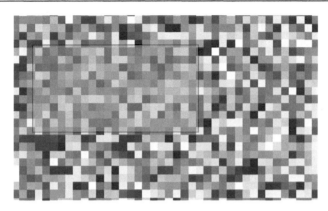

图 3-11　矢量栅格对齐问题示意图

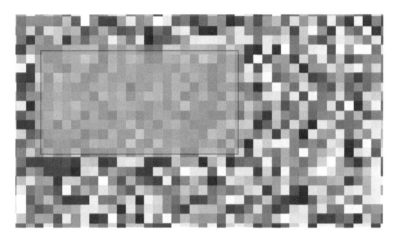

图 3-12　裁剪不对齐示意图

由于在研究过程中对所处软件环境进行了更新升级，将主要工作环境升级到 ArcGIS10.2，在其新版本中 Clip 工具提供了额外的参数，可以通过简单的勾选就完成了上面的需求。如图 3-13 所示，在这一工具中，通过勾选下方"Maintain Clipping Extent（optional）"复选框，即可解决这一问题。在操作过程中注意右边的帮助，此方法为了尽可能满足矢量数据边界范围，行列数是通过计算调整，也就是像元大小相比原始数据会变化，像元值会进行重采样获取。

结果如图 3-14 所示，影线区域是矢量，框线区域是生成的栅格。此问题得到解决。

图 3-15 显示了对齐问题解决前后裁剪内容的对比状况。从中可以看出，使用对齐裁剪方法之后，由于裁剪范围更加精确，使得整体裁剪范围更小，也更符合原矢量的边界。

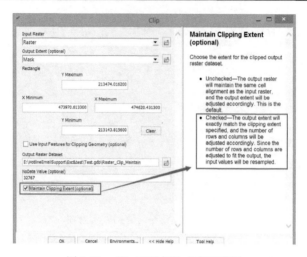

图 3-13　Clip 工具解决方案示意图

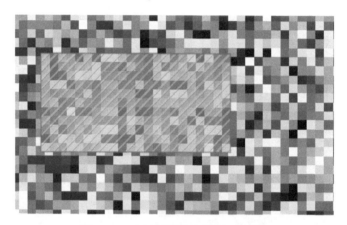

图 3-14　对齐问题解决后效果示意图

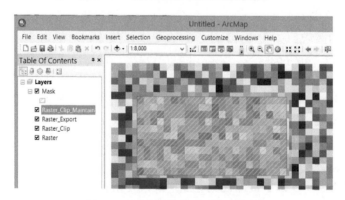

图 3-15　对齐裁剪前后对比示意图

### 3.5.3　江苏省土地生态数据库建设

通过数据整理、验证、调整工作，完成各类调查和评估数据的质量检查和数据整合，建立了区域级土地生态状况调查与评估数据库。

空间数据库技术用关系数据库管理系统（RDBMS）来管理空间数据，主要解决存储在关系数据库中的空间数据与应用程序之间的数据接口问题，即空间数据库引擎（Spatial Database Engine）。更确切地说，空间数据库技术是解决空间数据对象中几何属性在关系数据库中的存取问题，其主要任务是用关系数据库存储管理空间数据；从数据库中读取空间数据，并转换为 GIS 应用程序能够接收和使用的格式；将 GIS 应用程序中的空间数据导入数据库，交给关系数据库管理。因此，空间数据库技术是空间数据进出关系数据库的通道。

#### 3.5.3.1　建库目的与原理

建立影像数据库的目的是将分幅分层生产的海量影像数据进行整理，使之符合统一的规范和标准；并对数据进行有效组织、管理，便于空间数据的查询、分发及其他应用。建库之后的数据是标准化、规范化的，采用统一的编码和统一的格式；数据是有效组织的，在平面方向，分幅的数据要组织成逻辑上无缝的一个整体；在垂直方向，各种数据通过一致的空间坐标定位能够相互叠加和套合；具有高效的空间数据查询、调度、漫游以及数据分发等功能，并且能够与其他系统无缝集成，为其他应用服务。从应用的角度讲，建立影像库的总体目标是能够管理多比例尺、多分辨率、多数据源的正射影像数据，能够做到在局域网或广域网上由全貌到细节、由整体到局部、由低分辨率到高分辨率快速、无缝地进行影像漫游、浏览和应用，支持图像数据集中式和分布式（局域网范围内分布式的存储）的存储与管理，为海量数据的应用提供一个高效的无缝平台。

空间数据库建库原理，简而言之就是"两种方式，分层分块"。"两种方式"是指栅格数据集（Raster Dataset）和栅格目录表（Raster Catalog）。它的存储和管理方式，这就是"分层分块"。在 Personal Geodatabase 中，栅格数据可以作为栅格目录表（Raster Catalog）或栅格数据集（Raster Dataset）来存储。栅格数据集表现为连续的单幅数据。而栅格目录表是多个栅格的集合。每种存储方式都有各自的优势和局限性，但也有一些规则是两种方式都要遵守的。

栅格目录表和栅格数据集都可以先创建成一个空的容器，然后再向其中加载数据，或者可以动态创建。创建和加载栅格目录表或栅格数据集可以用 ArcToolbox 中的数据管理工具。这些工具可以在 ArcCatalog 的用户界面中找到。

简单地说，"栅格数据集"就是 ArcGIS 对栅格数据模型的抽象，其英文为 Raster Dataset，任何一种物理栅格文件（如 Erdas Imagine 文件、ArcGIS Ascii Grid 文件，

Tiff 文件等）经过 ArcGIS 的栅格数据模型抽象在内存中都是以 Raster Dataset 形式存在的，Raster Dataset 一般由至少一个波段的 Raster Band 组成，如简单的灰度图像就是由一个波段的数据组成，普通的彩色合成影像就由三个或者三个以上波段组成，其中多光谱由多个通道（我们又把 Raster Band 称为通道）。由于计算机显示器一般提供三个通道的显示信道，分别为 R（红）、G（绿）、B（蓝），因此即使我们手头有一个多波段的影像数据，我们也只能同时显示其三个波段数据，如对于 TM 影像的 5、4、3 波段分别用红、绿、蓝进行显示。我们也可以这么理解栅格数据模型，Raster Dataset 由多个波段组成，我们把波段理解为"层"的概念，那么这样每个 Raster Dataset 就是由多个"层"叠加组合而成，每个层又是由具有行列属性的二维数组组成，为了将内部实现抽象起来，ArcGIS 利用 Raster Band 类包装了这个二维数组，并且提供了各种方法操作其内部二维数组。

　　栅格数据集比较适合带有标准坐标系的航片或卫片，当以这种方式导入影像文件时，SDE 会将它们拼接（mosaic）成一张完整的大地图，但这种方式对各个图幅的要求就非常严格，要实现拼接必须满足几个条件：相邻图幅的相邻边不能有一丁点重叠错位；图幅必须带坐标系等等。

　　"栅格目录表"可以简单地理解为一种普通表格数据模型，其英文为 Raster Catalog。"栅格目录表"中的每条记录就是由"栅格数据集"和描述该"栅格数据集"的多种元数据信息组成。通过这种定义我们可以看出，对于构建一个基础数据库，利用"栅格目录表"管理分幅影像数据具有很大的优势，因为分幅影像数据经常具有很多元数据属性。"栅格目录表"管理也为我们开发基础数据系统提供了很方便的入口。

　　简单而言，栅格目录表相当于相册。可以把任何东西的照片都存进去，SDE 只管存储和为它们维护一个目录，这一点可以从观察 Raster Catalog 对应的 Oracle Spatial 表看出来，感觉就像一个被肢解了的图片的集中营。如果用 ESRI 的桌面工具（比如 ArcMap，ArcCatalog）来预览这个 Raster Catalog，你将看到一张经过拼接的图。

　　总之，对于"栅格数据集"和"栅格目录表"，其实就是 ArcGIS 对于栅格数据抽象的一种内存模型。"栅格数据集"作为 Geodatabase 核心数据模型在基础库中一般存储地理背景数据，其要求是数据不经常变化（如经常更新背景数据就不适合利用 Raster Dataset 进行存储）。"栅格目录表"一般用于管理具有属性信息的影像数据，如分幅数据或者同一地区多期数据，需要注意的是，同一个"栅格目录表"必须具有相同的空间参考。

　　当创建栅格目录表时，必须设置 XY 域（所有输入栅格的空间范围的集合），而栅格数据集则不需要。和 ArcGIS 中所有其他数据集一样，我们强烈建议，要导入目录表或数据集的栅格数据一定要预先定义空间参考，地理坐标系统或投影坐标系统。而这种坐标系统不必要一定和目录表或数据集的坐标系统一致。

栅格数据集有一个空间参考，在拼接（mosaic）的过程中，不同坐标系统中的像元会被动态投影到正确的位置上。而在栅格目录表中，每个栅格都会有自己的空间参考，它们和几何空间参考以及栅格列的空间参考都不一样，这些栅格只是在进行显示或分析的时候才会被动态投影。

"分层"是指影像金字塔（pyramid）索引。其基本思想就是利用采样自底向上生成金字塔，根据需求直接取其中某一级作为操作对象，以提高整体效率。当然就像这个世界中的其他事物一样，效率的提高是有代价的，这就是建塔带来的额外空间开销，建的级越多，越方便查询，当然数据冗余也越大。如果为大的栅格影像建立了金字塔的话，这些影像便能快速进行显示。除了在屏幕上显示外，金字塔还包含了很多其他信息。如果没有金字塔，那么在显示时就要访问整理栅格数据集，然后进行大量计算来选择哪些栅格像元被显示。金字塔是一种能对栅格影像按逐级降低分辨率的拷贝方式存储的方法。通过选择一个与显示区域相似的分辨率，只需进行少量的查询和少量的计算，从而减少显示时间。

每次用 ArcGIS 打开一幅影像时，都会在状态栏中看到 Creating pyramids，这时就是在构建影像的金字塔。现在的 Google Map，Visual Earth，Mapbar 这些 Portal 应用都采用的是把地图预先处理成影像金字塔，切块后做四叉树编码。在进行 zoom，pan 操作时，动态调用那些 maptile。这种架构省略掉了制图引擎这些对服务器性能消耗大的环节。

每一层影像金字塔都有其分辨率的，那么根据你当前操作，比如说放大（无论是拉框放大，还是固定比例放大）、缩小、漫游（此操作不涉及影像分辨率的改变），计算出进行该操作后所需的影像分辨率及在当前视图范围内会显示的地理坐标范围，然后根据这个分辨率去和已经建好的影像金字塔分辨率匹配，哪层影像金字塔的分辨率最接近就用哪层的图像来显示，并且根据操作后当前视图应该显示的范围，来求取在该层影像金字塔上应该对应取哪几块，然后取出来画上即可。

"分块"是指每个图幅是按图块（block/tile）存储的，并使用格网索引。在将图幅存储于数据库中时，SDE 不是一行一行地存进去，而是将图幅划分成若干个大小相同的图块，每块大小不能超过 16K，一般就取 128×128。划分的顺序是从上到下，从左至右的，分块的好处在于可以减少磁盘 I/O。但是哪有那么好的图幅，长宽都是 128 的整数倍。事实上，就几乎没有这么好的图幅，在图幅的长和宽都除不开 128 的情况下，SDE 的策略就是——补零。在图幅的右侧和下侧补上若干零元（RGB：000000），也就是黑点，这样处理过的图幅就可以进行划分了。

### 3.5.3.2　建库过程

当所有软硬件都准备齐全后（这里包括在 ArcSDE 软件的安装过程中已经创

建好了 SDE 数据库文件）就可以建立影像数据库了。在企业级数据库中，栅格数据的存储结构包括分块、索引、建立影像金字塔，并且常常经过压缩处理。正是因为数据具有分块、索引以及金字塔结构等属性，每次对栅格数据进行查询时，只有满足查询范围和精度的数据块才会返回，而不是每次都返回整个数据集。压缩可以降低客户和服务器间的数据交换量，存储大的无缝栅格数据集以及达到几个 TB 的栅格目录，并使它们能够在客户端快速显示成为可能。

（1）数据准备

由于影像数据库对入库原始数据的要求比较严格，这也是保证影像数据库完整性的一部分，因此在入库之前应将原始影像整理放置，同时确保每个原始影像文件配有唯一一个正确的坐标文件存放在相同目录中，统计一下数据量以备后用。

（2）压缩方式

由于影像数据量巨大，为了减少存储空间，提高显示效率，在栅格数据存入地理数据库之前对其块的大小进行压缩。使用的压缩方式可以是有损的（JPEG 和 JPEG2000）或无损的（LZ77）。无损压缩意味着栅格数据集中像元的值不会被改变。压缩的量取决于像元数据的类型；影像越一致，压缩的比例越高。

对数据进行压缩的最主要好处是可以节省存储空间。另一个好处是从总体上提高了性能，因为降低了服务器和客户应用间交换的数据包。

以下原因，可以选择有损压缩：

如果栅格数据只是用作背景图像，而且无需对其进行分析；数据加载和检索快捷；所需的存储空间小，压缩比例可以达到 5∶1 或 10∶1（若选择 JPEG2000 可以获得更多的压缩比例，如 10∶1 或 20∶1）。

以下原因，可以选择无损压缩：

栅格数据集是用来获取新的数据或用于视觉分析；需要的压缩比例在 1∶1 和 1∶3 之间；不打算保留原始数据；输入的数据已经被有损压缩过。

即使不对栅格数据进行压缩，企业级地理数据库的存储能力也可以满足要求，但是，还是推荐进行栅格数据压缩。如果无法确定使用何种压缩方法，那就用默认的 LZ77（无损压缩）。

（3）数据入库

ArcSDE 管理影像方式主要有连续的栅格数据集和栅格目录表两种。栅格目录表的每个栅格都是独立的，利于更新和数据库维护；可查询访问单个数据集，可以根据用户定义的属性在表中加入用户定义字段。因此，采用栅格目录表（Raster Catalog）这种方式存储影像数据。

具体步骤如下：

1）成功连接数据库服务器后（连接过程前面有详细介绍），新建栅格目录。

右键"new"—"Raster Catalog"。

2）在栅格目录中导入数据。右键"栅格目录"—"load"—"load data"，导入栅格数据。

（4）建金字塔

经过较长时间的大量数据入库后，利用 ArcCatalog 工具连接好数据库后选中影像数据库项，点击鼠标右键，选择"Build Pyramids"项后，系统就开始创建影像金字塔了。创建完金字塔后，影像数据库就基本建立完成了。为了配合影像使用，可以再向数据库中导入矢量数据，这样才能够形成具有真正意义的影像数据库。

创建金字塔时，一个降低分辨率的数据集（.rrd）文件将被创建。对于一个未经过压缩的栅格数据集，它产生的（.rrd）文件的大小近似于源栅格数据集的 8%。用户不能为栅格目录创建金字塔，但可以对其中的每个栅格数据集创建金字塔。

## 3.6　江苏省土地生态状况与障碍因子分析

### 3.6.1　土地生态状况自然基础性指标分析

江苏省土地生态状况自然基础性指标分值介于 0.00～0.1487 之间，平均值为 0.0789±0.0151，采用 JENK 自然断裂法将指标分值分为 5 类。从空间分布来看，理想级、良好级土地生态自然基础状况主要分布在苏南地区的南京市、镇江市、无锡市、常州市及苏中地区的南通市；一般级土地生态自然基础状况主要分布在苏州市、扬州市和泰州市南部；较差级土地生态自然基础状况主要分布在宿迁市、淮安市、连云港市和盐城市；恶劣级土地生态自然基础状况主要分布在徐州市部分区域和盐城市中心。

土地生态状况自然基础性指标分值总体上呈现出由南向北递减，由西向东递减的趋势。沿南北方向作三个剖面，分别为 AA'，BB'，CC'：剖面 AA'位于江苏省北部，横穿徐州市和连云港市；剖面 BB'位于江苏省中部，横穿淮安市、扬州市和盐城市；剖面 CC'位于江苏省南部，横穿南京市、镇江市、泰州市、南通市。取各条剖面经过的行政村的土地生态状况自然基础性指标分值，绘制剖面曲线图。由南北方向三条剖面曲线的变化趋势可见：剖面曲线 AA'和 CC'均呈现倒 U 形分布，曲线到达谷底之前土地生态基础分值的变化速率明显大于谷底之后的基础分值，说明偏西部地区分值的下降速度更快，而偏东部地区分值的变化较为平缓。结合江苏省土地气候地貌等自然地理状况，发现东部地区多为平原，距离海岸线较近，气候的海洋性特征显著，而西部地区多分布有山地丘陵，大陆性气候特征更为突出，因而东部地区土地生态基础分值较之西部地区变化趋势更为平稳。剖面曲线 BB' 呈 U 形分布，整体变化趋势较为扁平。

沿东西方向作三个剖面，分别为 DD'，EE'，FF'。剖面 DD' 位于江苏省西部，纵穿徐州市、宿迁市、淮安市、扬州市、镇江市、常州市和无锡市；剖面 EE' 位于江苏省中部，纵穿徐州市、宿迁市、淮安市、扬州市、泰州市、苏州市；剖面 FF' 位于江苏省东部，纵穿连云港市、盐城市、南通市。取各条剖面经过的行政村的土地生态状况自然基础性指标分值，绘制剖面曲线图。由东西方向三条剖面曲线的变化趋势可见：三条剖面曲线均呈现出由左向右逐渐升高的 J 形分布趋势，说明江苏省土地生态状况自然基础性指标分值由北向南递增。剖面曲线 DD' 的变化速率明显大于剖面曲线 EE' 和剖面曲线 FF'，说明江苏省西部地区土地生态状况自然基础性指标分值的南北方向变化更为剧烈。

从行政区来看，以南京市、无锡市、南通市和镇江市北部为高值区（分值介于 0.1123～0.1487），空间分布分散；低值区（分值介于 0.0290～0.0571）主要分布在徐州市，空间分布较为分散；其他地区为中间值（分值介于 0.0571～0.1122），包括连云港市、宿迁市、盐城市、淮安市、扬州市、泰州市、常州市和苏州市，空间分布连续（详见图 3-16）。

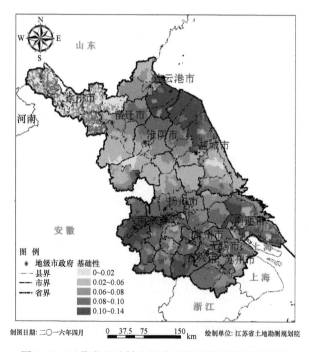

图 3-16　江苏省行政村土地生态状况基础性指标分值

### 3.6.2　土地生态状况结构性指标分析

江苏省土地生态状况结构性指标分值介于 0.00~0.2533 之间，平均值为 0.0956±0.0172，采用 JENK 自然断裂法将指标分值分为 5 类。对江苏省土地生态状况结构性指标分值进行统计，分值较高值区间区域空间分布位置主要集中在连云港市、宿迁市、淮安市、扬州市、泰州市和盐城市东部。中间值区间区域主要位于苏南地区的南京市、镇江市、常州市、无锡市和苏州市。最低值区间区域分布面积较小，主要分布在盐城市、南通市和徐州市的部分区域（图 3-17）。土地生态状况结构性指标分值呈现团簇状组团集中分布的趋势，江苏省中部的宿迁市、淮安市、扬州市、泰州市和盐城市、南通市的西部边缘属于高值聚集中心；北部的徐州市和沿海的盐城市、南通市东部属于低值聚集中心；南部的苏南地区土地生态状况结构性指标分值整体处于中间水平。

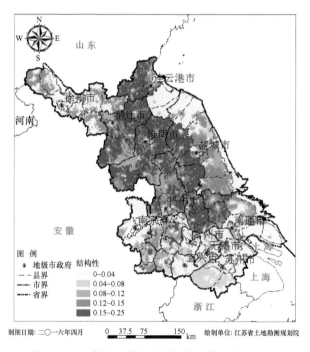

图 3-17　江苏省土地生态结构性分值空间分布图

江苏省土地利用类型多样性指数介于 0.00~66.67 之间，平均值为 43.21±2.38，对江苏省土地利用类型多样性指数进行统计，其分值主要介于 0~3.21 和 4.28~12.35 两个区间。江苏省土地利用类型多样性指数空间分布呈现明显的区域差异性特点，其高分值部分（分值介于 12.35~26.48 和 26.48~66.67）分布面积较少，集中分布在扬州市，说明这些地区土地利用多样性较强；中间值（4.28～12.25）主要分布在淮安市西部、宿迁市西部、盐城市西部和扬州市西部，其余零星分布在其他县市；较低值（2.26～4.28）主要分布在苏南地区，空间分布较连续；最低值（0～2.26）分布面积最大，较为集中分布于江苏省东部的连云港、盐城和南通三市，空间分布较为连续（图3-18）。

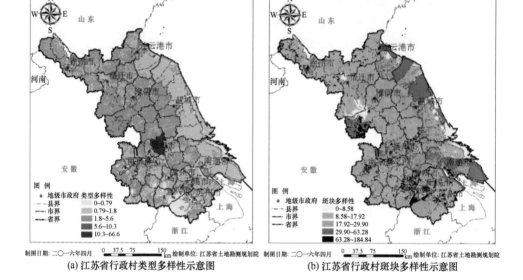

(a) 江苏省行政村类型多样性示意图　　　　　(b) 江苏省行政村斑块多样性示意图

图3-18　江苏省土地利用类型多样性指数与斑块多样性指数空间分布图

　　江苏省土地利用斑块多样性指数分值介于 0.00～184.85，平均值为 22.53±12.63，空间上高分值地区（分值介于 46.27～86.27 和 84.27～184.85）分布面积较小，集中分布在盱眙县和泰州、扬州市区；最小值地区（分值介于 0.00～16.76）主要集中分布在连云港、盐城和南通沿海三市；中间值（分值介于 16.77～46.26）在江苏省中西部地区均有广泛分布，苏南地区的分值整体上高于苏北地区（图3-18）。

　　无污染高等级耕地比例指数范围在 0.00～99.50%之间，平均值为（49.51±22.55）%，空间分布呈现出明显的区域差异性。高分值区间（分值介于 50.91～63.47 和 63.48～99.50）主要分布在连云港市北部、宿迁市、淮安市、扬州市、泰州市和盐城市、南通市西部；低分值区间（分值介于 0.00～11.91）分布面积较大，主要分布在苏南地区的南京市、镇江市、苏州市、常州市和无锡市，徐州市，连云港市南部和盐城市北部（图3-19）；中间分值区间（分值介于 11.92～33.54 和 33.55～50.90）分布面积较小，在宿迁、淮安、连云港、扬州、泰州和南通市均有零星分布。

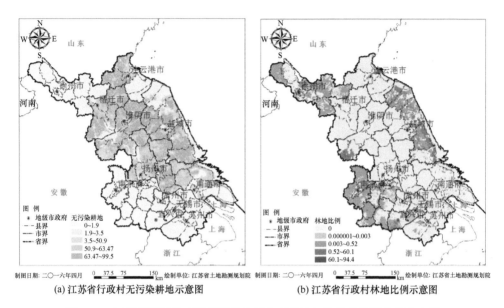

(a) 江苏省行政村无污染耕地示意图　　　　　(b) 江苏省行政村林地比例示意图

图 3-19　江苏省无污染高等级耕地比例和有林地与防护林比例空间分布图

　　江苏省有林地与防护林比例介于 0.00~94.45% 之间，平均值为（0.17±2.94）%，空间上分值大于 2.65% 的区域集中分布在盱眙县，另外在盐城市和连云港市的部分地区也有零星分布。其他县市均处在最低分值区间（有林地与防护林比例介于 0.00~2.65% 之间），且大部分行政村有林地与防护林比例为 0。

　　江苏省草地比例介于 0.00~60.37% 之间，平均值为（0.02±1.12）%。从空间分布上可以明显看出，江苏省几乎所有县市草地比例都处于最低分值区间（分值介于 0.00~1.15%），评估单元草地比例均为 0。只有盐城市东南部、东北部和连云港市西南部的部分行政村草地比例高于 1.15%。（图 3-20）。

　　江苏省生态基础设施用地比例的范围为 0.00~100.00%，平均值为（10.16±9.48）%，其空间分布特征为：高值区间（分值介于 27.02%~100%）主要分布在宿迁市北部，扬州市西部，南通市、盐城市和连云港市的沿海地区。中间值区间（4.47%~27.01%）主要集中分布在连云港市、盐城市、南通市、扬州市和泰州市，淮安市和宿迁市也有零星分布。低值区间（0~4.46%）主要分布在徐州市、南京市、镇江市、常州市、无锡市、苏州市以及扬州市、宿迁市和淮安市大部分地区。

### 3.6.3　土地生态污染、损毁、退化情况

　　江苏省土地生态污染、损毁、退化情况分值的范围为 0.0004~0.3197，平均值

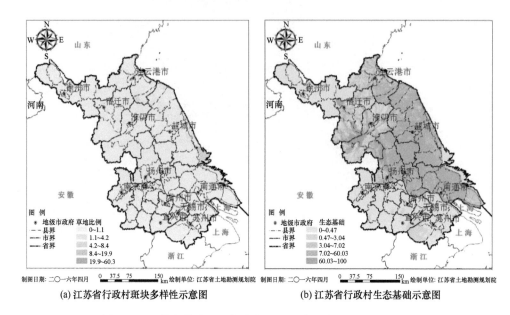

(a) 江苏省行政村斑块多样性示意图　　　　　　(b) 江苏省行政村生态基础示意图

图 3-20　江苏省草地比例与生态基础设施用地比例空间分布图

为 0.1217±0.0324，其空间分布如图 3-21 所示。统计分析发现，江苏省的土地生态污染、损毁、退化情况准则层分值主要分布在最高值（0.2104～0.3197）、较低分值（分值介于 0.0485～0.0919）和最低值（0.0004～0.0484）三个区间，这三个区间的分布面积占江苏省的 80%。最高分值主要分布在盐城市中部和南部，南通市的偏北部，南京市南部和北部边缘，镇江市中部，常州市中部，苏州市西南部，淮安市、宿迁市和连云港市的部分边缘地区。较低分值区间主要分布在江苏省的中部地区，包括淮安市、扬州市和泰州市的大部分地区，宿迁市的西南部，连云港市的中部。最低分值区间主要分布在徐州市，连云港市的南部，盐城市北部以及南通市南部。

较高分值区间（0.1377～0.2104）分布面积最少，分布面积占江苏省的 3%，而且分布较为零散，没有明显分布规律，在各县市均有零星分布。中间值区间（0.0919～0.1377）分布面积占全省的 17%，主要分布在南京市的中部、镇江市北部、常州市东北部、无锡市大部分地区和苏州市大部分地区。

### 3.6.4　生态建设与保护状况

江苏省生态建设与保护综合效应分值的范围为 0.0015～0.2490，平均值为 0.1318±0.0319，采用 JENK 自然断裂法将指标分值分为 5 类。

土地生态建设与保护指数存在明显的空间分布规律，各区间在空间上存在明显的界限，总体上呈现北高南低、西高东低的特点，见图 3-22。生态建设与保护的

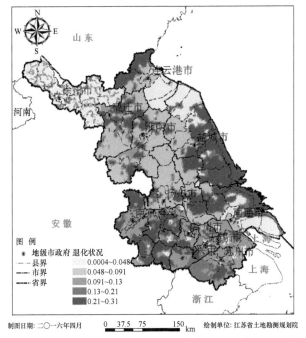

图 3-21　江苏省土地污染、损毁与退化生态状况准则层评估图

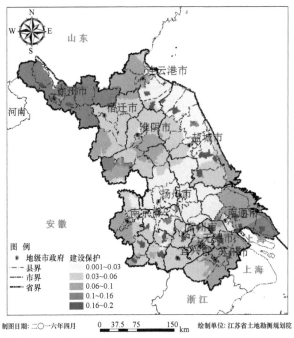

图 3-22　江苏省生态建设与保护综合效应准则层评估图

最高分值区间（0.1637～0.2490）位于徐州市区，连云港市区、灌云县，盐城滨海县、大丰市及盐城市区，南通市区，南京、镇江、无锡、苏州、常州的部分区域。较高分值区间（0.1039～0.1637）位于徐州市绝大部分地区，南通启东市，泗洪县的洪泽湖沿岸区域。中间分值（0.0631～0.1039）位于连云港东海县、赣榆县，宿迁泗洪县、淮安市区及盱眙县，盐城东台市，南通市区、如东市，南京西部，苏州大部分地区。较低分值区间（0.3333～0.0631）分布在宿迁市区、沭阳县、泗阳县，淮安涟水县、洪泽县，盐城阜宁县、建湖县，扬州高邮县，东台市中西部，南京中东部，常州、无锡大部分地区。最低分值区间（0.0015～0.3333）分布在连云港市区、灌云县、灌南县，盐城市区、响水县、滨海县、射阳县，泰州大部分地区，扬州中南部，镇江大部分地区。

### 3.6.5  土地生态状况综合评估分析

对江苏省所有市县城镇、农村的土地生态状况自然基础性指标层、土地生态状况结构性指标层、土地污染损毁与退化状况指标层、生态建设与保护综合效应指标层，以及区域性指标准则层的分值进行评估，最终得到江苏省土地生态状况的综合分值。计算得到全局 Moran's I 指数为 0.95，且 $P$ 值在 0.01 以内，表示其在 99%置信度下的空间自相关性是显著的，说明江苏省土地生态状况存在显著的空间正相关性和空间集聚格局，即高值与高值相邻（H-H 型）或低值与低值相邻（L-L 型）。进行 JENK 自然断裂法分类得到综合评估图（图 3-23）。

江苏省的土地生态状况综合指标范围为 0.0375～0.7073，平均值为 0.3891±0.0743，由图 3-23 可以看出，土地生态综合分值空间上总体呈现北高南低的规律，存在多个高值区域向外辐射减少和多个低值中心向外辐射增加。

江苏省土地生态状况综合分值主要集中在最高值（0.5349～0.7073）、中间值（0.3622～0.4547）和较低值（0.2516～0.3622）三个区间，这三个区间占江苏省面积的 78%。其中，中间值分布面积最大，占江苏省面积的 34%，最高值和较低值分布面积较少，分别占江苏省面积的 26%和 18%。最高值区间主要分布在南京市南部，镇江市中部，常州市西南部，南通市北部，泰州市南部，盐城市中南部，连云港市北部，徐州市北部及西南部，宿迁市西部地区。中间值区间主要分布连云港市中部，徐州市中部，宿迁市西南部，淮安市大部分地区，盐城市东部沿海和西部地区，扬州市大部分地区，泰州市部分地区，空间分布较为连续。较低值区间主要分布在南京市中部，镇江市北部，常州部分地区，无锡大部分地区，苏州大部分地区，南通市南部地区，空间连续性较强。较高值区间分布较为零散，主要分布在各县市的郊区和边缘地区；最低值区间主要分布在连云港市南部，盐城市北部，镇江、常州、无锡、苏州、南通的城区周围，说明这些地区的土地生态综合状况较差，急需加强生态建设与保护工作。

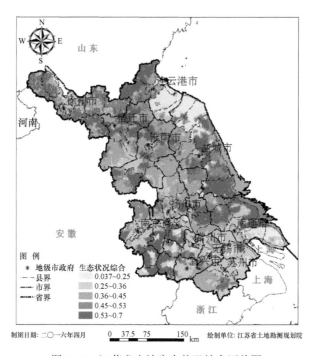

图 3-23　江苏省土地生态状况综合评估图

　　徐州、连云港、宿迁、淮安、扬州、泰州、盐城等地市的土地生态指数大于各市生态指数的平均值 0.4876，说明这些地区的土地生态状况较好；南京、镇江、常州、无锡、苏州、南通等市的土地生态指数低于平均值，说明这些地区土地生态状况较差。

## 3.6.6　江苏省障碍因子分析

### 3.6.6.1　主控障碍因子及其障碍度

　　障碍度旨在分析某障碍因子实际值偏离其理想值的程度。障碍度值越大，表示该区域这一障碍因子的实际值偏离理想值越大，说明该障碍因子对土地生态状况的影响越大。对江苏省土地生态状况进行障碍度和障碍因子的分析，结果如表 3-13 所示。江苏省的障碍因子共四大类，分别是城镇建设用地比例、无污染高等级耕地比例、土壤综合污染指数、生态基础设施用地比例。其中，主控障碍因子为城镇建设用地比例的行政村有 11104 个，其平均障碍度为 0.2271；主控障碍因子为无污染高等级耕地比例的行政村有 4404 个，其平均障碍度为

0.2092；主控障碍因子为土壤综合污染指数的行政村有 3909 个，其平均障碍度为 0.1729；主控障碍因子为生态基础设施用地比例的行政村仅 1865 个，其平均障碍度为 0.1539。在各项主控障碍因子中，平均障碍度最大的是城镇建设用地比例，表明江苏省该主控障碍因子的实际值与理想值偏离程度最大，该项因子对土地生态状况带来的负面效应最大，应采取措施降低该项主控因子对土地生态状况造成的负面影响。

表 3-13    江苏省主控障碍因子分析表

| 序号 | 主控障碍因子 | 行政村个数 | 平均障碍度 |
|---|---|---|---|
| 1 | 城镇建设用地比例 | 11104 | 0.2271 |
| 2 | 无污染高等级耕地比例 | 4404 | 0.2092 |
| 3 | 土壤综合污染指数 | 3909 | 0.1729 |
| 4 | 生态基础设施用地比例 | 1865 | 0.1539 |

其中，主控障碍因子影响行政村个数最多的也是城镇建设用地比例，其影响行政村个数占行政村总个数的 52.18%，说明城镇建设用地比例这一障碍因子影响范围最广；其次是无污染高等级耕地比例因子，其影响行政村的个数占行政村总个数的 20.69%；土壤综合污染指数和生态基础设施用地比例因子影响行政村的个数相对较少，分别占行政村总个数的 18.37% 和 8.76%。

3.6.6.2    主控障碍因子及障碍度空间分异

结合江苏省主控障碍因子分布图及江苏省主控因子障碍度分布，可以看出江苏省主控障碍因子和障碍度的空间分异特征。

从障碍因子分布情况看，结合表 3-13，城镇建设用地比例因子在江苏省分布最广泛和均匀，主要分布在各市县的建成区。无污染高等级耕地比例障碍因子主要分布在一些河流和湖泊地区，这些地区无污染高等级耕地比例相对其他地区较少，而该指标权重相对较大，造成这些地区土地生态状况的主控因子为无污染高等级耕地比例。土壤综合污染指数因子在苏南地区分布较为集中，这与该地区经济发达，工业聚集，污染物排放量大存在密切关系。生态基础设施用地比例因子主要分布在江苏省沿海地区及风景名胜、自然保护区坐落的地带，这些地区生态环境保护工作尤为重要，因而生态基础设施用地比例权重较高。

从主控因子障碍度分布图来看，障碍度较大的地区为苏南地区和江苏沿海地区，包括南京、镇江、无锡、苏州、常州、连云港、盐城、南通等，说明这些地区的主控障碍因子的实际值与理想值偏离程度较大，应采取措施控制主控障碍因子对土地生态状况产生的不良影响。障碍度较小地区主要分布在苏北的徐州、宿迁和淮安等地,说明该地区的主控障碍因子实际值与理想值偏离较小,土地生态状况相对较好。总体来看,江苏省的主控因子障碍度呈现出从中部—西北部一线向四周逐渐降低的趋势。

### 3.6.7　评估结果合理性分析与匹配分析

综合评估结果与区域社会经济发展、自然背景、景观格局、生态保护等相关指标进行相关性分析,分析结果见表 3-14。区域社会经济发展指标选取人口、GDP 为代表性指标,自然背景指标选取降雨量季节分配、土壤有机质含量、有机碳蓄积量、有效土层厚度、地形位指数、植被覆盖度为代表性指标,景观格局指标选取土地利用格局多样性指数、土地利用类型多样性指数、土地利用斑块多样性指数为代表性指标,生态保护选取土壤综合污染指数、水体污染程度为代表性指标。

**表 3-14　综合评估值与社会经济、自然背景、景观格局、生态保护相关度值表**

| 指标 | | 相关度值 |
|---|---|---|
| 社会经济指标 | 人口 | −0.7102 |
| | GDP | −0.6981 |
| 自然背景指标 | 降雨量季节分配 | 0.1526 |
| | 土壤有机质含量 | 0.2983 |
| | 有效土层厚度 | 0.0972 |
| | 有机碳蓄积量 | 0.1285 |
| | 地形位指数 | 0.2264 |
| | 植被覆盖度 | 0.3091 |
| 景观格局指标 | 土地利用格局多样性指数 | 0.2863 |
| | 土地利用类型多样性指数 | 0.1677 |
| | 土地利用斑块多样性指数 | 0.2098 |
| 生态保护指标 | 土壤综合污染指数 | −0.4918 |
| | 水体污染程度 | −0.1322 |

相关性分析结果表明:

1)在土地生态综合状况与社会经济指标相关性分析中,人口与 GDP 均与综合评估结果呈负相关关系,两者的相关度值比较接近,分别为−0.7102、−0.6981,表明人口和 GDP 值越高的地区,土地综合评价指标值相对越低。换言之,人口越密集,经济越发达的地区,土地生态状况越差。其中,人口与土地综合评估分值的相关度高达−0.7102,说明人口数量的增加使得人类活动对区域生态环境影响更为深刻,对土地生态效益具有极其显著的影响。

2）在土地生态综合状况与自然背景指标的分析中，降雨量季节分配、土壤有机质含量、有机碳蓄积量、有效土层厚度、地形位指数、植被覆盖度六个指标均与土地生态综合评估值呈正相关关系，表明这些指标的值越大，区域土地综合生态状况越好。其中植被覆盖度与土地综合评估指标值相关系数最大，说明植被覆盖度越高，越有利于形成良好的土地生态自然环境背景；而有效土层厚度与土地综合评估值的相关系数最小，为 0.0972，说明该指标对土地生态综合状况影响甚微。

3）在土地生态综合状况与景观格局指标的分析中，土地利用格局多样性指数、土地利用类型多样性指数、土地利用斑块多样性指数三个指标均与土地综合评估值呈正相关关系，说明这三个评估值越高，土地生态综合效益越好。其中土地利用格局多样性指数与土地生态综合评估值的相关系数最大，为 0.2863，说明在这三个指标中，土地利用格局多样性指数对土地生态综合效益的影响最大。

4）在土地生态综合状况与生态保护指标的相关性分析中，土壤综合污染指数、水体污染程度两个指标均与土地生态综合评估值呈负相关关系，说明这两个指标值越大，土地综合评估值越低，土地生态综合效益越差。这说明，人类活动带来的土壤污染、水体污染等问题，对土地生态状况造成了不良影响。

# 3.7 江苏省土地生态状况空间分布格局

土地生态评价能够系统衡量人类活动对土地生态系统的影响，从而为土地资源的可持续利用提供科学依据。通过土地生态评价，人类能够全面了解区域土地生态状况，为解决相关环境问题、实现区域可持续发展提供信息支持。例如，在土地生态脆弱地区，人类可以通过调整土地利用方式，优化土地资源空间配置，或采取相关的生物、化学措施，改善当地土地生态状况，减少土地污染损毁等问题。随着人们对生态环境问题的日益关注，土地生态评价逐渐成为土地科学的研究热点。通过吸收借鉴景观生态学、经济学、管理学等多学科研究方法，土地生态评价的发展更加具有交叉性和综合性。目前，国内外关于土地生态的研究成果已十分丰富，主要集中在土地生态安全、生态敏感性、生态适宜性评价等方面，其研究对象往往是县域、乡镇等小尺度，而关于省域土地生态空间格局的研究则较为少见。本研究以江苏省为研究对象，对省域土地生态状况的空间格局进行探索分析，并开展土地生态区划研究，因地制宜提出管护建议，一定程度上弥补了相关研究成果的缺失。

研究技术路线如图 3-24 所示。所采用的研究方法是借鉴景观生态学中的多样性指数、集中度指数和优势度指数，定量化表征不同土地生态等级的空间组合分布特征。同时，采用空间分析技术中的空间自相关方法、空间变异函数拟合以及克里格插值法，对土地生态状况的空间关联性、空间结构特征进行深入探讨。

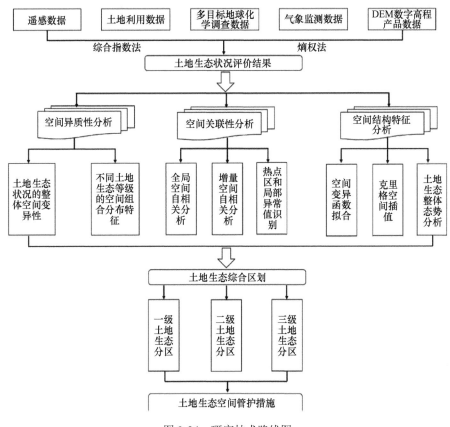

图 3-24　研究技术路线图

### 3.7.1　土地生态状况的空间异质性

#### 3.7.1.1　空间异质性研究方法

本研究从两个层面对研究区土地生态状况的空间异质性进行分析：一是将土地生态状况视为一个整体系统，采用变异系数表征其整体空间变异程度；二是将土地生态状况分为不同等级，将每一等级视为一个子系统，分析特定地域范围各子系统的组合分布特征，采用集中性系数和均匀性系数进行度量。

变异系数又称为标准差系数，表示一组数据的变异程度。经济学中常采用考虑人口因素的加权变异系数表征经济发展的区域差异。本节引入加权变异系数，将行政区面积作为参考权重，对研究区各地市土地生态状况的空间变异程度进行定量化分析。

集中性系数表示不同土地生态等级空间分布的集中程度,包括集中度指数和优势度指数;均匀性系数表示不同土地生态等级空间分布的均匀程度,包括多样性指数和均衡度指数。

### 3.7.1.2　研究区土地生态状况的空间异质性

区域土地生态状况受气候、水文、土壤质地及人类活动等多重因素影响,其空间分布具有差异性。变异系数综合考虑标准差与平均值,能较好地度量数据的离散程度,从总体上表征土地生态状况空间分布的异质性特征。

基于土地生态综合指数及各准则层指数,以地级市为单元,分别计算土地生态状况的空间变异系数,结果如图 3-25 所示。比较土地生态综合状况及基础、结构、退化、建设保护四个层次土地生态状况的空间变异系数,发现建设保护层土地生态状况的空间变异程度最大,其次是结构层,基础层和退化层土地生态状况的空间变异程度较小。由于四个层面土地生态状况的相互抵消作用,土地生态综合状况的空间变异程度反而较小。

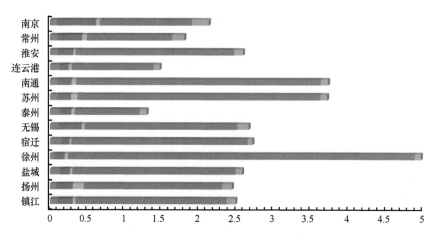

图 3-25　江苏省各市土地生态空间变异系数

从基础层土地生态状况来看,宿迁、盐城、连云港的空间变异系数较大,徐州的空间变异系数较小,而南京、常州、淮安、南通等九个地市的空间变异系数较为相似,差异不明显。从结构层土地生态状况来看,南京的空间变异系数最大,其次是常州和无锡。宿迁、徐州、盐城、连云港等苏北和苏中地区的空间变异系数较小,镇江、扬州、南通、苏州、泰州等市的空间变异系数居中。从退化层土地生态状况来看,扬州市的空间变异系数最大,其次是苏州,南通和常州的空间变异系数居第三位，其余市的空间变异系数则普遍较小。从建设保护层土地生态状况来看，各市的空间变异系数均较大，徐州的空间变异系数最大，其次是南通和苏州，泰州的空间变异系数最小，南京和常州的空间变异系数也较小，其余各市的空间变异系数处于中间水平，差异不大。

土地生态综合状况的空间变异系数表征土地生态状况的整体空间变异程度。其中，南京市的空间变异系数最大，说明南京市土地生态状况的空间异质性最强；其次是常州和无锡，淮安、连云港、南通、泰州等其余 10 个市的空间变异系数均较小，说明这些地区土地生态状况的空间异质性较弱。

根据土地生态综合指数，参考有关文献（李秀霞等，2011；刘凌冰等，2014），将研究区土地生态状况分为五个等级：理想级、良好级、一般级、较差级、恶劣级。分级标准如表 3-15 所示，各市不同土地生态等级的分布如表 3-16 所示。

表 3-15　土地生态等级分类标准

| 土地生态等级 | 综合指数取值区间 | 特征 |
|---|---|---|
| 恶劣级 | 0.2756～0.5542 | 土地生态环境脆弱，破坏严重，生态问题非常显著 |
| 较差级 | 0.5543～0.5899 | 土地生态环境较差，破坏较大，生态问题较为显著 |
| 一般级 | 0.5900～0.6307 | 土地生态环境一般，破坏不大，生态问题一般显著 |
| 良好级 | 0.6308～0.6769 | 土地生态环境较好，破坏较小，生态问题不太显著 |
| 理想级 | 0.6770～0.8143 | 土地生态环境良好，破坏轻微，生态问题不明显 |

表 3-16　不同土地生态等级的分布状况

| | 恶劣 | 较差 | 一般 | 良好 | 理想 |
|---|---|---|---|---|---|
| 常州市 | 29 | 18 | 14 | 6 | 0 |
| 淮安市 | 13 | 11 | 30 | 67 | 29 |
| 连云港市 | 4 | 3 | 16 | 36 | 56 |
| 南京市 | 50 | 13 | 13 | 31 | 0 |
| 南通市 | 41 | 67 | 39 | 5 | 0 |
| 苏州市 | 31 | 51 | 13 | 3 | 0 |
| 泰州市 | 22 | 47 | 34 | 18 | 0 |
| 无锡市 | 47 | 33 | 10 | 2 | 0 |
| 宿迁市 | 3 | 0 | 9 | 45 | 61 |
| 徐州市 | 2 | 3 | 4 | 4 | 130 |
| 盐城市 | 16 | 9 | 57 | 73 | 27 |
| 扬州市 | 29 | 28 | 37 | 10 | 0 |
| 镇江市 | 16 | 18 | 28 | 3 | 1 |

如表 3-16 所示，恶劣级土地生态状况类别中，南京所占比重最大，为16.50%；其次是无锡和南通，所占比重分别为 15.51%和 13.53%；连云港、宿迁、徐州三市所占比重最小，分别为 1.32%、0.99%和0.66%。较差级土地生态类别中，南通所占比重最大，为22.26%；其次是苏州，为 16.94%；宿迁和徐州所占比重最小，分别为 0 和 3%。一般级土地生态类别中，盐城所占比重最大，为18.75%；其次是南通，为 12.83%；所占比重最小的是徐州和宿迁，分别为1.32%和2.96%。良好级土地生态类别中，盐城所占比重最大，为24.09%；其次是淮安，为22.11%；无锡、苏州、镇江所占比重较小，分别为 0.66%、0.99%和0.99%。理想级土地生态类别中，徐州所占比重最大，为42.76%；其次是宿迁，为 20.07%；常州、南京、南通、苏州、泰州、无锡、扬州七个地市所占比重均为 0%。

综合来看，徐州、宿迁、淮安、连云港等苏北城市，理想级和良好级的土地生态状况类别分布较多，土地生态状况总体较好。南京、常州、无锡等苏南城市恶劣级和较差级土地生态类别分布较多，土地生态状况总体较差。扬州、南通、泰州等苏北城市一般级和较差级土地生态类别分布较多，土地生态状况处于中间水平。由此可见，土地生态状况的空间分布与区域经济发展水平存在某种程度的关联。

### 3.7.1.3　研究区不同土地生态等级的组合分布特征

基于系统论观点，区域土地生态状况可视为一个系统整体，而不同土地生态等级可视为各个子系统，多个子系统排列组合共同形成土地生态状况的空间分布格局。本研究借鉴景观生态学理论，采用集中性系数和均匀性系数，对研究区土地生态各子系统的组合分布特征进行定量化表征，揭示土地生态状况的空间分布格局。

上述已根据土地生态综合指数将土地生态状况分为 5 个等级，出于精细化表征的需要，在此基础上将每一个等级再细分为三个等级，分类结果如图 3-26所示。

以土地生态综合状况的等级分类为基础，分别计算各地市土地生态综合状况的集中度指数、优势度指数、多样性指数和均衡度指数，结果如图 3-27。

如图 3-27 所示，集中性系数和均匀性系数在数值上具有互补性，集中度指数和优势度指数都较高的地市，其多样性指数和均衡度指数通常较低。除徐州市外，各地市的均匀性系数都高于集中性系数，表明绝大部分地区不同土地生态等级的分布较为多样化。徐州市的集中度指数和优势度指数远远高于多样性指数和均衡度指数，结合前文分类结果来看，徐州市不同土地生态等级分布较为单一，土地生态状况总体上较为优良。集中度指数和优势度指数最高的是宿迁市，最小的是泰州市；多样性指数和均衡度指数最大的是泰州市，最小的是南京市。

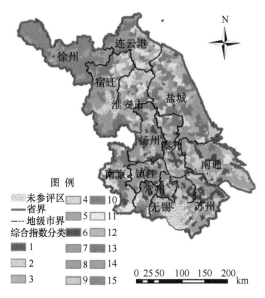

图 3-26　土地生态综合状况的等级分布

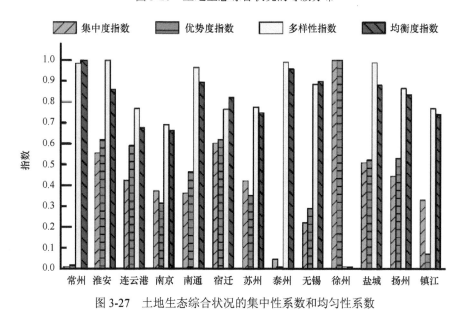

图 3-27　土地生态综合状况的集中性系数和均匀性系数

参照土地生态综合状况的等级分类，将各准则层土地生态状况也分为 15 个等级，分类结果如图 3-28 所示。以等级分类结果为基础，分别计算基础层、结构层、退化层和建设保护层土地生态状况的集中性系数和均匀性系数，结果如图 3-29。集中性系数和均匀性系数同样呈现出数值上互补的特征，集中度指数和优势度指数较高的地市，其多样性指数和均衡度指数都较低。

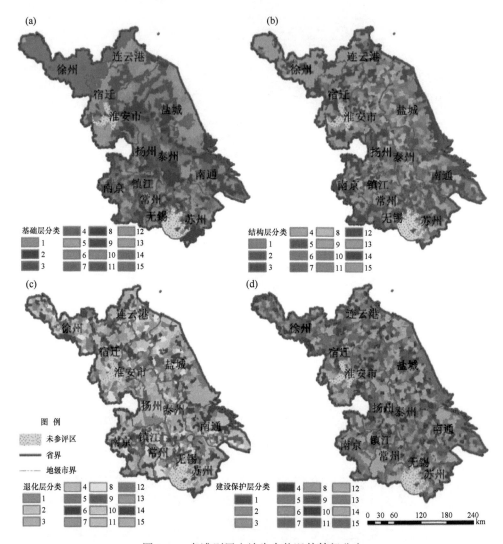

图 3-28　各准则层土地生态状况的等级分布

从基础层土地生态状况来看，徐州和连云港的集中性系数都高于均匀性系数，表明这两个地市土地生态等级的分布较集中，其余 12 个地市的集中性系数都低于均匀性系数，说明这些地市土地生态等级的组成较丰富，分布较多样化。集中度指数和优势度指数最高的是徐州市，最低的是南京市；多样性指数和均衡度指数最高的是镇江市，最低的是徐州市。

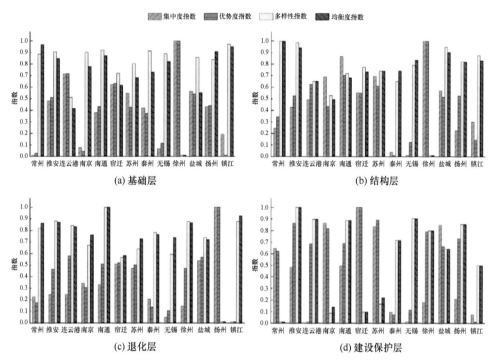

图 3-29　各准则层土地生态状况的集中性系数和均匀性系数

从结构层土地生态状况来看，常州、淮安、连云港、宿迁、苏州、泰州、无锡、盐城、扬州、镇江 10 个地市的均匀性系数都高于集中性系数，说明这些地市土地生态等级空间分布的均匀度较高，而其余三个地市的集中性系数都低于均匀性系数，说明这些地市土地生态等级的组成较为单一，空间分布较为集中。集中性系数最高的是徐州市，最低的是泰州市；均匀性系数最高的是常州市，最低的是徐州市。

从退化层土地生态状况来看，除扬州市外，其余 12 个地市的均匀性系数都高于集中性系数，说明江苏省绝大部分地市土地生态等级的空间组成呈多样化和均匀化。扬州市的集中性系数远高于均匀性系数，说明扬州市土地生态等级的组成较为单一，空间分布的集中趋势明显。集中度指数和优势度指数最高的是南通市，最低的是扬州市；多样性指数和均衡度指数最高的是扬州市，最低的是无锡市。

从建设保护层土地生态状况来看，常州、南京、宿迁、苏州、盐城 5 个地市的集中性系数高于均匀性系数，表明这 5 个地市土地生态等级的组成较为单一，空间分布具有集中性。淮安、连云港、南通等 8 个地市的集中性系数低于均匀性系数，表明这些地市的土地生态等级组成较为丰富，空间分局具有多样性和均匀性。集中性系数最高的是宿迁市，最低的是镇江市；均匀性系数最高的是淮安市，最低的是常州市。

### 3.7.2　土地生态状况的空间关联性

#### 3.7.2.1　空间关联性研究方法

地理学第一定律指出，事物的分布具有空间相关性，距离越近的事物越相似。本节采用全局空间自相关、局部空间自相关及增量空间自相关等分析方法，揭示研究区土地生态状况的空间关联性规律。

（1）全局空间自相关

全局空间自相关分析主要通过 Global Moran's I 来评估地理事物的空间自相关性，它同时考虑要素位置和要素的属性值，判定给定要素集是属于聚类分布、离散分布还是随机分布。

Global Moran's I 取值为[–1，1]。在给定显著性水平下，若 Global Moran's I 取值为正，则说明要素集呈显著的空间聚类分布，高值聚集在其他高值附近，低值聚集在其他低值附近，Global Moran's I 越接近 1，则空间聚类越明显。若 Global Moran's I 取值为负，则说明要素集呈显著的空间离散分布，高值与高值相互排斥，倾向于分布在低值附近，Global Moran's I 越接近–1，则空间离散分布越明显。当 Global Moran's I 取值接近期望值–1/（$n$–1）时，要素之间相互独立，表现出空间随机分布。

（2）增量空间自相关

增量空间自相关分析是全局空间自相关分析的延伸，它通过计算一系列增大距离内的 Moran's I 指数，测度一系列距离内要素的空间自相关性，表征各距离内的空间聚类程度。

（3）局部空间自相关

1）热点分析

热点分析模型通过计算要素集中每一个要素的 Getis-Ord Gi*，判别是否存在高值聚类或低值聚类，并对其位置进行识别。在给定显著性水平下，若 Getis-Ord Gi*为正，其值越大，说明要素集高值聚类越紧密；若 Getis-Ord Gi*为负，其值越小，说明要素集低值聚类越紧密。

2）Moran 散点图

Moran 散点图描述了变量 $z$ 与其空间滞后向量（$W_z$）之间的相关关系，横轴表示变量 $z$ 所有的观测值，纵轴表示空间滞后向量（$W_z$）的所有取值。每个要素观测值的空间滞后向量为该区域周围邻近要素观测值的加权平均，以标准化的空间权重矩阵来定义。Moran 散点图以平均值为轴的中心，将图分为 4 个象限，每个象限对应于不同的空间自相关类型。

右上象限：HH，表示区域自身及周围邻近要素的属性值都较高，要素空间差异较小；

左上象限：LH，表示该区域为低值被高值包围，低值要素与高值要素的空间差异较大；

左下象限：LL，表示该区域自身及周围邻近要素的属性值都较低，要素空间差异较小；

右下象限：HL，表示该区域为高值被低值包围，高值要素与低值要素的空间差异较大。

3）聚类和异常值识别

对于给定区域内的一组要素，可通过计算 Anselin Local Moran's I 指数及其 $z$ 得分，识别出具有统计显著性的高低值聚类和空间异常值。在给定显著性水平下，如果 $z_{I_i}$ 为一个较高的正值，则表示存在显著的空间聚类分布，空间自相关类型为 HH 或 LL；如果 $z_{I_i}$ 为一个较低的负值，则表示存在具有统计显著性的空间异常值，空间自相关类型为 HL 或 LH。识别显著性聚类或异常值常用的置信度为 95%。

### 3.7.2.2　研究区土地生态状况的总体空间关联性

土地生态状况的空间关联性表现为土地生态状况的空间分布特征及其对邻域的影响程度，可分解为总体空间关联性和局部空间关联性。本节采用全局自相关和增量自相关分析方法，对研究区土地生态状况的总体空间关联性进行描述，并揭示距离对空间关联性的影响程度。

（1）研究区土地生态状况的全局自相关性

研究区土地生态状况的 Global Moran's I 估计值如表 3-17 所示。江苏省土地生态状况存在显著的空间自相关性，说明越邻近的区域土地生态状况就越相似。土地生态综合状况的空间自相关性最高，Moran's I 指数为 0.9807；其次是土地生态的结构状况，Moran's I 指数为 0.9758；土地生态建设保护状况的空间自相关性最低，Moran's I 指数为 0.1026。

表 3-17　土地生态状况的 Global Moran's I 估计值

| 土地生态状况 | 综合 | 基底 | 结构 | 退化 | 建设保护 |
|---|---|---|---|---|---|
| Moran's I | 0.9807 | 0.7483 | 0.9758 | 0.5664 | 0.1026 |
| Z 值 | 171.2316 | 130.6759 | 170.4605 | 99.4929 | 18.9245 |
| P 值 | 0.0000 | 0.0000 | 0.0000 | 0.0000 | 0.0000 |

（2）研究区土地生态状况的增量自相关性

以距离为横坐标，$Z$ 值为纵坐标，绘制研究区土地生态状况的增量自相关图（图 3-30、图 3-31）。图中大圆点为具有统计显著性的距离峰值，表示促进空间聚类过程最明显的距离，可作为热点分析和聚类、异常值识别的参考距离半径。

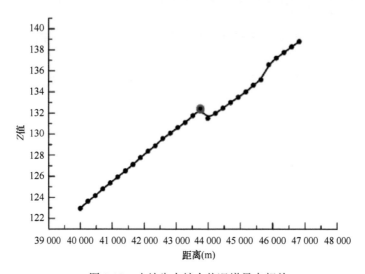

图 3-30　土地生态综合状况增量自相关

如图 3-30 所示，在增量距离为 235m 时，土地生态综合状况的增量自相关出现距离峰值，为 43760m，说明这一距离是促进土地生态综合状况空间聚类过程最明显的距离。如图 3-31 所示，在增量距离为 220m 时，基础层土地生态状况的增量自相关出现距离峰值，为 43740m；在增量距离为 250m 时，结构层土地生态状况的增量自相关出现距离峰值，为 43750m；在增量距离为 300m 时，退化层土地生态状况的增量自相关出现距离峰值，为 42700m；在增量距离为 270m 时，建设保护层土地生态状况的增量自相关出现距离峰值，为 41080m。总体来看，研究区土地生态综合状况及各准则层土地生态状况增量自相关的距离峰值虽有差异，但差别较小，距离峰值都在 42000m 左右波动，说明土地生态状况的空间聚类过程存在一致性和稳定性。

### 3.7.2.3　研究区土地生态状况的局部空间关联性

全局自相关分析和增量自相关分析虽能揭示土地生态状况的总体空间关联性特征，但不能识别空间聚类或异常值出现的具体位置，需借助局部自相关分析作进一步探索。

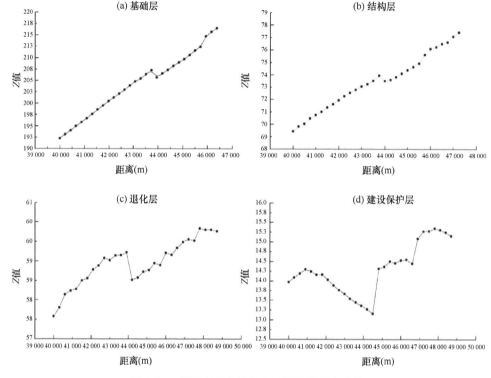

图 3-31　各准则层土地生态状况的增量自相关

（1）研究区土地生态状况的冷热点分析

通过对研究区土地生态综合状况及各准则层土地生态状况进行冷热点分析，得到土地生态冷热点分布图，如图 3-32、图 3-33，其中高值聚类为热点，低值聚类为冷点。由图 3-32 可见，土地生态综合状况的热点聚集在苏北地区的徐州、连云港、宿迁、淮安、盐城市，土地生态综合状况的冷点聚集在苏南地区的南京、常州、无锡、苏州、镇江等市及苏中的泰州、南通的部分区域。土地生态综合状况的空间分布与区域经济发展水平呈空间互补格局，经济发达地区的土地生态综合指数倾向于低值，经济欠发达地区的土地生态综合指数倾向于高值，这其中的内在影响机制值得进一步深入探索。

由图 3-33 可见，将土地生态状况分解为基础、结构、退化和建设保护四个准则层时，其空间分布规律出现一定程度的变化。基础层土地生态状况的空间分布与综合状况的空间分布具有一致性，但冷点有所扩大，热点有所减小。结构层土地生态状况的热点除聚集在苏北外，还增加了南京的南部地区，冷点进一步缩小，主要分布在南京、常州、苏州、扬州、南通等地。退化层土地生态状况的热点面

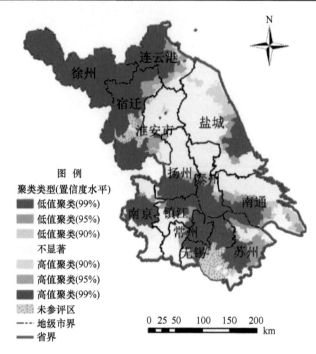

图 3-32　土地生态综合状况的热点分析

积较大，涵盖了苏北和苏中大部分地区，冷点主要集中在宁镇扬丘陵区和苏州的中西部。建设保护层土地生态状况的冷点不显著，热点主要分布在徐州和宿迁市。

（2）研究区土地生态状况的聚类和异常值识别

热点分析能反映要素空间分布的表面相似性，却无法反映要素空间分布的表面相异性。通过聚类和异常值分析，不仅能识别具有统计显著性的热点和冷点，还能识别空间异常值。

1）聚类和异常值的数量特征

通过计算 $Z$ 值及其空间滞后，绘制研究区土地生态综合状况的 Moran 散点图（图 3-34）。土地生态综合状况的 Moran 散点图中，位于 HH 象限的评估单元有 339 个，位于 LL 象限的评估单元有 380 个，说明有 719 个镇（街道）的土地生态综合状况属于空间聚类分布，表现出空间相似性；位于 HL 象限的评估单元有 28 个，位于 LH 象限的评估单元有 11 个，说明有 39 个镇（街道）的土地生态综合状况属于空间异常值，表现出空间相异性；有 757 个评估单元的 $Z$ 值未通过显著性检验，属于空间随机分布，既未表现出空间相似性也未表现出空间相异性。

将土地生态状况分解为基础、结构、退化和建设保护四个准则层，并分别绘制其 Moran 散点图（图 3-35），可发现土地生态空间聚类与空间异常值的数量表现出新的特征。

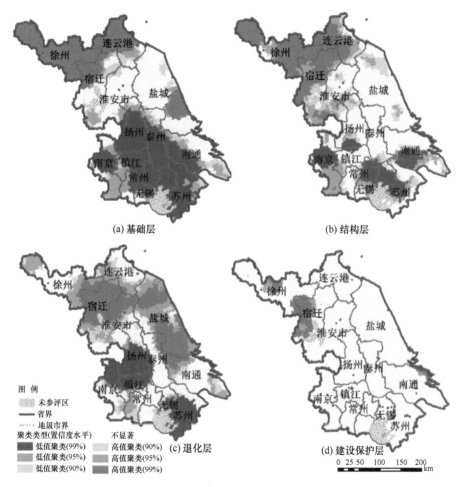

图 3-33　各准则层土地生态状况的热点分析

　　从基础层土地生态状况来看，位于 HH 象限的评估单元有 295 个，位于 LL 象限的评估单元有 613 个，说明有 908 个镇（街道）的基础层土地生态状况属于空间聚类分布，表现出空间相似性；位于 HL 象限的评估单元有 2 个，没有评估单元落在 LH 象限，说明仅有 2 个镇（街道）的土地生态基础层土地生态状况属于空间异常值，表现出空间相异性；未通过显著性检验的评估单元有 605 个，属于空间随机分布。

　　从结构层土地生态状况来看，位于 HH 象限的评估单元有 302 个，位于 LL 象限的评估单元有 258 个，说明有 560 个镇（街道）的结构层土地生态状况属于

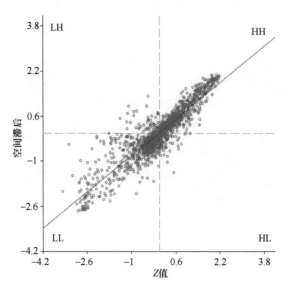

图 3-34　土地生态综合状况的 Moran 散点图

空间聚类分布，表现出空间相似性；位于 HL 象限的评估单元有 55 个，位于 LH 象限的评估单元有 12 个，说明有 67 个镇（街道）的结构层土地生态状况属于空间异常值，表现出空间相异性；未通过显著性检验的评估单元有 888 个，属于空间随机分布。

从退化层土地生态状况来看，位于 HH 象限的评估单元有 18 个，位于 LL 象限的评估单元有 137 个，说明有 155 个镇（街道）的退化层土地生态状况属于空间聚类分布，表现出空间相似性；位于 HL 象限的评估单元有 16 个，位于 LH 象限的评估单元有 17 个，说明有 33 个镇（街道）的退化层土地生态状况属于空间异常值，表现出空间相异性；未通过显著性检验的评估单元有 1327 个，属于空间随机分布。

从建设保护层土地生态状况来看，位于 HH 象限的评估单元有 25 个，没有评估单元落在 LL 象限，说明有 25 个镇（街道）的建设保护层土地生态状况属于空间聚类分布，表现出空间相似性；位于 LH 象限的评估单元有 8 个，位于 HL 象限的评估单元有 3 个，说明仅有 11 个镇（街道）的建设保护层土地生态状况属于空间异常值，表现出空间相异性；未通过显著性检验的评估单元有 1479 个，属于空间随机分布。

综合来看，基础层和结构层土地生态状况的空间聚类程度与综合状况的空间聚类程度相似度较高，表现出一致性；而退化层和建设保护层土地生态状况的空间聚类程度与综合状况的空间聚类程度相似度较低。

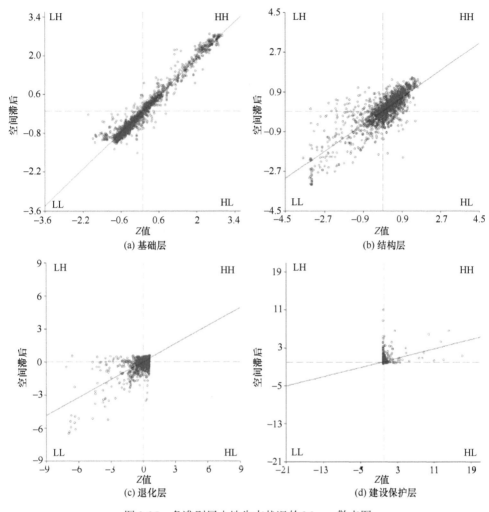

图 3-35　各准则层土地生态状况的 Moran 散点图

2）聚类和异常值的空间分布

由图 3-36 所示，土地生态综合指数的高值聚类区和低值聚类区的空间分布与上述热点分析所得结果基本一致，而低-高异常区和高-低异常区主要分布在南京市区周围及苏州部分地区。各准则层生态状况的空间聚类与异常值分布如图 3-37，高值聚类区和低值聚类区的空间分布与上述热点分析所得结果基本一致，而空间异常值分布与土地生态综合状况相比，表现出新的特征。从基础层土地生态状况来看，空间异常值较少，主要在南京市有零星分布；从结构层土地生态状况来看，低-高异常值较多，南京、苏州、常州、扬州、南通市都有分布，高-低异常值较少，主要分布在宿迁市西北部；从退化层土地生态状况来看，低-高异常值主要分布在扬州市和镇江市，高-低异常值主要分布在徐州市和南通市的边缘地区；从建设保护层土地生态状况来看，低-高异常值主要分布在宿迁市，高-低异常值主要分布在徐州市中部和边缘地区。综合来看，土地生态空间异常值主要分布在城市周围及边缘地区，说明土地生态状况存在城乡梯度规律，这与城乡二元经济结构的空间分布相契合，值得进一步深思。

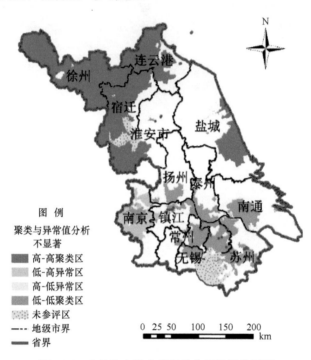

图 3-36　土地生态综合状况的空间异常值识别

### 3.7.3　土地生态状况的空间结构

#### 3.7.3.1　空间结构研究方法

空间变量的变异性可以理解为变量的属性在空间中随着位置的不同而发生变化。空间结构模型擅长抽象地表现地理事物和地理现象的整体特性以及整体与部分之间、局部与局部之间的有机联系。空间变异性可通过拟合空间结构模型进行定量化表征，半变异函数是最常用的空间模型，能较好地表现地理事物的空间结构。

（1）半变异函数模型

半变异函数模型描述了空间变量之间的互相关性，变量在空间上距离越远，相关性就越小。它是空间变量的距离与变异程度之间的函数关系。半变异函数既

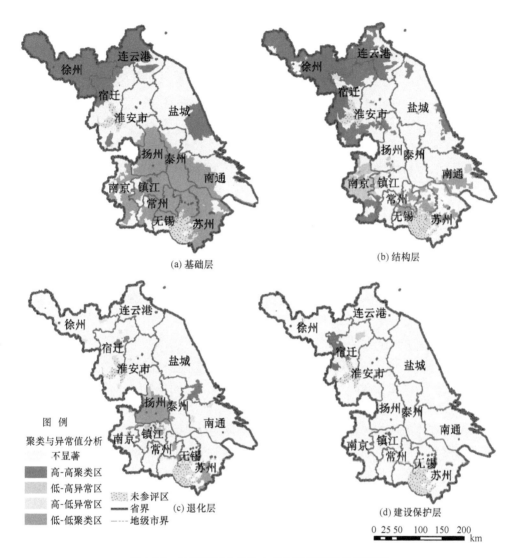

图 3-37　各准则层土地生态状况的空间异常值识别

能反映区域化变量的结构性变化，又能反映其随机性变化。

（2）半变异函数模型的参数

半变异函数的参数包括：变程（$a$）、块金值（$C_0$）、偏基台值（$C_1$）、基台值（$C_0+C_1$）和分维数（$D$）。

变程是半变异函数曲线达到基台值时的距离，表示空间自相关的尺度范围。若要素的距离在变程范围之内，则要素之间存在空间自相关，且随着距离的增大，空间自相关性逐渐减小；若要素的距离超出变程范围，则要素之间相互独立，空间自相关性消失。

块金值是半变异函数曲线在 $Y$ 轴上的截距，表示距离为零时的空间变异程度。它描述了数据在微观上的变异性，反映了区域化变量的随机性变化特征。

基台值是半变异函数 $\gamma(h)$ 随着距离 $h$ 的扩大而递增，从一个非零值逐渐达到的平稳值，表示最大的空间变异程度。基台值越高，表示区域化变量的空间异质性越强。偏基台值是基台值与块金值的差，表示区域化变量的结构性变异程度。

块金值与基台值的比例 $[C_0/(C_0+C_1)]$ 表示随机性变异占系统总变异的比例，比值越高，说明随机性变异影响系统总变异的程度越大；相反，该比值越低，说明结构性变异影响系统总变异的程度越大。

分维数（$D$）表示半变异函数的结构特性，其取值大小由变异程度 $\gamma(h)$ 和距离 $h$ 确定。

分维数取值越大，表明结构性因子引起的空间变异程度越高；分维数取值越小，表明随机性因子引起的空间变异程度越高，其值越接近 2，表明空间分布受结构性因素影响越大。

（3）不同方向的理论模型的套合

以上对于半变异函数理论模型及参数的讨论都是在空间变异性为各向同性的假设下进行的。在各向同性条件下，区域化变量的空间变异性在任何一个方向上都是一致的。然而实际中，各向异性的空间变异性是经常存在的。它是指空间变异程度受方向的影响，各个方向上的空间变异性不是完全相同的。拟合半变异函数理论模型，需要考虑各向异性因素，对不同方向的理论模型进行套合。

各向异性包括几何各向异性和带状各向异性，这里仅对几何各向异性的处理方法进行阐述。几何各向异性是指区域化变量沿着空间各个方向具有相同的拟合理论模型，各个模型的基台值相同，只是变程有所不同。

### 3.7.3.2 研究区土地生态状况的各向异性分析

土地生态状况的空间变异是各种因素在不同方向、不同尺度下共同作用的结果。由于受气候、地貌等地带性因素及经济发展水平等非地带性因素影响，土地生态状况在不同方向上往往存在差异，其空间变异程度受方向性影响。本研究以土地生态综合指数为数据基础，通过趋势分析和方向性分析，对土地生态状况空间变异的各向异性进行具体剖析，揭示方向性因素对土地生态状况空间变异的影响。

（1）研究区土地生态状况的趋势分析

沿经度方向和纬度方向分别对土地生态综合指数进行空间投影，获得研究区土地生态状况的空间分布趋势（图 3-38）。图中 X 轴表示经度方向，Y 轴表示纬度方向，Z 轴表示土地生态综合指数；红色点表示土地生态综合指数原始值，绿色点表示经度方向的空间投影，蓝色点表示纬度方向的空间投影；绿色线表示经度方向的拟合趋势线，蓝色线表示纬度方向的拟合趋势线。

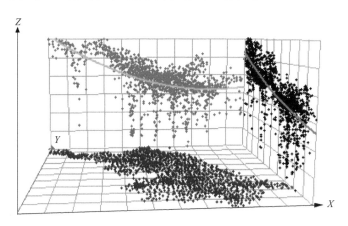

图 3-38　土地生态状况的趋势分析

由图 3-38 可以看出，江苏省土地生态综合指数总体上呈现出由西向东递减，由南向北递减的分布规律，即土地生态状况由西向东逐渐恶化，由北向南逐渐恶化。根据土地生态状况空间分布与经济发展水平及自然地理条件的契合程度，可将经度方向的分布规律命名为自然地带性规律，纬度方向的分布规律命名为经济梯度性规律。经度方向的拟合曲线斜率小于纬度方向的拟合曲线，说明经度方向土地生态状况的变化比较平缓，而纬度方向土地生态状况的变化比较剧烈，土地生态状况的空间变化存在各向异性。

（2）研究区土地生态状况的方向性分析　.

各向异性是土地生态状况空间变异性的重要特征。通过对比不同方向土地生态状况的变异函数散点图，可以发现方向性对土地生态状况空间变异程度的影响（图 3-39）。

由图 3-39 可见，在南-北、东-西、东北-西南、西北-东南四个主方向上，随着距离的增加，变异函数值渐趋增大，说明随着空间范围的扩大，土地生态状况的空间相关性逐渐减弱，空间异质性逐渐增强。四个方向的变异函数散点图在原点至 13 万 m 的范围内波状起伏，说明这一距离范围内的变异函数呈周期性变化，土地生态状况空间分布具有孔穴效应。

四个方向上变异函数的变化趋势总体相似，在原点附近呈抛物线形状，近似于高斯模型的结构特征，但各个方向的变程和分维数不同。从图 3-39 可

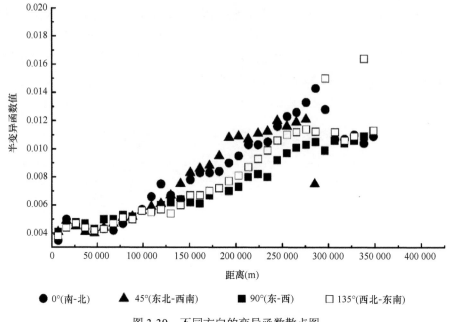

图 3-39　不同方向的变异函数散点图

以看出，南-北方向的变程为 300000m，东-西方向变程为 270000m，西北-东南方向变程为 200000m，东北-西南方向变程为 260000m。各个方向的分维数：南-北方向为 1.795，东-西方向为 1.857，东北-西南方向为 1.827，西北-东南方向为 1.805，说明各个方向上土地生态状况的空间变异均受结构性因素影响较大。

综上所述，各方向上土地生态状况变异函数的基台值相同，变化趋势都近似于高斯模型，但变程和分维数不同，说明土地生态状况的空间变异具有几何各向异性的特征，不同方向上土地生态状况的空间变化具有差异性。

### 3.7.3.3　研究区土地生态状况的空间结构模型

土地生态状况空间分布具有异质性，同时又存在空间自相关效应，且不同方向上空间自相关的影响程度不同。土地生态状况的空间分布受结构性因素和随机性因素的双重作用，可通过拟合空间结构模型来考察空间格局变化的内在机理。

（1）研究区土地生态状况的半变异函数拟合

变异函数拟合的前置条件之一是数据服从正态分布，否则可能会产生比例效应，影响变异函数的拟合精度。为降低比例效应，在进行变异函数拟合之前，对数据进行对数转换，使其符合正态分布。因土地生态状况空间分布存在几何各向异性，需通过线性变换将不同方向的变异函数模型进行套合，生成各向同性下的变异函数模型（图 3-40）。经不同理论模型的对比分析发现，最佳拟合模型为高斯模型，拟合参数如表 3-18 所示，决定系数 $R^2$ 为 0.9119，说明实际半变异函数模型与高斯模型的拟合结果良好。

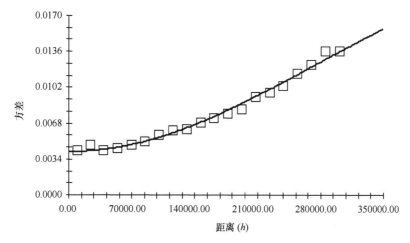

图 3-40　土地生态状况变异函数拟合曲线

**表 3-18　土地生态状况半变异函数模型拟合参数**

| 理论模型 | 块金值（$C_0$） | 基台值（$C_0+C_1$） | $C_0/$ （$C_0+C_1$） | 变程（$a$） | 分维数（$D$） | 决定系数（$R^2$） |
|---|---|---|---|---|---|---|
| 高斯模型 | 0.0041 | 0.0248 | 0.1653 | 385000m | 1.805 | 0.9119 |

　　块金值 $C_0$ 取值为 0.0041，说明在较小的距离范围内，土地生态状况空间变异程度较小，空间自相关性较强。基台值为 0.0248，代表了土地生态状况的最大空间变异程度，偏基台值为 0.0207，代表了随着距离的增加，土地生态状况空间变异的最大范围。变程为 385000m，说明在这一距离范围内，土地生态状况存在空间自相关性，距离越大，空间自相关性越弱，空间变异程度越高；达到这一距离时，土地生态状况空间自相关性最弱，空间变异程度最大；超出这一距离，土地生态状况空间自相关性消失，不同评估单元之间相互独立。块金值与基台值之比为 0.1653，说明随机性因素对土地生态状况空间变异的影响较小，结构性因素对土地生态状况空间变异的影响较大；分维数为 1.805，接近于 2，更进一步说明了土地生态状况结构性变异程度较高，随机性变异程度较低。虽然结构性因素（如气候、土壤、地形、景观格局等）对土地生态状况的空间变异起主导作用，但人类活动等随机因素对土地生态状况的影响依然不可小觑。

　　综合以上各参数值，可得到江苏省土地生态状况半变异函数拟合方程为

$$\gamma(h) = 0.0248 - 0.0207e^{-(h/385000)^2}$$

（2）基于半变异函数的空间插值分析

基于半变异函数拟合方程，采用克里格插值方法，得到研究区土地生态综合状况的三维分布图（图 3-41）。

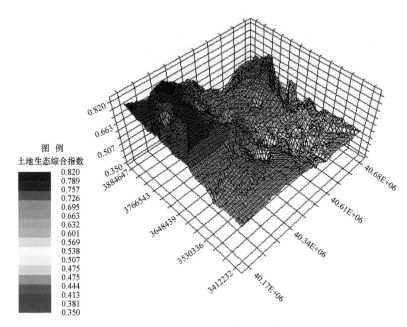

图 3-41　土地生态综合状况三维图

由图 3-41 可见，江苏省土地生态状况呈现出波状起伏的极化分布特征。土地生态综合指数的峰值出现在西北方向，对应地理位置为江苏省徐州和宿迁市，由西北向东南，土地生态综合指数逐渐走低，谷值出现在东南部，对应地理位置为苏州、无锡、常州和南京地区。除西北部峰值外，东北部土地生态综合指数也有小幅凸起，对应地理位置为连云港市。综合来看，江苏省土地生态状况空间分布为"两峰夹多谷"的整体态势，两峰分别位于江苏省东北部和西北部，多谷分散在苏南地区，包括无锡、南京、常州、苏州、镇江等地。

# 3.8　江苏省土地生态综合区划

## 3.8.1　土地生态区划的原则及方法

土地生态区划旨在为区域土地生态环境的管理和维护提供空间参考。遵循土地生态区划的基本原则是实现土地生态区划目标的前提，也是土地生态区划科学性与合理性的重要保障。

#### 3.8.1.1　土地生态区划的原则

土地生态区划应遵循的基本原则包括以下几个方面。

1）地域分异性原则。土地生态系统是由一系列生态子系统相互耦合组成，并且在空间分布上具有连续性的整体。由于气候、土壤、植被、地形地貌及人类活动干扰等不同因素影响，在其内部形成了相应的次级生态系统结构和生态功能分异，具有不同的生态过程机理，为人类提供不同的生态功能服务，表现出不同的生态敏感性和生态风险性，由此可划分为不同的土地生态区。因此，地域分异性原则是进行土地生态区划的基本原则。

2）分区互斥性原则。分区互斥性原则是指任何一个区划单元都只能被指定到唯一特定的生态区域，同一等级的土地生态分区相互独立，彼此之间不具有交集。区划对象都必须是个体的、独立的、不重复出现的，并且在空间上是完整的自然区域。土地生态区划分必须穷尽区域内所有的区划单元，以保证土地生态系统的完整性。分区互斥性保证了土地生态系统的连续性和完整性，是土地生态区划应遵循的基本原则。

3）求同存异原则。土地生态区划是人为的对土地生态系统进行结构和层级的划分，区划过程中应保证同一土地生态区的内部一致性和不同土地生态区的外部差异性。土地生态区内部具有相对同质性，其生态空间过程、生态服务功能及生态敏感度具有一致性和相似性。不同土地生态区之间具有异质性，彼此之间表现出相对独立性和完整性。求同存异原则有利于根据不同土地生态区的特点，因地制宜地开展有针对性的土地生态管理和维护工作，同时也有助于协调各区划单元之间的关系，使之相互支撑，相互补充。

#### 3.8.1.2　土地生态区划的方法

土地生态区划方法通常包括"自下而上"和"自上而下"两种思路。

"自下而上"的区划方法称为合并法，它从最小的区划单元开始，按照相似性和一致性原则，逐级向上进行合并和归类，最终将全部要素划分为几个不同的类别，同一类别内部存在较高的相似性，不同类别之间存在较大的差异性，一般的聚类分析方法都是按照"自下而上"的思路展开。

"自上而下"的区划方法称为分划法，它是根据人们已有的经验知识和对区域空间分异规律的了解，将大范围的区划单元逐级划分为小范围低一级的区划单元，并且保证同一生态区域内差异最小，不同生态区域内差异最大。

　　"自上而下"的区划方法具有灵活性和变通性，但一定程度上具有主观性，容易受到人为意愿的干扰。"自下而上"的区划方法具有客观性和规则性，但缺乏灵敏性和可控性，不能全面反映区划对象的现实状况。因此，本节采用"自下而上"与"自上而下"相结合的土地生态区划思路。划分法主要结合江苏省主体功能区划及土地生态状况空间分异规律开展，合并法主要依托基于最小跨度树的空间分组开展。

　　最小跨度树是一种空间聚类分组方法，它通过对要素施加空间约束条件，定义要素之间的相邻或相连，并通过构建连通图表现要素的空间关系。要素是最小跨度树中的节点，通过权重边进行连接，权重边反映要素之间的空间关系及要素属性的相似程度。在空间约束条件下，若要素相邻或相连，则存在权重边，要素之间越相似，边的权重就越大。生成最小跨度树后，基于组内差异最小、组间差异最大的原则对树的分支进行剪除，直至获得指定的组数。最小跨度树法可通过Calinski-Harabasz $F$ 统计量评估最佳分组数，$F$ 统计量越大，分组数越佳，其计算公式如下：

$$F=\frac{\dfrac{R^2}{n_c-1}}{\dfrac{1-R^2}{n-n_c}}$$

其中：

$$R^2=\frac{\text{SST}-\text{SSE}}{\text{SST}}$$

$$\text{SST}=\sum_{i=1}^{n_c}\sum_{j=1}^{n_i}\sum_{k=1}^{n_v}\left(v_{i,j}^k-\overline{v^k}\right)^2$$

$$\text{SSE}=\sum_{i=1}^{n_c}\sum_{j=1}^{n_i}\sum_{k=1}^{n_v}\left(v_{i,j}^k-\overline{v_i^k}\right)^2$$

式中，$n$ 表示要素的总数目；$i$ 表示要素的分组数目；$n_i$ 表示第 $i$ 组中要素的数目；$n_v$ 表示要素进行分组的变量数；$v_{i,j}^k$ 表示第 $i$ 组中第 $j$ 个要素的第 $k$ 个变量的值；$\overline{v^k}$ 表示第 $k$ 个变量的平均值；$\overline{v_i^k}$ 表示第 $i$ 组中第 $k$ 个变量的平均值。

### 3.8.2　研究区土地生态区划方案

　　根据研究区土地生态状况的空间分布特征，结合研究区行政区划图、地形地貌单元及主体功能区划，采用"自上而下"和"自下而上"相结合的方法，对研究区进行综合生态区划。共分为三级土地生态区：土地生态大区、土地生态亚区和土地生态小区。

### 3.8.2.1 一级土地生态大区的划分

依据研究区土地生态状况空间分异的经济梯度性规律，结合土地生态状况的热点分析结果，将研究区划分为三个土地生态大区，如图3-42所示。

图3-42 土地生态一级区划

纬度位置最高的土地生态大区，基本囊括了淮河以北的区域，将其命名为淮北土地生态大区，范围包括徐州市、宿迁市和连云港市的大部分。纬度位置居中的土地生态大区，基本都位于淮河以南、长江以北，将其命名为淮南土地生态大区，范围包括淮安市、盐城市，连云港的灌南县，扬州的宝应县、高邮县，泰州的兴化县、海陵区，南通的海安县、如东县。纬度位置最低的土地生态大区包括苏南地区的所有县市及苏中地区沿江的部分县市，将其命名为苏南沿江土地生态大区，范围包括南京市，镇江市，苏州市，无锡市，常州市，扬州的仪征市、江都市及市辖区，泰州的泰兴市、靖江市、姜堰市及高港区，南通的如皋市、海门市、启东市、通州市及市辖区。

土地生态大区编号如下：淮北土地生态大区（I），淮南土地生态大区（II），苏南沿江土地生态大区（III）。

### 3.8.2.2　二级土地生态亚区的划分

依据研究区土地生态状况空间分异的自然地带性规律,结合土地生态状况的热点分析结果(图3-43),将研究区划分为8个土地生态亚区,参考研究区地形地貌特征为土地生态亚区进行命名。

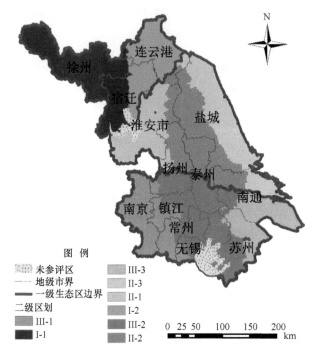

图 3-43　土地生态二级区划

淮北土地生态大区划分为 2 个土地生态亚区:徐州低山丘陵土地生态亚区(I-1)和连云港低山丘陵土地生态亚区(I-2)。徐州低山丘陵土地生态亚区的范围包括:徐州市,宿迁市辖区及泗洪县;连云港低山丘陵土地生态亚区的范围包括:宿迁沭阳县、泗阳县,连云港东海县、赣榆县、灌云县及市辖区。

淮南土地生态大区划分为 3 个土地生态亚区:运西湖区平原土地生态亚区(II-1)、里下河浅洼平原土地生态亚区(II-2)及苏北滨海平原土地生态亚区(II-3)。运西湖区平原土地生态亚区的范围包括:淮安市,扬州宝应县、高邮县的西部边缘地区;里下河浅洼平原土地生态亚区的范围包括:淮安涟水县、楚州区的东部,扬州宝应县和高邮县的大部分地区,连云港灌南县东部,盐城的阜宁县、建湖县、盐都区,泰州兴化市、海陵区,南通海安县;苏北滨海平原土地生态亚区的范围包括:连云港灌南县东部,盐城响水县、滨海县、射阳县、亭湖区、大丰市及东台市,南通如东县。

苏南沿江土地生态大区划分为 3 个土地生态亚区：宁镇扬丘陵土地生态亚区（III-1）、里下河太湖平原土地生态亚区（III-2）及新三角洲平原土地生态亚区（III-3）。宁镇扬丘陵土地生态亚区的范围包括：南京市，扬州仪征市，镇江句容市，常州金坛市、溧阳市，无锡宜兴市西部；里下河太湖平原土地生态亚区的范围包括：扬州市辖区、江都市，泰州泰兴市、靖江市、姜堰市及高港区，南通如皋市，镇江丹阳市、扬中市及市辖区，常州市辖区，无锡宜兴市部、江阴市及市辖区，苏州吴中区、虎丘区、工业园区及吴江区；新三角洲平原土地生态亚区的范围包括：南通市辖区及通州市、海门市、启东市，苏州相城区、太仓市、昆山市、常熟市、张家港市。

### 3.8.2.3　三级土地生态小区的划分

根据土地生态指数，将各个土地生态亚区的土地生态评估单元分别进行空间聚类分组，分组的结果作为土地生态小区的划分雏形。参考江苏省主体功能区划，对土地生态小区的边界进行适度调整，将自然保护区、风景名胜区、森林公园、重要饮用水水源地、重要湿地、清水通道维护区等单独圈出，作为保育类土地生态小区，以满足土地生态空间管护的需要。

土地生态小区空间分布如图 3-44 所示，名称及编号如表 3-19 所示。

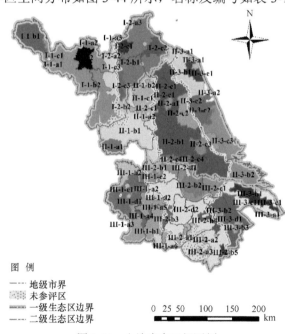

图 3-44　土地生态三级区划

### 3.8.3　不同类别土地生态区的建设与管理

土地生态区划的根本目的在于实施差别化的生态空间管护。依据土地生态区划方案，充分考虑不同土地生态区的同质性和异质性，因地制宜采取生态治理和环境保护措施，有利于促进人与自然和谐，实现区域可持续发展。

#### 3.8.3.1　生态保育类土地生态小区的空间管护

保育类土地生态小区包含饮用水源、清水通道、森林地质公园、风景名胜区和重要湿地等自然人文环境保护区，具有唯一性和不可替代性，一旦遭受破坏就难以恢复原状，其空间管护定位为严格控制人类活动对生态环境的干扰，强化生态环境保护和修复工作，维持并提升区域生态环境质量。

表 3-19　土地生态小区名称及编号

| 土地生态大区及编号 | 土地生态亚区及编号 | 土地生态小区及编号 |
|---|---|---|
| 淮北土地生态大区（I） | 徐州低山丘陵土地生态亚区（I-1） | 徐州自然景观禁止开发土地生态保育小区（I-1-a1） |
| | | 邳州风景名胜禁止开发土地生态保育小区（I-1-a2） |
| | | 东海饮用水源禁止开发土地生态保育小区（I-1-a3） |
| | | 徐州引导性开发土地生态恢复小区（I-1-c1） |
| | | 邳州引导性开发土地生态恢复小区（I-1-c2） |
| | | 新沂引导性开发土地生态恢复小区（I-1-c3） |
| | | 丰县沛县限制开发土地生态提升小区（I-1-b1） |
| | | 徐淮限制开发土地生态提升小区（I-1-b2） |
| | 连云港低山丘陵土地生态亚区（I-2） | 东海水源涵养禁止开发土地生态保育小区（I-2-a1） |
| | | 新沂清水通道禁止开发土地生态保育小区（I-2-a2） |
| | | 赣榆水库水源禁止开发土地生态保育小区（I-2-a3） |
| | | 东海引导性开发土地生态恢复小区（I-2-c1） |
| | | 连云引导性开发土地生态恢复小区（I-2-c2） |
| | | 泗阳引导性开发土地生态恢复小区（I-2-c3） |
| | | 连云港限制开发土地生态提升小区（I-2-b1） |
| | | 泗阳限制开发土地生态提升小区（I-2-b2） |

续表

| 土地生态大区及编号 | 土地生态亚区及编号 | 土地生态小区及编号 |
|---|---|---|
| 淮南土地生态大区（II） | 运西湖区平原土地生态亚区（II-1） | 盱眙森林资源禁止开发土地生态保育小区（II-1-a1） |
| | | 洪泽清水通道禁止开发土地生态保育小区（II-1-a2） |
| | | 涟水淮阴引导性开发土地生态恢复小区（II-1-c1） |
| | | 洪泽金湖限制开发土地生态提升小区（II-1-b1） |
| | | 涟水限制开发土地生态提升小区（II-1-b2） |
| | 里下河浅洼平原土地生态亚区（II-2） | 阜宁饮用水源禁止开发土地生态保育小区（II-2-a1） |
| | | 阜宁引导性开发土地生态恢复小区（II-2-c1） |
| | | 建湖亭湖引导性开发土地生态恢复小区（II-2-c2） |
| | | 东台引导性开发土地生态恢复小区（II-2-c3） |
| | | 姜堰引导性开发土地生态恢复小区（II-2-c4） |
| | | 高港优化开发土地生态建设小区（II-2-d1） |
| | | 泰州盐城限制开发土地生态提升小区（II-2-b1） |
| | 苏北滨海平原土地生态亚区（II-3） | 滨海湿地珍禽禁止开发土地生态保育小区（II-3-a1） |
| | | 射阳湿地水源禁止开发土地生态保育小区（II-3-a2） |
| | | 滨海引导性开发土地生态恢复小区（II-3-c1） |
| | | 射阳引导性开发土地生态恢复小区（II-3-c2） |
| | | 大丰引导性开发土地生态恢复小区（II-3-c3） |
| | | 响水滨海限制开发土地生态提升小区（II-3-b1） |
| | | 大丰东台限制开发土地生态提升小区（II-3-b2） |
| 苏南沿江土地生态大区（III） | 宁镇扬丘陵土地生态亚区（III-1） | 六合自然景观禁止开发土地生态保育小区（III-1-a1） |
| | | 栖霞自然景观禁止开发土地生态保育小区（III-1-a2） |
| | | 溧水风景名胜禁止开发土地生态保育小区（III-1-a3） |
| | | 溧阳自然景观禁止开发土地生态保育小区（III-1-a4） |
| | | 句容风景名胜禁止开发土地生态保育小区（III-1-a5） |
| | | 宜兴自然景观禁止开发土地生态保育小区（III-1-a6） |
| | | 浦口引导性开发土地生态恢复小区（III-1-c1） |
| | | 仪征引导性开发土地生态恢复小区（III-1-c2） |
| | | 南京优化开发土地生态建设小区（III-1-d1） |
| | | 丹徒优化开发土地生态建设小区（III-1-d2） |
| | | 溧水高淳限制开发土地生态提升小区（III-1-b1） |
| | | 六合限制开发土地生态提升小区（III-1-b2） |

续表

| 土地生态大区及编号 | 土地生态亚区及编号 | 土地生态小区及编号 |
|---|---|---|
| 苏南沿江<br>土地生态大区（III） | 里下河太湖平原<br>土地生态亚区（III-2） | 宜兴水源涵养禁止开发土地生态保育小区（III-2-a1） |
| | | 虎丘水源涵养禁止开发土地生态保育小区（III-2-a2） |
| | | 吴中水源涵养禁止开发土地生态保育小区（III-2-a3） |
| | | 泰州引导性开发土地生态恢复小区（III-2-c1） |
| | | 扬中优化开发土地生态建设小区（III-2-d1） |
| | | 苏锡常优化开发土地生态建设小区（III-2-d2） |
| | | 仪征限制开发土地生态提升小区（III-2-b1） |
| | | 泰兴限制开发土地生态提升小区（III-2-b2） |
| | | 金坛限制开发土地生态提升小区（III-2-b3） |
| | | 锡山限制开发土地生态提升小区（III-2-b4） |
| | | 吴江限制开发土地生态提升小区（III-2-b5） |
| | 新三角洲平原<br>土地生态亚区（III-3） | 启东滨海湿地禁止开发土地生态保育小区（III-3-a1） |
| | | 南通引导性开发土地生态恢复小区（III-3-c1） |
| | | 常熟昆山优化开发土地生态建设小区（III-3-d1） |
| | | 启东海门限制开发土地生态提升小区（III-3-b1） |
| | | 常熟限制开发土地生态提升小区（III-3-b2） |
| | | 太仓限制开发土地生态提升小区（III-3-b3） |

按照法律法规及相关规划的要求，在保育类土地生态小区内实施严格的强制性保护措施。禁止一切不符合区域功能定位的开发活动，对于交通运输、电力传送等公益性基础工程，需要进行科学的评价和论证，并在符合相关规划的前提下开工建设。

严格监测饮用水源保护区内污水排放情况，对于不符合净化标准的排污管道进行封锁，并对相关单位进行警告和处罚，严禁向水体内排放污染物，保护重要水源地生态环境。森林地质公园、重要湿地等自然保护区实施核心区与缓冲区分类管理，建立生态缓冲廊道，减少外界因素对核心保护区生态环境的干扰，重点保护自然保护区内的生物多样性和生态系统多样性，维持自然景观的原始性，提升水源涵养功能。风景名胜区做好垃圾处理和污水治理工作，根据景区承载力实施弹性管理，保护景区内部生态环境，维持景区的完整性和原真性。

### 3.8.3.2　生态提升类土地生态小区的空间管护

提升类土地生态小区涵盖全省主要的农产品产区，担负保障全省粮食安全的重任。土地生态质量对全省食品安全具有直接影响,其空间管护定位为加快发展现代农业,推进工业集中布局,严格控制新增建设用地,适度增加农用地和生态用地。

在区域农业发展方面,需提高区域农业生产力,推进农产品深加工,提高农产品附加价值;积极推广生态农业,促进农业产业化发展,建立生态农业示范园区、农产品加工集聚区,疏通农产品流通渠道;充分发挥科技创新对农业发展的驱动作用,加强新技术、新品种的应用和推广;稳定基本农田面积,加强水利、道路等基础设施建设,通过土地整理推进农田集中连片,提高农业发展规模建设保护。

在区域土地利用方面,需调整土地利用空间结构,加强农村新型社区建设,引导农民集中居住,提高农村居民点集聚度,节省建设用地空间;加强农村基础配套设施建设,对农村生态环境开展综合整治,提升农民生活质量,保护农村生态环境。实施工业区集聚点状开发,促进工业区搬迁、集中、整合,减少污染型企业,保留污染小、建设保护高、基础好的工业开发区。控制新增建设用地增长,优先保障居民点和工业集聚区用地,适度增加农业用地和生态用地。

### 3.8.3.3　生态恢复类土地生态小区的空间管护

恢复类土地生态小区涵盖江苏省最具经济社会发展潜力的地区,土地生态状况较差,在推进经济发展和城镇化的过程中,需注重生态环境的保护与恢复。其空间管护定位为加快推进工业化和城市化进程,控制农业用地过度流失,稳步增加建设用地,保证基本农田面积,维持土地生态状况稳定。

在经济社会发展方面,需加快产业升级,推进城镇化进程;充分发挥科技创新的作用,利用高新技术和现代信息技术对传统产业进行改造升级,淘汰高耗能低产出的落后产业,积极发展新兴产业;加强对海洋资源的开发力度,提高海洋产业的科技含量和附加值;推进现代物流、创意产业和科技产业的发展,提升服务业发展水平,促进第二、三产业的互动并进。

生态环境保护方面,加强环境治理与生态恢复工作;在已有的城镇建成区,建立生态隔离带或生态廊道,净化过滤城镇污染;在农村地区,推广畜禽粪便的清洁无害化处理和回收再利用技术,控制农药和化肥施用量,减少农村面源污染;在海岸带、河流及水源地建设水土保持林和防风林,既涵养水源,又能滞留入海和入河污染物;强化采矿区地质灾害防治工作,对矿坑实行填埋、复垦、再利用,增加裸露地表的植被覆盖度,降低矿区用地损毁率。

### 3.8.3.4　生态建设类土地生态小区的空间管护

建设类土地生态小区涵盖江苏省经济最发达的地区,因开发早建设快,土地生态环境受到严重破坏，在优化发展的同时，需加强土地生态环境建设工作。其空间管护定位为促进产业升级，优化土地资源空间配置，适度增加建设用地，提升土地利用集约度水平，保证基本农田不减少，土地生态状况基本稳定。

经济社会发展方面，优化产业结构，优化人口城市布局，优化土地资源空间配置；推动发展高端、高效、高附加值产业，鼓励自主知识产权的研发和自有品牌建设，提升产业竞争软实力；积极发展特色农业、设施农业，推进农业技术智能化、精准化，在都市郊区建设蔬果、花卉和畜禽养殖基地，发展观光休闲农业，满足城市居民多元化需求；增强人口集聚功能，加强南京和苏锡常都市圈建设，发挥中心城市带动作用；控制建设用地增量，盘活后备资源存量，促进土地集约高效利用，保证基本农田面积不减少，控制生态用地数量基本稳定。

生态环境建设方面，加强生态修复，优化生态系统空间格局；改善城市人居环境，增加城市绿色空间与水体覆盖度，减轻城市热岛效应；建立城市通风廊道，构建城市开敞空间，促进城市污染物扩散，减轻城市大气环境污染；控制城市废气废水的排放，严格执行废气废水净化标准，加强对工厂及居民小区污染物排放的监测与治理，推广机动车废气处理装置，减轻汽车尾气污染；加强太湖流域和长江流域的生态环境保护与建设，重点治理非点源污染与水体富营养化，提高水域环境质量，保证用水安全。

# 3.9　成果应用与政策建议

## 3.9.1　成果应用建议

（1）为后续土地生态状况调查与评估奠定基础

本研究作为长三角经济发达地区土地生态状况调查与评估项目的一个重要组成部分，经过试点及江苏全省普查，对调查及评估的内容、方法和手段等进一步补充完善，摸清了江苏省土地生态状况，并建立了土地生态状况调查与评估数据库及制图标准。通过"多指标集合度量法"的构建及以高分辨率遥感影像，土地利用变更调查、第二次全国土地资源调查、地球化学调查、农用地分等定级等数据、"3S"技术的使用等，加强和丰富了调查及评估的内容，为后续开展大规模、多时空尺度的土地生态状况调查与评估奠定了坚实的理论、技术与实证基础。

（2）构建区域土地生态状况图谱，推进生态文明制度建设

土地资源是承载一切人类活动的基础。由于土地资源及其生态承载能力的有限性，对于区域的土地资源不可能无限制地开发和利用。土地生态价值研究成果虽然颇为丰硕，但系统探索土地资源生态状况的调查与评估在国内尚属空白，

未能建立一套行之有效且较为完整的土地资源生态状况图谱。本研究的实施,有效地填补了江苏省这一空白,对江苏省区域生态质量、障碍因子等关键生态问题都建立起定量化表征及分析的图谱,并补充和完善了相关调查与评估方法,为今后国土生态安全的保护与管理提供了理论研究和实证基础。

作为我国经济发展水平最发达的地区之一,江苏省已经成为全面推进现代化建设的重点地区。江苏省关于城乡现代化建设、生态文明建设等都有了详细规划。同时,十八届三中全会所通过的《中共中央关于全面深化改革若干重大问题的决定》专章提到了我国要加快生态文明制度建设,亦为今后生态和谐发展指明了方向。本研究的调查结果,较清楚地摸清了江苏省土地生态状况,并以图表、数据的形式实现定量化描述。该结果对于全面把握江苏省土地生态基本情况,为现代化建设制订相应的政策提供了可靠依据,为推进江苏省生态文明制度建设提供了坚实力量。

(3)实现区域土地生态状况动态监控与管理

本研究评估结果全面地反映了区域土地生态状况,并建立了数据库统一管理,能够实现特定时间段内进行数据更新与维护及自动化计算分析,从而实现了区域土地生态状况的动态监控与管理。同时由于多指标的特性,使得数据能够实现及时更新,既可以实现综合的监控与管理,也可以对特定的障碍因子及关键因子进行跟踪监控,为今后及时了解土地生态状况,制订土地生态管护政策及风险应急预案等提供数据基础。

(4)为城乡一体化及产业时空布局提供参考依据

随着土地资源可开发数量的减少及土地利用中生态安全问题的日益突出,土地利用特别是建设用地的布局与使用是今后经济发达地区必须面对并妥善解决的问题。江苏省是我国城镇化建设最快地区之一,城乡发展既取得了耀眼成绩,又存在诸多矛盾。在新型城镇化发展思路下,如何有效推进城乡一体化建设,促进节约集约效率的进一步提高及人口、产业的不断转移优化,如何在有效保护土地生态安全的前提下协调好建设用地和三次产业的时空布局是今后必须面对的重大问题。本课题的评估结果清晰地揭示出江苏省土地生态空间格局,可以为解决这些问题提供科学的参考依据。

(5)为耕地保护及基本农田划定提供依据

党的"十八大"报告中提出了"四化同步"的要求,土地生态状况调查与评估及其数据库的建设,为江苏省工业化、城镇化、信息化及农业现代化同步推进创造了契机。特别是在江苏这样一个人多地少,人地矛盾突出的地区,土地资源数量-质量-生态的三位一体的协调统筹保护显得更加重要,此间,又以耕地资源及基本农田保护问题最为突出。作为最重要的农用地资源以及城乡发展过程中矛盾聚焦点的耕地资源,如何协调好耕地资源布局,将优质耕地加以妥善保护是必须面对的一个重大科学问题。同时在耕地资源保护中还要进一步划定基本农田,确保其数量不改变、质量有提高、布局总体稳定。土地生态状况调查与评估的结果,系统地反映了土地生态状况及其空间分布,为做好耕地保护及基本农田划定提供了强有力的科学支撑。

(6)为保障粮食及食品安全提供依据

随着我国粮食产量实现"九连增",粮食安全已经由数量安全向数量-质量安全并重转变,而其他农产品的安全也已经成为社会关注的焦点。因此,作为生产各种农产品的土地,其生态质量是否足以支撑粮食及食品安全的生产需求,应该如何进行生产的协调与布局是必须面对的一个重大问题。土地生态状况的调查与评估,清晰准确地反映了土地生态状况及其障碍因子,特别是土壤污染、水体污染等因素的空间分布及其影响程度,对于保障粮食及食品安全生产具有积极意义。一方面应该基于调查及评估成果,做好绿色食品、生态食品、有机食品等安全食品生产的布局工作;另一方面,则应该根据区域障碍因子的实际情况,做好土地生态修复工作,保障区域土地生态安全。

### 3.9.2 政策建议

(1)将调查与评估成果积极应用到区域土地利用政策制定之中

"十八大"党中央提出构建"美丽中国"的宏伟梦想,十八届三中全会进一步明确提出要加快生态文明制度建设,而土地生态状况的调查与评估,正是推进这一梦想落到实处的创新之举。土地生态状况调查与评估是国土资源大调查的一项重要工作之一,其结果对于土地利用及土地政策的制订与执行都有着深刻的指导意义。通过对江苏省的调查与评估,能够清晰地了解江苏省 13 个地级市社会经济发展对土地资源利用带来的各种生态影响,并剖析出各地区土地生态状况的障碍性因子及其与自然社会的相关关系。土地生态状况的调查与评估结果较全面地解释了土地利用与生态环境的关系及其时空分布规律,建议今后的各项土地利用政策在制定中,积极参考本研究结果,综合考虑社会经济发展与土地生态状况的关系,做好产业发展与用地布局调整,协调人地关系,实现土地管理从数量管理向数量-质量-生态并重管理的方向转变。

(2)建立动态监测机制及风险应急预案

调查与评估体系及数据库的建立,构建了一套行之有效的监测与评估方法,能够及时准确地了解土地生态状况。本章建立了一套江苏省土地生态状况的基础数据,建议在研究成果基础上,进一步构建土地生态状况动态监测机制,通过对调查指标数据的及时更新及评估结果的自动化处理,实现对江苏省土地生态状况的动态监测。调查与评估的结果揭示了各县（市）土地生态中存在的主要问题，随着经济社会发展及土地资源的开发利用，势必会增加土地生态状况进一步恶化的风险，因此建议建立一套土地生态状况风险应急预案，对可能出现的生态问题及应采取的措施预先进行设计与考虑，做到"及时监控、及时分析、及时防范、及时处理"，保障土地生态安全。

（3）适时开展土地生态保护与修复工作

调查评估结果表明，各县（市）土地生态状况存在各自的优势与不足，若对土地生态缺乏行之有效的管理，则随着社会经济发展及人口的进一步增加，势必导致土地生态状况进一步破坏和恶化。建议在土地生态状况调查与评价基础上，以县为单位，进行土地生态优势与生态不足的分析，根据区域发展目标，适时地进行生态优势指标的保护与土地生态障碍因子修复。同时在土地生态动态监测基础上，可以考虑建立土地生态功能占用的经济补偿机制，并将补偿款项运用到生态修复之中，实现区域内土地生态状况的动态平衡。

# 3.10　结论与建议

本研究从土地生态功能和土地利用/土地覆盖变化反映的生态环境变化出发，采用文献频次分析等数理统计方法和综合分析方法，通过咨询专家，借鉴已有研究成果，基于土地利用/土地覆被因子、土壤因子、植被因子、地貌与气候因子、土地污染损毁与退化状况、生态建设状况等土地生态状况基础性调查指标，以及区域性调查指标等方面，构建了一套"多指标集合度量法"模型的土地生态状况调查指标体系，对原有调查的指标体系进行了补充与完善，并在该体系下，完成了一套集成多数据、多手段的调查方法和技术规范。在此基础上，进一步结合江苏省的实际，对数据收集获取、评估栅格选取等基础性工作进行了探索与尝试，并对相关数据进行了整合和入库，建立了江苏省区土地生态状况调查与评估数据库。以县（市）为主要单位，建立土地生态状况指标调查评估中的现状数据集与变化数据集，实现了对调查数据的信息化、系统化管理。同时，本研究从"基础-结构-退化-建设保护"四个层面构建土地生态评价指标体系，融合遥感、DEM、气象监测和土地利用等多源数据，对研究区土地生态状况进行综合评价，获取了土地生态评价结果。然后，在此基础上探索研究区土地生态状况的空间异质性、空间关联性和空间结构特征。最后，结合主体功能区划进行土地生态综合区划，因地制宜提出空间管护建议，以期为江苏省土地生态的空间分区建设与管理提供理论参考。研究结论如下：

1）在土地生态状况调查的基础上，制订了城镇和区域两套土地生态状况质量综合评估指标体系，并构建基于主观赋和客观赋权相结合的综合权重确定方法。同时在相关研究支撑基础上，建立了评估尺度选取、土地生态综合评估及障碍因子诊断等方法。评估结果显示，江苏省调查区 13 个地级市土地生态状况基础性指标分值介于 0.00～0.1487 之间，空间分布上呈现明显的东西向条带状分布特征，江苏省中北部和南端形成两条东西向的高值条带区域，两条高值区域之间形成东西向的低值条带区域。土地生态状况结构性指标分值介于 0.00～0.2533 之间，空间分布呈现以各县市主城区为中心形成多个低值中心，向外辐射增加的规律。无污染高等级耕地比例指数范围为 0.00～99.50%之间，空间分布呈现出明显的规律性，各县市呈现相似的规律，主城区形成低值中心，向四周辐射增加。

2）江苏省土地生态状况障碍因子共四大类，分别是城镇建设用地比例、无污染高等级耕地比例、土壤综合污染指数和生态基础设施用地比例。其中，主控障碍因子为城镇建设用地比例的行政村有 11104 个，其平均障碍度为 0.2271；主控障碍因子为无污染高等级比例的行政村有 4404 个，其平均障碍度为 0.2092；主控障碍因子为土壤综合污染指数的行政村 3909 个，其平均障碍度为 0.1729；主控障碍因子为生态基础设施用地比例的行政村仅 1865 个，其平均障碍度为 0.1539。在各项主控障碍因子中，平均障碍度最大的是城镇建设用地比例，表明江苏省该主控障碍因子的实际值与理想值偏离程度最大，该项因子对土地生态状况带来的负面效应最大，应采取措施降低该项主控因子对土地生态状况造成的负面影响。

3）土地生态状况综合评估显示，江苏省的土地生态状况量综合指数范围为 0.0375～0.7073，平均值为 0.3891±0.0743，空间上总体呈现北高南低的规律，存在多个高值区域向外辐射减少和多个低值中心向外辐射增加。江苏省土地生态状况综合指数主要集中在最高值（0.5349～0.7073）、中间值（0.3622～0.4547）和较低值（0.2516～0.3622）三个区间，这三个区间占江苏省面积的 78%。其中，中间值区间分布面积最大，占江苏省面积的 34%，最高值和较低值分布面积较少，分别占江苏面积的 26%和 18%。最低值区间主要分布在连云港市南部，盐城市北部，镇江、常州、无锡、苏州、南通的城区周围，说明这些地区的土地生态综合状况较差，亟须加强生态建设与保护工作。

4）研究区土地生态状况存在明显的空间异质性。不同地市、不同评价层面的土地生态状况空间变异性存在差异，土地生态等级的空间组合分布存在区域差异性。从土地生态综合状况的空间变异性来看，南京市的变异系数较大，宿迁市的变异系数较小；从基础层的空间变异性来看，宿迁市的变异系数较大，徐州市的变异系数较小；从结构层的空间变异性来看，南京市的变异系数较大，宿迁市的变异系数较小；从退化层的空间变异性来看，扬州市的变异系数较大，淮安市的变异系数较小；从建设保护层的空间变异性来看，徐州市的变异系数较大，泰州市的变异系数较小。将土地生态状况进行等级分类，通过集中性系数和均匀性系数反映土地生态等级的空间组合分布特征：从土地生态综合状况来看，除徐州外，江苏省大部分地区土地生态等级的空间分布较为多样化；从基础层来看，徐州市和连云港市土地生态等级的空间分布较为集中，其余市较为均匀；从结构层来看，徐州、南通、南京 3 个市土地生态等级空间分布较为均匀，其余地市较为集中；从退化层来看，除扬州市外，其余市土地生态等级的空间分布都呈现出多样化和均匀化；从建设保护层来看，常州、南京、宿迁、苏州、盐城 5 个市土地生态等级空间分布较为集中，其余地区较为均匀。

5）研究区土地生态状况的空间分布具有显著的空间自相关性。不同评价层面土地生态状况的空间自相关程度存在差异，土地生态空间分布存在显著的冷点和热点。通过全局自相关分析发现，土地生态综合状况表现出最强的空间自相关性，建设保护层土地生态状况的空间自相关性最弱。通过增量自相关分析发现，土地生态综合状况的距离峰值为 43760m，基础层土地生态状况的距离峰值为 43740m，结构层土地生态状况的距离峰值为 43750m，退化层土地生态状况的距离峰值为 42700m，建设保护层土地生态状况的距离峰值为 41080m。通过局部空间自相关分析发现，土地生态状况空间分布存在显著的冷热点，土地生态的热点聚集在苏北，土地生态的冷点聚集在苏南。基础层和结构层土地生态状况的空间聚类与综合状况具有一致性，退化层和建设保护层土地生态状况的空间聚类与综合状况具有差异性。土地生态的低高和高低异常值主要分布在市区周围，揭示出土地生态状况空间分布可能存在城乡差异。

6）研究区土地生态状况的空间分布存在经济梯度规律和自然地带规律。土地生态状况的空间变异具有明显的几何各向异性，空间结构最佳拟合模型为高斯模型。研究区土地生态综合指数呈现出由西向东递减，由北向南递减的趋势，东西方向土地生态状况变化较为平缓，南北方向土地生态状况变化较为剧烈。在东-西、南-北、东北-西南、西北-东南四个主要方向上，土地生态状况的基台值相同，变化趋势相近，但分维数不同，变程也不同，说明土地生态状况空间变异具有明显的几何各向异性。土地生态空间结构的最佳拟合模型为高斯模型，拟合方程为 $\gamma(h) = 0.0248 - 0.0207e^{-(h/385000)^2}$，基台值为 0.0248，变程为 385000m，块金值与基台值之比为 0.1653，分维数为 1.805，说明土地生态状况的结构性变异程度较大，随机性变异程度较小。

7）根据土地生态状况空间分异规律，结合江苏省行政区划、地形地貌单元及主体功能区划，采用"自下而上"和"自上而下"相结合的方法，将江苏省土地生态单元进行三级区划，划分为土地生态大区、土地生态亚区及土地生态小区。

一级土地生态区划包括：淮北土地生态大区，淮南土地生态大区和苏南沿江土地生态大区；二级土地生态区划包括：徐州低山丘陵土地生态亚区，连云港低山丘陵土地生态亚区，运西湖区平原土地生态亚区，里下河浅洼平原土地生态亚区，苏北滨海平原土地生态亚区，宁镇扬丘陵土地生态亚区，里下河太湖平原土地生态亚区，新三角洲平原土地生态亚区；三级土地生态小区有 64 个，按照主要管护方向可分为四类：土地生态保育类小区、土地生态提升类小区、土地生态恢复类小区和土地生态建设类小区。基于土地生态区划方案，结合区域实际情况，从经济发展、农业生产、土地资源优化配置和生态环境保护等方面，因地制宜地提出区域土地生态管护建议。

# 第4章 西南山区生态敏感区土地生态状况调查与评估

## 4.1 引　　言

西南山区生态敏感区地处我国长江上游,地形地质条件十分复杂,山多坡陡,沟壑频繁,植被稀疏,水土流失严重,是我国滑坡、崩塌、泥石流等地质灾害多发区。因此,开展西南山区生态敏感区土地生态状况调查与评估研究,对我国长江流域、珠江流域生态安全与否起着至关重要的作用,对实现土地利用与生态环境的协调发展,实现人与自然的和谐,实现土地资源乃至整个区域社会经济持续健康发展,构建和谐社会具有重要的意义。研究成果可以为土地利用和规划、三峡库区土地生态安全建设提供科学依据。

通过开展西南山区生态敏感区土地生态状况与评估数据收集采样工作,掌握该区域准确、翔实的土地生态状况信息,构建西南山区生态敏感区土地生态状况调查与评估指标体系和技术体系,为保护该区域土地生态环境、提升土地质量、确保粮食安全、优化农业布局、服务城乡建设提供基础信息,为全面推进土地资源管护模式转变、切实提升区域生态安全保障能力提供决策参考。

## 4.2　研究区概况

### 4.2.1　地理位置与行政区划

重庆市地处我国西南、四川盆地东部、长江上游,东经105°17′～110°11′、北纬28°10′～32°13′,东邻湖北省、湖南省,南接贵州省,西靠四川省,北连陕西省,辖区面积8.24万 km²,南北长450km,东西宽470km。地形从南、北向长江河谷倾斜,起伏较大,西北部和中部以丘陵、低山为主,而大巴山、巫山、七曜山和武陵山则位于东部及东南部。

1997年3月建立直辖市后,重庆市所属区、市、县共40个,2006年,全市共19个市辖区、21个县,包括渝中区、大渡口区、江北区、沙坪坝区、九龙坡区、南岸区、北碚区、万盛区、双桥区、渝北区、巴南区、江津区、合川区、永川区、长寿区、涪陵区、南川区、黔江区、万州区、綦江县、潼南县、铜梁县、大足县、荣昌县、璧山县、开县、忠县、梁平县、云阳县、奉节县、巫山县、巫溪县、城口县、垫江县、武隆县、丰都县、石柱县、彭水县、酉阳县、秀山县。

### 4.2.2　自然区域特征

重庆地处四川盆地东南丘陵山地区，市域内存在多个构造体系：新华夏构造体系的渝东南川鄂湘黔隆褶带，渝西川中褶带，渝中川东褶带，经向构造的渝南川黔南北构造带和渝东北大巴山弧形褶皱断裂带等。各构造体系由不同的岩层组合，差异性很大的构造特征和发生、发育规律，塑造了复杂多样的地貌形态。

三峡重庆库区位于长江上游下段，东起巫山县、西至江津市、南起武隆县、北至开县，地理范围在北纬 28°31′～31°44′、东经 105°49′～110°12′之间，辖区面积约 4.616 万 km²。库区地质结构复杂，地形破碎，山高、坡陡、切割深、陡坡地面积大，全区多年平均气温 15～18℃，常年雨量充沛，多年平均降雨量为 1150.26mm。全年降水以夏季最多，是中国暴雨中心之一，主要出现在 4～9 月之间。强烈的降水过程导致水土强烈流失并伴有崩塌、滑坡、泥石流等重力侵蚀的产生。全区土壤类型主要有紫色土、黄壤、黄棕壤、棕壤、石灰土、潮土和水稻土等。地带性植被以亚热带常绿阔叶林、暖性针叶林为主。三峡库区是全国水土流失最严重的地区之一。水土流失面积达 3.06 万公顷；其中，中度以上水土流失面积 2.44 万公顷，坡耕地水土流失面积 1.99 万公顷。部分地区石漠化现象严重，因水土流失造成的年土壤侵蚀量达 1.37 亿吨，年平均侵蚀模数 4484t/km²，每年入江河泥沙总量达 0.9 亿吨。中度以上水土流失面积占水土流失总面积的 79.8%，坡耕地是水土流失的主要来源，库区约 65%的土壤侵蚀来自坡耕地。重庆三峡库区坡耕地占耕地总面积的 60%，大于 25°的坡耕地占耕地总面积的 17%。水土流失和石漠化使本来就十分稀缺的土地资源大量丧失，土层日益瘠薄，土地质量日趋退化，降低了生产力。

根据重庆市 2011 年土地变更调查数据显示，全市土地总面积 8237408.83 公顷，其中耕地 2448288.01 公顷，园地 274081.29 公顷，林地 3785566.78 公顷，草地 328866.16 公顷，城镇村及工矿用地 530654.85 公顷，交通运输用地 111523.51 公顷，水域及水利设施用地 267933.7 公顷，其他土地 490494.53 公顷。

### 4.2.3　社会经济条件

2011 年，重庆市地区生产总值 10011.37 亿元，其中都市发达经济圈、渝西经济走廊、三峡库区生态经济区、一小时经济圈分别为 4368.49 亿元、2508.83 亿元、3132.95 亿元、7762.88 亿元。2011 年重庆市总人口 3329.81 万人，其中都市发达

经济圈 622.85 万人,渝西经济走廊 1036.74 万人,三峡库区生态经济区 1670.22
万人,一小时经济圈 1866.74 万人。城镇居民人均可支配收入 20250 元,农村居
民人均纯收入 6480 元。

重庆地处长江上游,具有承东启西、左递右传的战略地位,是长江上游水陆
空枢纽和重要的物资集散地,中心城区被长江、嘉陵江环抱,有"山城"和"水
城"之称,是目前全国面积最大、行政管辖最宽、人口最多的直辖市,是中国西
部地区集铁路、公路、水路、民航、管道五种运输方式为一体的综合交通枢纽城
市。公路有"五纵七横"国道主干线中的渝湛线和沪蓉线经过,已初步形成以重
庆主城为中心的"一环五射"高速公路骨架;水路有穿越境内的长江、嘉陵江和
乌江形成的水运主通道。

# 4.3　土地生态状况质量综合评估方法确定

## 4.3.1　评估指标及标准化处理

通过查阅文献、咨询专家,借鉴已有的研究成果,构建出的土地生态状况质
量评估指标体系由土地生态状况基础性指标,土地生态状况结构性指标,土地污
染、损毁与退化状况指标,生态建设与保护综合效应指标和区域性指标等准则层
和系列指标层及元指标构成。评估指标体系见表 4-1~表 4-2。

西南山区生态敏感区土地生态状况质量综合评估指标体系发生了较大的变
化。有些指标被舍弃,同时又新增了一些指标。一是由于指标合并,如有林地比
例、耕地退化比例、林地退化比例、草地退化比例、湿地减少比例、水域减少比
例、挖损土地比例、塌陷土地比例、压占土地比例、湿地增加比例等。二是由于
指标细化,如耕地比例、草地比例、水面比例、未利用土地开发利用比例、损毁
土地再利用与恢复比例等。三是由于缺少基础资料或基础资料难以获取而无法提
取准确的指标值,如林网化比例、沟渠比例、人均牧草蓄积量、土地污染总面积
比例、重度污染土地面积比例、区域环境质量指数等。四是由于指标涵义与土地
生态状况质量之间的相关性不大而被舍弃,如人均粮食产量、耕地综合生产能力、
人均林木蓄积量、地均 GDP 等。

由于各个指标具有自己的相应量纲,指标之间没有可比性,所以首先要对原
始数据进行标准化处理。城镇土地生态状况质量综合评估和区域土地生态状况质
量综合评估标准化方式如表 4-1 和表 4-2 所示。

根据各个指标的指向性,将指标分为正向指标和负向指标两大类。正向指标
原始值越大,则标准化后的分值就越大;负向指标原始值越大,则标准化后的分

值就越小。

**表 4-1  区域土地生态状况质量综合评估指标及分值标准化处理**

| 准则层 | 指标层 | 元指标层 | 指标指向 | 标准化处理 |
|---|---|---|---|---|
| 土地生态状况自然基础性指标层 | 气候条件 | 年均降水量 | 正向 | ≥1350mm，赋100，其余在0~100内插 |
| | | 降水量季节分配 | 正向 | ≥1000mm，赋100，其余在0~100内插 |
| | 土壤条件 | 土壤有机质含量 | 正向 | ≥3.0%，赋100；2.0%~3.0%，70~100内插；1.0%~2.0%，50~70内插；0.6%~1.0%，40~50内插；<0.6%，40 |
| | | 有效土层厚度 | 正向 | ≥100cm，100；70~100cm，80~100内插；60~70cm，60~80内插；40~60cm，50~60内插；20~40cm，30~50内插；<20cm，30 |
| | | 土壤碳蓄积量水平 | 正向 | ≥13，100；0~13，0~100内插 |
| | 立地条件 | 坡度 | 负向 | <2°，100；2°~6°，80~100内插；6°~15°，60~80内插；15°~25°，40~60内插；≥25°，40 |
| | | 高程 | 负向 | <300m，100；300~500m，80~100内插；500~750m，60~80内插；750~1000m，40~60内插；1000~1500m，20~40内插；≥1500m，20 |
| | 植被状况 | 植被覆盖度 | 正向 | ≥0.7，100；0~0.7，0~100内插 |
| | | 生物量 | 正向 | ≥730，100；0~730，0~100内插 |
| 土地生态状况结构性指标层 | 景观多样性 | 土地利用类型多样性指数 | 正向 | 直接取值乘以100 |
| | | 土地利用格局多样性指数 | 正向 | ≥2.9，100；0~2.9，0~100内插； |
| | | 斑块多样性指数 | 正向 | ≥100，100；0~100，0~100内插； |
| | 土地利用/覆盖 | 无污染高等级耕地比例 | 正向 | 0~100内插； |
| | | 有林地与防护林比例 | 正向 | 0~100内插； |
| | | 天然草地比例 | 正向 | 0~100内插； |
| | | 无污染水面比例 | 正向 | 0~100内插； |
| | | 生态基础设施用地比例 | 正向 | 0~100内插； |
| | | 城镇建设用地比例 | 负向 | 100~0内插； |
| 土地污染、损毁与退化状况 | 土地损毁 | 挖损、塌陷、压占土地比例 | 负向 | 100~0内插 |
| | | 自然灾毁土地比例 | 负向 | 100~0内插 |
| | | 废弃撂荒土地比例 | 负向 | 100~0内插 |
| | 土地退化 | 耕地、林地、草地年均退化率 | 负向 | ≥100，赋0，其余在100~0内插 |
| | | 湿地、水域年均减少率 | 负向 | ≥100，赋0，其余在100~0内插 |
| 生态建设与保护综合效应指标层 | 生态建设 | 未利用土地开发与改良面积年均增加率 | 正向 | 直接取整 |
| | | 生态退耕年均比例 | 正向 | 直接取整 |
| | | 湿地、水域年均增加率 | 正向 | 直接取整 |
| | | 损毁土地再利用与恢复年均增加率 | 正向 | 直接取整 |
| | 生态压力 | 人口密度 | 负向 | ≥2000，赋0，其余在100~0内插 |

续表

| 准则层 | 指标层 | 元指标层 | 指标指向 | 标准化处理 |
|---|---|---|---|---|
| | 生态建设保护与发展协调 | 人口与生态用地增长弹性系数 | 正向 | ≤0，赋 0；≥100，赋 100；0～100 内插 0～100 |
| | | 人口与生态用地增长贡献度 | 正向 | ≤0，赋 0；≥100，赋 100；0～100 内插 0～100 |
| | | 地区生产总值与生态用地增长弹性系数 | 正向 | ≤0，赋 0；≥100，赋 100；0～100 内插 0～100 |
| | | 地区生产总值与生态用地增长贡献度 | 正向 | ≤0，赋 0；≥100，赋 100；0～100 内插 0～100 |
| 西南山区生态敏感区 | 土壤侵蚀 | 土壤侵蚀面积比例 | 负向 | 100～0 内插 |
| | | 土壤侵蚀程度指数 | 负向 | 100～乘以 2 取整 |

**表 4-2　城镇土地生态状况质量综合评估指标及分值标准化处理**

| 准则层 | 指标层 | 元指标层 | 标准化处理方式 |
|---|---|---|---|
| 土地生态状况基础性指标 | 城市用地 | 城市用地类型 | 2：赋 100；1：赋 80；0.5：赋 65；0：赋 45 |
| | | 住宅用地距离高速路、铁路等交通干道距离 | 2：赋 100；1：赋 70；0：赋 45 |
| | | 城市非渗透地表 | 1：赋 100；0：赋 70 |
| 土地污染损毁与退化状况指标层 | 土地损毁 | 土地挖损、塌陷、压占程度 | 0：赋 100；-2：赋 80 |
| | | 土地自然灾毁程度 | 1：赋 100；0：赋 80；-1：赋 60；-2：赋 40 |
| | | 废弃撂荒土地年限 | 0：赋 100，-0.5：赋 80，-1：赋 60 |
| 生态建设与保护综合效应指标层 | 生态建设 | 低效未利用土地开发与改良程度 | 1：赋 100；0：赋 70 |
| | | 城市绿地、湿地、水面面积年均增加率 | ≥20：赋 100；其余 0～100 内插 |
| | | 损毁土地再利用与恢复程度 | 0：赋 70；1：赋 100 |
| | 生态效益 | 城市空气质量指数 | ≥350：100；≤250，0；其余在 0～100 内插 |
| | 生态压力 | 容积率 | ≥3：赋 50；1：赋 100；其余在 100～50 内插 |

由于评估指标体系中的指标较多，各自代表的含义相差很大，指标量纲也是种类繁多，指标指向性也分为正向和负向。因此，在做指标标准化时可以分为两个步骤：一是指标一致化，也就是将负向指标通过变换转化为正向指标，这样所有的指标指向就会统一；二是无量纲化，也就是将所有指标的原始值通过某种方法进行变换，统一转化为 0～100 的分值。本研究中通过参考相关文献资料对各种不同的指标标准化方法进行比较分析，最终选择减法一致化方法作为指标一致化的方法，选择极差变换法作为指标无量纲化的方法。

减法一致化方法的公式如下：

$$y = M - x$$

式中，$M$ 为指标 $x$ 的一个允许的上界。

极差变换法的公式如下：

$$y = \frac{x - x_{\min}}{x_{\max} - x_{\min}}$$

式中，$x_{\min}$ 为指标 $x$ 的最小值；$x_{\max}$ 为指标 $x$ 的最大值。

土地生态状况自然基础性指标准则层的各指标标准化阈值确定方法如下：年均降水量和降水量季节分配是通过查阅气候相关资料及咨询相关专家确定了其阈值分别为 1350mm 和 1000mm；土壤有机含量、有效土层厚度、坡度和高程是参考的农用地分等中相关分级分值标准；土壤碳蓄积量水平是通过查阅土壤相关资料及咨询相关专家确定了其阈值；植被覆盖度和生物量两个指标是通过查阅林业和生态学相关资料以及咨询相关专家确定了其标准化阈值。

土地生态状况结构性指标准则层的各指标标准化阈值确定方法如下：景观多样性的 3 个指标是通过查阅景观生态相关资料及咨询专家确定的指标阈值；土地利用/覆盖中的 6 个指标都是相关比例，以百分比表示的比例本身就是 0～100 的区间，因此正向指标可以直接采用其百分比的数值作为标准化值，负向指标就用 100 减去百分比的数值作为标准化值。

土地污染、损毁与退化状况准则层的各指标标准化阈值确定方法如下：本层次中的 5 个指标全部都是负向指标，且指标原始值本身都在 0～100 的区间，因此可以直接采用 100 减去原始指标的百分比值作为标准化值。

生态建设与保护综合效应指标准则层的各指标标准化阈值确定方法如下：本层次中的指标中除了人口密度是负向指标外，其余全都是正向指标。其中生态建设指标层中的 4 个元指标原始值都在 0～100 的比例区间，因此在标准化时采用直接取整的方法。人口密度是通过查阅各地统计年鉴和生态建设相关资料结合专家咨询最终确定的指标阈值。生态建设保护与发展协调指标层的 4 个元指标主要是从指标含义出发，结合专家咨询和资料查阅最终确定的标准化阈值。

区域指标准则层的各指标标准化阈值确定方法如下：本层次中只有两个元指标，分别是土壤侵蚀面积比例和土壤侵蚀程度指数。这两个指标均为负向指标。土壤侵蚀面积比例的指标原始值本身就在 0～100 的比例区间，因此可以直接采用 100 减去原始指标的百分比值作为标准化值。土壤侵蚀程度指数，由于指标原始值在 0～50 的区间，因此可以先将原始值乘以 2 使其处于 0～100 的区间，然后再用 100 减去乘以 2 后的数值作为标准化值。

### 4.3.2　评估指标权重的确定

本节主要采用层次分析法（AHP）和德尔菲法（Delphi method）相结合来确定各指标的权重。确定的区域土地生态状况质量综合评估和城镇土地生态状况质量综合评估指标权重如表 4-3 和表 4-4 所示。

表 4-3　城镇土地生态状况质量综合评估指标权重

| 准则层 | 权重 | 指标层 | 权重 | 元指标层 | 权重 |
|---|---|---|---|---|---|
| 土地生态状况基础性指标 | 0.55 | 城市用地 | 1 | 城市用地类型 | 0.3175 |
| | | | | 住宅用地距离高速路、铁路等交通干道距离 | 0.258 |
| | | | | 城市非渗透地表比例 | 0.4245 |
| 土地污染、损毁与退化状况指标层 | 0.1 | 土地损毁 | 1 | 土地挖损、塌陷、压占程度 | 0.3946 |
| | | | | 土地自然灾毁程度 | 0.4052 |
| | | | | 废弃撂荒土地年限 | 0.2002 |
| 生态建设与保护综合效应指标层 | 0.35 | 生态建设 | 0.2 | 低效未利用土地开发与改良程度 | 0.3505 |
| | | | | 城市绿地、湿地、水面面积年均增加率 | 0.3522 |
| | | | | 损毁土地再利用与恢复程度 | 0.2973 |
| | | 生态效益 | 0.35 | 城市空气质量指数 | 1 |
| | | 生态压力 | 0.45 | 容积率 | 1 |

表 4-4　区域土地生态状况质量综合评估指标权重

| 准则层 | 权重 | 指标层 | 权重 | 元指标层 | 权重 |
|---|---|---|---|---|---|
| 土地生态状况自然基础性指标层 | 0.3 | 气候条件 | 0.2 | 年均降水量 | 0.3333 |
| | | | | 降水量季节分配 | 0.6667 |
| | | 土壤条件 | 0.2 | 土壤有机质含量 | 0.1958 |
| | | | | 有效土层厚度 | 0.4934 |
| | | | | 土壤碳蓄积量水平 | 0.3108 |
| | | 立地条件 | 0.25 | 坡度 | 0.6667 |
| | | | | 高程 | 0.3333 |
| | | 植被状况 | 0.35 | 植被覆盖度 | 0.6667 |
| | | | | 生物量 | 0.3333 |
| 土地生态状况结构性指标层 | 0.3 | 景观多样性 | 0.3333 | 土地利用类型多样性指数 | 0.4434 |
| | | | | 土地利用格局多样性指数 | 0.1692 |
| | | | | 斑块多样性指数 | 0.3874 |
| | | 土地利用/覆盖 | 0.6667 | 无污染高等级耕地比例 | 0.2724 |
| | | | | 有林地与防护林比例 | 0.2314 |
| | | | | 天然草地比例 | 0.1716 |
| | | | | 无污染水面比例 | 0.1362 |
| | | | | 生态基础设施用地比例 | 0.1081 |
| | | | | 城镇建设用地比例 | 0.0803 |
| 土地污染、损毁与退化状况指标层 | 0.1 | 土地损毁 | 0.6667 | 挖损、塌陷、压占土地比例 | 0.3896 |
| | | | | 自然灾毁土地比例 | 0.3544 |
| | | | | 废弃撂荒土地比例 | 0.256 |
| | | 土地退化 | 0.3333 | 耕地、林地、草地年均退化率 | 0.687 |
| | | | | 湿地、水域年均减少率 | 0.313 |

续表

| 准则层 | 权重 | 指标层 | 权重 | 元指标层 | 权重 |
|---|---|---|---|---|---|
| 生态建设与保护综合效应指标层 | 0.15 | 生态建设 | 0.36 | 未利用土地开发与改良面积年均增加率 | 0.416 |
| | | | | 生态退耕年均比例 | 0.2941 |
| | | | | 湿地、水域年均增加率 | 0.1698 |
| | | | | 损毁土地再利用与恢复年均增加率 | 0.1201 |
| | | 生态压力 | 0.41 | 人口密度 | 1 |
| | | 生态建设保护与发展协调 | 0.23 | 人口与生态用地增长弹性系数 | 0.1381 |
| | | | | 人口与生态用地增长贡献度 | 0.2761 |
| | | | | 地区生产总值与生态用地增长弹性系数 | 0.1953 |
| | | | | 地区生产总值与生态用地增长贡献度 | 0.3905 |
| 西南山区生态敏感区 | 0.15 | 土壤侵蚀 | 1 | 土壤侵蚀面积比例 | 0.3333 |
| | | | | 土壤侵蚀程度指数 | 0.6667 |

# 4.4　土地生态状况调查与评估指标数据整合

为实现研究方法统一、研究成果合理、研究数据可比的目的，需要对不同年份的研究成果进行调整，对西南山区生态敏感区 8.24 万 km² 的土地生态调查与评估成果进行平衡和修正。

## 4.4.1　指标数据整合原则

依据相关研究对数据整合的处理方法及注意事项，设定西南山区生态敏感区土地生态状况调查与评估指标数据整合原则如下。

（1）指标整合高精度原则

指标整合必须在尽可能减少数据损失，提高整合精度的前提下进行，若存在指标精度不一致时，以高精度为基准进行整合。

（2）指标整合区间平衡原则

区县间、指标区间应该具备平衡性和可比性，尤其是区县交界处不能出现跳跃、明显差异等现象，如果出现此类情况，则必须要结合实际解释原因。

（3）指标整合一致性原则

各指标数据投影坐标信息、数据格式和计算单位应保持相同，且指标数据整合前后在无数据异常值影响的状况下，应保持数值和空间趋势的一致性。

（4）指标整合科学性原则

指标整合时应以科学性为基准对各个指标进行整合，保证整合后各指标具有科学性、准确性、合理性、现实性和可用性。

### 4.4.2　指标数据整合分类

研究主要采用 ArcGIS 平台对所有指标数据进行整合处理，整合内容主要包括三个方面：①对重庆市各区县的指标数据进行预处理，统一坐标信息和栅格大小（50m×50m）；②利用 ArcGIS 数据处理工具，通过镶嵌的方式将各个按区县范围提取的指标拼接在一起，其中拼接后数据类型存储为浮点型；③对整合后的数据进行平衡检验，若指标数据于区县边界存在明显跳跃或局部区域数据存在明显异常的状况进行数据平衡调整，最终使各指标数据表现出科学性、准确性、现实性和可用性的特点。

对西南山区生态敏感区土地生态状况调查与评估分为区域土地生态状况质量综合评估和城镇土地生态质量综合评估，共计 5 个指标层 38 项指标，因此指标数据总体上可分为 2 类，即区域指标和城镇指标。其中城镇指标不需要整合而区域指标需要数据整合处理。由于区域指标提取方法和区域的差异性，又可分为直接整合和拼接整合。其中：直接整合指标主要是指以重庆市为提取范围直接获取的指标数据，主要包括：年均降水量、降水量季节分配、土壤碳蓄积量水平、植被覆盖度、生物量。拼接整合指标主要是指在以区县为提取范围内分别获取的指标数据，主要包括：土壤有机质含量、有效土层厚度、坡度、高程、土地利用类型多样性指数、土地利用格局多样性指数、斑块多样性指数、无污染高等级耕地比例、有林地与防护林比例、天然草地比例、无污染水面比例、生态基础设施用地比例、城镇建设用地比例、挖损塌陷压占土地比例、自然灾毁土地比例、废弃撂荒土地比例、耕地林地草地年均退化率、湿地水域年均减少率、未利用土地开发与改良面积年均增加率、生态退耕年均比例、湿地水域年均增加率、损毁土地再利用与恢复年均增加率、人口密度、人口与生态用地增长弹性系数、人口与生态用地增长贡献度、地区生产总值与生态用地增长弹性系数、地区生产总值与生态用地增长贡献度、土壤侵蚀面积比例、土壤侵蚀程度指数。

### 4.4.3　指标数据平衡检验

由于在 2011～2014 年间，实施土地生态调查与评估的体系和方法存在局部差异，为保证整合在一起的数据科学合理性，因此需对整合的数据指标进行平衡检验。平衡检验是对区县成果及其之间关系的检验，是实现全区域可比性的保障与验证。研究通过对整合后的指标进行整体判断的方式来判别其演变规律是否符合实际情况，是否符合人们的主观认识，是否与第三方成果相似等。

### 4.4.4　指标数据平衡调整及结果

平衡调整是在平衡检验的前提下进行调整，主要分为整体调整法和局部调整法两种方法。整体调整法：对于某个区县或某个整体区域的某个指标出现系统偏差的，采取该种方法，将指标信息值整体进行调整，其调整的前提是平衡检验的结果。如果土地生态状况在自然条件与利用水平上出现严重不协调的情况，应该进行整体区域调整。局部调整法：对于局部不衔接的区域或单元应进行局部调整。局部调整可分两种情况：一是个别图斑单元出现明显的误差，则直接调整该单元即可；二是县际图斑不衔接，但县内图斑的相对关系没有错，则需要采取衰减调整法。即在其影响深度内，按照一定的梯度，在不改变内部关系前提下，调整系列图斑单元，直至明显质量线或指标值或评估分值影响小量边际范围。具体到评估成果，应该采用从下到上的方法进行评估成果的修正和调整。

### 4.4.4.1　基础数据精度和可靠性之间的平衡

数据整合时发现部分指标值存在异常的状况。对研究选取的指标进行分析可以看出，研究部分指标数据源以遥感数据为主。通过相关研究的查阅知道，遥感数据获取中的误差主要表现为空间分辨率、几何畸变、辐射误差。其中，空间分辨率误差主要与传感器有关；几何畸变主要是由于卫星姿态、轨道灯外部原因和扫描镜结构方式、扫面数据不稳定以及飞行过程中扫描歪斜等原因所造成的数据失真；辐射误差是由于传感器和景物之间以及辐射源和景物之间的大气对电磁波的传输产生散射、折射、吸收、扰动和偏振等引起的图像数据失真。因此，基础数据质量问题会对局部区域造成影响，应采用局部调整法进行处理。研究中的数据问题主要表现为数据异常和数据缺失两种情况。

（1）数据异常

在数据平衡检验时，发现指标存在明显异常值的主要有生物量和海拔两个指标。

1）生物量（NPP）。通过查阅相关研究资料可知，生物量数据所反映的生物生长情况与城市发展关系紧密，其中城市建设用地面积所占比例越大的区域其生物量相对较低。由图 4-1 可知，重庆市都市区、部分河流区域以及合川区、长寿区、万州区城区生物量值明显偏大且均大于 6553。该区域生物量值明显偏大，不符合实际情况。

针对此类问题，研究采用局部调整法中的插值法来平衡此类指标。具体方法为：先将已知的异常值在 ArcGIS 软件中均设置为空值；然后通过空间分析中的数据探索模块获取该数据最优的插值模型；再以最优插值模型获取异常区域生物量数据；最后对平衡后的数据进行平衡检验，以确认该数据科学性、合理性和与实际情况的符合性。平衡后生物量分布图如图 4-2[①]。

2）海拔。海拔数据主要由数字高程模型（DEM）获取。现目前，大尺度范围的 DEM 数据的采集主要通过航空摄影测量的方式获取。但是在获取过程中由

---

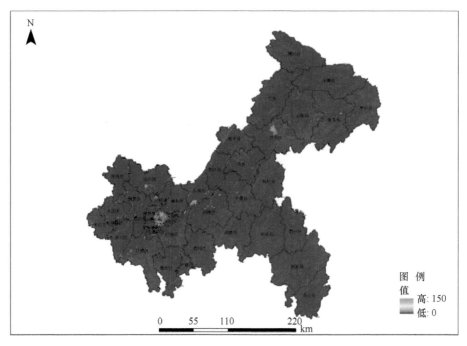

图 4-1　平衡前生物量数据

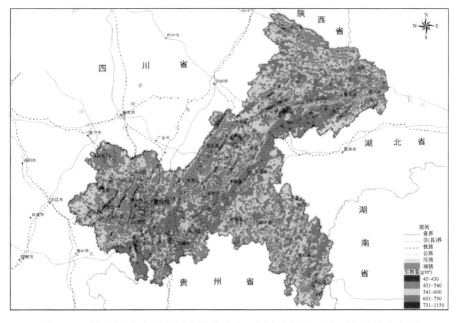

图 4-2　西南山区生态敏感区土地生态状况调查与评估平衡后生物量分布图

于受气候环境的影响以及后续数据处理过程中由于部分数据缺失的状况，容易导致部分数据异常或缺失。指标数据平衡检验时发现，研究收集的重庆市 1∶1 万 DEM 数据中部分区域存在数据异常或缺失的现象（图 4-3 和图 4-4）。

图 4-3　武隆县 DEM 数据异常值

图 4-4　酉阳县空缺 DEM 数据

　　针对上述情况，研究拟采用 1∶5 万 DEM 数据替换修补的方式解决 DEM 数据异常问题。为确保该解决方法的可靠性，研究对相同区域的 1∶1 万 DEM 数据和 1∶5 万 DEM 数据进行对比分析，以此验证数据替换修补方法的合理性。

　　研究选取武隆县的 1∶1 万和 1∶5 万数据 DEM 数据为例进行比较分析。由于研究评价单元栅格大小为 50m×50m，因此将 1∶1 万和 1∶5 万 DEM 数据均转换为 50m×50m 大小的栅格数据，如图 4-5 所示。1∶1 万 DEM 数据与 1∶5 万 DEM 数据从总体趋势上看，表现出明显的一致性。然后再进行差异分析，首先以 50m×50m 的间距生成 SHP 格式的点层数据，再通过 ArcGIS 软件空间分析模块中的值提取栅格，分别提取该点在 1∶1 万 DEM 数据与 1∶5 万 DEM 数据上的高程值，然后作差分析两种比例尺数据之间的差异状况。依据差异结果分析可知，无差异或差异值小于 10m 的比例占 91.5%，差异值在 10～30m 的比例占 6.8%，因此研究认为存在数据异常区域采用 1∶5 万比例 DEM 数据代替 1∶1 万 DEM 数据的方法进行此次评估研究是可行的。经平衡处理后，西南山区生态敏感区土地生态状况调查与评估海拔图如图 4-6 所示。

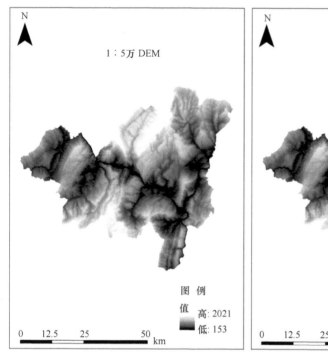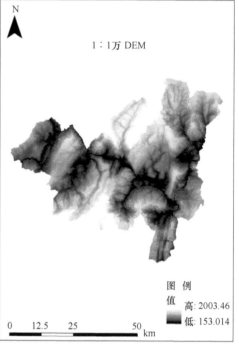

图 4-5　不同比例尺 DEM 数据对比

（2）部分数据缺失

在数据整合中发现，从 EOSDIS 网站下载获取的植被覆盖度指数存在着部分条带为空值的现象（图 4-7），这主要是由数据采集时，受几何畸变、辐射误差影响造成的。

由于地理数据具有连续性和相关性的特征，因此研究采用插值法的方式获取空值区域的植被覆盖度。首先，通过探索数据的方式获取最佳的插值模型；然后，通过最优插值模型重新生成植被覆盖度（图 4-8）。

#### 4.4.4.2　区县边界处的平衡

在数据平衡检验时发现，部分指标在拼接后存在着明显的边界差异，主要表现为一个区县与另一个区县交界处差异过大。本研究通过对数据处理过程、数据源等因素进行分析发现，这主要是由于数据采集时间不统一、数据采集方式不统一、数据获取渠道不统一等基础数据获取方式的差异原因导致。

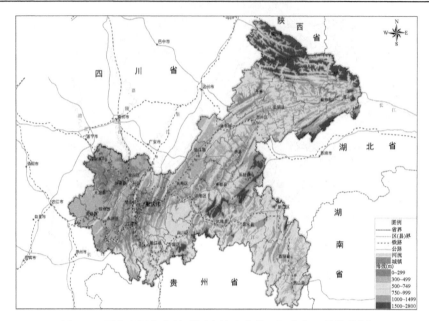

图 4-6　西南山区生态敏感区土地生态状况调查与评估海拔图

图 4-7　处理前植被覆盖度

　　采集时间不统一：数据采集时间存在着两方面的不统一，一方面是采集年份的不同，另一方面是数据采集的季节不同。由于事物是不停变化的，所以不同时间采集的数据均可能存在一定的差异，另一方面部分数据因采集季节不同，部分指标差异性可能会更加突出。例如土壤有机质含量，不同季节受到不同气候影响，其含量必然会存在一定的差异性。

　　数据采集方式不统一：由于重庆市独特的地理空间形态、地形地貌，因此在

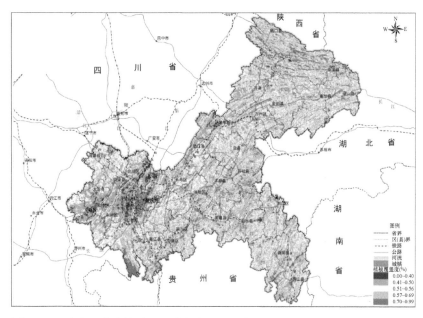

图 4-8　西南山区生态敏感区土地生态状况调查与评估平衡后植被覆盖度分布图

数据采集时会因不同区域的特点采取方式有所区别，同时由于作业人员的不同也会使数据产生一定的差异。

　　数据获取渠道不统一：由于该研究所需数据量大，数据来源渠道较多，其中部分数据存在着相同指标数据不同区域来源不一致的情况，如土壤图、土壤报告主要是从各区县收集。

　　其中存在此类问题的指标主要为土壤有机质含量和有效土层厚度。

　　由图 4-9 可以看出，拼接后土壤有机质含量在区县接边处差异明显，主要集中几个区域：①潼南县与合川区交界处，潼南县的土壤有机质含量均大于 2，而合川区土壤有机质含量大多小于 1；②渝北区与长寿区交界处，渝北区土壤有机质含量多数都大于 2，而长寿区土壤有机质含量均小于 1.5；③涪陵区与长寿区、巴南区交界处，涪陵区土壤有机质含量明显高于长寿区和巴南区；④万州区与忠县、云阳县交界处，万州区土壤有机质含量明显高于忠县和云阳县。

　　由图 4-10 可知，拼接后有效土层厚度在区县接边处差异明显，主要集中几个区域：①潼南县与合川区、交界处，潼南县的有效土层厚度明显高于其他两个区县；②涪陵区与丰都县、武隆县交界处，涪陵区有效土层厚度明显高于丰都县和武隆县；③巫溪县与相邻区县交界处，巫溪县有效土层厚度明显大于开县、云阳县、奉节县和巫山县。

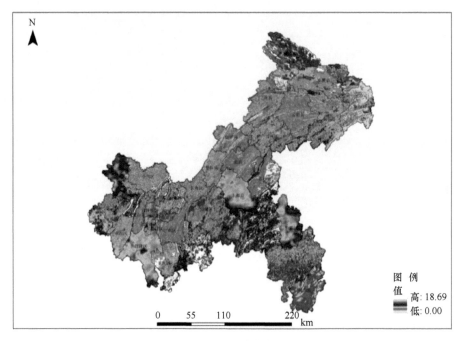

图 4-9　平衡前土壤有机质含量

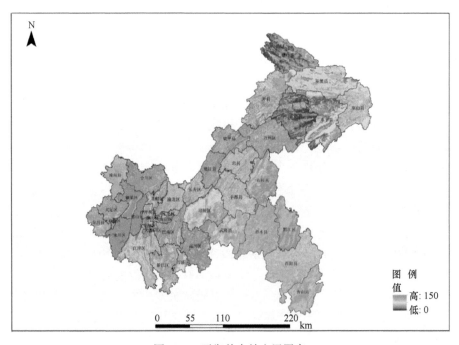

图 4-10　平衡前有效土层厚度

经研究分析可知，引起土壤有机质含量和有效土层厚度两个指标的区县接边处跳跃差异原因是一致的，同时两个指标也同属一准则层指标，因此研究拟采取相同方式对这两个指标进行数据平衡。课题组选取从重庆市农委收集的 2015 年同一时节实地采集的 13218 个样方数据作为参照，以相关性分析为基准对土壤有机质含量和有效土层厚度分别建立各自的关联模型进行修正，最后得到研究认为合理适用的数据。具体方法：①首先对每个区域的实地采集点与对应的通过土壤图和土壤报告所提取的土壤有机质含量值、有效土层厚度在 SPSS 软件中进行相关性分析；②建立各区域实地采集点与通过土壤图和土壤报告所提取值间的修正模型，并选取最佳修正模型；③通过各区域的最佳修正模型，对该区域的土壤有机质含量和有效土层厚度进行修正；④通过镶嵌的方式将各区域的土壤有机质含量和有效土层厚度数据整合在一起；⑤对修正后的数据再进行平衡检验以确定数据的合理性和可用性。经整合处理后，土壤有机质含量、有效土层厚度结果如图 4-11 和图 4-12 所示，通过平衡前和平衡后数据进行对比分析可以看出，区县边界跳跃差异的区域的值明显变得更加合理、科学、符合实地情况。

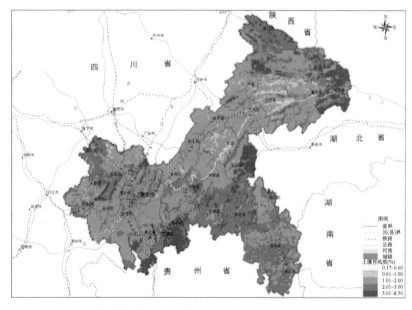

图 4-11　西南山区生态敏感区土地生态状况调查与评估平衡后土壤有机质分布图

### 4.4.4.3　行政区边界栅格单元的处理

由于目前各区县采用的评估单元为 50m×50m，因此在区县行政区交界的区域，部分指标可能会出现栅格单元空缺的情况，进而需要对空缺部分进行处理，

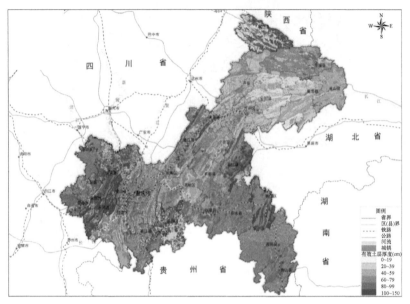

图 4-12　西南山区生态敏感区土地生态状况调查与评估平衡后有效土层厚度分布图

对空缺的栅格单元进行填补，填补方法为取相邻栅格单元的属性值。

以废弃撂荒比例指标为例，如图 4-13 所示，行政区界相接处分布着部分小白点，这些白点即为空值区域。

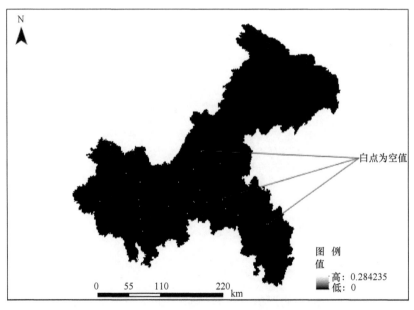

图 4-13　平衡前废弃撂荒比例分布图

　　经分析可知,研究在整合过程中由于原始栅格大小的原因,使得数据拼接时在行政区边界线上出现了部分空值,且空值两端的值大都相同,因此针对该类问题,研究选取含障碍的插值法中的核平滑的方式进行插值。含障碍的核插值法是使用两点之间的最短距离,这可以将线障碍任意一侧的点都连接起来。此类方法主要是选取相邻值进行填补的方式来插值。经平衡处理后,废弃撂荒比例分布如图 4-14 所示。

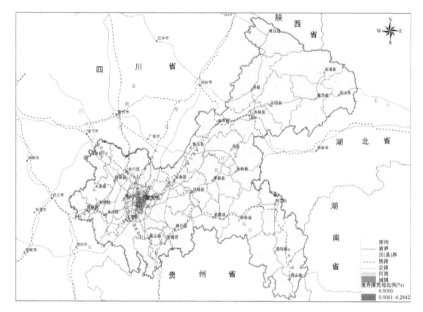

图 4-14　西南山区生态敏感区土地生态状况调查与评估平衡后废弃撂荒比例分布图

# 4.5　数据库建设

## 4.5.1　建库目标与内容

　　西南山区农村土地生态状况调查与评估数据库是以土地利用/土地覆被因子、土壤因子、植被因子、地貌与气候因子、土地污染损毁与退化状况、生态建设与保护状况等土地生态状况基础性调查指标信息,以及区域性调查指标信息等数据为基础,利用计算机、GIS、数据库和网络等技术,建设重点地区土地生态状况调查与评估数据库。

　　西南山区农村土地生态状况调查与评估数据库主要内容如下所述。

　　(1)基础地理信息数据库

　　基础地理信息数据包括行政区、行政区界线、水系线、水系面、水系注记、交通线、交通注记、居民地、居民地注记、等高线等。

（2）土地生态状况调查指标数据库

①土地利用/土地覆被数据：耕地（水田、旱地、其他耕地）、林地（有林地、灌木林与生态林）、草地（天然草地、人工草地）、湿地（滩涂、苇地、沼泽地）、水面（河流、湖泊、水库、水工建筑）、城市非渗透地表、城市住宅用地、城市交通用地、城市绿地、城市水面、城市湿地。

②土壤数据：土壤有机质、土壤碳蓄积量、有效土层厚度。

③植被数据：植被覆盖度、生物量。

④气候数据：年降水量、降水量季节分配。

⑤地形地貌数据：海拔、坡度。

⑥土地损毁状况：挖损地、塌陷地［包括稳定塌陷（沉陷）地、不稳定塌陷（沉陷）地、漏斗、陷落、裂缝地］、压占地（垃圾占地、废弃物占地、矿石渣排土堆积地、废弃物处理用地）、自然灾害损毁地（包括洪灾损毁地、滑坡、崩塌、泥石流损毁地、风沙损毁地、地震灾毁地）、撂荒废弃地（包括撂荒地、废弃水域、废弃居民点工矿用地、火烧、砍伐的迹地、其他废弃地）。

⑦土地退化状况：耕地退化（包括耕地→沙地、盐碱地、荒草地和裸地）、林地退化（包括林地→沙地、盐碱地、荒草地和裸地）、草地退化（包括草地→沙地、盐碱地、荒草地和裸地）、湿地减少（沼泽地、苇地和滩涂→其他用地等）、水域减少（包括河流、湖泊等→其他用地）。

⑧生态建设与保护状况：未利用土地开发和改良（裸地、盐碱地、沙地和荒草地→林地和草地）、生态退耕、湿地增加（其他用地→沼泽地，其他用地→苇地，其他用地→滩涂等）、损毁土地再利用与恢复（损毁土地→可利用土地类型等）、城市低效未利用土地开发与改良、水源地保护核心区（自然保护核心区、风景旅游保护核心区、地质公园等）、生态基础设施用地分布。

⑨区域性调查指标数据：土壤侵蚀（土壤侵蚀面积、土壤侵蚀程度）。

以上数据包括矢量数据和栅格数据。

（3）土地生态状况质量综合评估数据库

①土地生态状况结构性指标准则层评估数据。土地生态状况结构数据：景观多样性指数（包括土地利用类型多样性指数、土地利用格局多样性指数、斑块多样性指数），不同土地利用/覆盖类型比例（无污染高等级耕地比例、有林地与生态林比例、天然草地比例、生态基础设施用地比例、无污染水面比例、城镇建设用地比例），城镇土地利用/覆盖类型比例（城市绿地比例、无污染低噪声住宅用地比例、无污染高等级耕地比例、城市无污染水面比例、城市生态基础设施比例、城市非渗透地表比例）。

②土地损毁与退化状况准则层评估数据：土地损毁（挖损土地比例、塌陷土地比例、压占土地比例、自然灾毁土地比例、土地自然灾毁程度、废弃撂荒土地比例），土地退化（耕地年均退化率、林地年均退化率、草地年均退化率、湿地年均减少率、水域年均减少率）。

③生态建设与保护状况准则层评估数据：未利用土地开发利用与改良面积年均增加率，生态退耕年均比例，湿地年均增加率，损毁土地再利用与恢复年均增加率，城市低效未利用土地开发利用与改良面积年均增加率，城市绿地、湿地、水面面积年均增加率，区域环境质量指数，城市空气质量指数，人均林木蓄积量，人口密度，综合容积率，人口与生态用地增长弹性系数，人口与生态用地增长贡献度，地区生产总值与生态用地增长弹性系数，地区生产总值与生态用地增长贡献度等。

④区域性指标准则层评估数据：土壤侵蚀面积比例、土壤侵蚀程度。

以上数据均为栅格数据。

（4）土地生态状况质量综合评估过程及结果数据库

包括土地生态状况质量综合评估数据库中所有原始指标标准化后的元指标层数据；气候条件、土壤条件、立地条件、植被状况、景观多样性、土地利用/覆盖、土地损毁、土地退化、生态建设、生态压力、生态建设保护与发展协调等指标层评估结果数据；土地生态状况自然基础性指标层、土地生态状况结构性指标层、土地污染/损毁与退化状况、生态建设与保护综合效应指标层、区域性指标等准则层评估结果数据；区域土地生态质量状况评估结果数据。

西南山区城镇土地生态状况调查与评估数据库主要内容包括以下几个方面。

（1）土地生态状况质量综合评估数据库

①土地生态状况结构性指标准则层评估数据。城市用地数据：包括城市用地类型，住宅用地距离高速路、铁路等交通干道距离、城市非渗透地表比例等数据。

②土地污染/损毁与退化状况准则层评估数据。土地损毁数据：包括土地挖损、塌陷、压占程度，土地自然灾毁程度，废弃撂荒土地年限。

③生态建设与保护综合效应指标层准则层评估数据。生态建设数据：低效未利用土地开发与改良程度，城市绿地、湿地、水面面积年均增加率、损毁土地再利用与恢复程度；生态效益数据：城市空气质量指数；生态压力数据：容积率。

（2）土地生态状况质量综合评估过程及结果数据库

包括土地生态状况质量综合评估数据库中原始指标数据标准化后形成的元指标层数据；城市用地、土地损毁、生态建设、生态效益、生态压力等指标层评估结果数据；土地生态状况基础性指标层、土地污染/损毁与退化状况指标层、生态建设与保护综合效应指标层等准则层评估结果数据；城镇土地生态质量状况评估结果数据。

### 4.5.2　建库及汇总原则

（1）系统性原则

数据库建设要在技术指标、标准体系、数据库结构等方面具有系统性。

（2）真实性原则

对基础数据进行进一步核实，保证数据库的真实性。

（3）一致性原则

与第二次全国土地利用现状调查、全国土地利用变更调查等已有数据库具有良好的衔接性和一致性，依据上述相关数据库建设标准开展数据库建设。

（4）共享性原则

采用标准的空间数据交换格式，使成果数据正确汇交和共享，实现与已有数据库的互联互通。

（5）现势性原则

满足国家对土地调查数据的调查统计、数据更新和维护，以保证数据的现势性。

数据汇总是数据分析和数据成果应用的基础，包括非空间数据汇总（表格、文本等）和空间数据汇总（矢量数据、栅格数据）。具体到土地生态调查评价过程，包括基础数据汇总、中间过程数据汇总、结果数据汇总等。

（1）汇总高精度原则

土地生态调查与评估成果汇总必须在尽可能减少数据损失、提高汇总精度的前提下进行。

（2）区间平衡原则

区县间、指标区间成果数据应该具备平衡性和可比性，尤其是边界处不能出现数据异常跳跃现象，如果出现跳级必须要结合实际解释原因。

（3）数据可追溯查询原则

土地生态调查与评估成果汇总是将县级图表册、数据库成果分类进行整合，故必须实现从上到下指标值和评估等级的可追溯性，力保图上每个评价单元数据有来源，每条记录数据有来源。

（4）汇总成果齐全原则

土地生态调查与评估成果汇总应严格按照课题的技术规范要求，完成各类调查和评价成果汇总，以便今后存档、查询。

### 4.5.3　建库软件与数学基础

西南山区土地生态状况调查与评估数据库建设软件统一采用 Arcgis10.2 版本。坐标系：采用"1980 年西安坐标系"；高程基准：采用"1985 国家高程基准"；

地图投影：采用"高斯-克吕格投影"。

### 4.5.4 数据格式

本次西南山区土地生态状况调查与评估数据库数据格式主要包括空间数据与非空间数据。

空间数据由矢量数据与栅格数据构成。栅格数据格式为*.tif，矢量数据为*.shp格式，包括点、线、面三种形式。整理好的栅格及矢量数据统一由 GeoDatabase 存储。元数据存储为*.xml 格式。

非空间数据包括文字报告、数据表格及成果图件，文字报告为 *.doc 或*.docx 格式，数据表格为*.xls 或*.xlsx 格式，成果图件为*.jpg 格式。

### 4.5.5 数据库结构

土地生态状况调查与评估数据库由空间数据库、非空间数据库、元数据库组成。空间数据库包括矢量数据、栅格数据；非空间数据包括统计表格、报告文本、扫描文本、其他数据。土地生态状况调查数据库逻辑结构如图 4-15 所示。

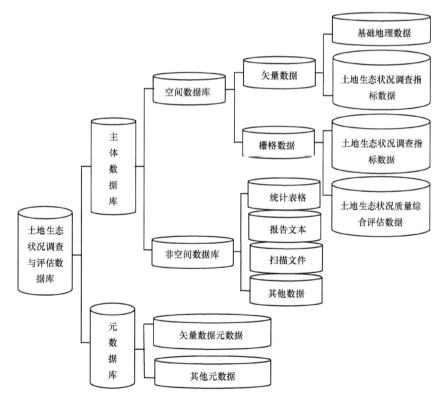

图 4-15　土地生态状况调查与评估数据库逻辑结构图

## 4.5.6　数据库建设过程

### 4.5.6.1　数据结构定义

（1）数据组织管理

空间数据要素采用分层的方法进行组织管理，根据数据库内容和空间要素的逻辑一致性进行空间要素数据分层，各层要素严格按照《重点地区土地资源生态状况调查与评估数据库标准与制图规范》进行命名及定义。

（2）数据属性结构定义

数据的属性结构严格按照《重点地区土地资源生态状况调查与评估数据库标准与制图规范》进行定义。

### 4.5.6.2　基础数据加工

（1）矢量数据加工

对已采集或收集的矢量数据，要按照需求建立字段结构，并赋上属性。按照《重点地区土地资源生态状况调查与评估数据库标准与制图规范》建立结构字段结构，包括面属性结构、线属性结构、点属性结构、注记属性结构、土地利用/覆被属性结构等。对于基础地理信息要素及土地生态状况调查要素中的矢量成果，需要利用之前形成的县级成果进行合并，形成全市矢量成果；合并时需要注意区县之间是否存在缝隙以及接边是否合理。

（2）栅格数据加工

对已获取的栅格数据，按照《重点地区土地资源生态状况调查与评估数据库标准与制图规范》进行命名，设定统一的像元大小，农村部分统一按照 50m×50m 的像元大小处理，城镇部分根据各区县实际情况，像元大小选取 10m×10m 或 50m×50m 的像元大小，格式统一为 *.tif。对于农村部分评估成果，将前两年形成的成果汇总后，利用 ArcGIS 软件将栅格镶嵌为全市的市级成果，镶嵌时要注意区县之间边界是否存在空隙，接边处是否存在不合理的值跳跃。城镇部分评估成果不作镶嵌合并处理，分单个区县保存形成县级成果。农村及城镇部分评估过程文件命名按照《重点地区土地资源生态状况调查与评估数据库标准与制图规范》要求，以图层首字母大写方式命名，具体命名方式见表 4-5 和表 4-6。综合评估最终结果统一命名为 "PGJG"，元指标层命名在原始值命名的基础上添加 "BZH" 进行统一命名。

表 4-5　农村部分评估过程栅格命名规则

| 准则层 | 命名规则 | 指标层 | 命名规则 |
|---|---|---|---|
| 土地生态状况自然基础性指标层 | JCXZB | 气候条件 | QHTJ |
| | | 土壤条件 | TRTJ |
| | | 立地条件 | LDTJ |
| | | 植被状况 | ZBZK |
| 土地生态状况结构性指标层 | JGXZB | 景观多样性 | JGDYX |
| | | 土地利用/覆盖 | TDLYFG |
| 土地污染、损毁与退化状况指标层 | WRSHTHZK | 土地损毁 | TDSH |
| | | 土地退化 | TDTH |
| 生态建设与保护综合效应指标层 | ZHXYZB | 生态建设 | STJSZS |
| | | 生态压力 | STYLZS |
| | | 生态建设保护与发展协调 | STJSBHXTZS |
| 区域性指标 | QYZB | 土壤侵蚀 | TRQS |

表 4-6　城镇部分评估过程栅格命名规则

| 准则层 | 命名规则 | 指标层 | 命名规则 | 元指标层 | 命名规则 |
|---|---|---|---|---|---|
| 土地生态状况基础性指标层 | JCXZB | 城市用地 | CSYD | 城市用地类型 | CSYDLX |
| | | | | 住宅用地距离高速路、铁路等交通干道距离 | ZZYDJL |
| | | | | 城市非渗透地表比例 | CSFSTDB |
| 土地污染、损毁与退化状况指标层 | WRSHTHZKZB | 土地损毁 | TDSH | 土地挖损、塌陷、压占程度 | WSTXYZCD |
| | | | | 土地自然灾毁程度 | TDZRZH |
| | | | | 废弃撂荒土地年限 | FQLHNX |
| 生态建设与保护综合效应指标层 | ZHXYZB | 生态建设 | STJS | 低效未利用土地开发与改良程度 | WLYKFCD |
| | | | | 城市绿地、湿地、水面面积年均增加率 | CSLDSDSMZJL |
| | | | | 损毁土地再利用与恢复程度 | SHTDLYCD |
| | | 生态效益 | STXY | 城市空气质量指数 | CSKQZLZS |
| | | 生态压力 | STYL | 容积率 | RJL |

### 4.5.6.3　数据入库

（1）入库流程

数据入库前要对加工后的数据质量进行检查，检查合格的数据方可入库。

数据检查主要包括矢量数据几何精度和拓扑检查、属性数据完整性和正确性检查、图形和属性数据一致性检查、数据完整性检查等。

数据入库主要包括矢量数据、栅格数据等数据入库。

（2）要素数据库的建立

1）农村评估部分

利用 ArcGIS 软件建立四个 *.gdb 数据库，分别命名为"基础地理信息要素"、

"土地生态状况调查要素"、"土地生态状况质量综合评估要素"、"土地生态状况质量综合评估过程及结果要素";分别存放基础地理信息数据、土地生态状况调查数据、土地生态状况质量数据和评估过程及结果数据。

2）城镇评估部分

利用 ArcGIS 软件建立两个*.gdb 数据库,命名为"土地生态状况质量综合评估要素"、"土地生态状况质量综合评估过程及结果要素";分别存放城镇评估中形成的城镇土地生态状况质量数据和评估过程及结果数据。

（3）数据导入

对检查无误的数据,逐个或批量导入至 gdb 数据库中。

### 4.5.7　质量控制

#### 4.5.7.1　质量控制原则

（1）统一标准原则:数据建库中数据内容、分层、结构、质量要求等要严格依据《重点地区土地资源生态状况调查与评估数据库标准与制图规范》的规定。

（2）过程控制原则:要对数据加工、数据入库等过程中的每一重要环节进行检查控制,以免环节出错造成误差传递、累加等,同时要保证建库过程的可逆性。

（3）持续改进原则:应遵循持续改进原则,使其贯穿数据采集、检查、入库等各环节中,不断优化各环节的数据,保障数据质量。

（4）质量评定原则:对数据库数据进行质量评定,及时、准确地掌握数据的质量状况,及时发现建库中存在的问题,保证数据建库成果的质量。

#### 4.5.7.2　基础数据质量控制

（1）根据基础数据质量要求对其进行质量检查,检查图形数据精度是否在误差范围内。

（2）对数据的来源进行检查,检查基础数据的真实和可靠性。

（3）对基础数据的合理性进行检查,查看是否存在异常值。

（4）对照 2011 年土地利用现状变更调查成果,检查基础数据的衔接性和一致性,使其与 2011 年土地利用现状变更调查保持一致。

（5）检查基础数据的数据格式、数学基础和精度等。

#### 4.5.7.3　信息提取及评估质量控制

在信息提取和评估的过程中,对中间数据和结果数据进行检查:

（1）对技术方法进行检查,在信息提取和评估的过程中,检查是否按照国家设定的方式方法进行操作。

（2）对信息提取和评估的结果数据精度、数学基础和数据格式进行检查。

（3）对数据的合理性进行检查，检查信息提取和评估结果数据是否出现不合理的异常值。

（4）对不同区县之间的同一个指标或评估结果进行对比检查，检查接边区域的数据值是否出现大幅度的跳跃。

（5）对评估结果进行检查，检查各区县评估结果的分布是否合理，是否与实际情况相符合。

#### 4.5.7.4　数据入库质量控制

（1）检查矢量数据的属性结构是否正确，属性数据是否完整。

（2）检查矢量数据的几何精度和拓扑是否正确，有无出现拓扑错误的情况。

（3）检查数据的数学基础是否正确。

（4）检查各要素的命名是否按照《重点地区土地资源生态状况调查与评估数据库标准与制图规范》要求执行。

（5）检查各要素的完整性，有无缺失，各要素之间的逻辑性是否正确。

（6）对全市合并统一评估的成果，检查各区县之间是否出现空隙，数据间是否出现不合理跳跃，数据接边是否合理。

### 4.5.8　特殊问题说明

（1）在整理土地利用/覆被类型图斑过程中，由于各个区县数据量较大，将所有区县图斑合并至一个图层操作无法实现，存储该图层时采取在数据库中建立要素数据集，分区县存放的办法；图层命名以该区县行政区汉字名称命名，避免图层名称重复。

（2）考虑到评估实际情况，在评估时将部分数据非常小的指标作合并调整，一是在土地损毁要素中，将挖损地比例（WSTDBL）、塌陷土地比例（TXTDBL）、压占土地比例（YZTDBL）合并为挖损、塌陷、压占土地比例（WSTXYZTSBL）一个评估要素。二是将土地退化要素中的耕地年均退化率（GDTHL）、林地退化率（LDTHL）、草地退化率（CDTHL）合并为耕地、林地、草地年均退化率（GDLDCDNJYHL）一个评估要素，将湿地年均减少率（SDJSL）与水域减少率（SYJSL）合并为湿地水域年均减少率（SDSYNJJSL）一个评估要素。命名参照《重点地区土地资源生态状况调查与评估数据库标准与制图规范》中要求，采取首字母大写方式命名。

（3）由于《重点地区土地资源生态状况调查与评估数据库标准与制图规范》中未提及评估过程及结果数据存放的相关说明，为满足成果汇总存放要求，农村部分在原来 3 个 gdb 数据库的基础上新增加了"土地生态状况质量综合评估过程及结果要素"gdb 文件，存放评估过程中形成的元指标层标准化后的成果数据，指标层、准则层以及评估结果数据；城镇部分建立"土地生态状况质量综合评估要素"及"土地生态状况质量综合评估过程及结果要素"两个 gdb 文件，其中原始指标及评估过程栅格命名按照表 4-6 中命名规则执行。

（4）按照《重点区域土地生态状况调查与评估技术规范（征求意见稿）》要求，城镇评估像元大小建议为 100m×100m 至 200m×200m。在本次评估中，为了确保成果满足地方管理及应用需求，城镇评估采用像元大小为 10m×10m 或 50m×50m 的像元大小，精度高于国家要求。

（5）在综合数据库中存在部分要素图层在《重点地区土地资源生态状况调查与评估数据库标准与制图规范》中未提及分类代码的情况，如"气象站点"及"气象站点注记"要素。按照土地生态状况调查信息要素分类与编码体系，在进行要素属性信息填写时，将"气象站点"要素确定分类代码为"2001020300"，"气象站点注记"要素确定为"2001020400"。

（6）在综合数据库中损毁土地矢量要素属性信息完善时，由于收集资料的限制，统计数据只能细化到一级类，所以在属性信息填写时在要素内容字段填写一级类分类的内容，要素代码也填写对应的一级类代码。

### 4.5.9　成果汇交组织形式

成果汇交按照《重点地区土地资源生态状况调查与评估数据库标准与制图规范》整理，农村部分采取全市数据合并评估的处理办法，形成了市级成果；城镇部分由于评估范围及精度要求限制，采取各个区县单独评估的办法，成果分区县存储。

# 4.6　土地生态状况质量综合评估

### 4.6.1　评估分值测算结果

全市综合土地生态状况评估分值分布如图 4-16。全市综合土地生态状况评估分值分布大致呈正态分布，中间分布较为集中，两端分布较少。全市生态状况评估分值主要集中在 48～58，两端 38～48、58～62 的分值分布较少。

对全市城镇土地生态状况进行了综合评估，以主城区为例，主城九区城镇土地生态状况评估结果分值主要在 60～95，评估分值分布较为均匀。

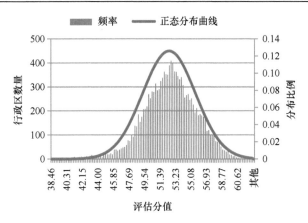

图 4-16　全市综合土地生态状况评估分值分布图

### 4.6.2　障碍因子测算

　　鉴于市域内各区县城镇用地较为分散，本研究以城口县为例，对影响城镇土地生态状况较大的障碍因子测算作图，见图 4-17。城口县影响城镇土地生态质量建设的障碍因子主要包括城市用地类型、容积率、非渗透地表和城市绿地湿地水面面积年均增加率四个因子。

　　城市用地类型对城镇土地生态质量建设影响最大，自然水域、公园绿地、防护绿地分布较少的区域，生态质量状况相对较差。城市容积率代表单位土地面积上的建筑容量，容积率越高，则建筑越密集，该区域的土地生态质量状况越差。城市非渗透地表同样影响城镇土地生态质量状况，通常区域内的城市非渗透地表面积越小，说明该区域被硬化的土地面积越大，生态质量状况相对较差。

　　对全市 13198 个行政村（居委）土地生态状况进行障碍度分析，障碍度较大的主要是土壤侵蚀程度指数、土壤侵蚀面积比例、坡度、植被覆盖度、无污染高等级耕地比例、有林地与防护林比例、生态基础设施用地比例、土地利用类型多样性指数、斑块多样性指数、未利用土地开发与改良面积年均增加率、生态退耕年均比例、人口密度等因素，并对影响较大的障碍因子作图分析，其影响范围见图 4-18。

　　土壤侵蚀程度和土壤侵蚀面积比例制约研究区土地生态状况阻力较大。三峡库区生态环境脆弱，受到土壤侵蚀的农村区域范围广，在整个区域都不同程度地受到这一因素的制约。特别是处于长江流域的区域，因土壤疏松、降雨冲刷强烈而易发生土壤侵蚀，土壤侵蚀会引发水土流失，进而造成土壤肥力下降和土地资源的浪费，土地生态状况质量下降。

2011年度城口县城镇用地类型障碍因子分值分布图

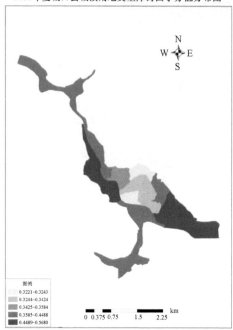

2011年度城口县城镇容积率障碍因子分值分布图

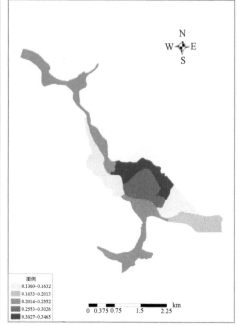

2011年度城口县城镇城市绿地、湿地、水面面积
年均增加率障碍因子分值分布图

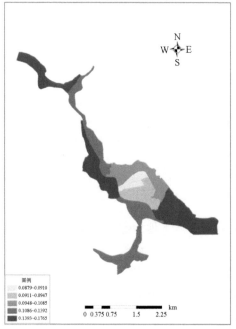

2011年度城口县城镇非渗透地表障碍因子分值分布图

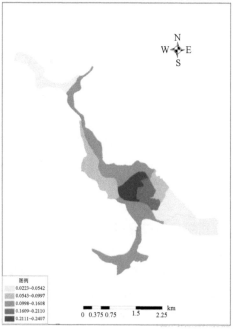

图 4-17    城口县城镇土地生态质量评估部分因子障碍度分布图

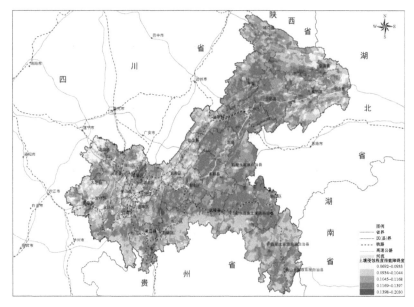

图 4-18　重庆市土地生态质量状况区域土壤侵蚀程度指数障碍因子分布图

　　坡度也是对土地生态状况影响较大的制约因素。该因素主要制约着渝东北区域城口县、巫山县、巫溪县、奉节县、云阳县和渝东南区域酉阳县、秀山县、彭水县、武隆县的绝大部分区域以及开县、石柱县、江津区、万盛区的局部区域。坡度基本上决定了土地利用方向和利用方式，从而影响到土地经济的发展潜力。随着坡度的加大，雨水冲刷和块体运动加剧，侵蚀强烈，造成水土流失、土层变薄。坡度越高，越易形成优质地少、大面积条件较差的土地资源状态。

　　植被覆盖度是全区域较为重要的土地生态质量状况的主要限制因子之一，该指标对渝西区域的渝中区、大渡口区、沙坪坝区、江北区、九龙坡区、璧山区等区县限制较大。植被覆盖度越大，表示区域植被覆盖状况越好，进而能改善区域局部气候条件，减轻区域水土流失，提升土壤肥力状况。

　　无污染高等级耕地比例、有林地与防护林比例、生态基础设施用地比例同样制约着部分区域的生态状况。研究区域无污染高等级耕地和生态基础设施用地都普遍偏低，整个区域都不同程度地受到这两个因素的制约；有林地和防护林大量分布于渝东北区域的城口县、巫山县、巫溪县、奉节县和渝东南区域的酉阳县、秀山县、武隆县、彭水县、黔江县的大部分区域以及石柱县和开县的局部区域，该因素对都市功能核心区、都市功能拓展区和城市发展新区的限制作用较大。

　　土地利用类型多样性指数、斑块多样性指数极大地影响着区域的生物多样性，对全区域均是较为重要的土地生态质量状况的限制因子之一。土地利用类

型多样性指数对主城区城市地区，渝东南区域彭水县、武隆县、石柱县及渝东
北区域城口巫溪限制较大；斑块多样性指数对渝东北区域巫溪县、城口县，整
个渝东南区域，江津区、綦江区、万盛区、南川区石漠化区域以及主城区城市
地区限制很大。

未利用土地开发与改良面积年均增加率、生态退耕年均比例反映了区域土地
生态建设保护力度，但二者都普遍偏低，整个区域都不同程度地受到这两个因素的
制约。区域生态环境脆弱，宜耕耕地后备资源和 25°以上坡耕地均不少，如若不对
宜耕未利用土地进行开发和 25°以上坡耕地进行退耕处理，会加剧区域水土流失，
从而影响区域土地生态状况质量。

人口密度也是对土地生态状况影响较大的因素。人口密度主要制约着渝西区
域尤其是主城九区城市化地区。人口密度影响着区域土地开发利用的强度，随着
人口密度的加大，人类必然占用更多的非建设用地，造成区域土地生态环境的破
坏。人口密度越大，对土地生态系统带来的压力越大。

### 4.6.3　评估级别划分

在研究区域土地生态状况综合评估结果级别划分时，采用 ArcGIS 空间分析
功能中自然分类法（Natural Breaks），也称作 Jenk 自然分类方法。该方法是一种
把设计确定最佳值安排到不同的类的数据聚类方法，通过寻求最大限度地减少每
个类相对于类平均值的平均偏差，而最大化每个类相对于其他类的偏差。换句话
说，该方法旨在减少类内方差和最大化类间方差。

根据计算所得的研究区域农村土地生态状况质量综合值，按自然间断点法分
级，并结合实地调查进行修正，最终确定研究区域农村土地生态状况质量评价标
准。综合分值越大，土地生态状况质量就越好；反之，则越差，如表 4-7 所示。

表 4-7　研究区区域土地生态状况质量评价标准

| 综合值区间 | 等级 |
| --- | --- |
| ＜49.05 | 质量差 |
| 49.05～52.43 | 质量较差 |
| 52.43～55.34 | 质量中等 |
| 55.34～58.71 | 质量良好 |
| ＞58.71 | 质量优 |

根据计算所得的研究区域城镇土地生态状况质量综合值，按自然间断点法分
级，确定研究区域城镇土地生态状况质量评价标准。综合值越大，土地生态状况
质量就越好；反之，则越差。研究区域城镇土地生态状况级别划定标准如表 4-8

所示。

**表 4-8　研究区域城镇土地生态状况质量评价标准**

| 综合值区间 | 等级 |
| --- | --- |
| <68.83 | 质量差 |
| 68.83~75.83 | 质量较差 |
| 75.83~82.98 | 质量中等 |
| 82.98~89.06 | 质量良好 |
| >89.06 | 质量优 |

### 4.6.4　区域土地生态状况指标层评估结果分析

根据评估体系，区域土地生态状况指标层包括自然基础性指标层、结构性指标层、土地污染损毁退化状况指标层、生态建设与保护综合效应指标层以及区域性指标层五个指标层。

#### 4.6.4.1　土地生态状况自然基础性指标层评估结果分析

气候条件对土地生态状况的影响主要从年均降水量、降雨量季节分配两个方面进行分析。总体来看，全市年均降水量分布较为均匀，各区域年均降水量分值差距不大，主要集中在 72.65~99.23 之间，对土地生态状况基础指标层的评估总体分值影响较小。从空间分布看，渝西地区潼南县、大足区、永川区、铜梁县及荣昌县年均降水量稍低，而渝东南秀山、酉阳和渝东北开县、城口县的降水量分值较高。

降水量季节分配分值分布和年均降水量分值分布趋势较为一致，分值主要在 80.43~99.92 之间，全市降水量季节分配分值差距不大，对土地生态状况基础指标层的评估总体分值影响较小。从全市气候条件指数评估结果来看，分值主要分布在 78.55~98.16，酉阳县、秀山县、开县、城口县分值相对较大，但全市分值总体上差距不大，对全市生态状况评估结果影响较小，与前述障碍因子分析诊断中气候条件不是全市生态质量状况的主要限制因子相一致。

土壤条件对土地生态状况的影响主要从土壤有机质含量、有效土层厚度、土壤碳蓄积量水平三个方面进行分析：全市土壤有机质含量评估分值主要在 11.44~100 之间，其中渝西区域潼南县、铜梁县，渝东北区域巫山县、城口县，渝东南区域秀山县、酉阳县、彭水县等区县土壤有机质含量明显较高，而忠县、云阳县、合川区西北部等区域由于人为或土壤类型的原因，有机质含量相对较低。有效土层厚度评估分值主要在 30~100 之间，其中渝西区域璧山县、永川区、铜梁县、潼南县等区县有效土层厚度明显较高，而云阳县、奉节县、巫山县、开县、城口县及万盛等区县由于水土流失及石漠化等原因导致有效土层厚度相对较低。土壤碳蓄积量水平评估分值主要在 50.64～97.29 之间，其中渝东北区域巫溪县、巫山县、城口县及渝东南区域酉阳县、秀山县等区县土壤碳蓄积量水平明显较高，这与两翼地区植被覆盖好、森林土壤分布较多有关；而江北区、渝北区、大渡口区、南岸区等区县由于人为活动剧烈等原因，导致土壤碳蓄积量水平相对较低。总体来看，全市土壤条件指数评估分值（图 4-19）主要分布在 38～99 之间，以渝西区域铜梁县、璧山县、永川区、潼南县及渝东南秀山县、酉阳县、黔江区等区县分值相对较大，而渝东北云阳县、奉节县、开县等区县分值相对较小。

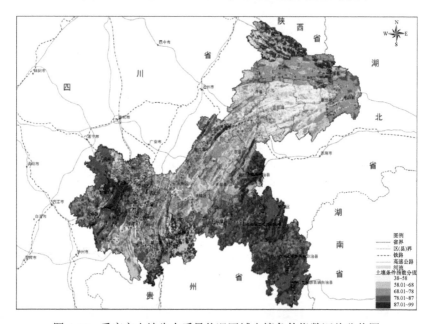

图 4-19　重庆市土地生态质量状况区域土壤条件指数评估分值图

立地条件对土地生态状况的影响主要从坡度、高程两个方面进行分析：

全市坡度评估分值主要在 40～100 之间，其中渝西区域大部分区域以及长寿区、垫江县、梁平县等区县坡度分值较高，这主要是大部分地区属于低丘缓坡区所致；而渝东北区域城口县、巫溪县、巫山县、奉节县、云阳县及渝东南区域酉阳县、武隆县、彭水县、黔江区等区县坡度分值相对较低。高程评估分值主要在 20～100 之间，其中渝西区域大部分区域以及长寿区、垫江县、梁平县等区县高程评估分值较高；而渝东北区域城口县、奉节县、巫溪县、巫山县及渝东南区域石柱县、武隆县、黔江区、酉阳县、彭水县等区县高程分值相对较低。总体来看，全市立地条件指数评估分值主要分布在 33～100 之间，分布趋势与坡度、高程评估分值大体一致，呈现渝西区域高、渝东北及渝东南区域相对较低的分布特征。立地条件指数分值分布如图 4-20。

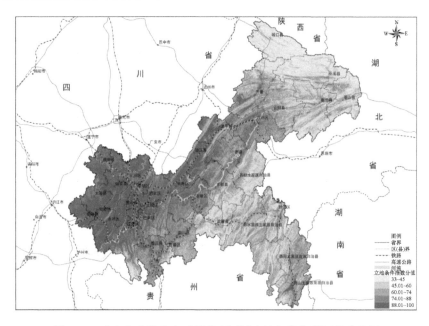

图 4-20　重庆市土地生态质量状况区域立地条件指数评估分值图

植被状况对土地生态状况的影响主要从植被覆盖度、生物量两个方面进行分析：全市植被覆盖度评估分值主要在 37.7～82.56 之间，其中万盛区、綦江县、城口县、彭水县、丰都县、石柱县、酉阳县、武隆县、巫溪县、巫山县等区县植被覆盖度分值较高；而渝西区域渝中区、大渡口区、沙坪坝区、江北区、九龙坡区、璧山县等区县植被覆盖度分值相对较低，其中渝中区植被覆盖度最低，这主要是由于渝中区城市化率全市最高导致全区植被覆盖较少所致。生物量评估分值主要在 48.41～83.7 之间，其中渝东北区域奉节县、万州区、云阳县、巫山县，渝东南区域石柱县、武隆县、酉阳县以及渝西巴南区、綦江县、万盛区等区县生物量评估分值较高；而渝西区域渝中区、大渡口区、江北区、九龙坡区、沙坪坝区、南岸区等区县生物量评估分值相对偏低。总体来看，全市植被状况指数评估分值主要分布在 40.92～80.59 之间，分布趋势与植被覆盖度评估分值分布趋势大体一致，以万盛区、石柱县、武隆县、綦江县、城口县等区县为最高，以渝中区为最低。植被状况指数分值分布如图 4-21。

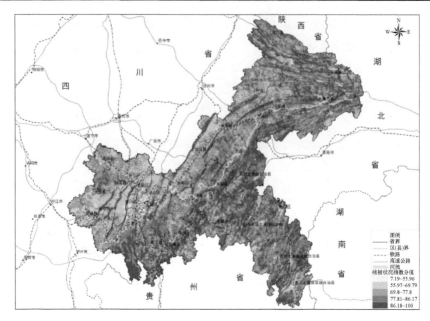

图 4-21　重庆市土地生态质量状况区域植被状况指数评估分值图

### 4.6.4.2　土地生态状况结构性指标层评估结果分析

景观多样性对土地生态状况的影响主要从土地利用类型多样性指数、土地利用格局多样性指数、斑块多样性指数三个方面进行分析。

全市土地利用类型多样性指数评估分值主要在 4.06～69.64 之间，其中开县、云阳县、酉阳县、秀山县、长寿区、丰都县等区县土地利用类型多样性指数评估分值较高；而渝中区、城口区、江北区、南岸区等区县土地利用类型多样性指数评估分值相对较低。土地利用类型多样性指数是全市较为重要的土地生态质量状况的主要限制因子之一，并且土地利用类型多样性指数在都市功能核心区、都市功能拓展区和城市发展新区的限制作用大于其在渝东北生态涵养发展区、渝东南生态保护区的限制作用。

土地利用格局多样性指数评估分值主要在 27.49～77.65 之间，其中酉阳县、丰都县、奉节县、石柱县、开县、南川区等区县土地利用格局多样性指数评估分值较高；而渝中区、江北区、大渡口、南岸区等区县土地利用格局多样性指数评估分值相对较低。同土地利用类型多样性指数一样，土地利用格局多样性指数对都市功能核心区、都市功能拓展区和城市发展新区的限制作用大于其对渝东北生态涵养发展区、渝东南生态保护区的限制作用。

斑块多样性指数评估分值主要在 0～74.89 之间，其中荣昌县、九龙坡区、大足区、永川区、大渡口区、沙坪坝区、江北区等区县斑块多样性指数评估分值较高；而渝中区、酉阳县、城口县、巫山县、石柱县、秀山县、彭水县等区县斑块多样性指数评估分值相对较低，渝中区主要是由于其城市化率最高，大部分为城市用地导致其斑块多样性值较小，其余区县则是由于其海拔较高、图斑面积较大所致。斑块多样性指数是全市较为重要的土地生态质量状况的主要限制因子之一，且对渝东南生态保护区、渝东北生态涵养发展区的限制作用大于其对都市功能核心区、都市功能拓展区的限制作用。

总体来看，全市景观多样性指数评估分值主要分布在 6.34～65.85 之间，荣昌县、大足区、九龙坡区、永川区、丰都县、璧山县等区县分值相对较高，而渝中区、城口县、彭水县、巫溪县、巫山县等区县分值相对较小。景观多样性指数分值分布如图 4-22。

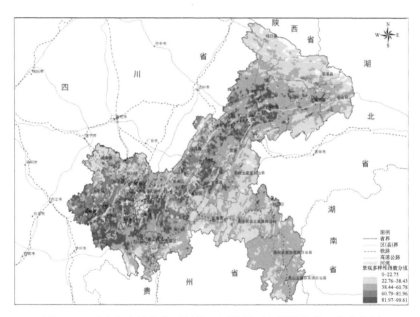

图 4-22　重庆市土地生态质量状况区域景观多样性指数评估分值图

土地利用/覆盖对土地生态状况的影响主要从无污染高等级耕地比例、有林地与防护林比例、天然草地比例、无污染水面比例、生态基础设施用地比例、城镇建设用地比例六个方面进行分析。

全市无污染高等级耕地比例评估分值主要在 0～19.63 之间，其中渝西区域璧山县、合川区、铜梁县、永川区、江津区、长寿区等区县分值相对较高，而渝东南区域彭水县、武隆县、黔江区、酉阳县分值相对较低。无污染高等级耕地比例是全市较为重要的土地生态质量状况的主要限制因子之一。有林地与防护林比例评估分值主要在 0～60.89 之间，其中渝东南区域秀山县、酉阳县、武隆县等区县分值相对较高，而渝西区域渝中区、江北区、潼南县、沙坪坝区、大渡口区等区县评估分值较低。

有林地与防护林比例是全市较为重要的土地生态质量状况的主要限制因子之一，并且该指标对都市功能核心区、都市功能拓展区和城市发展新区的限制作用大于其对渝东北生态涵养发展区、渝东南生态保护区的限制作用。

天然草地比例评估分值主要在 0～6.79 之间，零星分布在石柱县、城口县、武隆县、彭水县、丰都县、涪陵区等少数区县，其余区县无天然草地分布。无污染水面比例评估分值主要在 0.04～23.0 之间，其中永川区、荣昌县、江北区、大足区等区县评估分值较高；而彭水县、梁平县、渝中区、南川区、酉阳县、綦江县等区县评估分值相对较低。

生态基础设施用地比例评估分值主要在 0.03～27.2 之间，其中除荣昌县、铜梁县、巫山县、永川区等区县评估分值相对较高；而大渡口区、渝中区、江北区等区县评估分值相对较低。生态基础设施用地比例是全市较为重要的土地生态质量状况的主要限制因子之一。

城镇建设用地比例评估分值主要在 3.85～99.4 之间，其中除渝西区域的渝中区、江北区评估分值相对较小外，其余区县的评估分值均大于 80，以梁平县、酉阳县和奉节县为最高。

总体来看，全市土地利用/覆盖指数评估分值主要分布在 5.05～50.23 之间，其中秀山县、酉阳县、武隆县、万州区、石柱县、铜梁县等区县分值相对较高，而潼南县、大足区、沙坪坝区、大渡口区等区县分值相对较小。结合前述障碍因子分析诊断，土地利用/覆盖指数对全市土地生态状况基础指标层的评估总体分值影响较大，是全市较为重要的土地生态质量状况的主要限制因子之一。土地利用/覆盖指数分值分布如图 4-23。

### 4.6.4.3　土地生态状况污染损毁退化状况指标层评估结果分析

土地损毁对土地生态状况的影响主要从挖损塌陷压占土地比例、自然灾毁土地比例、废弃撂荒土地比例三个方面进行分析：全市挖损塌陷压占土地比例评估分值分布较为均匀，各区县差距不大，集中分布在 99.02～100 之间，对土地生态状况基础指标层的评估总体分值影响较小。从空间分布看，渝西地区评估分值略低于渝东南、渝东北区域，这是由于经济发达的渝西区域工程建设项目相对较多，因而出现了更多的挖损、压占土地情况。自然灾毁土地比例评估分值主要在

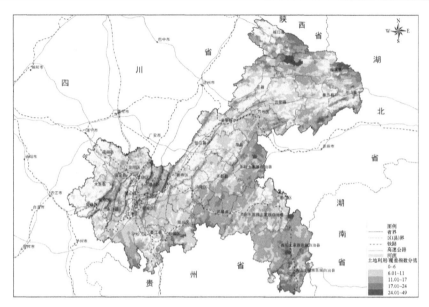

图 4-23　重庆市土地生态质量状况区域土地利用/覆盖指数评估分值图

99.18～100 之间，各区县之间分值差距不大。该指标对土地生态状况基础指标层的评估总体分值影响较小。从空间分布看，自然灾毁土地仅零星分布在渝东北区域城口县、奉节县及渝东南彭水县等少数区县。废弃撂荒土地比例评估分值主要在 99.72～100 之间，各区县分值差距不大。该指标对土地生态状况评估总体分值影响较小。

　　总体来看，全市土地损毁指数评估分值主要分布在 99.5～100 之间，各区县分值差距不大，表明该指标对全市土地生态状况评估总体分值影响较小，与前述障碍因子分析诊断中土地损毁不是全市生态质量状况的主要限制因子相一致。

　　土地退化对土地生态状况的影响主要从耕地林地草地年均退化率、湿地水域年均减少率两个方面进行分析：耕地林地草地年均退化率评估分值主要在 95.45～100 之间，其中渝西区域沙坪坝区、永川区、渝北区、九龙坡区、江北区、北碚区等区县评估分值较低，这主要是由于上述区县出现了一定程度的耕地撂荒所致，而渝东北区域、渝东南区域的区县评估分值相对较高。湿地水域年均减少率评估分值主要在 96.34～100 之间，其中渝西区域沙坪坝区、江北区、北碚区、长寿区等区县评估分值较低，这主要是由于上述区县出现了一定程度的城市发展建设占用了一定的湿地、水域面积所致；而渝东北区域、渝东南区域的区县评估分值相对较高。

　　总体来看，全市土地退化指数评估分值主要分布在 95.10～100 之间，其中渝西区域沙坪坝区、永川区、渝北区、北碚区、江北区、九龙坡区、大足区、巴南区等区县评估分值较低，而渝东北区域、渝东南区域的区县评估分值相对较高。该指标各区县分值差距不大，表明该指标对全市土地生态状况评估总体分值影响较小，不是全市生态质量状况的主要限制因子。土地退化指数分值分布如图 4-24。

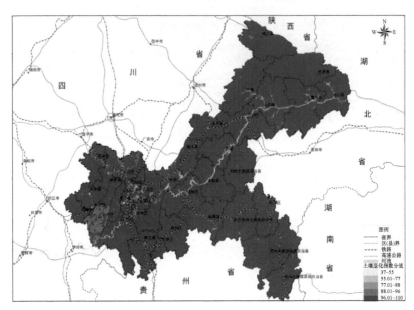

图 4-24　重庆市土地生态质量状况区域土地退化指数评估分值图

### 4.6.4.4　土地生态状况生态建设与保护综合效应指标层评估结果分析

（1）生态建设

生态建设对土地生态状况的影响主要从未利用土地开发与改良面积年均增加率、生态退耕年均比例、湿地水域年均增加率、损毁土地再利用与恢复年均增加率四个方面进行分析。

全市未利用土地开发与改良面积年均增加率评估分值主要在 0.38～13.53 之间，其中万盛区评估分值最高，其次为巴南区、长寿区、彭水县、潼南县等区县，巫溪县、城口县、巫山县、秀山县、武隆县、黔江区等区县评估分值较低。未利用土地开发与改良面积年均增加率是全市较为重要的土地生态质量状况的主要限制因子之一。

生态退耕年均比例评估分值主要在 0～1.48 之间，其中万盛区评估分值最高，其次为大渡口区、城口县、大足区、开县、酉阳县等区县。可以看出，全市生态退耕年均比例分值普遍较低，该指标是全市较为重要的土地生态质量状况的主要限制因子之一。

湿地水域年均增加率评估分值主要在0～0.7之间,其中万盛区评估分值最高,其次为丰都县、梁平县、潼南县、万州区、酉阳县等区县。可以看出,全市湿地水域年均增加率分值普遍较低,而湿地、水域对于调节区域土地生态质量状况有着重要作用,故该指标对全市土地生态质量状况有一定的限制作用。

损毁土地再利用与恢复年均增加率评估分值主要在 0～0.53 之间,该指标全市仅有零星分布。

总体来看,全市生态建设指数评估分值主要分布在 0～6.19 之间,其中万盛区评估分值最高,其次为大渡口区、巴南区、长寿区、潼南县等区县。不难发现,全市生态建设指数分值普遍偏低,该指标对全市土地生态质量状况限制作用较大,严重制约了全市土地生态状况的改善与提升。生态建设指数分值分布如图 4-25。

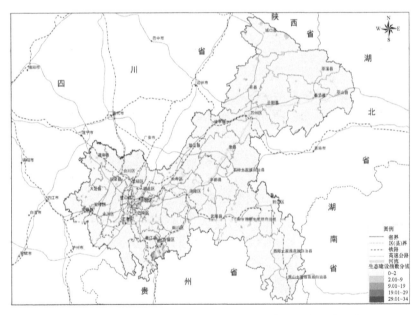

图 4-25　重庆市土地生态质量状况区域生态建设指数评估分值图

（2）生态压力

生态压力对土地生态状况的影响主要从人口密度方面进行分析,人口密度可以反映因人口增长导致的社会对生产、消费、居住等需求增加给土地生态系统带来的压力。

全市人口密度评估分值主要在 49.57～94.12 之间,其中渝东北区域城口县、巫溪县、巫山县及渝东南区域武隆县、彭水县、酉阳县等区域评估分值较高,这是由于渝东北、渝东南区域人口密度小，对生态环境的压力较小所致；而渝西区域渝中区、江北区、南岸区、沙坪坝区、九龙坡区等区县评估分值较低，相应人口密度对生态环境的压力较大。可以看出，全市生态压力指数对全市土地生态质量状况限制作用较大，是全市较为重要的土地生态质量状况的主要限制因子之一。

（3）生态建设保护与发展协调

生态建设保护与发展协调对土地生态状况的影响主要从人口与生态用地增长弹性系数、人口与生态用地增长贡献度、地区生产总值与生态用地增长弹性系数、地区生产总值与生态用地增长贡献度四个方面进行分析。

人口与生态用地增长弹性系数评估分值主要在 0～69.11 之间，其中云阳县、忠县评估分值最高，其次为丰都县、垫江县、万州区、永川区等区县，渝中区、南岸区、綦江区、沙坪坝区、荣昌县、大渡口区等区县评估分值较小。

人口与生态用地增长贡献度评估分值主要在 0.03～27.70 之间，其中巫山县、梁平县评估分值最高，其次为大足区、北碚区、丰都县、秀山县、长寿区、垫江县等区县，沙坪坝区、渝中区、大渡口区、江津区等区县评估分值较小。

地区生产总值与生态用地增长弹性系数评估分值主要在 0～90.01 之间，其中北碚区、垫江县评估分值最高，其次为城口县、大足区、铜梁县、潼南县等区县，万盛、石柱县、綦江县、南岸区、渝中区、巫溪县、大渡口区等区县评估分值较小。

地区生产总值与生态用地增长贡献度评估分值主要在 0.01～98.08 之间，其中巴南区、北碚区评估分值最高，其次为大渡口区、忠县、涪陵区、永川、大足区等区县，巫溪县、武隆县、城口县、綦江县、石柱县等区县评估分值较小。

总体来看，全市生态建设保护与发展协调指数评估分值主要分布在 0.15～59.17 之间，其中北碚区、巴南区评估分值最高，其次为垫江县、大渡口区、大足区等区县。可以看出，全市生态建设保护与发展协调指数分值普遍偏低，表明区域人口增长、经济发展与生态保护三者之间的协调程度较差，该指标对全市土地生态质量状况限制作用较大，制约了全市土地生态状况的改善与提升。生态建设保护与发展协调分值分布如图 4-26。

4.6.4.5　土地生态状况区域性指标层评估结果分析

西南山区生态敏感区土地生态状况的区域性指标仅需考虑土壤侵蚀条件，主要从土壤侵蚀面积比例、土壤侵蚀程度指数两个方面进行分析，其评估分值分布图如图 4-27。

全市土壤侵蚀面积比例评估分值主要在 0～82.21 之间，其中渝西区域潼南县、大足区、永川区、巴南区、璧山县，渝东南酉阳县、秀山县平坝部分评估分值较

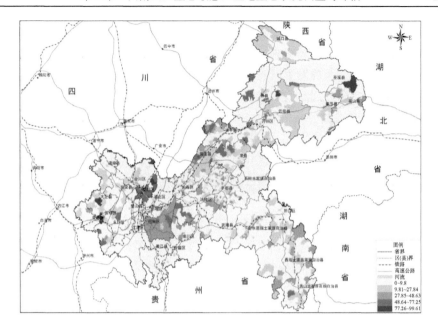

图 4-26　重庆市土地生态质量状况区域生态建设保护与发展协调指数评估分值图

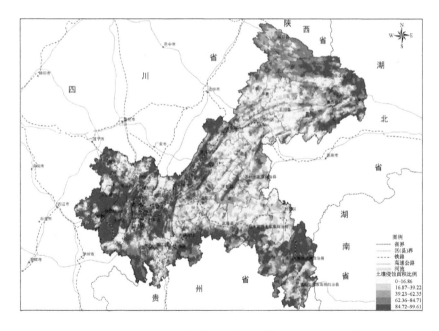

图 4-27　重庆市土地生态质量状况区域土壤侵蚀面积比例评估分值图

高，而云阳县、忠县、武隆县、丰都县、彭水县等区县评估分值较低。结合前述障碍因子分析诊断，土壤侵蚀面积比例对全市土地生态状况基础指标层的评估总体分值影响较大，是全市较为重要的土地生态质量状况的主要限制因子之一，且该指标对渝东北生态涵养发展区、渝东南生态保护区的限制作用大于其对都市功能核心区、都市功能拓展区、城市发展新区的限制作用。

　　土壤侵蚀程度指数评估分值与土壤侵蚀面积比例评估分值分布趋势较为一致，主要在42.02～59.67之间。可以看出，土壤侵蚀程度总体呈现出渝西区域及渝东南平坝区域较低，平行岭谷低山丘陵区及渝东北、渝东南非平坝区域较高。

　　结合前述障碍因子分析诊断，土壤侵蚀程度指数是全市较为重要的土地生态质量状况的主要限制因子之一。

　　总体来看，全市土壤侵蚀条件指数评估分值主要分布在39.78～55.42之间，呈现出渝西区域评估分值高，而平行岭谷低山丘陵区及渝东北、渝东南区域评估分值低的特点。土壤侵蚀条件指数分值分布如图4-28。

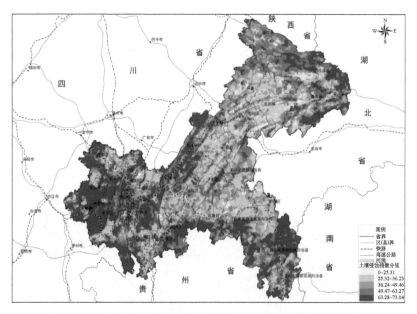

图4-28　重庆市土地生态质量状况区域土壤侵蚀条件评估分值图

### 4.6.5　土地生态状况质量综合评估结果分析

#### 4.6.5.1　数量特征分析

　　根据区域土地生态状况综合评估分值，结合前述综合评估级别划定标准，得到研究区域土地生态质量状况评估结果（如图4-29所示），区域质量优的面积为

1228901.57hm²，占区域土地总面积的 14.92%；质量良好的面积为 2330594.24hm²
占区域土地总面积的 28.29%；质量中等的面积为 2343622.35hm²，占区域土地总
面积的 28.45%；质量较差的面积为 1857389.21hm²，占区域土地总面积的 22.55%；
质量差的面积为 476901.39hm²，占区域土地总面积的 5.79%。

　　区域土地生态评估结果分布如图 4-29 所示。

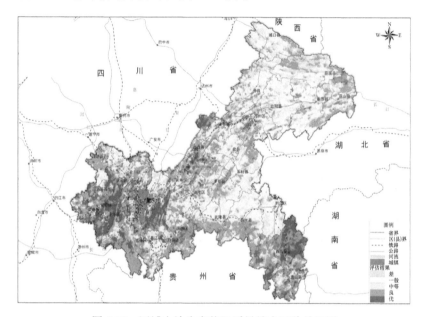

图 4-29　区域土地生态状况质量综合评估结果图

### 4.6.5.2　区域特征分析

　　总体来看，区域土地生态状况评估结果大体呈现出城市发展新区、都市功能
拓展区土地生态状况质量相对较好，其次为渝东南生态保护区和渝东北生态涵养
发展区，都市功能核心区土地生态状况质量相对较差。五大功能区具体土地生态
状况质量分布特征分析如下所述。

　　（1）都市功能核心区、都市功能拓展区

　　该区域土地生态状况质量优的面积为 156225.75hm²，占区域土地总面积的
28.58%；质量良好的面积为 128657.91hm²，占区域土地总面积的 23.53%；质量中
等的面积为 82350.58hm²，占区域土地总面积的 15.06%；质量较差的面积为
82897.4hm²，占区域土地总面积的 15.16%；质量差的面积为 96589.26hm²，占区
域土地总面积的 17.67%。相比之下，都市功能核心区生态状况较都市功能拓展区
相对较差。究其原因，都市功能核心区是集中体现重庆作为国家中心城市的政治

经济、历史文化、金融创新、现代服务业中心功能，是具有全国性影响的大都市中心区，市域土地生态状况质量差的区域主要位于该区域。这主要是由于该区域经济发展程度高、人口密度大、人地矛盾尖锐，且植被覆盖度差、土地景观多样性指数较差、生态建设保护与发展协调性较差。

（2）城市发展新区

该区域土地生态状况质量优的面积为 548951.61hm$^2$，占区域土地总面积的23.67%；质量良好的面积为 840363.75hm$^2$，占区域土地总面积的36.24%；质量中等的面积为 538603.90hm$^2$，占区域土地总面积的 23.23%；质量较差的面积为308966.94hm$^2$，占区域土地总面积的13.32%；质量差的面积为82117.21hm$^2$，占区域土地总面积的3.54%。其中大足县、永川区、璧山县生态质量相对较好，其区域土地生态状况质量优、质量良好的面积分别占到区域总面积的 83.00%、89.17%、83.27%，而涪陵区、合川区、南川区生态质量相对较差，其区域土地生态状况质量较差、质量差的面积分别占到区域总面积的32.83%、31.22%、30.98%。从全市来看，城市发展新区生态状况质量最好，其生态状况质量优和质量良好比例高达 59.91%。该区域是成渝城市群、城市组团发展和产业布局联动的区域。该区域内海拔较低、地势平缓，土壤侵蚀较弱区域的自然环境条件相对优越的区域，虽然该区域植被覆盖度稍差、人口压力亦相对较大，但相对优越的自然环境、肥力较好的土壤以及较好的景观多样性指数确保了该区域的土地生态质量状况相对较好。

（3）渝东北生态涵养发展区

该区域土地生态状况质量优的面积为 180335.50hm$^2$，占区域土地总面积的5.32%；质量良好的面积为 778478.17hm$^2$，占区域土地总面积的22.96%；质量中等的面积为 1165669.60hm$^2$，占区域土地总面积的 34.38%；质量较差的面积为998265.42hm$^2$，占区域土地总面积的29.44%；质量差的面积为267811.54hm$^2$，占区域土地总面积的 7.90%。其中梁平、垫江、巫山等区域生态质量相对较好，其区域土地生态状况质量优、质量良好的面积分别占到区域总面积的 51.10%、70.06%、44.38%，而云阳、奉节、城口生态质量相对较差，其区域土地生态状况质量较差、质量差的面积分别占到区域总面积的 62.11%、42.72%、49.67%。该区域土地生态状况质量差、质量较差的面积占到区域总面积的37.34%，在各区域中比例最高。这主要是因为该区域自然条件较差、海拔高、坡度大，开县、云阳等区域土壤侵蚀严重，继而导致一定程度的土壤肥力衰退，因而该区域中土壤侵蚀程度及土壤条件指数是影响该区域生态状况的重要因素。

（4）渝东南生态保护区

该区域土地生态状况质量优的面积为 343388.70hm$^2$，占区域土地总面积的17.33%；质量良好的面积为 583094.41hm$^2$，占区域土地总面积的29.43%；质量中等的面积为 556998.26hm², 占区域土地总面积的 28.12%; 质量较差的面积为 467259.36hm², 占区域土地总面积的 23.59%; 质量差的面积为 30383.38hm², 占区域土地总面积的 1.53%。其中秀山县、酉阳县生态质量相对较好, 其区域土地生态状况质量优、质量良好的面积分别占到区域总面积的 69.09%、84.99%, 而黔江、石柱生态质量相对较差, 其区域土地生态状况质量较差、质量差的面积分别占到区域总面积的 50.77%、38.00%。该区域土地生态状况质量差、质量较差的面积占区域总面积的 25.12%, 而土地生态状况质量优、质量良好的面积占区域总面积的 46.77%。这主要是由于该区域石柱县、武隆县、酉阳县部分区域植被覆盖度较高, 一定程度上优化区域土地生态状况, 加之区域人口、经济发展缓慢也在一定程度上促进了自然环境的较好保护。但与此同时, 该区域为典型的喀什特地貌区域, 石漠化严重, 土层浅薄, 有机质含量较低, 加剧了区域水土流失程度, 黔江、石柱及武隆和彭水北部区域土壤侵蚀程度相对较为严重, 导致了该地区土地生态质量状况相对较差。

### 4.6.6　城镇综合评估结果分析

通过对评估栅格单元进行统计, 研究区城镇范围共计 18804670 个栅格单元, 栅格单元规格为 10m×10m, 故研究区城镇范围总面积为 188046.7hm²。根据栅格单元的分值, 结合城镇土地生态状况质量评价标准, 研究区域质量优的栅格单元为 2140348 个, 面积为 21403.48hm²; 质量良好的栅格单元为 3893276 个, 面积为 38932.76hm²; 质量中等的栅格单元为 3662847 个, 面积为 36628.47hm²; 质量较差的栅格单元为 4818086 个, 面积为 48180.86hm²; 质量差的栅格单元为 4290113 个, 面积为 42901.13hm²。

主城区城镇土地生态评估结果分布如图 4-30、表 4-8 和表 4-9 所示。

从表 4-8 可知, 都市功能核心区、都市功能拓展区城镇土地生态状况质量优的面积为 18019.92hm², 占区域城镇土地总面积的 17%; 质量良好的面积为 22243.44hm², 占区域城镇土地总面积的 20.98%; 质量中等的面积为 14683.1hm², 占区域城镇土地总面积的 13.85%; 质量较差的面积为 21690.76hm², 占区域城镇土地总面积的 20.46%; 质量差的面积为 29366.57hm², 占区域城镇土地总面积的 27.7%。

城市发展新区城镇土地生态状况质量优的面积为 2330.29hm², 占区域城镇土地总面积的 4.64%; 质量良好的面积为 9988.74hm², 占区域城镇土地总面积的 19.87%; 质量中等的面积为 13973.49hm², 占区域城镇土地总面积的 27.79%; 质量较差的面积为 14830.34hm², 占区域城镇土地总面积的 29.5%; 质量差的面积为 9152.4hm², 占区域城镇土地总面积的 18.2%。

表 4-8　西南山区生态敏感区土地生态状况综合评估结果汇总面积表

| 五大功能区 | 行政区名称 | 质量优 面积（hm²） | 比例（%） | 质量良好 面积（hm²） | 比例（%） | 质量中等 面积（hm²） | 比例（%） | 质量较差 面积（hm²） | 比例（%） | 质量差 面积（hm²） | 比例（%） |
|---|---|---|---|---|---|---|---|---|---|---|---|
| 重庆市 | 重庆市 | 1228901.57 | 14.92 | 2330594.24 | 28.29 | 2343622.35 | 28.45 | 1857389.21 | 22.55 | 476901.39 | 5.79 |
| 都市功能核心区、都市功能拓展区 | 渝中区 | 0.00 | 0.00 | 0.00 | 0.00 | 0.00 | 0.00 | 2.00 | 0.09 | 2321.89 | 99.91 |
| | 大渡口区 | 1826.67 | 17.79 | 2650.94 | 25.82 | 1540.84 | 15.01 | 2947.76 | 28.71 | 1300.73 | 12.67 |
| | 江北区 | 191.38 | 0.87 | 3152.22 | 14.28 | 4888.35 | 22.14 | 3998.42 | 18.11 | 9849.66 | 44.61 |
| | 沙坪坝区 | 6377.42 | 16.11 | 17086.09 | 43.16 | 3629.46 | 9.17 | 3460.26 | 8.74 | 9030.15 | 22.81 |
| | 九龙坡区 | 7176.79 | 16.66 | 11261.47 | 26.14 | 8631.39 | 20.04 | 8852.04 | 20.55 | 7156.55 | 16.61 |
| | 南岸区 | 6325.29 | 24.10 | 4517.81 | 17.22 | 3368.12 | 12.84 | 5573.32 | 21.24 | 6456.70 | 24.61 |
| | 北碚区 | 23734.55 | 31.58 | 25530.52 | 33.97 | 13999.98 | 18.63 | 7550.75 | 10.05 | 4339.63 | 5.77 |
| | 渝北区 | 4331.73 | 2.97 | 22788.78 | 15.64 | 29354.55 | 20.15 | 39685.84 | 27.24 | 49546.75 | 34.00 |
| | 巴南区 | 106261.93 | 58.29 | 41670.08 | 22.86 | 16937.89 | 9.29 | 10827.10 | 5.94 | 6587.19 | 3.61 |
| | 小计 | 156225.75 | 28.58 | 128657.91 | 23.53 | 82350.58 | 15.06 | 82897.49 | 15.16 | 96589.26 | 17.67 |
| 城市发展新区 | 涪陵区 | 19336.21 | 6.57 | 78571.23 | 26.70 | 106211.82 | 36.10 | 78689.57 | 26.74 | 11424.81 | 3.88 |
| | 万盛区 | 8739.38 | 15.57 | 23682.86 | 42.19 | 13902.21 | 24.77 | 8423.88 | 15.01 | 1383.41 | 2.46 |
| | 大足区 | 60553.30 | 42.25 | 58416.67 | 40.76 | 18951.13 | 13.22 | 2902.11 | 2.02 | 2511.60 | 1.75 |
| | 长寿区 | 26508.07 | 18.65 | 64271.60 | 45.22 | 32114.15 | 22.59 | 13154.53 | 9.25 | 6094.49 | 4.29 |
| | 江津区 | 73475.09 | 22.83 | 157176.68 | 48.85 | 60112.76 | 18.68 | 23650.57 | 7.35 | 7364.78 | 2.29 |
| | 合川区 | 22032.54 | 9.40 | 71712.77 | 30.59 | 67491.12 | 28.79 | 52650.05 | 22.46 | 20521.01 | 8.75 |
| | 永川区 | 109538.63 | 69.39 | 31220.55 | 19.78 | 10880.53 | 6.89 | 3219.39 | 2.04 | 2995.41 | 1.90 |
| | 南川区 | 50284.56 | 19.42 | 111220.16 | 42.95 | 66025.95 | 25.50 | 28718.10 | 11.09 | 2709.06 | 1.05 |
| | 綦江区 | 21776.17 | 9.96 | 68426.84 | 31.31% | 60657.54 | 27.75 | 50270.71 | 23.00% | 17435.44 | 7.98 |
| | 潼南县 | 7967.60 | 5.03 | 66987.18 | 42.28% | 49756.85 | 31.41 | 30523.93 | 19.27% | 3197.77 | 2.02 |
| | 铜梁区 | 71738.71 | 53.52 | 33268.11 | 24.82 | 17214.54 | 12.84% | 9991.56 | 7.45 | 1834.05 | 1.37 |

续表

| 五大功能区 | 行政区名称 | 质量优 | | 质量良好 | | 质量中等 | | 质量较差 | | 质量差 | |
|---|---|---|---|---|---|---|---|---|---|---|---|
| | | 面积（hm²） | 比例（%） | 面积（hm²） | 比例（%） | 面积（hm²） | 比例（%） | 面积（hm²） | 比例（%） | 面积（hm²） | 比例（%） |
| 城市发展新区 | 荣昌县 | 35108.32 | 32.61 | 41154.72 | 38.22 | 24845.82 | 23.08 | 4058.21 | 3.77 | 2504.12 | 2.33 |
| | 璧山区 | 41893.04 | 45.81 | 34254.38 | 37.46 | 10439.46 | 11.42 | 2714.33 | 2.97 | 2141.27 | 2.34 |
| | 小计 | 548951.61 | 23.67 | 840363.75 | 36.24 | 538603.90 | 23.23 | 308966.94 | 13.32 | 82117.21 | 3.54 |
| 渝东北生态涵养发展区 | 万州区 | 32637.52 | 9.4 | 92527.83 | 26.77 | 117715.10 | 34.06 | 86420.52 | 25.00 | 16336.63 | 4.73 |
| | 梁平县 | 43291.25 | 22.92 | 53222.06 | 28.18 | 53871.29 | 28.52 | 33083.10 | 17.52 | 5409.58 | 2.86 |
| | 城口县 | 1432.68 | 0.44 | 60072.52 | 18.26 | 126906.36 | 38.58 | 114704.67 | 34.87 | 25789.96 | 7.84 |
| | 丰都县 | 17523.03 | 6.04 | 95456.89 | 32.91 | 97917.57 | 33.75 | 67044.45 | 23.11 | 12143.96 | 4.19 |
| | 垫江县 | 43751.74 | 28.85 | 62480.13 | 41.21 | 35790.97 | 23.60 | 8174.18 | 5.39 | 1432.42 | 0.94 |
| | 忠县 | 3989.22 | 1.83 | 38832.81 | 17.79 | 63158.40 | 28.93 | 94867.59 | 43.46 | 17432.27 | 7.99 |
| | 开县 | 7905.47 | 1.99 | 74170.51 | 18.71 | 159690.96 | 40.29 | 120107.14 | 30.30 | 34473.97 | 8.70 |
| | 云阳县 | 1861.63 | 0.51 | 30612.01 | 8.42 | 105310.09 | 28.96 | 152666.26 | 41.98 | 73183.15 | 20.13 |
| | 奉节县 | 6666.02 | 1.63 | 68492.08 | 16.71 | 131125.79 | 31.99 | 159227.68 | 38.85 | 44351.26 | 10.82 |
| | 巫山县 | 18826.66 | 6.37 | 112261.82 | 38.00 | 101773.41 | 34.45 | 55915.27 | 18.93 | 6611.13 | 2.24 |
| | 巫溪县 | 2450.29 | 0.61 | 90349.50 | 22.48 | 172409.66 | 42.90 | 106054.55 | 26.39 | 30647.21 | 7.63 |
| | 小计 | 180335.50 | 5.32 | 778478.17 | 22.96 | 1165669.60 | 34.38 | 998265.42 | 29.44 | 267811.54 | 7.90 |
| 渝东南生态保护区 | 黔江区 | 853.86 | 0.36 | 17174.37 | 7.18 | 99730.92 | 41.70 | 111156.38 | 46.47 | 10269.61 | 4.29 |
| | 武隆县 | 19520.21 | 6.76 | 90104.05 | 31.18 | 82833.03 | 28.67 | 91576.06 | 31.69 | 4903.17 | 1.70 |
| | 石柱县 | 6492.95 | 2.15 | 61915.55 | 20.54 | 118455.18 | 39.30 | 110330.11 | 36.61 | 4212.33 | 1.40 |
| | 秀山县 | 58972.77 | 24.04 | 110526.61 | 45.05 | 62896.91 | 25.64 | 11978.81 | 4.88 | 962.37 | 0.39 |
| | 酉阳县 | 238182.44 | 46.09% | 200993.97 | 38.90 | 67899.70 | 13.14 | 9030.63 | 1.75 | 618.47 | 0.12 |
| | 彭水县 | 19366.47 | 4.97 | 102379.86 | 26.28 | 125182.51 | 32.14 | 133187.37 | 34.19 | 9417.41 | 2.42 |
| | 小计 | 343388.70 | 17.33 | 583094.41 | 29.43 | 556998.26 | 28.12 | 467259.36 | 23.59 | 30383.38 | 1.53 |

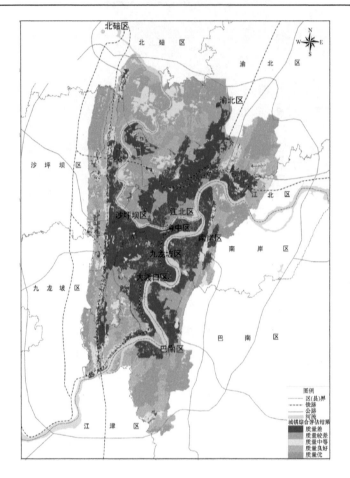

图 4-30　重庆市主城区城镇土地生态质量状况综合评估结果图

渝东北生态涵养发展区城镇土地生态状况质量优的面积为 217.14hm²，占区域城镇土地总面积的 0.96%；质量良好的面积为 3583.9hm²，占区域城镇土地总面积的 15.78%；质量中等的面积为 5381.33hm²，占区域城镇土地总面积的 23.7%；质量较差的面积为 10284.37hm²，占区域城镇土地总面积的 45.29%；质量差的面积为 3240.87hm²，占区域城镇土地总面积的 14.27%。

渝东南生态保护区城镇土地生态状况质量优的面积为 836.13hm²，占区域城镇土地总面积的 9.23%；质量良好的面积为 3116.68hm²，占区域城镇土地总面积的 34.4%；质量中等的面积为 2590.55hm²，占区域城镇土地总面积的 28.59%；质量较差的面积为 1375.39hm²，占区域城镇土地总面积的 15.18%；质量差的面积为 1141.29hm²，占区域城镇土地总面积的 12.6%。

表 4-9　西南山区生态敏感区城镇土地生态状况综合评估结果汇总面积表（hm²）

| 五大功能区 | 行政区名称 | 质量优 | 质量良好 | 质量中等 | 质量较差 | 质量差 | 城镇总面积 |
|---|---|---|---|---|---|---|---|
| 都市功能核心区、都市功能拓展区 | 渝中区 | 9.95 | 523.47 | 53.64 | 221.8 | 1516.09 | 2324.95 |
| | 大渡口区 | 903.9 | 2578.11 | 1907.43 | 1705.85 | 2978.36 | 10073.65 |
| | 江北区 | 444.41 | 1498.02 | 1057.82 | 2744.74 | 2947.31 | 8692.3 |
| | 沙坪坝区 | 2227.59 | 2807.4 | 2311.97 | 1160.24 | 4097.63 | 12604.83 |
| | 九龙坡区 | 856.35 | 917.08 | 925.46 | 2062.58 | 3807.78 | 8569.25 |
| | 南岸区 | 2119.96 | 1799.83 | 1243.74 | 1215.12 | 3303.73 | 9682.38 |
| | 北碚区 | 1871.48 | 2214.82 | 2312.78 | 1984.69 | 464.28 | 8848.05 |
| | 渝北区 | 5447.46 | 4977.73 | 3948.51 | 7501.91 | 7225.86 | 29101.47 |
| | 巴南区 | 4138.82 | 4926.98 | 921.75 | 3093.83 | 3025.53 | 16106.91 |
| | 小计 | 18019.9 | 22243.44 | 14683.1 | 21690.76 | 29366.6 | 106003.8 |
| 城市发展新区 | 涪陵区 | 137.75 | 597 | 2040.25 | 1854.5 | 162.25 | 4791.75 |
| | 万盛区 | 281 | 464.75 | 462.25 | 306 | 152.25 | 1666.25 |
| | 大足区 | 3.5 | 141.25 | 1124.25 | 308 | 912 | 2489 |
| | 长寿区 | 7.5 | 162.06 | 488.13 | 448.5 | 1588.82 | 2695.01 |
| | 江津区 | 637.9 | 1187.52 | 1966.84 | 3888.34 | 0.12 | 7680.72 |
| | 合川区 | 269.75 | 1113 | 1072.5 | 843.25 | 1540.75 | 4839.25 |
| | 永川区 | 100.5 | 1523.5 | 1130.5 | 1536 | 1091.75 | 5382.25 |
| | 南川区 | 156.75 | 697 | 933.75 | 450.5 | 460.5 | 2698.5 |
| | 綦江县 | 1.75 | 1111.25 | 1278.25 | 615.25 | 867.75 | 3874.25 |
| | 潼南县 | 471.01 | 1115.26 | 658.51 | 728.46 | 0 | 2973.24 |
| | 铜梁县 | 34.78 | 431 | 159.08 | 1659.25 | 706.18 | 2990.29 |
| | 荣昌县 | 59.85 | 511.4 | 1388.43 | 1184.54 | 407.28 | 3551.5 |
| | 璧山县 | 168.25 | 933.75 | 1270.75 | 1007.75 | 1262.75 | 4643.25 |
| | 小计 | 2330.29 | 9988.74 | 13973.49 | 14830.34 | 9152.4 | 50275.26 |
| 渝东北生态涵养发展区 | 万州区 | 86.74 | 2114.2 | 823.55 | 5193.63 | 0.29 | 8218.41 |
| | 梁平县 | 0 | 202.22 | 738.5 | 391.87 | 261.35 | 1593.94 |
| | 城口县 | 44.72 | 153.6 | 99.51 | 150.12 | 0 | 447.95 |
| | 丰都县 | 13.55 | 362.78 | 1106.55 | 922.15 | 94.93 | 2499.96 |
| | 垫江县 | 0 | 0 | 9.41 | 249.7 | 529.27 | 788.38 |
| | 忠县 | 72.13 | 9.77 | 1347.14 | 322.62 | 475.99 | 2227.65 |
| | 开县 | 0 | 49.28 | 637.06 | 1203.72 | 214.86 | 2104.92 |
| | 云阳县 | 0 | 220.54 | 88.64 | 178.01 | 787.77 | 1274.96 |
| | 奉节县 | 0 | 1.62 | 305.66 | 1194.66 | 698.01 | 2199.95 |
| | 巫山县 | 0 | 340.04 | 58.41 | 338.09 | 0 | 736.54 |
| | 巫溪县 | 0 | 129.85 | 166.9 | 139.8 | 178.4 | 614.95 |
| | 小计 | 217.14 | 3583.9 | 5381.33 | 10284.37 | 3240.87 | 22707.61 |
| 渝东南生态保护区 | 黔江区 | 765.5 | 2365.75 | 628 | 86.75 | 10 | 3856 |
| | 武隆县 | 3.5 | 80 | 424 | 68.75 | 256.25 | 832.5 |
| | 石柱县 | 0.13 | 2.06 | 65.98 | 61.93 | 9.29 | 139.39 |
| | 秀山县 | 0 | 270.75 | 983 | 605.75 | 647.25 | 2506.75 |
| | 酉阳县 | 67 | 267.87 | 82.07 | 418.71 | 0 | 835.65 |
| | 彭水县 | 0 | 130.25 | 407.5 | 133.5 | 218.5 | 889.75 |
| | 小计 | 836.13 | 3116.68 | 2590.55 | 1375.39 | 1141.29 | 9060.04 |
| 总计 | | 21403.5 | 38932.76 | 36628.47 | 48180.86 | 42901.1 | 188046.7 |

## 4.7 三峡库区生态敏感区土地利用生态功能分区应用研究

人类社会创造的一切财富都源于不断对土地的开发利用和对土地结构的改造，并在土地利用过程中人与土地形成最基本的生产关系。土地利用合理与否受到自然、社会、经济、技术等多因素的综合制约，自20世纪以来，人类对土地资源的掠夺越来越严重，忽视土地的生态特征盲目索取以致严重超出土地承载力，造成不同程度的土地质量下降、水土流失及生态环境恶化，导致土地利用效益不断下降，人地矛盾日益加深。面对资源匮乏化、污染严重化造成生态系统加速退化的严峻形势，遵循自然生态规律，运用生态保护、土地利用等基础理论，充分考虑人类活动在自然生态环境中发挥的作用，进行因地制宜的土地资源利用和生态环境保护恢复，显得越来越重要。

土地利用生态功能分区是优化土地综合利用，保护生态的重要基础，其实质就是生态系统服务功能分区。区域土地利用生态功能分区结果可以反映区域土地的生态差异性，揭示不同区域的土地类型以及结构与特点，从而明确各区域内土地生态利用的主导方向。研究土地利用生态功能分区既可以加强土地利用管理，提高区域土地生态利用效率，解决人地关系紧张的问题；同时保护具有重要价值的生态用地，限制不适当的开发利用行为。研究区域土地利用生态功能分区及调控对策可以明确土地利用生态问题，有针对性地提出西南山区生态敏感区保护对策，促进区域社会、经济、环境三位一体的可持续发展。

土地利用生态功能区划是在分析研究区域生态环境特征与生态环境问题、生态环境敏感性和生态服务功能空间分异规律的基础上，根据生态环境特征、生态环境敏感性和生态服务功能重要性在不同地域的差异性和相似性，将区域空间划分为不同生态功能区的过程。

### 4.7.1 土地利用生态功能区划分原则

西南山区生态敏感区生态功能区划的目的在于分析区域生态系统的结构、功能及其分布特征，判明该区主要生态环境问题、成因与分布，确定生态环境敏感性特点，评价不同生态系统类型的生态服务功能及其重要性，提出生态功能区划方案，并确定各功能区的生态环境功能和社会经济功能。生态功能区划应遵循如下原则。

（1）生态系统功能的分异原则

西南山区地处亚热带湿润地区，长江是非常重要的区域联系纽带，在本研究中特别强调和重视三峡库区内与库首、库中、库尾间的相互关系，以及由于自然因素和人类活动的区域差异性所导致的区域生态系统结构、功能和服务的差异。

（2）主导生态功能一致性原则

分区重点考虑区域生态环境问题、生态环境敏感性、生态服务功能和结构，以及主导因子的生态学基础与依据。在各评价参数中，筛选出主导参数，并赋予相关权重，同时还考虑参数的相互影响与综合作用。

（3）区域共轭原则

生态功能区域划分单元必须具有独特性和空间上完整的自然区域，即任何一个生态功能区必须是完整的个体，不存在彼此分离的部分。

（4）生态–社会–经济可持续发展原则

生态功能分区结合了社会经济发展水平，实现了资源的合理开发利用。坚持生态、社会、经济效益相统一的原则，可促进区域社会经济的可持续发展。

（5）前瞻性原则

生态功能分区的目的是保护具有重要生态服务功能的生态区。分区在充分把握生态系统结构与功能演变趋势的基础上，结合区域社会经济发展方向，高度重视区域未来社会经济发展导致的生态环境效应、生态服务功能的变化。

## 4.7.2　土地利用生态功能区划分方法

（1）图形叠置法

图形叠置是一种传统的区划方法，常在较大尺度的区划工作中使用。该方法在一定程度上可以克服专家集成在区划界线确定上的主观臆断性。其基本做法是将若干自然要素、社会经济要素和生态环境要素的分布图和区划图叠置在一起得出一定的网格，然后选择其中重叠最多的线条作为区划的依据。根据生态功能区划的技术规程和区域基础工作现状，在本区划中主要采用土地利用现状图、DEM、土壤侵蚀分布图、植被覆盖图和土壤类型图等图件进行图形叠置，通过 GIS 处理，从而得到区划界线。

（2）主导标志法

主导标志法是在综合分析的基础上，选择主导标志作为区域划分的依据，由此得出区划界线，这种界线意义比较明确。本研究在进行三级区划单位划分时，采用土地生态状况综合评估结果，同时考虑区域生态敏感性和生态服务功能重要性状况，选取主导标志进行区域划分。

（3）自然间断点法

在各类指标评价分级时，采用 ArcGIS 空间分析功能中自然分类法（Natural Breaks），也称 Jenk 自然分类方法。该方法是一种把设计确定最佳值安排到不同的类的数据聚类方法，通过寻求最大限度地减少每个类相对于类平均值的平均偏差，而最大化每个类相对于其他类的偏差。换句话说，该方法旨在减少类内方差和最大化类间方差。

### 4.7.3　三峡库区生态敏感区土地利用生态功能划分结果

主要参照《全国生态功能区划》、《重庆市生态功能区划》，采用空间叠置法、相关分析法以及专家集成，在其一级和二级划分基础之上，根据该地区的土地生态状况特征，三级略加调整，同时兼顾三峡库区生态敏感区生态适宜性、生态环境敏感性、生态系统服务价值重要性的评价结果，按土地利用生态功能区划的等级体系，通过自上而下划分方法划分三峡库区土地利用生态功能区。基础的三级分区结果显示，三峡库区生态敏感区土地利用生态功能区划可划分为 3 个生态区、5 个生态亚区和 9 个生态功能区（详见图 4-31）。

划分结果如下：

I 三峡库区平行岭谷农林水复合生态区

　　I1　都市圈发达经济生态亚区

　　　　I1-1　都市核心污染敏感生态功能区

　　　　I1-2　市郊水源水质保护生态功能区

　　I2　平行岭谷低山丘陵农林复合生态亚区

　　　　I2-1　三峡库区库尾低山丘陵水文调蓄生态功能区

　　　　I2-2　三峡库区库尾石漠化敏感生态功能区

　　I3　三峡库区土壤侵蚀敏感生态亚区

　　　　I3-1　三峡库区水土保持生态功能区

　　　　I3-2　三峡库区水源涵养生态功能区

II 秦巴山地常绿阔叶–落叶林生态区

　　II1　渝东北大巴山山地常绿阔叶林生态亚区

　　　　II1-1　大巴山生物多样性保护与水土保持生态功能区

III 渝东南及黔鄂山地常绿阔叶林生态区

　　III1　渝东南岩溶石山林草生态亚区

　　　　III1-1　金佛山常绿阔叶林生物多样性保护生态功能区

　　　　III1-2　方斗山–七曜山水源涵养、水土保持生态功能区

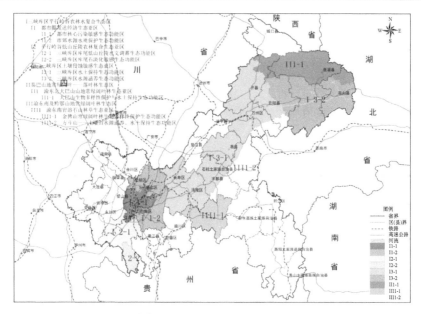

图 4-31　三峡库区（重庆段）土地利用生态功能区划图

# 4.8　西南山区生态敏感区生态红线划定应用

改革开放以来，由于人口增加以及工业和科技的迅速发展，人类的生活水平迅速提升，在人类生活的人文环境逐步改善的同时，自然生态环境却遭到日益严重的破坏。环境污染现象日益严重的同时，人类对自然资源的开发利用大大超出了资源环境的承载能力，并且迅速发展的城镇化及开发的无序化，均使得现阶段的人地矛盾尖锐化。在生态环境日益受到破坏的背景下，各界人士环境保护的意识的提升以及可持续发展的理念不断为学者及决策部门采纳，并采取各种生态保护工作来处理现阶段社会经济及生态环境之间的矛盾。生态红线作为最新的生态保护概念，是在《国家环境保护"十二五"规划》以及《国务院关于加强环境保护重点工作的意见》等政策性文件中提出，在陆地及海洋生态环境脆弱敏感区和重点生态功能区等区域划定出生态保护的范围即生态红线，划分出的生态红线区旨在有效保护生态空间，改善环境。

由于近年来经济的迅速发展，构成人们日常生活的各种活动及社会关系在人们日常生活所需生活空间和主要用于生产经营活动的场所的生产空间随着城镇化加速而不断拓展，加剧了具有重要生态功能、以提供生态产品和生态服务为主的生态空间的蚕食速度，森林、湿地等主要生态空间任意地、无节制地被占用，大大降低了生态环境的承载能力。生态红线的提出与实施，旨在将重要生态功能区、生态脆弱等地区进行特殊保护，限制其生产、生活的功能，确保一定比例的生态空间，体现了底线原则。

西南山区生态敏感区位于长江流域生态屏障的咽喉地带，是中国具有全球保护意义的生物多样性关键地区之一。其生态环境的优劣，直接关系到长江流域的生态安全与区域社会经济的可持续发展，区域生态红线的划定对维持和改善三峡库区以及长江流域生态安全意义重大。然而，迅猛发展的人口和迅速增长的经济以及迅速扩张的城镇化，使得生产、生活空间面积在不断扩大的同时造成水土流失加剧、物种多样性减少以及三峡库区生境破坏等一系列生态环境问题。针对目前西南山区土地利用管理中存在的土地生态问题日益突出的背景，迫切需要以西南山区生态敏感区为研究区域，参照重庆市现有的生态空间维护的管理规划，划出符合区域实际情况的生态红线范围。

### 4.8.1　土地生态红线划定原则

生态红线划分是生态环境保护的创新模式，体现了对完善生态环境保护机制的决心和意志，是保障国家和区域生态安全和形成经济社会协调发展的空间格局，进一步优化人口、土地、环境、产业等要素在空间配置的重要措施。在划分生态红线的过程中，需明确划分的原则，红线划定与区域空间管控的总体指导要求。红线划分应坚持以下原则：

——强制性原则。坚持生态优先，事关区域和国家生态安全的重点生态功能区、生态环境敏感区和脆弱区以及其他关键生态区域，必须划入生态保护红线，实施严格保护。

——科学性原则。遵循自然环境分异规律，综合考虑流域上下游关系、区域间生态功能互补作用，根据保障区域、流域和市域生态安全的要求，系统分析并确定区域主导生态功能，通过空间叠加分析科学确定红线区域。

——合理性原则。在科学评估基础上，坚持"面上保护"与"点上开发"相结合，与主体功能区规划、土地利用生态功能区划、经济社会发展规划、土地利用总体规划、城乡规划相协调，与经济社会发展需求以及当前相关部门监管政策机制及能力相适应，以高效地进行管理；在维持生态底线和确保一定环境容量的基础上，预留一定的发展空间，最终划定合理的生态红线的范围及面积规模。

——可操作性原则。要有明确的地理边界、坐标，将生态保护红线落地、上图、入库，力求"划得实，管得住"，成为用地规划、项目审批、行政执法的依据。

——完整性、系统性原则。生态功能红线划定是一项系统工程，应在不同区域范围内根据区域要素差异及生态保护对象的功能与类型，明确各地区主导生态功能与保护目标；同时要考虑区域自身资源禀赋条件和环境分异规律，在保持自然环境完整的基础上，系统地划分出形成国家或区域生态功能红线。

——相对稳定性与动态性原则。生态红线区域作为重要的生态安全基准线，是维持经济、社会、生态三维目标可持续发展的最低生态保障线，划定的区域具有相对稳定性，不得擅自调整；但是，批准的生态红线划定之后并非一成不变，红线的范围和面积可随生态保护功能变动、生态阈值受环境的变化而变化时应进行适当的调整，从而确保基本生态功能供给。

## 4.8.2　土地生态红线划定方法

（1）确定划定对象

在西南山区生态敏感区土地生态状况调查与评估基础上，明确全市水源地保护核心区、自然保护核心区、风景旅游保护核心区、地质公园等用地范围，同时结合区域主体功能区规划、土地利用生态功能区划、经济社会发展规划、土地利用总体规划、城乡规划等，确定全市土地生态红线划定对象。

（2）开展区域生态保护重要性评估

根据初步确定的生态红线划定对象，开展区域水源涵养功能、水土保持功能、生物多样性保护功能重要性评估，同时结合西南山区土壤侵蚀、石漠化特点，开展区域水土流失、石漠化敏感性评估。

（3）生态保护红线划定方案确定

在区域生态保护重要性评估的基础上，采用地理信息系统空间分析技术，对划定的重点生态功能区保护红线、生态敏感区/脆弱区保护红线进行空间叠加与综合分析，形成包含各类红线的空间分布图。当两种以上生态保护红线类型重叠时，按区域主导生态功能确定红线类型。以基础年的高精度遥感影像和土地利用数据为底图，将评估结果图与底图进行叠合，根据实际土地利用类型和影像地物分布进行遥感判读与补充勾绘，调整生态保护红线界线，形成边界清晰、切合实际、生态完整性好的生态保护红线分布图。通过叠加分析和综合制图，形成生态保护红线划定建议方案，并充分与区域主体功能区规划、生态功能区划、土地利用总体规划、城乡规划等区划、规划相衔接，最终确定生态保护红线划定方案。

## 4.8.3　西南山区生态敏感区土地生态红线划定结果

全市共划定生态保护红线斑块 2044 个，总面积 30660.12km$^2$，占辖区面积的37.17%，38 个区县（自治县）均有分布。森林生态系统和湿地生态系统是全市生态保护红线区域的主要生态系统类型。生态保护红线区域中，47.28%的面积为已有的各类受保护区域，52.72%的面积为通过土地生态功能评价识别出来的生态功能极重要区、生态环境极敏感区。已有的受保护区域包括自然保护区、自然遗产地、饮用水水源保护区、"四山"管制区、湿地公园、森林公园、风景名胜区、地质公园 8 类，总面积为 14497.43km²，占全市辖区面积的 17.59%。

# 4.9  土地生态系统保护问题与改善建议

## 4.9.1  土地生态系统面临的问题

（1）山高坡陡，水土流失严重，土壤侵蚀程度较高

由于西南山区生态敏感区部分区域海拔高，尤其是渝东北生态涵养发展区、渝东南生态保护区山高坡陡，区域水土流失面积比例较大，土壤侵蚀严重。据数据分析显示，目前三峡库区中度流失土地面积占 40.4%，强度以上流失面积占 29.0%，无明显流失的面积仅占 6.3%。云阳、奉节、万州、开县、忠县、石柱等区县土壤侵蚀严重，其中石柱县六塘乡土壤侵蚀面积比例达 25%左右，一旦遇山洪暴发等自然灾害更进一步导致城市积涝、道路损毁、房屋倒塌、山体滑坡等次生灾害。

（2）土地利用开发强度大，土地退化严重

随着社会经济的快速发展，人类对土地资源的开发利用强度不断加大，城市周边优质耕地被大量占用，而土地整治补充耕地多位于自然环境较差区域，加之区域土壤侵蚀严重，土地退化趋势日益严重。据数据统计分析，三峡库区生态敏感区坡耕地的土层年均减薄 0.7～1.5cm；严重流失土壤的有机质含量约为轻度流失土壤的 1/10，全氮、速效磷、速效钾的含量约为 1/5，每年流失的氮、磷、钾纯量达 410 万 t。

（3）土地损毁严重

西南山区生态敏感区地质构造复杂，地质灾害发育，地表物理风化作用强烈，造成山体坡面极不稳定，泥石流、山体崩塌滑坡等各种自然灾害时有发生；同时，随着近年来人类社会经济活动强度的不断加剧，经济相对发达地区，尤其是都市功能拓展区、城市发展新区出现了大量挖损塌陷压占土地，荣昌县昌洲街道部分村组土地损毁比例高达 50%左右，土地损毁现象日趋严重。

（4）区域生态压力大

西南山区生态敏感区中的库区核心区县产业结构层次低，大部分属于山区贫困县，人口增长过快，收入来源单一，收入水平不高。在人口过快增长的压力下，人们不断地毁林开荒，陡坡垦殖，由此而形成了越垦越穷，越穷越垦的恶性循环，区域生态压力大。

（5）生态建设保护与发展协调性差

生态环境容量是有限的，超越环境容量就属于不可持续发展。目前，重庆市处于经济高速发展时期，对区域环境容量提出了更高的要求。有研究表明，目前研究区域生态经济协调度为 0.053，属低度协调水平，表明西南山区生态敏感区建设发展过程中，人力、财力、物力主要投入到经济发展中去了，而生态环境保护问题没有得到足够重视，区域生态经济发展存在不协调水平的可能，生态建设保护与发展协调性差。

### 4.9.2　土地生态系统管理与保护的建议

（1）促进区域协调发展，实施差别化国土资源政策

围绕"五大功能区"区域发展总体战略，实施差别化的国土资源政策，做好国土资源保障和服务工作。支持都市功能核心区完善城市功能，优化产业结构，提升现代都市形象，精细化城市管理，适当疏解人口，保护生态环境；支持都市功能拓展区有序拓展城市空间，组团式规划布局，产城融合发展，培育提升开放门户、科教中心、综合枢纽、商贸物流、先进制造业等国家中心城市功能，保护好与都市功能核心区和城市发展新区之间过渡带的生态环境，建成资源集约节约利用和生态环境友好的现代化大都市；支持城市发展新区"四化"同步发展，城乡统筹先行，充分利用山脉、河流、农田形成的自然分割和生态屏障条件，建设组团式、网络化、人与自然和谐共生的大产业集聚区和现代山水田园城市；支持渝东北生态涵养发展区把生态文明建设放在更加突出的地位，加快经济社会发展与保护生态环境并重，三峡库区后续发展与连片特困地区扶贫开发并举，着力引导人口相对聚集和超载人口梯度转移，着力涵养保护好三峡库区的青山绿水，实现库区人民安稳致富，建设天蓝、地绿、水净的美好家园；支持渝东南生态保护区保护生态的首要任务，加快经济社会发展与保护生态环境并重，引导人口相对聚集和超载人口有序梯度转移，建设生产空间集约高效、生活空间宜居宜业、生态空间山青水秀的美好家园。

（2）加大土地生态保护资金投入，建立跨区域生态补偿机制

通过财政转移加强土地生态保护投入，建立土地资源有偿使用和土地生态价值纳入经济核算的制度，结合广泛大量的实地调研，逐步建立可以调动地方政府、企业、农民等各方积极参与的跨区域生态补偿机制；对土地生态补偿进行全面、长远的发展规划，将耕地（尤其是基本农田）等作为生态补偿的重点，制定明确的土地生态补偿原则、实施步骤，确定其补偿方式、补偿标准、补偿资金来源。

（3）加强区域土地生态安全监测及预警，维护土地生态安全

土地生态安全监测、评估与预警系统是区域生态安全体系的重要部分。充分

利用西南山区 1∶10000 土地生态数据库，加强区域土地生态监测站网建设，及时注意西南山区生态敏感区土地生态环境状况的动态变化。在此基础上，建立土地生态环境变化的评价与预警系统，利用计算机技术、GIS 技术和 RS 技术等先进手段，构建土地生态安全信息数据库与智能决策系统，及时快捷地发现警情，确定警源，评判警度，采取措施，防患于未然。

（4）完善区域绿色 GDP 考核机制

逐步完善干部政绩考核制度和评价标准，建立科学的绿色 GDP 指标体系，把生态建设和保护成效纳入干部考核评价体系之中。建立长效机制，制定有关约束和激励政策，加强目标责任考核，加快形成节约能源资源和保护生态环境的产业结构、增长方式、消费模式，坚决摒弃以牺牲资源和环境为代价换取经济发展的做法。通过用科学的考核评价标准评判政绩，正确引导领导干部处理好经济发展的速度、质量与效益的关系，正确处理经济社会发展与保护资源、保护环境的关系。通过正确发挥政绩考核"指挥棒"的作用，在加快发展经济的同时，更加注重保护青山绿水，保护良好的生态环境。

（5）完善农用地等别成果，实现耕地"数量–质量–生态"全面平衡

在农用地补充完善成果中，耕地等别包括自然等别、利用等别和经济等别，耕地等别未能很好地体现出区县的生态状况。鉴于此，结合区域土地生态状况特征及土地利用生态分区成果，完善农用地分等指标体系，构建能体现区域生态状况特征的耕地等别评价指标体系，实现耕地资源"数量–质量–生态"全面平衡。

## 4.10　结　　论

西南山区生态敏感区地处我国长江上游，地形地质条件十分复杂，山多坡陡，沟壑频繁，植被稀疏，水土流失严重，是我国滑坡、崩塌、泥石流等地质灾害多发区。因此，开展西南山区生态敏感区土地生态状况调查与评估研究，对我国长江流域生态安全与否起着至关重要的作用，对实现土地利用与生态环境的协调发展，实现人与自然的和谐，对实现土地资源乃至整个区域社会经济持续健康发展，构建和谐社会具有重要的意义。研究成果可以为区域土地利用和规划、三峡库区土地生态安全建设提供科学依据。

本研究构建了西南山区生态敏感区生态状况调查评估体系，明确了各评估指标标准化处理方法，确定了各指标权重及评估分值计算方法；通过获取的各元指标数据，找出各指标数据整合中存在的问题，在此基础上提出了数据整合的解决方法，并最终形成了各指标数据的整合结果；通过对评估分值的合理性验证后，采用自然断点法等对评估结果进行分级；依据综合评价方法和障碍因子诊断方法

的评估结果，对每一项元指标进行逐项单指标分析，分析各项元指标对所属的指标层、准则层，以及对土地生态状况综合分值的影响，分析土地生态状况障碍影响因子。对准则层评估结果和综合评估结果进行了数量及空间分析，找出了土地生态状况存在的问题；在形成的西南山区生态敏感区土地生态状况调查评估结果的基础上，开展了数据库结构设计，明确了数据库建设过程，提出了质量控制的措施，进一步找出了数据库建设存在的问题，并提出了解决问题的相关办法。在分析区域土地生态状况质量特征基础上，开展了土地利用生态功能分区、生态红线划定的区域成果综合应用研究，进一步提出了土地生态环境保护和改善的建议。

在各个指标信息提取时，本研究根据基础资料的情况，分别采用不同的提取方法。依据高精度原则、区间平衡原则、一致性原则和科学性原则对各指标数据进行了整合。整合内容主要包括：①对重庆市各区县的指标数据进行预处理，统一坐标信息和栅格大小（50m×50m）；②利用 ArcGIS 数据处理工具，通过镶嵌的方式将各个按区县范围提取的指标拼接在一起，其中拼接后数据类型存储为浮点型；③对整合后的数据进行平衡检验，若指标数据于区县边界存在明显跳跃或局部区域数据存在明显异常的状况进行数据平衡调整，最终使各指标数据表现出科学性、准确性、现实性和可用性的特点。对整合后的数据进行了平衡检验和平衡调整。

重庆市区域土地生态状况综合评估分值分布大致呈正态分布，中间分布较为集中，两端分布较少，全市生态状况评估分值主要集中在 48～58，两端 38～48、58～62 的分值分布较少。通过对障碍因子进行测算得出影响城镇土地生态质量建设的障碍因子主要包括城市用地类型、容积率、非渗透地表和城市绿地湿地水面面积年均增加率；影响区域土地生态质量建设的障碍因子主要是土壤侵蚀程度指数、土壤侵蚀面积比例、坡度、植被覆盖度、无污染高等级耕地比例、有林地与防护林比例、生态基础设施用地比例、土地利用类型多样性指数、斑块多样性指数、未利用土地开发与改良面积年均增加率、生态退耕年均比例、人口密度等因素。本研究采用 ArcGIS 中的自然分类法（Natural Breaks）分别对区域土地生态状况综合评估分值和城镇土地生态状况综合评估分值进行级别的划分，评估级别共分为 5 级，分别为质量优、质量良好、质量中等、质量较差和质量差。在区域土地生态状况综合评估中，区域质量优的面积为 1228901.57hm²，占区域土地总面积的 14.92%；质量良好的面积为 2330594.24hm²，占区域土地总面积的 28.29%；质量中等的面积为 2343622.35hm²，占区域土地总面积的 28.45%；质量较差的面积为 1857389.21hm²，占区域土地总面积的 22.55%；质量差的面积为 476901.39hm²，占区域土地总面积的 5.79%。结合重庆市五大功能区来看，区域土地生态状况评估结果大体呈现出城市发展新区、都市功能拓展区土地生态状况质量相对较好，其次为渝东南生态保护区和渝东北生态涵养发展区，都市功能核心区土地生态状况质量相对较差。城镇土地生态状况质量综合评估分级中质量优、质量良好、质量中等、质量较差、质量差的城镇土地面积比例依次为 11.38%、20.70%、19.48%、25.63%和 22.81%。最后，本研究提出了土地生态系统保护和改善的建议：①促进区域协调发展，实施差别化国土资源政策；②加大土地生态保护资金投入，建立跨区域生态补偿机制；③加强区域土地生态安全监测及预警，维护土地生态安全；④完善区域绿色 GDP 考核机制；⑤完善农用地等别成果，实现耕地"数量-质量-生态"全面平衡。

# 第 5 章  中原经济区土地生态状况调查与评估

## 5.1  引  言

中原经济区河南省是人口大省和农业大省，人均自然资源禀赋相对贫乏，人地矛盾尖锐，耕地保护形势严峻，环境承载能力有限，土地生态环境问题依然突出，存在森林覆盖率不高且分布不均、水旱灾害频繁、生物多样性保护面临巨大挑战等诸多问题。同时，河南省正处于工业化、城镇化加速发展的关键时期，生态建设与环境保护的任务十分艰巨。随着《国务院关于支持河南省加快建设中原经济区的指导意见》的出台，中原经济区发展列入国家"十二五"规划和主体功能区规划，上升为国家战略。在加快工业化、城镇化进程中保障国家粮食安全，在推进农业现代化进程中，率先在全国走出一条不以牺牲农业和粮食、生态和环境为代价的"三化"协调科学发展新路子。破解保护耕地与保障发展的难题意义重大。因此，为全面落实科学发展观，保障经济社会全面、协调、可持续发展，促进国家粮食安全、生态安全和经济安全目标的实现，亟须开展土地生态调查评估工作，摸清区域土地生态状况，提供土地生态状况的基础信息，为保障国家生态安全、粮食安全等国家重大决策和国土资源管理提供信息。

## 5.2  河南省概况

### 5.2.1  地理概况

河南位于北纬 31°23'～36°22'，东经 110°21'～116°39'之间，东接安徽、山东，北接河北、山西，西连陕西，南临湖北，呈望北向南、承东启西之势。河南地理位置优越，古时即为驿道、漕运必经之地，商贾云集之所。今天，河南地处沿海开放地区与中西部地区的结合部，是我国经济由东向西梯次推进发展的中间地带。国家促进中部地区崛起的战略部署，更加凸显了河南独特的区位优势。河南地势西高东低，北、西、南三面由太行山、伏牛山、桐柏山、大别山沿省界呈半环形分布；中、东部为黄淮海冲积平原；西南部为南阳盆地。平原和盆地、山地、丘陵分别占总面积的 55.7%、26.6%、17.7%。灵宝市境内的老鸦俞为全省最高峰，海拔 2413.8m；海拔最低处在固始县淮河出省处，仅 23.2m。

　　河南大部分地处暖温带，南部跨亚热带，属北亚热带向暖温带过渡的大陆性季风气候，同时还具有自东向西由平原向丘陵山地气候过渡的特征，具有四季分明、雨热同期、复杂多样和气象灾害频繁的特点。全省由南向北年平均气温为15.7～12.1℃，年均降水量 1380.6～532.5mm，降雨以 6～8 月份最多，全年无霜期 189～240 天，适宜多种农作物生长。

　　河南地跨长江、淮河、黄河、海河四大流域。省内河流大多发源于西部、西北部和东南部山区，流域面积 100km$^2$ 以上的河流有 493 条。全省多年平均水资源总量 405 亿 m$^3$，居全国第 19 位，人均水资源占有量不足 420m$^3$，相当于全国平均水平的五分之一。全省现有林业用地 7053.03 万亩，森林覆盖率 17.32%，林木覆盖率 23.77%。全省建立各类自然保护区 35 个，总面积 1135.4 万亩。湿地面积 1663 万亩，占全省总面积的 6.6%。全省动植物资源丰富，森林公园达 94 处，已知陆生脊椎野生动物 520 种，占全国总数的 23.9%，国家重点保护野生动物 90 种。

### 5.2.2　河南省土地资源利用现状与存在问题

　　河南国土面积 16.7 万 km$^2$，居全国各省区市第 17 位，约占全国总面积的1.73%；其中耕地面积 7179.2 万 hm$^2$。复杂多样的土地类型为农、林、牧、渔业的综合发展和多样经营提供了十分有利的条件。

　　河南省农用地（耕地、园地、林地、牧草地、水面）约占全省土地总面积的70%。其中耕地约占全省农用地面积的 70%，集中分布在黄淮海平原、南阳盆地及豫西黄土区，水田集中分布在水热条件优越的淮河以南和用水条件较好的黄河两岸地带。园地约占全省农用地面积的 3%。其中果园分布广泛，尤以苹果园最为突出，主要分布在三门峡、商丘和南阳三市。林地约占全省农用地面积的 22%。林地在全省各地均有分布，分布面积最大的是南阳市，最少的是漯河市。牧草地基本属于天然草地类，约占全省农用地面积的 0.3%。主要分布在丘陵山区，分布面积最大的是信阳。水面约占全省农用地面积的 5%。全省水面分布不平衡，分布面积最大的是信阳市，其次是南阳市。河南省建设用地（居民点及工矿用地、交通用地、水利设施用地）约占全省土地总面积的 20%。居民点及工矿用地约占全省建设用地面积的 70%。地域分布大体与人口密度分布相对应。交通用地约占全省建设用地面积的 20%。水利设施用地约占全省建设用地面积的 10%。河南省未利用地（苇地、滩涂、荒草地、盐碱地、沼泽地、沙地、裸土地、裸岩石砾地、田坎、其他）约占全省土地总面积的 10%。

　　河南省土地资源利用特点，一是土地利用率比较高，耕地后备资源潜力小。全省土地利用率为 86.67%，土地垦殖率为 48.99%，二者在全国均居前列。未利用地占土地总面积的 13.33%，其中可开垦为耕地的仅有 33 万 hm$^2$。二是土地利用分布规律明显。由于受南北气候过渡性和东西地貌差异性的影响，农用地地域分布表现出明显的过渡性。耕地面积约有 75%集中分布于占全省土地总面积55.6%的平原地区，约有 25%分布于占全省土地总面积44.4%的山地丘岗地区。灌溉水田主要分布于豫南淮河两岸地区，水浇地相对集中于豫北平原。林牧用地面积三分之二以上集中于山区，广大平原不足三分之一。三是土地资源开发条件区域差异性大。河南省东部黄淮海平原区和南阳盆地区水、热、土的组合条件较好，是全省耕作农业发展的主体。西部丘陵山区水土条件相对较差，土地开发利用难度大，投入产出率低，适宜发展林果牧业；南部丘陵山区则有较好的水热条件，土地开发条件较好，潜力亦较大。四是居民点及工矿用地比重较大。全省居民点及工矿用地面积占土地总面积的 11.08%，高于北方多数省份，甚至超过南方人口密集的部分省份。其中主要是农村居民点占地过多。五是牧草地面积极少。全省牧草地面积仅占土地总面积的 0.09%，严格界定应属荒草地，不能作为牧场，只能作农民零星放牧用。

土地资源利用存在的问题主要表现在以下几个方面：一是土地利用效率低下，人地矛盾突出。农村土地长期处于粗放和低效利用经营状态，土地资源管理不善，耕地抛荒面积不断扩大。由于城市化的迅速发展，致使耕地数量不断锐减，人地矛盾十分突出。二是土地利用结构不合理。与 1997 年相比，河南省农用地面积减少但比例增加，未开垦土地面积减少，居民及工矿、交通、建设用地面积显著增加，土地利用结构和布局趋于合理。城市用地规模过度膨胀，不但造成农村土地利用集约度极低，而且侵占大量的耕地，使大量高质量农用土地丧失，导致耕地质量下降。二是村镇规划混乱、滞后，乡镇建设用地占用耕地现象严重。农村居民住宅用地急剧扩大，缺乏统一规划，布局不合理；乡镇企业迅速发展，未批先占、少批多占现象时有发生，个别工矿企业停业而土地闲置，造成土地浪费。四是土地生态状况堪忧，土地污染严重。在土地开发过程中，盲目开发和过度垦殖等，造成水土大量流失，出现了土地沙化、盐碱化和荒漠化现象，导致耕地质量不断下降。在土地耕作过程中，过多地使用化肥和农药对耕地和农业生态环境的影响非常严重。同时乡镇企业技术设施简陋，普遍缺乏防污治污措施，致使"三废"未经处理便大量排放，造成土地污染严重。据有关部门测算，豫西黄土丘陵区每年因沟蚀毁减耕地 3 万 hm$^2$；全省每年因水土流失造成土壤流失量达 1200 万 t。水旱灾害频繁。近年来，由于降雨量的减少和水土流失的加剧，河道水库的淤积越来越严重，从而加剧了许多水利工程的险情。黄河经常出现断流，据有关专家预测，黄河断流状况如不尽快改善，到 2020 年，黄河下游将常年断流，且将成为一条污染严重的内陆河。

# 5.3　中原经济区土地生态状况调查与评估方法

## 5.3.1　土地生态状况调查指标体系与提取方法

基于"多指标集合度量法"模型，通过查阅文献、咨询专家，借鉴已有的研究成果，结合中原经济区区域特点，从土地利用/土地覆被因子、土壤因子、植被因子、地貌与气候因子、土地污染/损毁与退化状况、生态建设与保护状况等土地生态状况基础性调查指标以及区域性调查指标等方面，构建了中原经济区土地生态基础性调查指标体系（含区域性调查指标），明确了相应指标的数据获取方式及计算方法。

区域性指标土壤盐碱化指标信息提取，主要是结合地质环境监测、环保部门调查数据、矿区调查数据和农、林部门调查数据，补充进行遥感监测与野外调查，获取指标信息。针对研究区域耕地进行林网化水平信息提取。以土地利用变更调查底图、土地利用现状调查和变更调查数据，结合地面调查，提取耕地中林地信息，计算耕地的林网化比例。

## 5.3.2　土地生态状况质量综合评估方法

土地生态状况质量综合评估分为区域土地生态状况质量综合评估和城镇土地生态状况质量综合评估。根据中原经济区区域特点，构建了中原经济区土地生态状况质量综合评估和城镇土地生态状况质量综合评估指标体系（表 5-1 和表 5-2）。

表 5-1　中原经济区区域土地生态状况质量综合评估指标体系

| 准则层（权重） | 指标层（权重） | 元指标层（权重） |
|---|---|---|
| 土地生态状况自然基础性指标层（0.1567） | 气候条件指数（0.3639） | 年均降水量（0.2003） |
| | | 春季降水量（0.2118） |
| | | 夏季降水量（0.2122） |
| | | 秋季降水量（0.1913） |
| | | 冬季降水量（0.1844） |
| | 土壤条件指数（0.2589） | 土壤有机质含量（0.3370） |
| | | 有效土层厚度（0.3006） |
| | | 土壤碳蓄积量水平（0.3624） |
| | 立地条件指数（0.1186） | 坡度（0.5974） |
| | | 高程（0.4026） |
| | 植被状况指数（0.2586） | 植被覆盖度（0.5558） |
| | | 生物量（0.4442） |

| 准则层（权重） | 指标层（权重） | 元指标层（权重） |
|---|---|---|
| 土地生态状况结构性指标层<br>（0.3798） | 景观多样性指数（0.2164） | 土地利用类型多样性指数（0.3664） |
| | | 土地利用格局多样性指数（0.3927） |
| | | 斑块多样性指数（0.2409） |
| | 土地利用/覆盖类型指数<br>（0.7836） | 无污染高等级耕地比例（0.2527） |
| | | 有林地与防护林比例（0.2015） |
| | | 天然草地比例（0.1384） |
| | | 无污染水面比例（0.1373） |
| | | 生态基础设施用地比例（0.1680） |
| | | 城镇建设用地比例（0.1021） |
| 土地污染、损毁与退化状况<br>（0.2231） | 土壤污染指数（0.1874） | 土壤污染面积比例（0.5526） |
| | | 土壤综合污染指数（0.4474） |
| | 土地损毁指数（0.3351） | 挖损土地比例（0.1625） |
| | | 塌陷土地比例（0.1792） |
| | | 压占土地比例（0.1486） |
| | | 自然灾毁土地比例（0.1378） |
| | | 自然灾毁程度（0.1900） |
| | | 废弃撂荒土地比例（0.1819） |
| | 土地退化指数（−）（0.4475） | 耕地年均退化率（0.1502） |
| | | 林地年均退化率（0.2066） |
| | | 草地年均退化率（0.1756） |
| | | 湿地年均减少率（0.2488） |
| | | 水域年均减少率（0.2188） |
| | | 未利用土地开发与改良面积年均增加率（0.1739） |
| 生态建设与保护综合效应指标层（0.2006） | 生态建设指数（+）（0.3295） | 湿地年均增加率（0.2330） |
| | | 生态退耕年均比例（0.3616） |
| | | 损毁土地再利用与恢复年均增加率（0.2315） |
| | 生态效益指数（0.2706） | 人均林木蓄积量（0.4845） |
| | | 区域环境质量指数（0.5155） |
| | 生态压力指数（0.0569） | 人口密度（1.000） |
| | | 综合容积率 |
| | 生态建设与保护发展协调<br>指数（0.3430） | 人口与生态用地增长弹性系数（0.2388） |
| | | 人口与生态用地增长贡献度（0.2228） |
| | | 地区生产总值与生态用地增长弹性系数（0.2828） |
| | | 地区生产总值与生态用地增长贡献度（0.2556） |
| 区域性指标（0.0398） | 土壤盐碱化指数（0.5848） | 土壤盐碱化面积比例（0.4721） |
| | | 土壤盐碱化程度（0.5279） |
| | 防护林建设指数（0.4152） | 林网化比例（1.0000） |

表 5-2　中原经济区城镇土地生态状况质量综合评估指标体系

| 准则层 | 指标层 | 元指标层 |
|---|---|---|
| 土地生态状况自然基础性指标层（0.1067） | 气候条件指数（1.000） | 年均降水量（0.2003） |
| | | 春季降水量（0.2118） |
| | | 夏季降水量（0.2122） |
| | | 秋季降水量（0.1913） |
| | | 冬季降水量（0.1844） |
| 土地生态状况结构性指标层（0.3230） | 景观多样性指数（0.2544） | 土地利用类型多样性指数（0.4827） |
| | | 土地利用格局多样性指数（0.5173） |
| | 土地利用/覆盖类型指数（0.7456） | 城市绿地比例（0.2414） |
| | | 无污染高等级耕地比例（0.1542） |
| | | 无污染城市水面比例（0.2244） |
| | | 城市生态基础设施用地比例（0.1530） |
| | | 城市非渗透地表比例（0.2271） |
| 土地污染、损毁与退化状况（0.1699） | 土壤污染指数（0.5599） | 土壤污染总面积比例（0.5526） |
| | | 土壤综合污染指数（0.4574） |
| | 土地损毁指数（0.4401） | 挖损土地比例（0.1625） |
| | | 塌陷土地比例（0.1792） |
| | | 压占土地比例（0.1486） |
| | | 自然灾毁土地比例（0.1378） |
| | | 自然灾毁程度（0.1900） |
| | | 废弃撂荒土地比例（0.1819） |
| 生态建设与保护综合效应指标层（0.3606） | 生态建设指数（+）（0.2388） | 未利用土地开发与改良面积年均增加率（0.4213） |
| | | 城市绿地、湿地、水面面积年均增加率（0.5787） |
| | 生态效益指数（0.2892） | 城市水环境质量指数（0.4845） |
| | | 城市空气质量指数（0.5155） |
| | 生态压力指数（0.1703） | 人口密度（1.0000） |
| | | 综合容积率 |
| | 生态建设与保护发展协调指数（0.3017） | 人口与生态用地增长弹性系数（0.2388） |
| | | 人口与生态用地增长贡献度（0.2228） |
| | | 地区生产总值与生态用地增长弹性系数（0.2828） |
| | | 地区生产总值与生态用地增长贡献度（0.2556） |
| 区域性指标（0.0398） | 防护林建设指数（1.000） | 林网化比例（1.0000） |

# 5.4　中原经济区土地生态调查与评估

## 5.4.1　土地生态状况自然基础性状况与障碍因子分析

土地生态状况自然基础性指标层包括降水量、土壤有机质、土壤有效土层厚度、土壤碳蓄积量、海拔、坡度、植被覆盖、植被 NPP 等方面。

总体来讲，河南省从北往南年均降水量和生长季降水量均呈逐渐增加的趋势
（如图 5-1 和图 5-2 所示），生长季降水占年均降水量的比重很大，年均降水量最
大值为 1035.83mm，最小值为 404.542mm，而生长季降水量最大值为 873.373mm，
最小值为 341.353mm。河南省各地降水量差异比较明显，受地形、地貌等因素的
影响，信阳市和南阳市的年均降水量介于 844.98～918.61mm 之间，生长季降水量
介于 638.647～836.836mm 之间。漯河市和许昌市年均降水量介于 715.201～
874.9727mm 之间，生长季降水量介于 577.614～740.841mm 之间。新乡市和鹤壁
市的年均降水量介于 404.542～715.201mm 之间，生长季降水量介于 341.353～
577.614mm 之间。

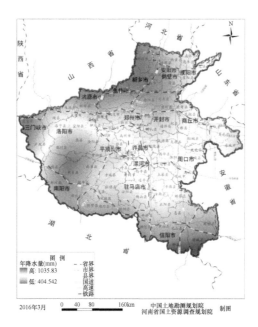

图 5-1 河南省年均降水量分级图

土壤有机质含量：河南省范围内土壤有机质含量分布整体呈北低南高的趋势
（图 5-3）。其中土壤有机质含量最高的区域主要集中于信阳市、洛阳市及南阳北部
等地区，这些地区的土壤有机质含量值介于 15.77～42.59g/kg 之间。土壤有机质
含量值较低的区域主要集中于开封市、鹤壁市、濮阳市及焦作东北部、新乡市东
南部和郑州市东部等地区，其土壤有机质含量值介于 0～12.31g/kg 之间。其余地
区如漯河市和驻马店市，土壤有机质含量整体处于中等水平，介于 12.31～
15.77g/kg 之间。

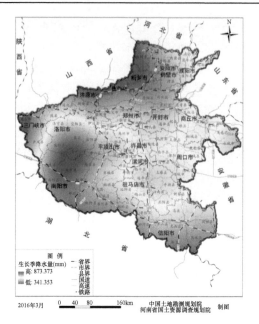

图 5-2　河南省生长季降水量分级图

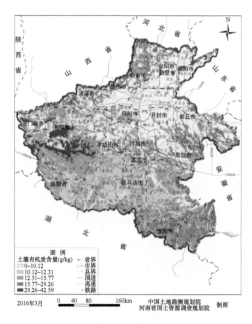

图 5-3　河南省土壤有机质含量图

　　有效土层厚度：河南省范围内，有效土层厚度中东部平原丘陵区明显大于西部山地丘陵地区（图 5-4）。包括在濮阳市、鹤壁市、商丘市、周口市、开封市、

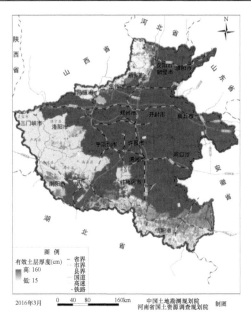

图 5-4　河南省土壤有效土层厚度图

郑州市、许昌市、平顶山市、漯河市和驻马店市的东部地区、南阳市的东部地区及信阳市的北部地区，有效土层厚度介于 100～150cm 之间；信阳市的南部地区、驻马店的南部地区及济源、焦作和新乡市三市的部分地区，土壤有效土层厚度介于 75～120cm 之间；三门峡市、洛阳市中南部及南阳北部土壤有效土层厚度较低，介于 15～75cm 之间。

土壤碳蓄积量水平：土壤碳蓄积量水平用土壤碳密度值来表现，土壤碳密度值越大，土壤碳蓄积水平越高。中东部平原地区土壤碳密度值较小，西部及南部山地地区土壤碳密度值较大（图 5-5）。整体来看，位于东部平原丘陵区的商丘市和开封市的土壤碳密度小于位于西部山地区的三门峡市和洛阳市。三门峡市、洛阳市和信阳市三市部分地区的土壤碳密度值最大，介于 10.10～13.11kg/m$^2$ 之间。开封市大部分地区及郑州市中牟县的土壤碳密度值最低，处于 3.45kg/m$^2$ 以下水平；其他地区土壤碳密度值处于中间水平，如平顶山市和郑州市大部分地区的土壤碳密度值介于 7.47～10.10kg/m$^2$ 之间，南阳市、驻马店市、漯河市、许昌市、周口市等地区的土壤碳密度值介于 3.45～7.47kg/m$^2$ 之间。

高程和坡度：河南省西部山地丘陵区的高程和坡度明显高于东部平原区（图 5-6）。三门峡市、洛阳市及南阳北部、新乡北部、安阳西部等地区海拔高程值较大，范围介于 732～2240m 之间，最高值为 2240m；郑州市、驻马店市和信阳市三市部分地区，其海拔高程介于 174～732m 之间；其余地区如开封市、商丘市、

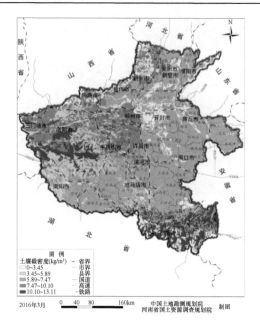

图 5-5　河南省土壤碳蓄积量分布图

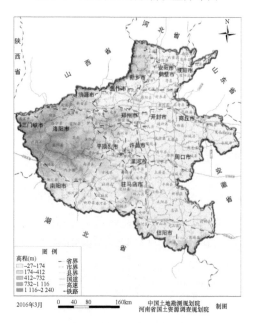

图 5-6　河南省高程分布图

周口市、许昌市和漯河市等平原区，海拔较低，高程值介于-27～174m 之间。三门峡市、洛阳市及南阳北部、新乡北部、安阳西部等地区为山地，其坡度范围均介于 14.86°～48.24°之间；大部分的低山丘陵和平原区，如开封市、商丘市、周口市、许昌市和漯河市，其坡度值范围介于 0°～8.83°之间。

　　植被覆盖度：河南省植被覆盖度总体上呈现出东部较高，西部次之，中部较低的态势（图 5-7）。其中，植被覆盖度较高者介于 0.61～0.83 之间，最高者为 0.83，主要分布在鹤壁市、商丘市、周口市和漯河市等平原地区。植被覆盖度最低者介于 0.07～0.40 之间，主要分布在河南省的中部地区，如郑州市和平顶山市。其他地区植被覆盖度介于 0.40～0.61 之间，主要分布在三门峡市、洛阳市和南阳市等山地地区。

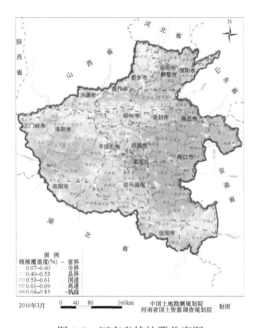

图 5-7　河南省植被覆盖度图

　　植被 NPP：河南省植被净第一生产力（NPP）平均值为 0.378（图 5-8），总体表现出从北向南逐渐增加的态势，位于北部平原丘陵区的安阳市和鹤壁市的 NPP 值明显小于南部山地广泛分布的信阳市。其中，周口市、漯河市等平原地区的 NPP 值最高，最高值达到 0.9295；其他地区如新乡市、洛阳市等地，土地利用以丘陵岗地和城镇用地为主，NPP 值最小，介于 0～0.465 之间。

　　通过对河南省土地生态状况自然基础性指标评估，分别按 1km×1km 栅格和行政区尺度统计得到土地生态状况自然基础性指标评估值空间分布图（图 5-9）。整体来看，除驻马店市、信阳市南部等部分地区的自然基础性指标评估值较低外，河南省的自然基础性指标评估值由北向南呈现出逐渐增加的趋势。许昌市、平

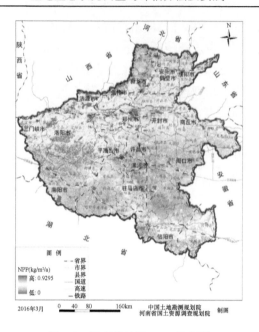

图 5-8　河南省植被 NPP 分布图

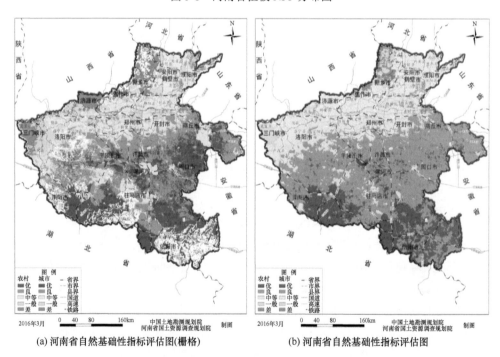

(a)河南省自然基础性指标评估图(栅格)　　　　　(b)河南省自然基础性指标评估图

图 5-9　河南省自然基础性指标评估值

顶山市等地区，土地生态自然基础性指标评估值处于中等和良等级；南阳市、周口市、信阳市北部等大部分地区，自然基础评估值等级为优；三门峡市、济源市、焦作市和新乡市，土地生态自然基础评估等级介于一般和差之间。

土地生态状况评估目的既在于对区域土地生态状况进行评判，更重要的是在于寻找制约土地生态状况的障碍因素，以便有针对性地对现行土地利用行为与政策进行调整。通过对各评估因子的障碍度进行计算，影响河南省区域土地生态状况自然基础性指标的各评估因子的障碍度如表 5-3。在各评估因子中，障碍度排序依次为土壤有机质含量、植被覆盖度、生物量水平、土壤碳蓄积量水平、年均降水量、生长季降水、坡度等。排序第一位的土壤有机质含量影响区域所占面积为 10919185.49hm$^2$。第二位的植被覆盖度影响区域所占面积为 1385627.471hm$^2$。

表 5-3　河南省土地生态状况自然基础性指标障碍度及位次

| 指标层 | 元指标层 | 影响区域所占面积（hm$^2$） | 位次 |
| --- | --- | --- | --- |
| 气候条件指数 | 年均降水量 | 377726.1704 | 5 |
| | 生长季降水 | 463112.4266 | 6 |
| 土壤条件指数 | 土壤有机质含量 | 10919185.49 | 1 |
| | 土壤碳蓄积量水平 | 884295.075 | 4 |
| 立地条件指数 | 坡度 | 2743.928914 | 7 |
| 植被状况指数 | 植被覆盖度 | 1385627.471 | 2 |
| | 生物量 | 790366.2469 | 3 |

通过对影响河南省城镇土地生态状况自然基础状况的各评估因子障碍度进行分析表明，主要障碍因子为年均降水量和生长季降水，其影响区域所占面积分别为 910903.2636hm$^2$ 和 743875.3064hm$^2$。

### 5.4.2　土地生态状况结构性状况与障碍因子分析

土地利用类型多样性指数：河南省的土地利用类型多样性指数平均值为 0.9711。西北和西部以山地为主，土地利用类型多样性指数较高；中部、东部平原区较低；南部和西南部地区，土地利用类型多样性指数较高（图 5-10）。濮阳市、鹤壁市、安阳市、开封市、商丘市、许昌市、周口市、漯河市等市的部分地区，土地利用类型多样性指数介于 0～1.20 之间；新乡市、焦作市、济源市、郑州市、平顶山市、三门峡市、洛阳市、南阳市、驻马店市、信阳市等市的部分地区，土地利用类型多样性指数介于 1.20～2.39 之间。

土地利用格局多样性指数：河南省的土地利用格局多样性指数平均值为

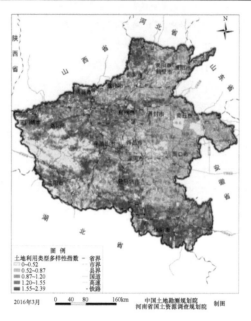

图 5-10 河南省土地利用类型多样性指数图

59.322。其中,大部分地区土地利用格局多样性指数介于 48.22～99.97 之间(图 5-11);三门峡市、洛阳市、南阳市等小部分地区,土地利用格局多样性指数介于

图 5-11 河南省土地利用格局多样性指数

27.05～48.22之间。全省的城市中心城区土地利用格局多样性指数均不高，在50.1以下，部分人口较为密集的市区的土地利用格局多样性指数仅在0～27.05之间。

斑块多样性指数：斑块多样性指数呈现出从山地、丘陵区到平原区指数值逐渐减小的趋势。其中，安阳市、焦作市、济源市、郑州市、三门峡市、平顶山市、南阳市、信阳市等部分地区的斑块多样性指数较大，介于41.16～2192.59之间；其余全省范围内大部分地区，斑块多样性指数较低，介于0.1～41.16之间。

无污染高等级耕地比例：河南省无污染高等级耕地比例较高，平均值为58.933%，且表现为集中连片的分布特征（图5-12），无污染高等级耕地比例较高的区域主要分布在中部、北部、东部的低山丘陵和平原区。其中，濮阳市、鹤壁市、开封市、商丘市、许昌市、周口市、漯河市、安阳市等部分地区的无污染高等级耕地比例大于40%以上；新乡市、焦作市、郑州市、平顶山市等地区的无污染高等级耕地比例介于16.23%～40.34%之间。三门峡市大部分地区和洛阳市、信阳市、驻马店市的部分地区，无污染高等级耕地比例均小于16%。

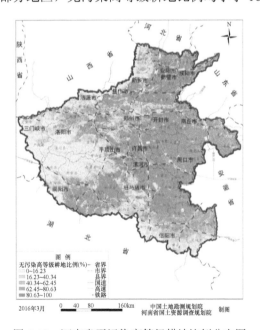

图5-12 河南省无污染高等级耕地比例分布图

有林地与生态林比例：河南省有林地比例普遍偏低，平均为4.66%，总体呈现出西部、南部边沿地区偏高，东部、北部的平原丘陵区普遍较低（图5-13）。其中，山地地区有林地与生态林比例较高，济源市、三门峡市、南阳市、洛阳市、信阳市等部分地区有林地与生态林比例均大于54%；低山丘陵和平原地区比例较低，平原地区的濮阳市、鹤壁市、开封市、许昌市、漯河市等地区，有林地与生态林比例小于 8.97%；位于低山丘陵区的驻马店市、郑州市、开封市西部等地区有林地与生态林比例处于一般水平，介于 8.97%～54%之间。

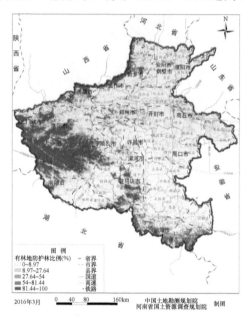

图 5-13　河南省林地比例分级图

天然草地比例：河南省的天然草地比例极低，天然草地比例大于 1%的区域极少，仅信阳市部分地区。

城市绿地比例：河南省的城市绿地比例整体较低，平均值为 5.58%。其中，郑州市、洛阳市、焦作市、济源市、商丘市等部分地区城市绿地比例较高，漯河市的小部分地区的城市绿地比例较低。

非渗透地表比例：河南省的城市非渗透地表比例普遍偏低，平均值为 10.52%。其中，郑州市、洛阳市、南阳市、许昌市、焦作市、新乡市、漯河市、驻马店市、安阳市、濮阳市等城区，城市非渗透地表比例较大，大部分在 19%以上（图 5-14），信阳市部分地区，城市非渗透地表比例较低。

生态基础设施用地比例：河南省生态基础设施用地比例平均值为 7.2%。生态基础设施用地比例较高的区域主要分布于新乡市、济源市、平顶山市、三门峡市等地区（图 5-15），商丘市、周口市、信阳市、开封市等地区，生态基础设施用地比例较低。

城镇建设用地比例　河南省城镇建设用地比例较高的地区主要是濮阳市、郑州市、焦作市、许昌市等市或县级市的中心城区，各市县的城镇建成区建设用地比例次之。

图 5-14　河南省城市非渗透地表比例图

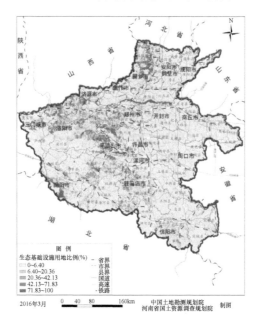

图 5-15　河南省生态基础设施用地比例图

通过河南省土地生态状况结构性指标评估，按 1km×1km 栅格和行政区尺度统计得到土地生态状况结构性指标评估值空间分布图（图 5-16）。濮阳市、安阳市、鹤壁市、开封市、洛阳市、许昌市、漯河市的大部分区域土地生态状况结构性指标评估值较高。信阳市、济源市等地区，土地生态状况结构性指标评估值均在中等～良等级水平，人口聚居市区如信阳市的浉河区、平桥区，驻马店市的驿城区，漯河市的源汇区、郾城区、邵陵区等地区属于差的级别。

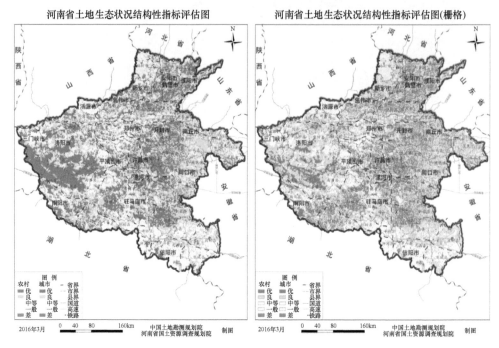

图 5-16　河南省土地生态状况结构性指标评估图

通过对影响河南省土地生态状况结构指标的各评估因子障碍度影响进行分析得出，障碍度排名依次为有林地与防护林比例、无污染高等级耕地比例、生态基础设施用地比例、天然草地比例。对影响河南省城镇土地生态状况结构性指标的各评估因子障碍度进行分析，影响城镇土地生态状况的主要障碍因子是城市绿地比例和无污染城市水面比例，它们影响到的区域所占的面积分别为 1231745.323hm$^2$ 和 423033.2475hm$^2$（表 5-4）。

表 5-4　河南省土地生态状况结构指标的障碍度位次

| 指标层 | 元指标层 | 影响区域所占面积（hm$^2$） | 位次 |
|---|---|---|---|
| 土地利用/覆盖类型指数 | 有林地与防护林比例 | 9986343.962 | 1 |
| | 无污染高等级耕地比例 | 4503877.465 | 2 |
| | 生态基础设施用地比例 | 332344.4576 | 3 |
| | 天然草地比例 | 490.928085 | 4 |

### 5.4.3　土地污染、损毁、退化状况

土地污染状况：根据中华人民共和国国家标准《土壤环境质量标准》（GB 15618—1995）和土壤元素背景值，总体上土壤铜（Cu）含量由西南向东北呈先逐渐减少又逐渐增加的趋势。三门峡西南一带以及信阳西南一带等地区土壤 Cu 含量最高，最高值达到 68.92mg/kg，远高于区域（河南省）土壤微量金属元素背景值（19.7mg/kg）。河南省绝大多数市县土壤锌（Zn）含量低于国家一级标准，总体呈现为西部向东部逐渐降低的变化趋势。河南省绝大多数市县的土壤镉（Cd）含量均低于国家二级标准，高于区域（河南省）土壤 Cd 元素背景值（0.074mg/kg）（图 5-17）。河南省大部分市县土壤铬（Cr）含量均低于国家二级标准，总体上呈中部、西南部小部分地区较高，其余地区处于中间或较低的分布态势。河南省绝大部分市县土壤铅（Pb）含量均低于国家二级标准，除西部部分山地丘陵地区较高外，其余地区普遍偏低。河南省大部分地区土壤砷（As）含量均低于国家一级标准（图 5-18），其中洛阳市、三门峡市东部、平顶山市西部、焦作市北部及濮阳市西部等地区，土壤 As 含量较高（最高值达到 18.79mg/kg），高于区域（河南省）土壤微量金属元素背景值（11.4mg/kg）；信阳市、漯河市、郑州市东部及开封市西部等地区，土壤 As 含量最低值为 4.78 mg/kg，大部分低于区域（河南省）土壤微量金属元素背景值（11.4mg/kg）。河南省土壤综合污染指数的变化规律表现为

图 5-17　河南省土壤 Cd 元素含量分布图

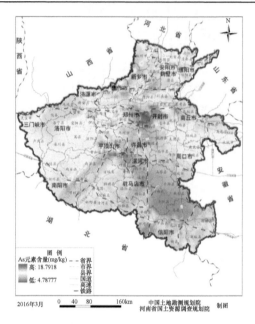

图 5-18　河南省土壤 As 元素含量分布图

西部地区呈从北向南条带状分布且全省北部高于南部地区的态势（图 5-19），土壤综合污染指数最高值和最低值分别为 1 和 0，极差为 1，平均值为 0.99。其中，安阳、鹤壁、新乡、焦作、济源、三门峡等部分地区的土壤综合污染指数较高，其他地区如商丘市、周口市、信阳市、驻马店市等地区的土壤污染综合指数较低。

土地损毁状况：河南省土地塌陷地很少，塌陷地占整个区域的比例很小，塌陷地面积所占区域面积的比例在 0.28%左右。河南省土地挖损现象较明显，挖损地块呈密集点状分布在各个地市的区县，见图 5-20。各市挖损点数目分布较均匀，差别不大，挖损地块面积所占区域比例约为 0.3%~0.56%。损毁土地主要分布于如平顶山市、郑州市、焦作市、新乡市和商丘市等地区的采矿所在地（图 5-20）。土地退化状况：河南省退化土地较少，主要分布于开封市、郑州市和焦作市等地区，且退化土地所占面积极小。通过河南省土地污染、损毁、退化状况评估，按 1km×1km 栅格和县市行政区尺度统计得到土地污染、损毁、退化状况评估值空间分布图（图 5-20）。河南省土地损毁呈零散分布，所占比例不大，济源市、新乡市和开封市等部分土地污染、损毁、退化状况较严重，土地污染/损毁与退化状况评估级别为中等以下，大部分地区为差。

## 5.4.4　生态建设与保护状况

生态建设效应指数：区域环境质量指数是反映区域环境质量优劣程度的数量

图 5-19　河南省土壤综合污染指数分布图

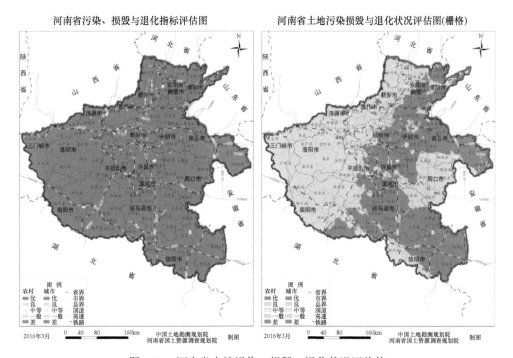

图 5-20　河南省土地污染、损毁、退化状况评估值

尺度，反映了某区域的环境质量变异状况。由图 5-21 可以看出，河南省环境质量总体良好，信阳市、南阳市、鹤壁市、濮阳市、新乡市等县市环境质量指数大于69；商丘市、郑州市等市县，区域环境质量指数介于 51～62 之间；新郑市的区域环境质量较差，区域环境质量指数介于 0.90～0.96 之间。河南省的人均林木蓄积量整体呈现出南部、西部山地较高，北部、东部平原丘陵区较低的态势（图 5-22）。洛阳市、三门峡市、南阳市、驻马店市、信阳市、焦作市等部分地区，山地广泛分布，人均林木蓄积量较高，介于 15.33～132.32m³/人之间；全省其他地区，人均林木蓄积量较低。

　　生态压力指数：河南省人口密度差异较大，中东部地区的人口密度最大，郑州市、洛阳市、新乡市等部分中心城区，最高人口密度达到 386 人/hm²。西部和南部地区人口密度较小，主要分布于驻马店市的遂平县、汝南县、确山县、正阳县、驿城区，信阳市的平桥区、浉河区、罗山县、光山县、息县、潢川县、商城县、固始县、淮滨县南部和三门峡市以及洛阳市西部等地区。

　　生态建设与保护发展协调指数：河南省的人口与生态用地增长弹性系数空间分布：商城县、西峡县、荥阳县等地区，人口与生态用地增长弹性系数较小。信阳市新县、商城县的部分地区，人口与生态用地增长贡献度较小，洛阳市的嵩县等部分地区，人口与生态用地增长贡献度较大。

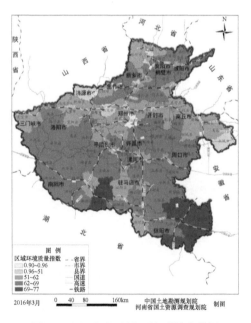

图 5-21　河南省区域环境质量分值图

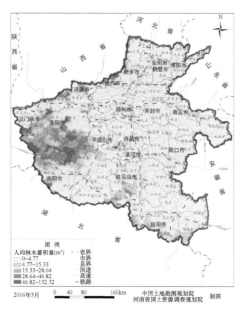

图 5-22　河南省人均林木蓄积量图

通过河南省生态建设与保护综合效应评估，按 1km×1km 栅格和行政区尺度统计得到生态建设与保护综合效应评估值空间分布图（图 5-23）。由图中可知，河

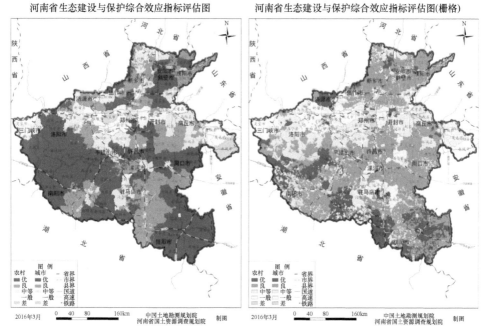

图 5-23　河南省生态建设与保护综合效应评估值

南省生态建设与保护综合效应指标评估值，整体呈现出西部及南部较好的态势。其中，全省大部分地区生态建设与保护综合评估等级处于良和优等级，开封市、商丘市、平顶山市、许昌市、三门峡市等部分地区，生态建设与保护综合评估为中等等级；其他地区如郑州市、商丘市东部、巩义市等生态建设与保护综合评估处于一般和差等级。

### 5.4.5 区域性指标

河南省土壤盐碱化面积比例整体较低，盐碱化比例较高的区域主要分布于濮阳市的南乐县（图 5-24）。河南省的林网化比例空间分布不均匀（图 5-25），呈山地林网化比例较高，平原丘陵区林网化比例较低的态势，林州市、新密市、洛阳市的洛宁县、信阳市的部分县区等地区林网化比例较高。通过区域性指标评估，河南省区域性指标评估值整体较低（图 5-26）。大部分的区域性指标评估值属于差等级别，处于优、良、中等级别的区域零散分布于全省部分山地地区，如驻马店市的泌阳县、西平县、汝南县，信阳市的平桥区、浉河区、罗山县、光山县、商城县、固始县，安阳市的林州市等部分地区。

图 5-24 河南省土壤盐碱化面积比例

### 5.4.6 土地生态状况质量综合评估

#### 5.4.6.1 基于行政区评估单元的土地生态状况质量综合评估

根据构建的土地生态状况质量综合评估体系、城镇土地生态状况质量综合评

图 5-25　河南省林网化比例

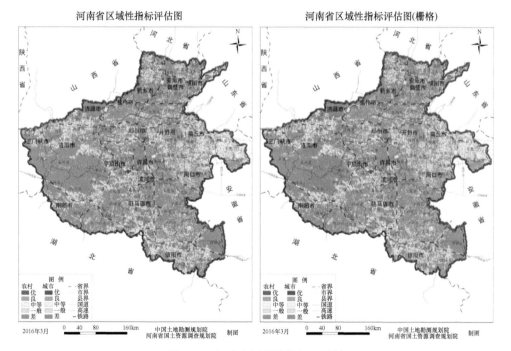

图 5-26　河南省区域性指标评估图

估体系，分别对中原经济区城镇建成区范围的城镇土地和城镇建成区范围之外的土地进行评估。基于综合指数模型进行土地生态状况质量综合评估，考虑到行政区域的完整性，以行政村作为评估对象，评估结果见表 5-5。土地生态状况质量评估等级的标准采用自然断点法确定，具体研究中将土地生态质量状况等级依次分为优、良、中、一般、差 5 个等级。

表 5-5　河南省土地生态评估分级标准与评估结果

| 评估级别 | | 综合评估分值 | 行政村个数 | 所占比重 |
|---|---|---|---|---|
| 优 | 农村 | 0.585～0.653 | 14330 | 31.66 |
| | 城镇 | 0.533～0.593 | 827 | 16.47 |
| 良好 | 农村 | 0.569～0.585 | 16641 | 36.76 |
| | 城镇 | 0.513～0.533 | 1629 | 32.45 |
| 中等 | 农村 | 0.548～0.569 | 8938 | 19.75 |
| | 城镇 | 0.487～0.513 | 1459 | 29.06 |
| 一般 | 农村 | 0.515～0.548 | 3921 | 8.66 |
| | 城镇 | 0.460～0.487 | 751 | 14.96 |
| 差 | 农村 | 0.447～0.515 | 1435 | 3.17 |
| | 城镇 | 0.361～0.460 | 354 | 7.05 |

河南省区域土地生态状况质量综合分值介于 0.447～0.653 之间，总体上呈优良状态，但安阳市、新乡市、郑州市、三门峡市的小部分地区处于较差等级。其中，优等级区域有 14330 个行政村，占评估区域的 31.66%，主要分布在信阳市、南阳市、许昌市、周口市等部分地区。这主要得益于这些村庄土地生态自然基础较为优越，耕地无污染、土地景观呈多样性，土地损毁情况较少，并且注重对生态建设与环境保护，从而表现为土地生态状况质量为优等。良好等级区域有 16641 个行政村，占评估区域的 36.76%，占全省大部分地区，主要分布在开封市、商丘市、洛阳市、驻马店市等地区。该等级村庄中土地污染、损毁情况较轻，生态建设和保护综合效应表现优良，但是受自然基础性指标、土地生态状况结构性指标的影响，导致这些村庄仅仅处于良好等级。中等等级区域有 8938 个行政村，占评估区域的 19.75%，主要分布于新乡市北部、三门峡市北部、安阳市、郑州市等部分地区。这主要是由于这些村庄自然禀赋一般，除土地污染、损毁状况指标层处于优等外，其他各指标层分值较差、一般及中等等级，从而影响到其土地生态状况质量，呈现中等等级。一般等级区域有 3921 个行政单元，占评估区域的 8.66%，主要分布于濮阳市、郑州市、三门峡市等部分地区，生态建设与保护综合效益、

区域性、土地生态状况结构性指标层指数处于一般或中等水平，从而制约了该区域土地生态安全状况质量的进一步提高。差等级区域有 1435 个行政村，占评估区域的 3.17%，主要分布于济源市、新乡市等部分地区。这些评估单元有的位于县市级城镇范围内，用地类型以城镇工矿用地为主；有的自然基础条件较差，加之在经济社会发展过程中忽视了土地生态环境的保护，制约其生态环境效益的发挥，从而表现为土地生态状况质量差。

河南省城镇土地生态状况质量综合分值介于 0.361～0.593 之间，大部分处于良好、中等状态。土地生态状况属于优等级有 827 个行政单元，占评估区域的 16.47%，主要分布在南阳市、商丘市、信阳市等的几个村。这主要得益于这些村庄土地生态自然基础较为优越，耕地无污染、土地景观呈多样性，土地损毁情况较少，并且注重对生态建设与环境保护，从而表现为土地生态状况质量为优等。良好等级区域有 1629 个行政单元，占评估区域的 32.45%，主要分布在商丘市的部分地区以及信阳市浉河区等地区。该等级村庄中土地污染、损毁情况较轻，生态建设和保护综合效应表现优良，但是受自然基础性指标、土地生态状况结构性指标的影响，使得这些村庄处于良好等级。中等等级区域有 1459 个行政村，占评估区域的 29.06%，主要分布于安阳市、新乡市、焦作市、济源市等的部分地区。这主要是由于这些村庄自然禀赋一般，除土地污染、损毁状况指标层处于优等外，其他各指标层分值较差、一般及中等等级，从而影响到其土地生态状况质量，呈现中等等级。一般等级区域有 751 个行政单元，占评估区域的 14.96%，主要分布于郑州市、济源市、安阳市等部分地区，生态建设与保护综合效益、区域性、土地生态状况结构性指标层指数处于一般或中等水平，从而制约了该区域土地生态安全状况质量的进一步提高。差等级区域有 354 个行政村，占评估区域的 7.05%，主要分布于新乡市的部分地区及济源市的大部分地区。这些评估单元位于城镇范围内，用地类型以城镇工矿用地为主，制约其生态环境效益的发挥，又由于自然基础条件较差，加之在经济社会发展过程中忽视了土地生态环境的保护，从而表现为土地生态状况质量差。

### 5.4.6.2　基于栅格评估单元的土地生态状况质量综合评估

基于栅格的土地生态状况质量综合评估结果见图 5-27。河南省土地生态状况质量大部分地区表现为优良状态，但是在某些人口聚居的县城和市区表现为明显的差等级。与基于行政区的评估结果所反映的河南省土地生态状况质量分布趋势基本一致，只是评估结果进一步细化。

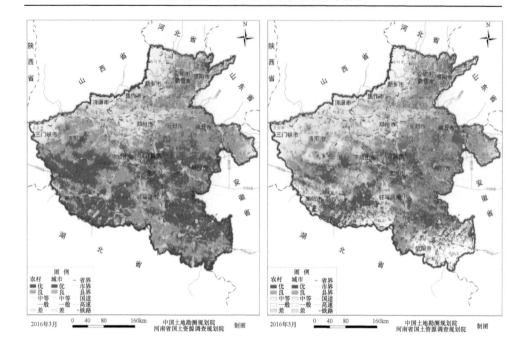

图 5-27 河南省土地生态状况质量综合评估图

基于栅格评估单元对河南省土地生态状况质量评估结果得出，河南省处于优等级的评估单元占总评估单元的 28.99%；良好等级占总评估单元的 34.29%；中等等级占总评估单元的 22.95%；一般等级占总评估单元的 10.93%；差等级占总评估单元的 2.84%。其中，优等、良好等级占总评估单元的 63.29%，结果表明河南省土地生态质量状况总体呈现良好态势，除了北部、西部的部分土地生态状况质量状况较差外，大部分地区土地生态状况质量呈优或良的等级。从区域分布上看，河南省东部、南部地区以及部分中心城区的土地生态状况质量较好，西北地区的部分土地生态状况质量较差。其原因主要是由于东部、南部地区，自然基础条件较好，城市中心、中心城镇景观多样性指数较强、土地利用覆盖类型多样；而北部、西部的部分山区地带的自然基础条件差一些，生态建设不强、生态压力较大、生态建设与保护发展的协调性不足等，使得西北部部分地区的土地生态状况质量较差。

基于栅格评估单元对河南省城镇土地生态状况质量评估结果得出，河南省处于优等级评估单元占总评估单元的 26.48%；良好等级占总评估单元的 31.5%；中等等级占总评估单元的 22.85%；一般等级占总评估单元的 16.15%；差等级占总评估单元的 3.02%；由于优、良等级栅格数占总评估单元的 57.98%，河南省城镇土地生态状况质量总体上表现为较优状态。

# 5.5　中原经济区土地生态管护分区与政策建议

## 5.5.1　土地生态管护分区及问题分析

　　土地生态管护分区及调控是在全面分析区域土地生态状况现状和开展土地生态状况质量定量评估基础上，对区域土地生态状况质量进行分区，制定相应的调控政策和措施，规范土地利用活动与行为方式，优化土地生态系统结构，维持土地生态系统功能，在保护土地生态系统持续、协调发展的前提下，提高土地利用的社会效益、经济效益以及生态效益，从而实现土地生态质量的良性发展。中原经济区土地生态管护分区，对于实现区域土地生态建设的宏观调控与精细化管理、提高土地生态安全保障能力、构建绿色空间格局、加快土地生态文明建设等具有重要的理论和现实意义。

　　根据各个区域的地形地貌、自然条件、区位条件、经济社会发展水平以及土地生态特点等，参阅文献资料并结合专家建议，选取土地生态状况质量评估值、土地生态系统的生态指标、土地利用规划空间管制以及区域发展等因素为基础构建市域土地生态管护分区的指标体系，采用聚类分析法对河南省进行生态管护分区。结合土地生态问题及分区的地理位置关系，对初步分区进行调整和优化，最终将河南省土地生态管护分区分为 5 区 3 带（图 5-28），即太行山地土地生态管护区、豫西山地丘陵土地生态管护区、黄淮海平原农业土地生态区、南阳盆地农业土地生态区、桐柏山大别山山地丘陵土地生态管护区、沿黄土地生态涵养管护带、沿淮土地生态管护带、南水北调中线生态管护带。在土地生态管护分区基础上，根据各土地生态管护分区生态问题，分区提出加强土地生态建设调控策略和管护建议。

### 5.5.1.1　太行山地土地生态管护区

　　太行山地土地生态管护区位于河南省豫北地区的西部，北与山西省接壤，南临黄河，东部是黄沁河冲洪积平原区，区域面积 11972.6km²。地貌类型为丘陵山地，且山势陡峭，坡度较大，在植被稀疏和农林交错区域，水土流失较为严重。行政区划组成有安阳的林州市、新乡的辉县市、卫辉市、焦作的中站区、修武县、博爱县、沁阳市及济源市。基本以海拔 200m 等高线为划分界限。该区是山西高原上升和华北平原下降的边缘，位于我国二、三级大地形的陡坎上。分布有太行山国家级猕猴自然保护区及森林公园等，深山区植被覆盖率大于 95%。

　　太行山地土地生态管护区土地生态问题主要表现为：浅山区矿产开发、旅游开发、公路建设等导致基岩裸露、生境破碎，土壤稀薄、降雨量少及植被覆盖率不高，生态环境极为脆弱。矿产资源掠夺性开采，使得矿区生态破坏严重，植被稀疏，水土流失严重。太行山前平原乡镇企业较为发达，但过度开采利用水资源，地下水位以每年 0.5m 的速度下降。农田过量使用农药和化肥，大量进入水中污染水体，养殖业粗放经营造成的废水直接外排也严重污染了水体。

图 5-28　中原经济区土地生态管护分区图

　　太行山地土地生态管护区土地生态调控策略与管护建议：①严格控制该区域的土地开发利用强度，着力生态修复、保护环境，增强生态功能区水源涵养、水土保持、维护生物多样性等。加强对土地生态空间的保护与修复，实施太行山北部山前绿色生态屏障等重大生态修复工程，做好浅山区域的植被修复，恢复矿区生态。增强土地生态生产能力，保护土地生态环境的多样性。②实行生态环境保护优先的集中式新型城镇化发展战略，引导太行山区生态脆弱区人口有序转移，将易地扶贫、生态移民以及村庄整合等综合起来，建设新农村与新型农民社区，逐步适度减少农村居住空间。③重点保障旅游、特色农林产品加工等生态友好型产业发展空间需求，协调区域内矿产勘查开采与生态环境保护的空间关系，实现矿产开发与生态环境的协调发展。在北部山区进行生态公益林保护，巩固和保护现有绿化造林成果，重点营造水源涵养林、水土保持林、名优特新经济林、生态能源林等，同时加强中幼林抚育、低质、低效林改造等森林经营管理。④科学保障资源型产业转型的发展需求，加快利用先进技术提升资源性产业，大力发展循环经济，提高资源型产业和高新技术产业发展水平，扩大规模，延伸产业链条。

### 5.5.1.2　黄淮海平原农业生态区

黄淮海农业生产区是指淮河以南，京广铁路线以东包括豫北、豫东、豫南和豫中平原的河南广大平原地区，面积 65758.7km$^2$。该区以淮河为界，南部是亚热带气候区，北部是暖温带气候区。土壤类型有潮土、砂姜黑土、黄褐土、褐土、风沙土、砂质潮土。农作物基本以小麦、玉米、花生、豆类、油菜等为主，在黄河和淮河沿岸分布有水稻。

黄淮海农业生产区是河南省粮食主要生产区域，因多年来土地高强度利用，存在重产出、轻养护的问题，导致部分区域土地肥力下降，依靠化肥维持高产，且农药、化肥过度施用，存在土壤板结及土地细碎化问题，部分农田污染严重。近年来，畜禽养殖业发展迅速，畜禽粪造成农村环境污染，农民盲目使用化肥、农药、农膜，致使水污染严重，且地下水资源超采严重，水环境胁迫性强。由于该区是河南省重要的粮棉油生产基地，也是全国粮食高产稳产区，农业生产条件优越，土地利用集约程度较高，基本农田比率高达 88.87%。土地利用与生态建设应结合农田水利基本建设，做好农业综合开发，发展生态农业，控制农药、化肥、农膜对农田和水源的污染，加紧治理农村面源污染；大力发展节水灌溉，提高水资源利用率；积极实施秸秆还田、种植绿肥和增施有机肥，推广应用土壤改良培肥综合技术，促进有机肥资源转化利用，减少生态环境污染，改善生态环境，提升耕地地力水平；积极推进高标准基本农田建设，提高土地利用率和产出率。

黄淮海农业生产区土地生态调控策略与管护建议包括以下几个方面：①以巩固提高该区域农产品生产能力为重点任务，实行最严格的耕地保护制度，持续推进农业基础设施建设，大力推进高标准基本农田建设，提高高产田比重，打造粮食生产核心区。②推进农业结构的战略性调整，因地制宜发展特色高效农业，提高产业化经营水平，增加农民收入。在区域重点建设优质小麦种子基地、专用玉米基地、蔬菜基地和食用菌基地等，进一步优化农业产业结构。③加快高效生态经济建设，积极发展生态农业和现代农业，推进农业的集约化、规模化以及生态化经营，依托相关园区、产业平台，大力发展优质粮食、无公害蔬菜、名优花卉

苗木、优质畜产品和观光农业等。④切实保护耕地和基本农田，进行中低产农田
改造，提升耕地质量，增加耕地面积，进一步提高农业用地的产出效率。⑤积极
发展有机食品、绿色食品和无公害食品，防止农作物污染，确保农产品安全。通
过控制规模化畜禽养殖业的污染，加大畜禽粪便的资源化综合利用率，积极发展
生态农业，开展秸秆禁烧，促进秸秆综合利用，来控制面源污染。

### 5.5.1.3　豫西山地丘陵生态管护区

豫西山地丘陵生态区位于河南省的西部，包括黄河以南、京广线以西及南阳
盆地以北山丘区的大部地区。西与陕西接壤，北与山西隔河相望，西南部与湖北
相邻，总面积约 56125.9km$^2$。区内主要有小秦岭、蜻山、万方山、伏牛山和高山，
海拔一般在 1000~2000m，部分山峰海拔超过 2000m。该区域是秦岭山脉西部的
延伸。主要山脉分支之间有相对独立的水系分布，山脉与水系相间排列，较大河
流与一些山间盆地相连，形成了谷地和盆地串联、低洼开阔地带与山脉相间分布
的独特地貌类型。区域内植被类群丰富，广泛分布有南北过渡带物种。区域内分
布的植被类型有以栎类为主的落叶阔叶林、针叶林植被、针阔混交林、灌丛植被、
草甸、竹林以及人工栽培植被等。该区矿产资源丰富，各种金属矿、非金属矿、
能源矿等的分布、占有量及开采量在河南省均有重要意义。三门峡、洛阳、南阳
境内的伏牛山、熊耳山、外方山海拔 500m 以上的中山区为生物多样性及水源涵
养生态区；三门峡、南阳境内的伏牛山、熊耳山、外方山海拔 200m 以上的低山
丘陵、中山区多为本区划的水土保持生态生态功能区；山间盆地、谷底及平原微
丘区是农业生态区。

豫西山地丘陵生态区分布有丰富的矿产资源，局部地区因矿产开发导致植被
破坏、水土流失严重、矿渣堆存及水质污染的生态破坏尚未得到有效治理。由于
土壤地质、地形地貌的原因，地质灾害高度敏感，土地承载力严重超载。豫西山
地丘陵生态区土地生态调控策略与管护目标是杜绝矿产资源的不合理开发，加大
尾矿综合利用率，保护植被，退耕还林，搞好水源涵养，防止水土流失，科学合
理发展林果业。

### 5.5.1.4　南阳盆地农业生态管护区

南阳盆地位于河南省西南部，东、北、西三面环山，为向南开口的扇形山间
盆地，南面与江汉平原相连，东北角有方城缺口与华北平原相通，面积 9258.7km$^2$。
盆地由边缘向中心和缓倾斜，地势具有明显的环状和梯级状特征。盆地外围环抱
着低山丘陵，边缘分布有波状起伏的岗地和岗间凹地，大部分岗地宽阔平缓，海
拔在 140~200m 之间，由边缘向盆地中心延伸，岗、凹之间坡度平缓，没有明显

的界线。盆地中南部为地势低平的洪积平原和冲积平原,海拔 80～140m,略向南倾斜。唐、白河自北向南穿过盆地,水系呈扇状。唐河切割深,河床窄,弯道多,比较稳定,沿河阶地较窄;白河切割浅,河床宽,多沙滩,河槽不稳定,沿岸分布有较宽的阶地。 区域属于北亚热带气候区,年均降水量 790～1100mm,夏季雨量集中,雨热同期,对农作物生长极为有利。区域土壤类型以砂姜黑土、黄褐土为主。

南阳盆地农业生态管护区主要生态环境问题及生态环境敏感性是:农药化肥使用强度居全省较高水平,水污染有加重的趋势,局部地区水体为高度敏感和极度敏感。生态系统主要服务功能是提供农产品。南阳盆地农业生态管护区生态保护措施及目标是合理施用农药、化肥,降低农化产品使用量,降低农业面源污染,保证粮食与食品安全。

### 5.5.1.5　桐柏山大别山山地丘陵生态区

桐柏山大别山山地丘陵生态区位于河南省南部,秦岭淮河以南地区,属于大别山北坡,南部与湖北省相邻。行政区划组成包括南阳的桐柏县和信阳市的罗山、新县、商城、固始以及光山、淮滨、息县等县,区域面积 23916.9km²。本区为大别山的西北部分,位于淮河以南,地貌类型复杂,包括中山、丘陵、湖泊、岗地及平原。桐柏山和大别山脉分布在河南省南部边境地带,自西北向东南延伸。桐柏山脉主要由低山和丘陵组成,海拔 400～800m。低山丘陵间有一些大小不等的盆地和宽阔的山间盆地、山间谷地,其中以桐柏吴城盆地最大。大别山脉位于京广铁路以东的豫、鄂、皖三省交界地带,近东西向延伸。西段山脉主脊高度不大,多在海拔 800～1000m 之间。东段山脉主脊狭窄高峻,有一系列陡峭的山峰,海拔均超过 1000 m。自山脉主脊向北地势逐渐降低,由低山、丘陵过渡为山前洪积倾斜平原。山脉北侧河流均向北或东北流去,沿河多形成宽阔的河流谷地。 气候属于北亚热带湿润季风气候,降水量 900～1200mm。该区地带性土壤为黄棕壤,土壤类型有黄褐土、棕壤、紫色土、红黏土、石质土、粗骨土、潮土、砂姜黑土、水稻土等,以水稻土分布最多。植被类型属于北亚热带常绿-落叶、阔叶混交林。

桐柏山大别山山地丘陵生态区主要生态环境问题是土壤侵蚀比较严重,生产生活产生的污染物处置率低,旅游开发进一步增加了自然生态环境的压力。生态保护措施及目标是保护景区自然景观,提高植被覆盖率,治理水土流失,控制景区基础设施建设和旅游开发。矿区做好生态恢复:浅山丘陵区严格执行退耕还林,同时狠抓植树造林,治理小流域,在山腰土层较厚的地方发展果林,沿河构筑坝,拦蓄洪水,防止水土流失。

### 5.5.1.6　沿黄土地生态涵养管护带

沿黄河生态涵养带包括黄河自陕西入河南三门峡豫灵镇至花园口段、开封北部黄河大堤以内部分和郑州辖区的黄河南岸、黄河花园口至台前县出省境河段沿岸滩涂。生态功能定位为：水资源保护及湿地生态保护，水源涵养，地下水恢复，水患防治。

沿黄河生态涵养带水资源丰富，地下水位高，土层深厚，耕性良好，区内宜开发，滩涂分布广泛，增耕潜力较大。主要生态问题：由于两岸地势高、植被覆盖率低，水土流失严重，近年来水体污染程度及范围有所增加。乱占滩涂、随意采砂、滩涂过度开荒等现象严重。

沿黄河生态涵养带土地生态调控策略与管护建议包括以下几个方面：①加强对土地生态空间的保护与修复，实施重大土地生态修复工程，增强土地生态生产能力，科学适度地扩大黄河等河流、滩涂、湿地面积，进一步扩大湿地自然保护区面积，减少人为干扰活动，遏制生态系统质量下降的趋势，恢复湿地功能，保护土地生态环境多样性；封育现有天然次生林植被、退耕还林还草，适度增加植被覆盖率；搞好水土保持，增强水源涵养能力。②实行生态环境保护优先的集中式新型城镇化发展战略，引导生态脆弱区人口有序转移，将生态移民以及合村并镇等综合起来，建设新型农村社区，逐步有序减少农村居住空间。③全面推进生态工业示范区、生态农业示范区、城市绿色园区和蓝天工程、碧水工程、绿色工程、宁静工程、生态工程及污染防治工程、生态村镇建设工程等，保护和建设好黄河湿地国家级自然保护区，维护好湿地生态系统和生物多样性。④在充分考虑生态功能、恢复湿地功能及不影响黄河行洪前提条件下，本着"宜农则农、宜林则林、宜牧则牧、宜渔则渔"的原则，稳妥推进沿黄滩区农用地开发与整治，完善生态产业发展模式，全面构建黄河滩绿色生态长廊和生态农业综合示范区，推动经济社会与生态环境的协调可持续发展。⑤严禁乱占滩涂、随意采砂，遏制人为因素导致湿地数量减少趋势，调整农林牧渔产业结构和布局，实施退耕还河还湿、水土流失治理等生态保护工程，开展沿河村镇生活、工业污染治理工程，恢复土地生态系统的自然净化能力。

### 5.5.1.7　沿淮生态管护带

沿淮生态管护带是指淮河干流及其两侧沿线地区。生态功能定位为水源涵养，水土保持，湿地生物多样性保护，水患防治，淮河安全维护。

由于沿淮生态管护带两岸工业企业较多，工业污水排放造成水体污染程度及范围逐年增加，上游来水也是污染加重的原因之一，威胁到饮用水安全及湿地生态环境。由于该区周围广布农田，农民长期使用大量化肥、农药，受到农田面源污染的影响，水体有富营养化的倾向。

沿淮生态管护带生态保护措施及目标是加强沿线工业企业的污染控制和治理力度；保护两岸天然植被，防治水土流失；控制农业面源污染，发展生态农业；积极发展有机食品、绿色食品和无公害食品，防止农作物污染，确保农产品安全；通过控制规模化畜禽养殖业的污染，加大畜禽粪便的资源化综合利用率，积极发展生态农业，开展秸秆禁烧，促进秸秆综合利用，来控制面源污染；加快沿淮生态廊道建设，强化流域综合治理，推动淮河沿线生态建设一体化，建设上中下游协调发展的生态经济带。

### 5.5.1.8　南水北调中线生态管护带

南水北调中线生态管护带为南水北调中线工程总干渠两侧沿线地区，包括渠首丹江口水库区域，包括划定的南水北调中线工程总干渠两侧一级水源保护区、二级水源保护区范围，具有保障南水北调中线工程水质安全的重要作用。连接伏牛山地生态区、平原农区生态区（南阳盆地）、桐柏山地生态区、太行山地生态区及中原城市群城市密集区的多数城市，是中原经济区连接生态区和斑块最多的廊道，在水源安全方面发挥着重要的生态功能。丹江口水库地处亚热带向暖温带过渡区，属于秦岭山脉的余脉浅山区和丘陵区。生态功能定位为：水源保护，保障南水北调中线工程水质安全。

南水北调中线生态管护带的生态环境主要问题是森林资源少，部分地区生态脆弱，沿线农村缺少必要的污水处理设施，水质污染的潜在威胁较大，建设工程对生态环境造成一定影响等。在渠首丹江口水库区域，由于陡坡垦殖，植被破坏严重，浅山区植被稀疏，生态环境脆弱，水土流失极为敏感。周围农田农耕引起面源污染。在总干渠两侧沿线地区，工程建设对植被和耕地破坏严重，大量耕地被挖损、压占和污染。

南水北调中线生态管护带生态保护措施及目标包括以下几个方面：一是在渠首丹江口水库区域，搞好库区及主要支流的植树造林和退耕还林，建设库区周围水源涵养林，增加地表植被，强化水源涵养，防止水土流失，限制过度农业开发，发展生态农业，控制面源污染；二是在总干渠两侧沿线地区，加快两岸区域的土地复垦与生态重建，增加地表植被，加强干渠沿线生态综合防治和宽防护林带、高标准农田林网建设，加强沟壑治理，调整产业结构，发展生态农业及相关产业，建成集景观、经济、生态和社会效益于一体的生态保护带。

## 5.5.2　土地生态环境保护和改善政策建议

在分析河南省土地生态问题基础上，提出河南省土地生态保护和改善的建议，促进土地生态系统生态功能恢复。主要内容包括以下几个方面。

（1）以生态功能为导向，开展土地生态系统保护和恢复

生态恢复的最终目标就是重新建立一个完整的功能性系统，在区域尺度上过度地关注局地样点的恢复对区域生态功能的提升通常意义不大，建议以生态功能为导向，将生态功能恢复作为区域生态恢复的目标与方向，根据土地生态管护分区，确定生态功能保护和治量的目标，以生态适宜性为前提进行生态保护和恢复规划，将局地保护和恢复与区域调控相结合，提升区域整体生态功能。在局地尺度针对退化的关键点开展恢复治理，在区域尺度上以调控为主，基于此建立区域生态功能提升与经济发展相协调的恢复模式，实现生态链与产业链的有机结合。生态系统具水源涵养、土壤保持、防风固沙、生物多样性保护、洪水调蓄和产品提供等多种功能，对于特定保护和治理工程要以保护和恢复生态系统的主导生态功能作为核心任务，并据此规划相关的恢复工程，建议以区域主导生态功能的保护和治理对实施的和即将实施的生态保护和治理工程进行规划。

（2）建立生态保护和治理工程的科学决策机制和管理体制

建议建立以政府部门为主导，生态学、社会学、经济学等领域的科学家和生态保护和恢复区各级利益相关者参与的互动决策机制。建立生态保护和恢复监督管护长效机制，开展生态恢复实施过程的监督，加强对恢复工程的后期管理，确保生态保护和恢复工程的质量。建立动态的监测评估体制，制定生态保护和恢复监测方案，明确监测指标、评估体系和评估标准。建立决策分析机制，对于监测数据、评估结果反映出的恢复进程所存在的问题及时作出反馈，对于如何调整生态保护和治理计划作出决策。集中出台有利于生态保护和治理的配套政策。同时，建议改革和完善目前的生态管理体制，建立能够统一领导和调度的生态建设机构和在此机构领导下的各部门联合开展生态保护和治理的工作机制，制订全省乃至国家层面上生态保护、恢复和建设的战略规划。

（3）建立健全生态文明建设制度

深化生态文明体制改革，修订完善生态文明建设地方性法规和标准，基本形成源头预防、过程控制、损害赔偿、责任追究的生态文明制度体系。设定并严守生态红线，健全资源有偿使用和生态补偿制度，积极开展生态补偿试点。全面落实生态环境损害责任追究制度，推行环保机构监测监察执法垂直管理制度，推行全流域、跨区域和城乡协同治理模式。推进生态环境大数据建设，建成生态环境监测监控网络。健全资源环境承载能力监测预警机制。建立生态文明绩效考核制度，推进国家生态文明先行示范区建设。

# 5.6　结　　论

除驻马店南部、信阳南部等部分地区的自然基础性指标评估值较低外，河南省的自然基础性指标评估值由北向南呈现出逐渐增加的趋势。许昌市、平顶山市等地区，土地生态自然基础性指标评估值处于中等和良等级；南阳、周口、信阳北部等大部分地区，自然基础评估值等级为优；三门峡市、济源市、焦作市和新乡市，土地生态自然基础评估等级介于一般和差之间。通过对影响土地生态基础性指标评估因子的障碍度进行计算，影响河南省土地生态状况自然基础性指标的主要障碍度因子是土壤有机质含量、植被覆盖度。

河南省的土地生态状况结构性指标评估值为良和中等等级的地区所占比例是最高的。濮阳市、安阳市、鹤壁市、开封市、洛阳市、许昌市、漯河市的大部分区域土地生态状况结构性指标评估值较高，其评估值都达到了优的级别。信阳市、济源市等地区，土地生态状况结构性指标评估值都在中等～良的等级水平，信阳市的浉河区、平桥区，驻马店市的驿城区，漯河市的源汇区、郾城区、邵陵区等地区达到了差的级别。通过对影响河南省土地生态状况结构指标的各评估因子障碍度进行计算，影响河南省土地生态状况结构指标的主要障碍因子为有林地与防护林比例、无污染高等级耕地比例和生态基础设施用地比例。

河南省土地损毁呈零散分布，所占比例不大。塌陷地主要集中分布在平顶山市、郑州市、焦作市、新乡市和商丘市等地区的采矿所在地；仅有济源市、新乡市和开封市等部分土地污染、损毁、退化状况较严重；其他绝大部分区域土地污染、损毁、退化状况不明显，评估级别为优或良。

河南省生态建设与保护综合效应指标评估值整体呈现出西部及南部较好的态势。其中，全省大部分地区生态建设与保护综合评估等级处于良和优等级；开封市、商丘市、平顶山市、许昌市、三门峡市等部分地区，生态建设与保护综合评估为中等等级；其他地区如郑州市、商丘市东部、巩义市等生态建设与保护综合评估处于一般和差等级。

河南省区域性指标评估值整体较低。大部分的区域性指标评估值在差等级别，处于优、良、中等级别的区域主要零散分布于全省部分山地地区，如驻马店、信阳、安阳等部分地区；漯河、商丘等部分地区区域性指标综合评估等级处于一般水平；全省其他大部分地区区域性指标综合评估处于差等级。

综上，河南省土地生态状况质量整体较好，除北部、西部的部分土地生态状况质量状况较差外，大部分地区土地生态状况质量呈优或良的等级。从区域分布上看，全省东部、南部地区以及部分中心城区的土地生态状况质量较好，西北地区的部分土地生态状况质量较差。其原因主要是东部、南部地区，自然基础条件较好，城市中心、中心城镇景观多样性指数较强、土地利用覆盖类型多样；而北部、西部的部分山区地带的自然基础条件差一些，生态建设不强、生态压力较大、生态建设与保护发展的协调性不足等，使得西北部部分地区的土地生态状况质量较差。

# 第6章 西部能源开发与耕地新垦区土地生态状况调查与评估

## 6.1 调查与评估区域概况

### 6.1.1 自然条件

#### 6.1.1.1 地形地貌

内蒙古自治区地势较高，平均海拔在1000m左右，属高原型的地貌区。在世界自然区划中，属于著名的亚洲中部蒙古高原的东南部及其周沿地带，统称内蒙古高原，是中国四大高原中的第二大高原。在内部结构上又有明显差异，其中高原约占总面积的53.4%，山地占20.9%，丘陵占16.4%，平原与滩川地占8.5%，河流、湖泊、水库等水面面积占0.8%。

内蒙古自治区的地貌以蒙古高原为主体，具有复杂多样的形态。除东南部外，基本是高原，占总土地面积的50%左右，由呼伦贝尔高平原、锡林郭勒高平原、巴彦淖尔-阿拉善及鄂尔多斯等高平原组成，平均海拔1000m左右，海拔最高点贺兰山主峰3556m。高原四周分布着大兴安岭、阴山（狼山、色尔腾山、大青山、灰腾梁）、贺兰山等山脉，构成内蒙古高原地貌的脊梁。内蒙古高原西端分布有巴丹吉林、腾格里、乌兰布和、库布其、毛乌素等沙漠，总面积15万km²。在大兴安岭的东麓、阴山脚下和黄河岸边，有嫩江西岸平原、西辽河平原、土默川平原、河套平原及黄河南岸平原。这里地势平坦、土质肥沃、光照充足、水源丰富，是内蒙古的粮食和经济作物主要产区。在山地向高平原、平原的交接地带，分布着黄土丘陵和石质丘陵，其间杂有低山、谷地和盆地分布，水土流失较严重。

#### 6.1.1.2 气候

内蒙古自治区地域广袤，所处纬度较高，高原面积大，距离海洋较远，边沿有山脉阻隔，气候以温带大陆性季风气候为主。有降水量少而不匀，风大，寒暑变化剧烈的特点。大兴安岭北段地区属于寒温带大陆性季风气候，巴彦浩特-海勃湾-巴彦高勒以西地区属于温带大陆性气候。总的特点是春季气温骤升，多大风天气；夏季短促而炎热，降水集中；秋季气温剧降，霜冻往往早来；冬季漫长严寒，多寒潮天气。全年太阳辐射量从东北向西南递增，降水量由东北向西南递减。年平均气温为 0~8℃，气温年差平均在 34~36℃，日差平均为 12~16℃。年总降水量 50~450mm，东北降水多，向西部递减。东部的鄂伦春自治旗降水量达 486mm，西部的阿拉善高原年降水量少于 50 mm，额济纳旗为 37 mm。蒸发量大部分地区都高于 1200 mm，大兴安岭山地年蒸发量少于 1200 mm，巴彦淖尔高原地区达 3200 mm 以上。内蒙古日照充足，光能资源非常丰富，大部分地区年日照时数都大于 2700h，阿拉善高原的西部地区达 3400h 以上。全年大风日数平均在 10~40 天，70%发生在春季，其中锡林郭勒、乌兰察布高原达 50 天以上；大兴安岭北部山地，一般在 10 天以下。大部分地区沙暴日数为 5~20 天，阿拉善西部和鄂尔多斯高原地区达 20 天以上，阿拉善盟额济纳旗的呼鲁赤古特的大风日，年均 108 天。

### 6.1.1.3　水文水系特征

内蒙古自治区境内共有大小河流千余条，中国的第二大河——黄河，由宁夏石嘴山附近进入内蒙古，由南向北，围绕鄂尔多斯高原，形成一个马蹄形。其中流域面积在 1000km² 以上的河流有 107 条；流域面积大于 300km² 的有 258 条。有近千个大小湖泊。内蒙古水资源在地区、时程的分布上很不均匀，且与人口和耕地分布不相适应。东部地区黑龙江流域土地面积占全区的 27%，耕地面积占全区的 20%，人口占全区的 18%，而水资源总量占全区的 65%，人均占有水量 8420m³，为全区均值的 3.6 倍。中西部地区的西辽河、海滦河、黄河 3 个流域总面积占全区的 26%，耕地占全区的 30%，人口占全区的 66%，但水资源仅占全区 25%，其中除黄河沿岸可利用部分过境水外，大部分地区水资源紧缺。

全区按自然条件和水系的不同，分为：大兴安岭西麓黑龙江水系地区；呼伦贝尔高平原内陆水系地区；大兴安岭东麓山地丘陵嫩江水系地区；西辽河平原辽河水系地区；阴山北麓内蒙古高平原内陆水系地区；阴山山地、海河、滦河水系地区；阴山南麓河套平原黄河水系地区；鄂尔多斯高平原水系地区；西部荒漠内陆水系地区。

## 6.1.2　社会经济条件

内蒙古自治区由蒙古、汉、满、回、达斡尔、鄂温克、鄂伦春、朝鲜等 55 个民族组成。截至 2015 年底，全区常住人口为 2511.04 万人，比上年增加 6.23 万人。其中，城镇人口为 1514.16 万人，乡村人口为 996.88 万人。全年出生人口为 19.36 万人，出生率为 7.72‰；死亡人口为 13.34 万人，死亡率为 5.32‰；人口自然增长率为 2.4‰；城镇化率达到 60.3%，比上年提高 0.8%。

内蒙古自治区实现地区生产总值 18032.8 亿元，按可比价格计算，比上年增长 7.7%。其中，第一产业增加值 1618.7 亿元，增长 3.0%；第二产业增加值 9200.6 亿元，增长 8.0%；第三产业增加值 7213.5 亿元，增长 8.1%。人均生产总值达到 71903 元，比上年增长 7.4%，按年均汇率计算折合为 11547 美元。全区三次产业比例为 9：51：40。

内蒙古自治区全年居民消费价格总水平比上年上涨 1.1%。分城乡看，城市上涨 1.1%，农村牧区上涨 1.1%。分类别看，八大类消费品价格总体呈现出"六升二降"的格局。其中，涨幅排前三的分别是烟酒及用品、衣着、医疗保健和个人用品，分别上涨 3.7%、2.8% 和 2.3%。交通和通信、居住类价格分别下降 2.0% 和 0.3%。从生产者角度看，工业生产者购进价格和工业生产者出厂价格分别下降 4.1% 和 6.0%。固定资产投资价格下降 2.0%，农产品生产价格下降 2.0%。

### 6.1.3　土地利用现状

内蒙古自治区地域辽阔，土地利用类型多样，其中草地和林地的面积占比较重。根据 2014 年土地利用变更调查数据库，内蒙古自治区总面积 11273.39hm$^2$，其中草地面积最多为 5901.62hm$^2$，占自治区总面积的 52.35%；林地总面积 1402.50hm$^2$，占区域总面积的 19.36%；其他土地总面积 1869.56 hm$^2$，占区域总面积的 16.58%；耕地总面积 915.36hm$^2$，占区域总面积的 8.12%；水域及水利设施用地总面积 209.91hm$^2$，占区域总面积的 1.86%；城镇及工况用地总面积 131.77hm$^2$，占区域总面积的 1.17%；交通运输用地总面积 57.49hm$^2$，占区域总面积的 0.51%；园地总面积 5.68hm$^2$，占区域总面积的 0.05%。

## 6.2　土地生态状况调查与评估指标体系及指标权重

土地生态状况质量综合评估指标体系包括准则层、指标层及元指标层；通过土地、水利、农业等方面的权威专家对指标权重打分，确定各指标权重分值，具体见表 6-1。

表 6-1　内蒙古自治区土地生态状况质量综合评估指标体系

| 准则层 | 指标权重 | 指标层 | 指标权重 | 元指标层 | 指标权重 |
|---|---|---|---|---|---|
| 土地生态状况自然基础性指标层 | 0.2872 | 气候条件指数 | 0.2959 | 年均降水量 | 0.5672 |
| | | | | 降水量季节分配 | 0.4328 |
| | | 土壤条件指数 | 0.2897 | 土壤有机质含量 | 0.3931 |
| | | | | 有效土层厚度 | 0.3845 |
| | | | | 土壤碳蓄积量水平 | 0.2224 |
| | | 立地条件指数 | 0.1883 | 坡度 | 0.6207 |
| | | | | 高程 | 0.3793 |
| | | 植被状况指数 | 0.2262 | 植被覆盖度 | 0.5948 |
| | | | | 生物量 | 0.4052 |

续表

| 准则层 | 指标权重 | 指标层 | 指标权重 | 元指标层 | 指标权重 |
|---|---|---|---|---|---|
| 土地生态状况结构性指标层 | 0.1808 | 景观多样性指数 | 0.4328 | 土地利用类型多样性指数 | 0.4024 |
| | | | | 土地利用格局多样性指数 | 0.3176 |
| | | | | 斑块多样性指数 | 0.2800 |
| | | 土地利用/覆盖指数 | 0.5672 | 无污染高等级耕地比例 | 0.1762 |
| | | | | 有林地与防护林比例 | 0.2190 |
| | | | | 天然草地比例 | 0.1934 |
| | | | | 无污染水面比例 | 0.1490 |
| | | | | 生态基础设施用地比例 | 0.1434 |
| | | | | 城镇建设用地比例 | 0.1190 |
| 土地污染、损毁与退化状况指标层 | 0.2160 | 土地损毁指数 | 0.5252 | 挖损土地比例 | 0.2711 |
| | | | | 塌陷土地比例 | 0.1867 |
| | | | | 压占土地比例 | 0.1948 |
| | | | | 自然灾毁土地比例 | 0.1767 |
| | | | | 废弃撂荒土地比例 | 0.1707 |
| | | 土地退化指数（－） | 0.4748 | 耕地年均退化率 | 0.2155 |
| | | | | 林地年均退化率 | 0.2155 |
| | | | | 草地年均退化率 | 0.1897 |
| | | | | 湿地年均退化率 | 0.1966 |
| | | | | 水域年均退化率 | 0.1828 |
| 生态建设与保护综合效应指标层 | 0.2052 | 生态建设指数（＋） | 0.4095 | 未利用土地开发与改良面积年均增加率 | 0.2759 |
| | | | | 生态退耕年均比例 | 0.2259 |
| | | | | 湿地年均增加率 | 0.2362 |
| | | | | 损毁土地再利用与恢复年均增加率 | 0.2621 |
| | | 生态压力指数 | 0.2739 | 人口密度 | 1.0000 |
| | | 生态建设与保护发展协调指数 | 0.3166 | 人口与生态用地增长弹性系数 | 0.2690 |
| | | | | 人口与生态用地增长贡献度 | 0.2724 |
| | | | | 地区生产总值与生态用地增长弹性系数 | 0.2224 |
| | | | | 地区生产总值与生态用地增长贡献度 | 0.2362 |
| 区域性指标 西部能源开发与耕地新垦区 | 0.1108 | 灌溉条件指数 | 0.4983 | 沟渠密度 | 1.0000 |
| | | 土地沙化指数 | 0.5017 | 土地沙化面积比例 | 0.5200 |
| | | | | 土地沙化程度 | 0.4800 |

# 6.3　土地生态状况调查评估数据检查与修正

## 6.3.1　检查内容

数据检验从影响土地生态状况质量综合评估结果的因素入手，其影响因素可概况为：原始数据资料获取、评估计算过程。

原始数据资料获取包括原始资料误差、人为误差、坐标转换误差、指标信息提取方法误差等，即使有相关技术规范及技术指南作为数据提取操作标准，但由于提取范围过大、课题参加人员技术水平不同等，这类误差的产生在所难免，在进行土地生态状况质量综合评估之前，应将误差范围控制在一个合理的区间内。原始数据资料获取因素对土地生态状况质量综合评估结果的影响是最根本的，因此本年度开展工作的过程中，应着重确保原始数据资料的准确性。

评估计算是土地生态状况质量综合评估的最后步骤，在此过程中，存在数据量大、公式繁多等问题，需课题工作人员认真细致地完成，计算结果直接影响最终土地生态状况质量综合评估分等结果。

## 6.3.2　选取检查单元

本次数据的检验采用分层抽样的方法进行，元指标因子的提取和评估计算过程均采用此种方法。

西部能源开发区与耕地新垦区土地生态状况调查与评估历时 5 年完成，指标的提取和计算过程也是在 4 年内陆续完成的，所以在分层抽查的过程中按年份分层，每层抽取一定数量的代表进行检查。按照上述原则，在整个研究区范围内选取了 10 个旗县中的 100 个评估单元（行政村）进行数据检查，这 10 个旗县分别为：伊金霍洛旗、阿拉善右旗、托克托县、乌拉特中旗、商都县、西乌珠穆沁旗、翁牛特旗、突泉县、开鲁县、牙克石。其中伊金霍洛旗的 10 个行政村是 2011 年试点评估的区域，阿拉善右旗、托克托县、乌拉特中旗、商都县的 40 个行政村是 2012 年完成的中西部的生态评估的样本；西乌珠穆沁旗的 10 个行政村是选取的 2013 年完成的评区域的样本；翁牛特旗、突泉、开鲁以及牙克石的 40 个行政村是 2014 年完成的东四盟的评估区域的样本。样本的选取涵盖了 2011～2014 年四个年度的评估范围，可以检验每年的提取方法是否正确、合理，提取精度是否符合要求。

## 6.3.3　数据检查与问题成因

### 6.3.3.1　数据达标标准

检查过程中重新提取样本旗县的指标信息，当两次提取的指标数据相同，认为指标数据精度达标，反之，认为不达标。参考 GB/T 19001—2008（ISO 9001：2008，IDT）标准，当样本中指标数据准确率大于 98%时，认为总体质量达标，此指标无需重新提取；当指标数据准确率小于 98%时，认为总体质量精度未达标，此指标需重新提取。

### 6.3.3.2 数据质量检查结果

最终检查结果显示，牙克石市的天然草地比例与原始数据不符。通过对比分析发现，发生此类错误的原因是在数据计算中未乘以 100%。在数据抽查过程中未发现其他数据错误，在抽查样本中共有 1398 个行政村，每个行政村有 37 个元指标因子，检查中发现 12 个行政村的一个指标因子信息提取数据存在问题，那么基础信息的精度为 99.97%。

评估结果检查发现，乌拉特中旗的全部行政村（85 个）综合评估与初始评估结果不符。究其原因，是区域性指标层的评估数值在从 B-5 表粘贴到 B-6 表格过程中出现了粘贴失误。这 85 个行政村的区域性准则层数据正确，但 B-6 表中相应位置数据与 B-5 表中的数据不一致。这种现象表明，存在复制粘贴的错误。其他的评估数据均未发现问题，评估数据分为 5 个准则层和 1 个综合评估层，检查中 85 个行政村的 1 个准则层指标发现错误，由此计算出评估结果检查的数据精度为 98.98%。

在本次的质量检查过程中基础信息指标提取的数据精度为 99.97%；评估结果检查的数据精度为 98.98%，由此认为总体数据质量达标。由于每年在工作进行到的阶段，例如某项元指标因子提取完成，项目组都会进行数据质量自检和互检，发现数据质量问题及时纠正，在一定程度上保障了数据的高质量。同样，在评估过程中也会对阶段性评估结果进行自检和互检，对评估过程及结果数据进行随机抽查，对问题数据进行原因分析，并及时改正，在一定程度上保证了数据的准确性。

### 6.3.3.3 数据质量问题原因分析

（1）人为失误

元指标数据在提取过程中存在人为操作的失误，是由于工作人员在数据提取过程中操作不当造成的，例如公式下拉不彻底，从而导致元指标数据不正确进而影响评估结果；土地生态状况评估过程中表格较多，在表中数据复制粘贴过程中存在纰漏，致使评估结果不准确，使评估结果不能正确反映当地的土地生态状况质量。以上错误都归结为人为原因造成的失误。即使有相关技术规范及技术指南作为数据提取操作标准，但由于提取范围过大、课题参加人员技术水平不同等原因，这类误差的产生在所难免，在进行土地生态状况质量综合评估之前，应将误差范围控制在一个合理的区间内。在今后的工作过程中应该严格规范操作程序,谨慎认真地对待工作内容,尤其遇到数据量较大的数据处理,更要态度认真,工作严谨;形成良好的数据检查制度,争取在工作过程中不出错、少出错,保证数据质量达到规定标准,保质保量完成工作任务。

（2）数据自检不彻底

虽然在西部能源开发区与耕地新垦区土地生态状况调查与评估工作过程中严格执行了数据的自检和互检工作,但是在数据自检和互检过程中未完全发现数据计算过程中存在的问题,未能及时改正数据错误。在今后的工作过程中应该继续执行自检和互检的工作过程,完善检查方法和工序,增加互检形式的多样性,确保能够及时发现工作过程中的失误,及时改正存在问题。

（3）数据量大

西部能源开发区与耕地新垦区土地生态状况调查与评估区域比较大,本次评估以行政村评估单元,评估区域总共包含了 11990 个评估单元,每个评估单元有 37 个元指标,评估元指标信息涉及 44 万多条。基础指标的提取过程大部分相对繁琐,例如涉及土地退化的指标需要用两年的矢量数据进行叠加提取,生态建设与保护发展协调指数需要统计数据与矢量计算数据同时计算。数据量繁重,数据计算程序较复杂,在人工处理数据的过程中很难保证数据 100%准确。在数据计算过程中尽量提高数据的准确率,使过程数据和最终评估数据均符合质量管理体系的要求。

## 6.3.4 综合评估结果修正与验证

### 6.3.4.1 综合评估结果的修正工作

进行土地生态状况质量综合评估结果的修正与调整工作,是对西部能源开发与耕地新垦区土地生态状况质量综合评估结果精度的保障,保证后续成果应用、推广等工作的准确开展。

在西部能源开发区与耕地新垦区土地生态状况调查与评估工作初步完成之后,由内蒙古师范大学对整个研究区的基础信息指标数据和评估数据进行抽样检查。根据检查结果,对存在质量问题的牙克石的生态基础设施比例进行修改,同时查看牙克石其他行政村的生态基础设施比例,未发现类似的错误。

根据数据质量检查结果对内蒙古自治区全域的土地生态状况质量综合评估结果进行修正与调整。

### 6.3.4.2 综合评估结果考察验证

在已有的土地生态状况质量综合评估结果的基础上,第一:搜集各旗县关于生态状况方面的资料，重点搜集土地利用总体规划功能分区资料，通过对土地生态状况质量综合分布图与土地利用规划功能分区图进行对比叠加分析，得出两张图之间的差异。经过对比分析，评估结果整体上符合现有的资料成果。第二，进行个例实地考察验证。对乌海市和科尔沁左翼中旗地区进行实地考察，其中包括对自然环境、社会环境以及人文环境的整体感知。在旗县范围内对比不同生态质量等级的实地状况，评估结果符合当地的实际情况。

# 6.4　数据整合与数据库建设

## 6.4.1　数据整合技术路线

在已经完成的土地利用/土地覆被因子（农用地、湿地与水面、城镇用地）、土壤因子（土壤有机质、土壤碳蓄积量、有效土层厚度）、植被因子（植被覆盖度、植被净初级生产力）、地貌与气候因子（坡度、海拔高程、年均降水量、降水量季节分配）、土地损毁与退化状况（挖损土地、塌陷土地、压占土地、自然灾害损毁土地、废弃撂荒土地、土地退化等）、生态建设与保护状况等土地生态状况基础性调查指标以及区域性调查指标的信息提取工作以及土地生态状况自然基础性指标层、土地生态状况结构性指标层、土地损毁、退化状况指标层、生态建设与保护综合效应指标层、区域性指标指标层等评估指标提取工作的基础上，对内蒙古自治区全区指标数据的来源以及数据源的一致性进行质量检查，对县级数据格式的转换、坐标及投影转换、空间数据结构统一、拓扑重建、数据自然接边情况进行整合，确保矢量数据的无缝拼接。

主要方法是采用聚类分析异常数据检查法。数据源质量的检查分析是保证成果质量的重要前提，做好数据源质量检查分析是为下一步的数据优化完善工作做好准备。异常数据检查就是发现与大部分其他数据不同的数据，并对其进行检查。

工作步骤包括：首先对 2011 年和 2012 年的所有数据成果进行整理，并对每一个指标层的原指标进行聚类分析，并基于指标原值进行分类；其次，在其分类的基础上查找异常数据；最后，对异常数据进行对比分析得出解决办法。

## 6.4.2　数据整合工作内容及方法

质量控制与检查是西部能源开发与耕地新垦区土地生态状况调查与评估工作的重要环节之一，建立完整完善的质量检查控制体系是项目顺利完成的有力保障。数据整合工作是保证旗县级单位数据能够在全域内进行无缝拼接的基础性工作，主要整合内容包括县级数据格式的转换、坐标及投影转换、空间数据结构统一、拓扑重建和数据自然接边等。本研究中，内蒙古师范大学主要承担的工作就是对整个内蒙古自治区约 110 万 km² 土地的生态状况基础调查数据、区域性调查数据、评估指标数据和生态状况质量综合评估数据进行质量检查与数据整合，具体的工作方法主要有以下几个方面。

（1）数据质量控制与检查

数据质量控制与检查主要包括数据源质量的检查和数据源一致性的检查。

数据源质量的检查主要是对异常数据的检查，包括对土地生态状况基础性指标、土地生态状况结构性指标、土地损毁与退化状况指标、生态建设与保护综合效益指标、区域性指标基础数据的检查。

（2）数据整合

数据整合主要内容是对数据库的整合包括坐标及投影转换、空间数据结构统一、拓扑检查、数据自然接边和旗县级数据的汇总。

坐标及投影转换：由于不同数据测量时，使用不同的坐标系和不同参考椭球，而且采用的投影也不同，使得我们获得的数据不统一，必须进行坐标转换。

空间数据结构统一：检查图层名称、图层中属性字段的数量和属性字段名称、类型、长度、小数位数是否符合规定；检查属性字段的值是否符合标准规定的值域范围；检查属性值是否正确。

拓扑检查：检查层内要素是否存在拓扑问题，如重叠、自重叠、相交、自相交、伪节点、悬挂线、缝隙等；层间要素是否符合要求，如一致性、重合性等。检查图层要素是否存在丢漏。检查图属一致性。检查村等权属单位面积、分类面积之和是否等于乡镇面积、乡镇分类面积；各乡镇面积、分类面积之和是否等于县行政区域控制面积、县分类面积。各表之间的同一地类面积的一致性。

数据自然接边：检查数据的接边情况，查看旗县间的数据差异，将差异较大的地区进行再次计算，并分析其形成原因。

县级数据的汇总：在以上工作完成的基础上，将 101 旗县（市、区）的所有成果数据进行合并，最终汇总为内蒙古自治区全区整体数据，进行纵向分析；其次，将接边完成的整体数据裁剪出 12 个盟市进行横向分析；最后将纵向分析与横向分析进行综合分析。

## 6.4.3　土地生态状况调查与评估数据库建立

### 6.4.3.1　建设目标

西部能源开发区与耕地新垦区土地生态状况调查与评估数据库建设的目标

是：以本次调查形成的土地利用/土地覆被因子、土壤因子、植被因子、地貌与气候因子、土地污染损毁与退化状况、生态建设状况等土地生态状况基础性调查指标信息，以及区域性调查指标信息等数据为基础，利用计算机、GIS、数据库和网络等技术，建设重点地区土地生态状况调查与评估数据库。

### 6.4.3.2　建设原则

数据库建设要在技术指标、标准体系、数据库结构等方面具有系统性，并与第二次全国土地利用现状调查、土地利用变更调查等已有数据库具有良好的衔接性和一致性；依据上述相关数据库建设标准开展数据库建设；采用标准的空间数据交换格式，使成果数据正确汇交和共享；实现与已有数据库的互联互通；保证数据的完整性、独立性、结构性、结构性和共享性的特点；满足国家对土地调查数据的调查统计、数据更新和维护，以保证数据的现势性。

### 6.4.3.3　建设内容

西部能源开发与耕地新垦区土地生态状况调查与评估数据库主要内容包括：土地利用/土地覆被因子、土壤因子、植被因子、地貌与气候因子、土地污染损毁与退化状况、生态建设状况等土地生态状况基础性调查指标信息，以及区域性调查指标信息等矢量和栅格数据；土地生态状况质量评估信息；基础地理信息、数字高程模型（DEM）、土地利用调查数据与影像图等栅格数据；野外调查数据和社会经济统计数据等。

### 6.4.3.4　建设流程

数据库建设主要步骤包括：数据库建设方案设计、基础数据处理、图件扫描和几何纠正、图形和属性数据采集、分幅数据接边、拓扑关系构建、数据检查与入库等。

根据数据源的特点选用 ArcGIS 软件作为建库软件。数据源内容繁杂、数据形式各异、数据量大。ArcGIS 具有强大的数据处理功能，用其平台下的 ArcCatalog 工具，Geodatabase 数据模型主要是用来实现矢量数据和栅格数据的一体化存储，在本次数据库建设过程中使用 Personal Geodatabase 的数据格式进行。ArcCatalog 中的内容面板，可以用来组织和管理文件夹和地理数据库中的 ArcGIS 内容。GIS 信息项目包括地图文档、地理处理模型和工具箱以及基于文件的数据集（如影像文件、图层文件等）。通过目录树面板，还可以与 GIS 服务器、共享地理数据库和其他服务建立连接。同时，可以处理多种类型的数据：地图，图层，表格，文本文件，Shape 文件，Coverage 文件，栅格数据，地理数据集等。

具体数据库成果如图 6-1 所示。

图 6-1　西部能源开发区与耕地新垦区土地生态状况调查与评估数据库示意图

## 6.5　内蒙古自治区土地生态状况质量综合评估结果分析

### 6.5.1　区域土地生态状况质量综合评估

#### 6.5.1.1　土地生态状况自然基础性指标评估结果

以行政村为评估单元，内蒙古自治区土地生态状况质量综合评估自然基础性指标的评估分值集聚在 0～0.2936 之间。评估单元之间的土地生态状况自然基础性指标等级存在一定的差异性。采用非等间距方法，将其划分为五个等级，分别是自然基础质量高（Ⅰ），土地生态状况自然基础性指标评估分值为 0～0.1134；自然基础质量较高（Ⅱ），土地生态状况自然基础性指标评估分值为 0.1134～0.1347；自然基础质量中等（Ⅲ），土地生态状况自然基础性指标评估分值为 0.1347～0.1518；自然基础质量较低（Ⅳ），土地生态状况自然基础性指标评估分值为 0.1518~0.1732；自然基础质量差（Ⅴ），土地生态状况自然基础性指标评估分值为 0.1732~0.2936。

由图 6-2[①]可知，自然基础性质量高的土地面积为 2250 万 hm²，占研究区域总面积的比例为 18.81%；较高质量土地面积为 1918 万 hm²，占研究区域总面积的比例为 16.03%；中等质量土地面积为 1711 万 hm²，在研究区域内分布最少，占总面积的比例为 14.30%；质量较低土地面积为 2251 万 hm²，占研究区域总面积的比例为 18.84%；质量差土地面积为 3828 万 hm²，在研究区域内分布最多，占总面积的比例为 32.01%。

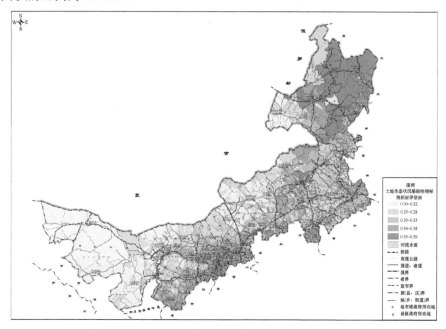

图 6-2　内蒙古自治区土地生态状况自然基础性指标准则层评估结果分布图

研究区土地生态状况自然基础性质量高的土地主要分布在呼伦贝尔市、锡林郭勒盟等，分别占高等级总面积的比例为 77.76%、10.1%。土地生态状况自然基础性质量较高土地主要分布在呼伦贝尔市，占本等级总面积的比例为 23.16%，锡林郭勒盟、乌兰察布市、鄂尔多斯市占本等级总面积的比例仅次于呼伦贝尔市，分别为 16.13%、15.80%、14.01%。质量中等土地主要分布在锡林郭勒盟，占本等级总面积的比例为 21.38%，其次为赤峰市和通辽市，分别为 17.19% 和 15.53%。质量较低土地主要分布在锡林郭勒盟，占本等级总面积的比例为 19.55%，其次为赤峰市、鄂尔多斯市、兴安盟和通辽市，而呼和浩特市和乌海市的较低质量土地的面积分别为 0.05% 和 0.04%。质量差土地主要分布在阿拉善

① 本章部分内蒙古自治区地图绘制单位为中国土地勘测规划院、内蒙古自治区土地调查规划院。

盟，占本等级总面积的比例超过了半数，锡林郭勒盟位于第二位，占本等级总面积的 20.46%（图 6-3）。

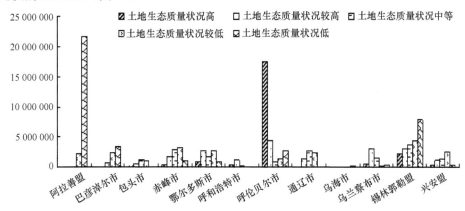

图 6-3 内蒙古自治区土地生态状况自然基础性指标各等级面积比例图

### 6.5.1.2 土地生态状况结构性指标评估结果

以行政村为评估单元，内蒙古自治区土地生态状况结构性指标的评估分值集聚在 0~0.5901 之间。采用非等间距方法，将其划分为五个等级，分别是结构性质量高（Ⅰ），土地生态状况结构性指标评估分值为 0~0.2207；结构性质量较高（Ⅱ），土地生态状况结构性指标评估分值为 0.2207~0.2819；结构性质量中等（Ⅲ），土地生态状况结构性指标评估分值为 0.2819~0.3323；结构性质量较低（Ⅳ），土地生态状况结构性指标评估分值为 0.3323~0.3834；结构性质量差（Ⅴ），土地生态状况结构性指标评估分值为 0.3834~0.5901。

内蒙古自治区土地生态状况结构性质量高的土地面积为 1717 万 hm²，占区域总面积的比例为 14.36%；结构性质量较高土地面积为 1106 万 hm²，占区域总面积的比例为 9.25%；结构性质量中等的土地面积为 2158 万 hm²，在区域总面积的比例为 18.05%；结构性质量较低的土地面积为 4474 万 hm²，占区域总面积的比例为 37.41%；结构性质量差的土地面积为 2502 万 hm²，在研究区域内分布最多，占总面积比例为 20.93%。具体分布位置见图 6-4。

内蒙古自治区研究土地生态状况结构性质量高的土地主要分布在呼伦贝尔市，占本等级总面积的比例为 83%，其次分布在兴安盟，占本等级总面积的比例为 6.78%。结构性质量较高的土地主要分布在赤峰市，占本等级总面积的比例为 30.02%，其次是呼伦贝尔市、通辽市、鄂尔多斯分别为 18.77%、16.83%、13.17%。结构性质量中等的土地主要分布在赤峰市，占本等级总面积的比例为 15.88%，鄂尔多斯市、通辽、呼伦贝尔市、锡林郭勒盟占本等级总面积的比例次于赤峰，分别

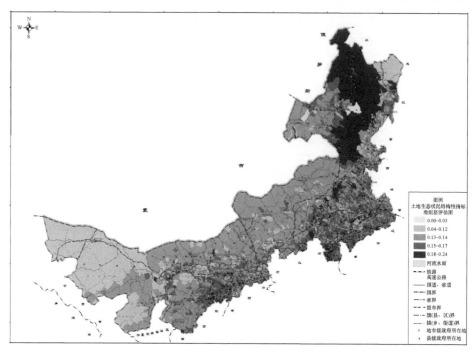

图 6-4　内蒙古自治区土地生态状况自然结构性指标准则层评估结果分布图

为 15.23%、13.93%、13.08%和 12.32%。结构性质量较低的土地主要分布在锡林郭勒盟,占本等级总面积的比例为 38.97%,其次为呼伦贝尔市、阿拉善盟、巴彦淖尔市和鄂尔多斯市。结构性质量差的土地主要分布在阿拉善盟,占本等级总面积的比例超过了半数,为 71.85%,呼伦贝尔市位于第二位,占本等级总面积的 9.86%。

### 6.5.1.3　土地损毁与退化状况指标评估结果

以行政村为评估单元,内蒙古自治区土地损毁与退化状况评估分值集聚在 −0.1508~0 之间。采用非等间距方法,将其划分为五个等级,分别是土地损毁与退化轻微（Ⅰ）,土地损毁与退化状况指标评估分值为−0.1508~−0.0673;土地损毁与退化轻度（Ⅱ）,土地损毁与退化状况指标评估分值为−0.0673~−0.0407;土地损毁与退化中等（Ⅲ）,土地损毁与退化状况指标评估分值为−0.0407~−0.0186;土地损毁与退化较严重（Ⅳ）,土地损毁与退化状况指标评估分值为−0.0186~−0.0048;土地损毁与退化严重（Ⅴ）,土地损毁与退化状况指标评估分值为−0.0048~0（图 6-5）。

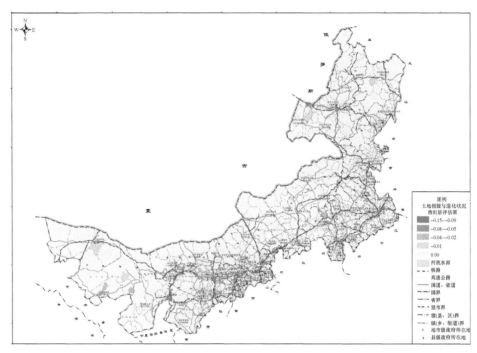

图 6-5　内蒙古自治区土地污染、损毁与退化状况指标评估结果分布图

　　内蒙古自治区土地损毁与退化轻微的土地面积为 11786 万 hm²，在研究区域内分布最多，占研究区域总面积的比例为 98.56%；生态状况质量较高等级面积为 114 万 hm²，占研究区域总面积的比例为 0.96%；生态状况质量中等等级面积为 16 万 hm²，占总面积的比例为 0.14%；生态状况质量较低等级面积为 34 万 hm²，占研究区域总面积的比例为 0.28%；生态状况质量低等级面积为 7 万 hm²，占总面积的比例为 0.062%。

　　内蒙古自治区土地损毁与退化轻微的土地主要分布在呼伦贝尔市，占本等级总面积的比例为 22.63%，其次主要分布在阿拉善盟、锡林郭勒盟，分别占本等级总面积的比例为 19.58% 和 17.97%，包头市和呼和浩特市两个地区内土地损毁与退化轻微的土地面积较少。土地损毁与退化轻度的土地主要分布在阿拉善盟，占本等级总面积的比例为 55.01%；其次为呼伦贝尔市，占本等级总面积的为 15.86%；包头市和通辽市两个地区内的土地损毁与退化轻度土地面积较少。土地损毁与退化中等的土地主要分布在锡林郭勒盟，占本等级总面积的比例为 21.30%，占其本盟市总面积的 0.17%，其次为鄂尔多斯市、呼伦贝尔市和乌兰察布市。土地损毁与退化严重的土地主要分布在阿拉善盟，占本等级总面积的比例为 81.77%，其次为呼伦贝尔市、赤峰市、巴彦淖尔市、乌兰察布市、锡林郭勒盟。

#### 6.5.1.4　生态建设与保护综合效益指标评估结果

以村镇为评估单元，内蒙古自治区的生态建设与保护综合效益指标评估分值集聚在-0.1102～0.5695 之间。采用非等间距方法，将其划分为五个等级，分别是生态建设与保护综合效益高（Ⅰ），土地生态建设与保护综合效益指标评估分值为-0.1102～-0.0350；生态建设与保护综合效益较高（Ⅱ），土地生态建设与保护综合效益指标分值为-0.0350～0.0108；生态建设与保护综合效益中等（Ⅲ），土地生态建设与保护综合效益指标分值为 0.0108～0.0642；生态建设与保护综合效益较低（Ⅳ），土地生态建设与保护综合效益指标分值为 0.0642～0.1611；生态建设与保护综合效益差（Ⅴ），土地生态状况自然基础性指标评估分值为 0.1611～0.5695。

由图 6-6 可知：生态建设与保护综合效益高的土地面积为 8 万 hm²，占区域总面积的比例为 0.07%；生态建设与保护综合效益较高的土地面积为 74 万 hm²，占区域总面积的比例为 0.62%；生态建设与保护综合效益中等面积为 316 万 hm²，占总面积的比例为 2.64%；生态建设与保护综合效益较低的土地面积为 11414 万 hm²，在研究区域内分布最多，占区域总面积的比例为 95.45%；生态建设与保护综合效益差的土地面积为 145 万 hm²，占总面积的比例为 1.22%。

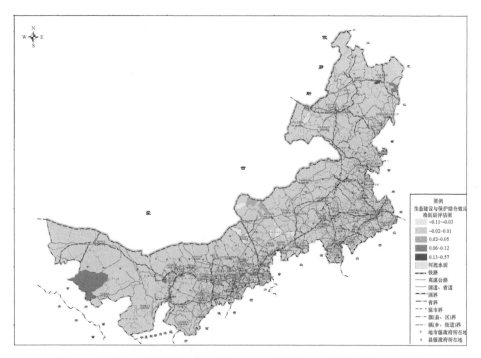

图 6-6　内蒙古自治区土地生态建设与保护综合效应指标评估结果分布图

内蒙古自治区生态建设与保护综合效益高的土地主要分布在呼伦贝尔市，占本等级总面积的比例为 72.56%，其次主要分布在兴安盟，占本等级总面积的比例为 10.17%。生态建设与保护综合效益较高的土地主要分布在呼伦贝尔市，占本等级总面积的比例为 85.33%，包头市、赤峰市、乌兰察布市占本等级总面积的比例分别为 3.82%、1.81%、1.66%。生态建设与保护综合效益中等的土地主要分布在锡林郭勒盟，占本等级总面积的比例为 75.89%，其次为呼和浩特市和呼伦贝尔市，分别为 4.67% 和 4.30%。生态建设与保护综合效益较低的土地主要分布在呼伦贝尔市，占本等级总面积的比例为 22.92%，其次为锡林郭勒盟和赤峰市。生态建设与保护综合效益差的土地主要分布在锡林郭勒盟，占本等级总面积的 100%。

### 6.5.1.5　区域性评估结果

内蒙古自治区土地生态状况区域性指标的评估分值集聚在 –0.4619～0.0444 之间。采用非等间距方法，将其划分为五个等级，分别是土地生态状况质量高（Ⅰ），土地区域性指标评估分值为 –0.4619～–0.3174；土地生态状况质量较高（Ⅱ），土地区域性指标评估分值为 –0.3174～–0.1943；土地生态状况质量中等（Ⅲ），土地区域性指标评估分值为 –0.1943～–0.0971；土地生态状况质量较低（Ⅳ），土地区域性指标评估分值为 –0.0971～–0.0291；土地生态状况质量低（Ⅴ），土地区域性指标评估分值为 –0.0291～0.0444。

由图 6-7 可知：区域性指标的土地生态状况质量高等级面积为 2543 万 hm²，占研究区域总面积的比例为 21.27%；区域性指标中的土地生态状况质量较高等级面积为 2152 万 hm²，占研究区域总面积的比例为 18%；区域性指标中的土地生态状况质量中等等级面积为 2097 万 hm²，在研究区域内分布最少，占总面积的比例为 17.54%；区域性指标中的土地生态状况质量较低等级面积为 2275 万 hm²，占研究区域总面积的比例为 19.02%；区域性指标中的土地生态状况质量低等级面积为 2891 万 hm²，在研究区域内分布最多，占总面积的比例为 24.18%。

内蒙古自治区区域性指标土地生态状况质量高的土地主要分布在呼伦贝尔市，占本等级总面积的比例为 34.29%，其次主要分布在锡林郭勒盟，占本等级总面积的比例为 27.33%。区域性指标土地生态状况质量较高的土地主要分布在赤峰市，占本等级总面积的比例为 21.14%，鄂尔多斯市、呼和浩特市、通辽市占本等级总面积的比例仅次于赤峰市，分别为 16.61%、13.55%、10.01%。区域性指标土地生态状况质量中等的土地主要分布在鄂尔多斯市，占本等级总面积的比例为 38.42%，其次为乌兰察布市和包头市，分别为 15.78% 和 11.70%。区域性指标土地生态状况质量较低的土地主要分布在鄂尔多斯市，占本等级总面积的比例为 35.35%，其次为阿拉善盟、乌兰察布市和包头市。区域性指标土地生态状况质量

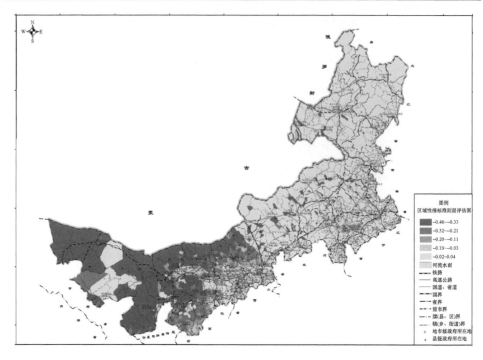

图 6-7　内蒙古自治区区域性评估指标评估结果分布图

低的土地主要分布在阿拉善盟，占本等级总面积的比例超过了半数，为 64.29%，巴彦淖尔市位于第二位，占本等级总面积的 16.77%。

### 6.5.1.6　综合评估结果

内蒙古自治区土地生态状况质量综合评估分值集聚在 -0.0039～0.2466 之间。土地生态状况质量高的土地面积为 2543 万 hm$^2$，占区域总面积的比例为 21.27%；土地生态状况质量较高的土地面积为 2152 万 hm$^2$，占 18%；土地生态状况质量中等的土地面积为 2097 万 hm$^2$，在研究区域内分布最少，占总面积的比例为 17.54%；土地生态状况质量较低的土地面积为 2275 万 hm$^2$，占研究区域总面积的比例为 19.05%；土地生态状况质量差的土地面积为 2891 万 hm$^2$，在研究区域内分布最多，占总面积的比例为 24.18%（见图 6-8）。

内蒙古自治区土地生态状况质量高的土地主要分布在呼伦贝尔市，占本等级总面积的比例为 75.57%，其次主要分布在锡林郭勒盟，占本等级总面积的比例为 9.01%（图 6-9）。

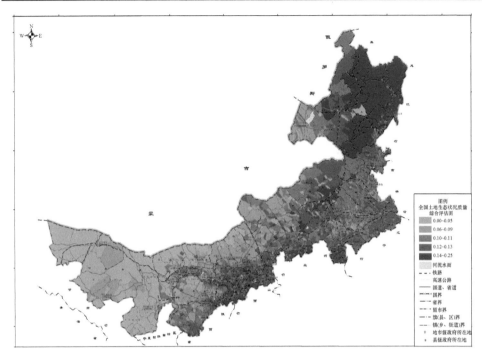

图 6-8 内蒙古自治区土地生态状况质量综合评估结果分布图

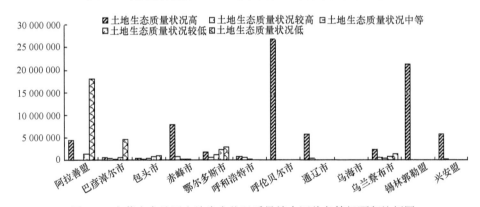

图 6-9 内蒙古自治区土地生态状况质量综合评估各等级面积比例图

土地生态状况质量较高的土地主要分布在锡林郭勒盟，占本等级总面积的比例为 23.61%，呼伦贝尔市、赤峰市、通辽市占本等级总面积的比例仅次于锡林郭勒盟，分别为 16.27%、15.66%、15.40%，阿拉善盟的土地生态状况质量综合性指标中的生态状况质量较高等级土地的面积较少。

土地生态状况质量中等的土地主要分布在锡林郭勒盟，占本等级总面积的比例为 24.56%，其次为赤峰市和兴安盟，分别为 17.19%和 14.71%。

土地生态状况质量较低的土地主要分布在锡林郭勒盟，占本等级总面积的比例为35.12%，其次为阿拉善盟、鄂尔多斯市和呼伦贝尔市，而巴彦淖尔市和兴安盟的土地生态状况质量较低土地的面积较少，分别为4.99%和1.77%。

土地生态状况质量差的土地主要分布在阿拉善盟，占本等级总面积的比例超过了半数，为71.80%，巴彦淖尔市位于第二位，占本等级总面积的15.44%，而呼伦贝尔市、兴安盟和通辽市的土地生态状况质量差的土地的面积较少。

### 6.5.2　城镇土地生态状况质量评估结果

本研究城镇土地生态状况质量评估包括西部能源开发区与耕地新垦区研究范围内的所有旗县的政府所在地的乡镇。

#### 6.5.2.1　土地生态状况自然基础性指标评估结果

内蒙古自治区城镇土地生态状况自然基础性指标的评估分值集聚在 0～1.0000 之间（图6-10）。自然基础性质量高的土地面积为9221.65万 hm²，占区域总面积的比例为10.35%；自然基础性质量较高的土地面积为16601.22万 hm²，占区域总面积的比例为18.64%；自然基础性质量中等的土地面积为13703.24万 hm²，在研究区域内分布最少，占总面积的比例为15.39%；自然基础性质量较低的土地面积为21906.77万 hm²，占区域总面积的比例为24.60%；自然基础性质量低的土地面积为 27623.95 万 hm²，在研究区域内分布最多，占总面积的比例为31.02%。

#### 6.5.2.2　土地生态状况结构性指标评估结果

内蒙古自治区城镇土地生态状况结构性指标的评估分值集聚在 0.0165～0.4359 之间（图6-11）。土地生态状况结构性质量高的土地面积为3014.89万 hm²，占区域总面积的比例为 3.39%；土地生态状况结构性质量较高的土地面积为1159.77万 hm²，占区域总面积的比例为13.02%；土地生态状况结构性质量中等的面积为26407.52万 hm²，占区域总面积的比例为29.65%；土地生态状况结构性质量较低的土地面积为28883.55万 hm²，占研究区总面积的比例为32.43%；土地生态状况结构性质量低的土地面积为19153.17万 hm²，在研究区域内分布最多，占总面积的比例为21.51%。

#### 6.5.2.3　土地损毁与退化状况指标评估结果

内蒙古自治区城镇土地损毁与退化状况指标的评估分值集聚在–0.2421～0 之间（图6-12）。土地损毁与退化状况轻微的土地面积为82853.78万 hm²，在研究

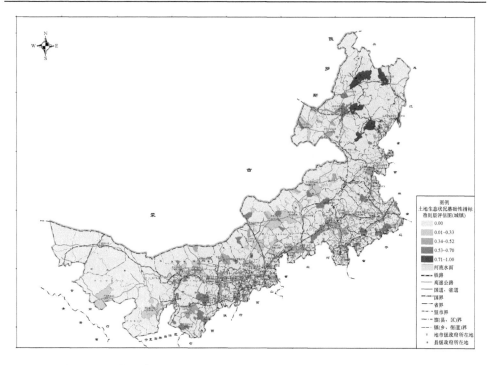

图 6-10　内蒙古自治区土地生态状况自然基础性指标评估分布图（城镇）

区域内分布最多，占研究区域总面积的比例为 98.35%；土地损毁与退化状况轻度的土地面积为 958.53 万 hm$^2$，占区域总面积比例为 1.09%；土地损毁与退化状况中等的土地面积为 226.08 万 hm$^2$，占总面积的比例为 0.25%；土地损毁与退化状况较严重的土地面积为 230.18 万 hm$^2$，占区域总面积的比例为 0.26%；土地损毁与退化状况严重的土地面积为 39.19 hm$^2$，占总面积的比例为 0.06%。

### 6.5.2.4　生态建设与保护综合效益指标评估结果

内蒙古自治区城镇生态建设与保护综合效益高的土地面积为 285.27 万 hm$^2$，占研究区域总面积的比例为 4.08%；生态建设与保护综合效益较高的土地面积为 1841.48 万 hm$^2$，占研究区域总面积的比例为 2.07%；生态建设与保护综合效益中等的土地面积为 28543.49 万 hm$^2$，占总面积的比例为 32.05%；生态建设与保护综合效益较低的土地面积为 44426.21 万 hm$^2$，在研究区域内分布最多，占研究区域总面积的比例为 49.89%；生态建设与保护综合效益差的土地面积为 10614.97 万 hm$^2$，占总面积的比例为 11.92%（图 6-13）。

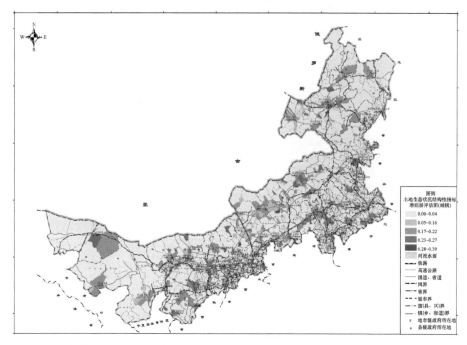

图 6-11　内蒙古自治区土地生态状况自然结构性指标准则层评估结果分布图（城镇）

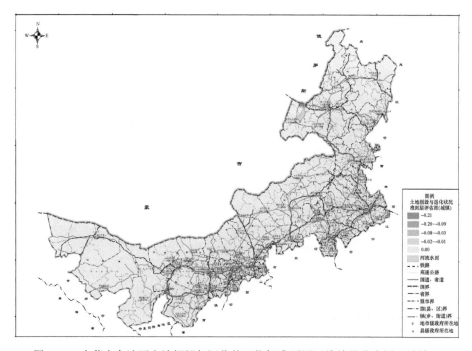

图 6-12　内蒙古自治区土地损毁与退化状况指标准则层评估结果分布图（城镇）

### 6.5.2.5　区域性评估结果

内蒙古自治区城镇土地生态状况评估区域性指标质量高的土地面积为 7453.34 万 $hm^2$，占区域总面积的比例为 8.37%；区域性指标质量较高的土地面积为 1324.51 万 $hm^2$，占区域总面积的比例为 1.49%；区域性指标质量中等的土地面积为 2811.13 万 $hm^2$，在研究区域内分布最少，占总面积的比例为 3.16%；区域性指标质量较低的土地面积为 6754.62 万 $hm^2$，占区域总面积的比例为 7.58%；区域性指标质量差的土地面积为 70713.26 万 $hm^2$，在研究区域内分布最多，占总面积的比例为 79.40%（图 6-14）。

### 6.5.2.6　综合评估结果

内蒙古自治区城镇土地生态状况质量高的土地面积为 9788.92 万 $hm^2$，占区域总面积的比例为 10.99%；土地生态状况质量较高的面积为 9390.11 万 $hm^2$，占区域总面积的比例为 10.54%；土地生态状况质量中等的土地面积为 19227.80 万 $hm^2$，在研究区域内分布最少，占总面积的比例为 21.59%；土地生态状况质量较低的土地面积为 17754.34 万 $hm^2$，占区域总面积的比例为 19.94%；土地生态状况质量差的土地面积为 32895.67 万 $hm^2$，在研究区域内分布最多，占总面积的比例为 36.94%（图 6-15）。

内蒙古自治区城镇土地生态状况质量高的土地主要分布在呼伦贝尔市，占本等级总面积的比例为 87.05%，其次主要分布在赤峰市，占本等级总面积的比例为 5.74%，阿拉善盟、乌海市和巴彦淖尔市三个地区内的城镇土地生态状况质量高的土地的面积较少。城镇土地生态状况质量较高的土地主要分布在通辽市，占本等级总面积的比例为 41.43%，赤峰市、鄂尔多斯市占本等级总面积的比例仅次于通辽市，分别为 15.64%、15.36%。城镇土地生态状况质量中等的土地主要分布在赤峰市和锡林郭勒盟，占本等级总面积的比例为 16.07% 和 15.73%，其次为通辽市和呼伦贝尔市，分别为 14.77% 和 14.21%。城镇土地生态状况质量较低的土地主要分布在锡林郭勒盟，占本等级总面积的比例为 42.58%，其次为占本等级总面积 24.64% 的赤峰市、占 12.18% 的鄂尔多斯市和占 10.34% 的通辽市，而呼伦贝尔市和兴安盟的土地生态状况质量综合性指标中的生态状况质量较低等级土地的面积较少，分别为 0.80% 和 0.07%。城镇土地生态状况质量差的土地主要分布在锡林郭勒盟，占本等级总面积的比例超过了半数，为 62.12%，阿拉善盟位于第二位，占本等级总面积的 14.96%，巴彦淖尔市占 13.07%，而兴安盟、包头市、赤峰市、鄂尔多斯市、呼和浩特市和通辽市这六个区域面积较少。

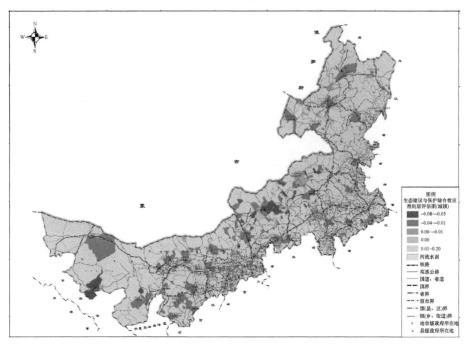

图 6-13　内蒙古自治区土地生态状况生态保护建设指标准则层评估结果分布图（城镇）

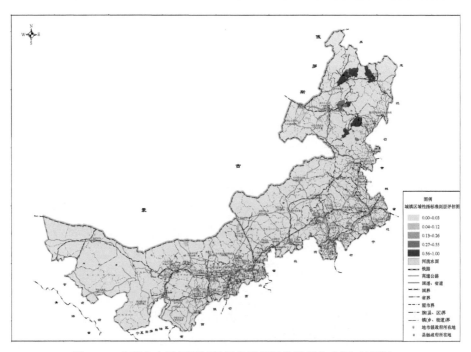

图 6-14　内蒙古自治区区域性评估指标评估结果分布图（城镇）

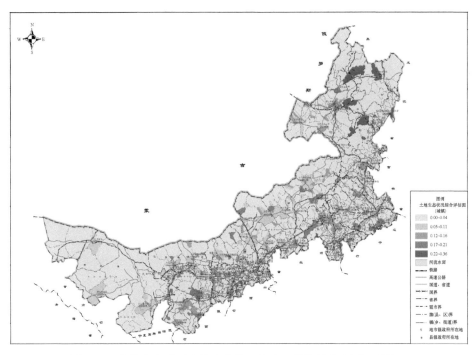

图 6-15　内蒙古自治区土地生态状况综合评估结果分布图（城镇）

# 6.6　内蒙古自治区土地生态状况质量障碍因子诊断

### 6.6.1　区域土地生态状况质量障碍度分析

在区域土地生态状况质量评估中共有 37 个元指标因子，由于元指标层因子过多，选取了前 10 个障碍度较大的元指标为主要限制因子。在 12 个盟市中，人口密度和沟渠密度均排在第一位或第二位。呼和浩特市和包头市土地生态状况质量的障碍度，挖损土地比例排在第三位，年均降水量在乌海市、巴彦淖尔市和阿拉善盟中排第三位，这三个盟市处于自治区的西北部地区，水资源匮乏，尤其是阿拉善盟年均降雨量不足 100mm，年均降雨量成为了土地生态状况质量的主要限制因子。植被覆盖度在赤峰市、通辽市、呼伦贝尔市和兴安盟中排第三位，这四个盟市处于内蒙古自治区的东北部地区，与其他因子相比植被覆盖度是地区土地生态状况质量的主要限制因子。有效土层厚度、土地沙化程度、土地沙化面积比例、土壤有机质含量、生物量、未利用土地开发与改良面积年均增加率在大部分盟市中均排在前十位之内。耕地年均退化率仅在赤峰市、通辽市、鄂尔多斯市、呼伦贝尔市四个盟市出现，在这些盟市中耕地退化对土地生态状况质量的影响较大，尤其是鄂尔多斯市由于采矿的大量出现，耕地退化现象明显。有林地与防护林地比例仅出现在乌海市和阿拉善盟两个地区，有林地与防护林地比例是这两个地区的主要限制因子之一（表 6-2）。

## 6.6.2　城镇土地生态状况质量障碍度分析

在城镇土地生态状况质量评估中共有 24 个元指标因子，由于元指标层因子过多，从中选取了前 7 个障碍度较大的指标为主要限制因子，7 个指标的累计障碍度超过 50%（表 6-3）。12 个盟市的障碍因子趋同，分别为防护林比例、人口密度、年均降水量、降水量季节分配、挖损土地比例、压占土地比例、塌陷土地比例以及城市绿地、湿地水面面积年均增加率。防护林面积比例和人口密度在 12 各盟市的障碍因子中均排第一位和第二位，原因是在计算过程中，防护林比例和人口密度的权重为 1。在城镇范围内的土地生态状况质量评估中，以上这几个元指标是主要的限制因子。

各个盟市的障碍因子在排序上略有差别，年均降水量以及降水量季节分配在大部分盟市中排在第三位和第四位。西部的乌海市、巴彦淖尔市和阿拉善盟，排第二位的是降水量，内蒙古的大部分地区处于干旱半干旱区域，降水在土地生态状况质量中是主要的限制因子，尤其对于乌海市、巴彦淖尔市和阿拉善盟这三个处于干旱区的盟市来说，降水量的限制作用尤其明显。在赤峰市、通辽市、呼伦贝尔市排在第三位的障碍因子是挖损土地比例，鄂尔多斯市、乌兰察布市以及兴安盟障碍因子排在第四位的是挖损土地比例，以上这 6 个盟市的城镇土地存在较大程度的挖损。另外，塌陷土地比例和压占土地比例大部分分布在 5、6、7 位，土地的损毁对土地生态状况质量影响较大。

## 6.6.3　典型区域土地生态状况质量障碍度分析

### 6.6.3.1　海南区区域土地生态状况质量障碍分析

对海南区各行政村农村评估的障碍度按大小进行排序，选取每个行政村排在前 5 位的障碍度因子进行频率分析（图 6-16），出现频率较高的为人口密度和挖损土地比例，其次为沟渠密度、有效土层厚度、植被覆盖度。障碍度排在第一位的是人口密度，排在第二位为沟渠密度。由于人口密度和沟渠密度的权重较大，人口密度排位较靠前。海南区土地生态状况质量的限制因子主要为有效土层厚度、植被覆盖度。根据 2014 年土地利用现状变更调查，海南区的林地和草地占全区域总面积的 70.5%，其他草地和未利用地 66.94%，耕地仅占 3.83%。海南区矿产业较多，在不同程度上造成地表的挖损破坏，甚至影响植被覆盖度。地表植被脆弱，一旦遭到破坏，恢复周期比较长或者很难恢复。因此，在海南区的经济发展过程中一定要注重保护地表植被状况，禁止任何人类活动破坏土地生态系统。

表 6-2　内蒙古自治区各盟市农村土地生态状况质量评估障碍度排序表

| 排序\盟市 | 1 | 2 | 3 | 4 | 5 | 6 | 7 | 8 | 9 | 10 |
|---|---|---|---|---|---|---|---|---|---|---|
| 呼和浩特市 | 沟渠密度 | 人口密度 | 挖损土地比例 | 有效土层厚度 | 土地沙化程度 | 土地沙化面积比例 | 土壤有机质含量 | 年均降水量 | 未利用土地开发与改良面积年均增加率 | 生物量 |
| 包头市 | 沟渠密度 | 人口密度 | 挖损土地比例 | 有效土层厚度 | 土壤有机质含量 | 年均降水量 | 土地沙化比例 | 土地沙化程度 | 生物量 | 未利用土地开发与改良面积年均增加率 |
| 乌海市 | 沟渠密度 | 人口密度 | 年均降水量 | 降水量季节分配 | 挖损土地比例 | 土壤有机质含量 | 有效土层厚度 | 生物量 | 土地沙化程度 | 有林地与林地比例 |
| 赤峰市 | 沟渠密度 | 沟渠密度 | 植被覆盖度 | 挖损土地比例 | 有效土层厚度 | 土地沙化比例 | 土壤有机质含量 | 土壤有机质含量 | 未利用土地开发与改良面积年均增加率 | 耕地年均退化率 |
| 通辽市 | 人口密度 | 沟渠密度 | 植被覆盖度 | 挖损土地比例 | 有效土层厚度 | 土壤有机质含量 | 土地沙化比例 | 土地沙化比例 | 未利用土地开发与改良面积年均增加率 | 耕地年均退化率 |
| 鄂尔多斯市 | 人口密度 | 沟渠密度 | 挖损土地比例 | 有效土层厚度 | 土壤有机质含量 | 土地沙化程度 | 生物量 | 土地沙化比例 | 年均降水量季节分配 | 林地年均退化率 |
| 呼伦贝尔市 | 人口密度 | 沟渠密度 | 植被覆盖度 | 挖损土地比例 | 有效土层厚度 | 土地沙化面积比例 | 土地沙化比例 | 未利用土地开发与改良面积年均增加率 | 耕地年均退化率 | 林地年均退化率 |
| 巴彦淖尔市 | 人口密度 | 沟渠密度 | 年均降水量 | 挖损土地比例 | 有效土层厚度 | 降水量季节分配 | 土壤有机质含量 | 未利用土地开发与改良面积年均增加率 | 土地开发与改良面积年均增加率 | 未利用土地开发与改良面积年均增加率 |
| 乌兰察布市 | 人口密度 | 沟渠密度 | 挖损土地比例 | 有效土层厚度 | 土壤有机质含量 | 土地沙化程度 | 土地沙化比例 | 生物量 | 未利用土地开发与改良面积年均增加率 | 生物量 |
| 兴安盟 | 人口密度 | 沟渠密度 | 植被覆盖度 | 挖损土地比例 | 有效土层厚度 | 土地沙化比例 | 土地沙化程度 | 年均降水量 | 未利用土地开发与改良面积年均增加率 | 生物量 |
| 锡林郭勒盟 | 人口密度 | 沟渠密度 | 挖损土地比例 | 有效土层厚度 | 年均降水量 | 土地沙化面积比例 | 土地沙化程度 | 土壤有机质含量 | 降水量季节分配 | 未利用土地开发与改良面积年均增加率 |
| 阿拉善盟 | 人口密度 | 沟渠密度 | 年均降水量 | 挖损土地比例 | 有效土层厚度 | 降水量季节分配 | 植被覆盖度 | 生物量 | 未利用土地开发与改良面积年均增加率 | 有林地与防护林地比例 |

表6-3 内蒙古自治区各盟市城镇土地生态状况质量评估障碍度排序表

| 盟市 \ 排序 | 1 | 2 | 3 | 4 | 5 | 6 | 7 | 累计占比(%) |
|---|---|---|---|---|---|---|---|---|
| 呼和浩特市 | 防护林比例 | 人口密度 | 年均降水量 | 降水量季节分配 | 挖损土地比例 | 塌陷土地比例 | 压占土地比例 | 54.43 |
| 包头市 | 防护林比例 | 人口密度 | 年均降水量 | 降水量季节分配 | 挖损土地比例 | 塌陷土地比例 | 压占土地比例 | 54.09 |
| 乌海市 | 防护林比例 | 年均降水量 | 降水量季节分配 | 人口密度 | 挖损土地比例 | 塌陷土地比例 | 压占土地比例 | 56.72 |
| 赤峰市 | 防护林比例 | 人口密度 | 挖损土地比例 | 年均降水量 | 塌陷土地比例 | 压占土地比例 | 降水量季节分配 | 53.91 |
| 通辽市 | 防护林比例 | 人口密度 | 挖损土地比例 | 年均降水量 | 塌陷土地比例 | 压占土地比例 | 降水量季节分配 | 53.75 |
| 鄂尔多斯市 | 防护林比例 | 人口密度 | 年均降水量 | 挖损土地比例 | 降水量季节分配 | 塌陷土地比例 | 压占土地比例 | 53.81 |
| 呼伦贝尔市 | 防护林比例 | 人口密度 | 挖损土地比例 | 塌陷土地比例 | 压占土地比例 | 城市绿地、湿地、水面面积 | 年均降水量 | 53.77 |
| 巴彦淖尔市 | 防护林比例 | 年均降水量 | 人口密度 | 降水量季节分配 | 挖损土地比例 | 压占土地比例 | 塌陷土地比例 | 57.29 |
| 乌兰察布市 | 防护林比例 | 人口密度 | 年均降水量 | 挖损土地比例 | 降水量季节分配 | 塌陷土地比例 | 压占土地比例 | 53.75 |
| 兴安盟 | 防护林比例 | 人口密度 | 年均降水量 | 挖损土地比例 | 塌陷土地比例 | 压占土地比例 | 降水量季节分配 | 53.65 |
| 锡林浩特 | 防护林比例 | 人口密度 | 年均降水量 | 降水量季节分配 | 挖损土地比例 | 塌陷土地比例 | 压占土地比例 | 54.68 |
| 阿拉善 | 防护林比例 | 年均降水量 | 人口密度 | 降水量季节分配 | 挖损土地比例 | 塌陷土地比例 | 压占土地比例 | 56.49 |

### 6.6.3.2 科尔沁左翼中旗土地生态状况质量障碍度分析

通过科尔沁左翼中旗区域土地生态状况质量障碍度分析（图6-17），出现频率较高的为沟渠密度和挖损土地比例，其次为土壤有机质含量、土地沙化面积比例、人口密度。科尔沁左翼中旗区域土地生态状况质量的障碍因子主要是沟渠密度、挖损土地比例、土壤有机质含量、土地沙化面积比例、人口密度。土壤因子对耕地的影响深远，土地的挖损会影响地表耕作层，土壤有机质含量也是影响耕地质量和作物产出的重要因子。因此，在科尔沁左翼中旗这个耕地区，土壤的状况是当地土地生态状况质量的主要限制因子之一。在耕作过程中，要科学合理耕种，遵循自然规律保持适当的耕作周期，严格保护耕地，严禁破坏耕地的行为发生，防止土地越种越贫瘠的现象发生。

通过科尔沁左翼中旗城镇土地生态状况质量障碍度分析，出现频率较高的为塌陷土地比例和挖损土地比例，其次为防护林比例和压占土地比例。通过障碍度排序可以看出（图6-18），科尔沁左翼中旗保康镇土地生态状况质量的障碍因子是塌陷土地比例、挖损土地比例、有林地与防护林比例和压占土地比例。城镇发展

| | | 频率 | 百分比 | 有效百分比 | 累积百分比 |
|---|---|---|---|---|---|
| 有效 | 高程 | 1 | 0.5 | 0.5 | 0.5 |
| | 沟渠密度 | 30 | 15.4 | 15.4 | 15.9 |
| | 坡度 | 14 | 7.2 | 7.2 | 23.1 |
| | 人口密度 | 35 | 17.9 | 17.9 | 41.0 |
| | 土地利用类型多样性指数 | 1 | 0.5 | 0.5 | 41.5 |
| | 土地沙化程度 | 3 | 1.5 | 1.5 | 43.1 |
| | 土地沙化面积比例 | 5 | 2.6 | 2.6 | 45.6 |
| | 土壤碳蓄积水平 | 1 | 0.5 | 0.5 | 46.2 |
| | 土壤有机质含量 | 12 | 6.2 | 6.2 | 52.3 |
| | 挖损土地比例 | 35 | 17.9 | 17.9 | 70.3 |
| | 未利用土地开发与改良面积年均增加率 | 12 | 6.2 | 6.2 | 76.4 |
| | 有效土层厚度 | 26 | 13.3 | 13.3 | 89.7 |
| | 植被覆盖度 | 20 | 10.3 | 10.3 | 100.0 |
| | 合计 | 195 | 100.0 | 100.0 | |

图 6-16　海南区区域土地生态状况质量障碍度分布频率表

| | | 频率 | 百分比 | 有效百分比 | 累积百分比 |
|---|---|---|---|---|---|
| 有效 | | 1 | 0.0 | 0.0 | 0.0 |
| | 沟渠密度 | 538 | 19.9 | 19.9 | 19.9 |
| | 林地年均退化率 | 1 | 0.0 | 0.0 | 20.0 |
| | 坡度 | 113 | 4.2 | 4.2 | 24.2 |
| | 人口密度 | 331 | 12.2 | 12.2 | 36.4 |
| | 土地利用类型多样性指数 | 5 | 0.2 | 0.2 | 36.6 |
| | 土地沙化程度 | 151 | 5.6 | 5.6 | 42.2 |
| | 土地沙化面积比例 | 436 | 16.1 | 16.1 | 58.3 |
| | 土壤有机质含量 | 496 | 18.3 | 18.3 | 76.7 |
| | 挖损土地比例 | 538 | 19.9 | 19.9 | 96.6 |
| | 未利用土地开发与改良面积年均增加率 | 30 | 1.1 | 1.1 | 97.7 |
| | 有林地与防护林比例 | 1 | 0.0 | 0.0 | 97.7 |
| | 植被覆盖度 | 62 | 2.3 | 2.3 | 100.0 |
| | 合计 | 2703 | 100.0 | 100.0 | |

图 6-17　科尔沁左翼中旗区域土地生态状况质量障碍度分布频率表

造成不同程度的土地压占、损毁、挖损，为避免这类行为影响城镇土地生态状况质量，在城镇发展过程要发展与保护并行，政府要制订详细的规章制度对建设破坏的土地进行规定。例如，对建设临时压占土地进行限期恢复治理等规定作出更详细的规定，并严格执法，甚至在一定程度上加大违法成本；建设者也要遵守法律法规，不能为了经济利益做出有损土地生态状况的行为，从思想上作出转变，意识到土地的珍贵和保持良好土地生态系统的重要性。

| | 频率 | 百分比 | 有效百分比 | 累积百分比 |
|---|---|---|---|---|
| 有效 | 1 | 0.3 | 0.3 | 0.3 |
| 塌陷土地比例 | 63 | 20.0 | 20.0 | 20.3 |
| 土地利用格局多样性指数 | 1 | 0.3 | 0.3 | 20.6 |
| 土地利用类型多样性指数 | 6 | 1.9 | 1.9 | 22.5 |
| 挖损土地比例 | 63 | 20.0 | 20.0 | 42.5 |
| 压占土地比例 | 62 | 19.7 | 19.7 | 62.2 |
| 有林地与防护林地比例 | 61 | 19.4 | 19.4 | 81.6 |
| 自然灾毁土地比例 | 58 | 18.4 | 18.4 | 100.0 |
| 合计 | 315 | 100.0 | 100.0 | |

图 6-18　科尔沁左翼中旗城镇土地生态状况质量障碍度分布频率表

## 6.7　成果应用与土地生态系统管理和保护建议

（1）应用于土地生态安全保障研究

土地生态状况调查与评估研究通过信息提取获得了大量的土地生态基础数据，并通过土地生态状况评估形成了土地生态质量综合评估数据。这些数据指标覆盖全面、时效性强，可为土地生态功能分区、土地生态红线划定、土地生态安全预警等工作提供可靠的数据支持，对土地生态安全状况和未来的运行状态进行测度，对于已出现的和即将出现的警情提供可行的排警措施，及时纠正土地生态系统的运行方向。

本研究调查和评估了土地损毁状况、土地退化状况、生态建设状况，并进一步细化为耕地退化、未利用地开发利用、挖损土地等 12 个元指标层，可有效地对土地生态安全进行评价，建立土地生态安全预警机制。结合在内蒙古自治区土地利用遥感动态监测体系，能够快速、全面、准确地掌握土地利用和生态状况结构、类型和数量的变化情况，建立土地生态全预警系统，依据监测体系的基础数据和土地生态状况调查评估结果，综合分析与评估土地生态安全可能出现的危机，即发现警情，然后进行确定警源和判断警度，最后采取措施将警情排除，防患于未然。

（2）应用于建设用地适宜性评价与土地整治项目实施监测

土地生态状况调查与评估研究中关于土地生态状况质量综合评估（城镇部分）的研究数据及成果，可以为建设用地适宜性评价提供指标参考及基础数据。随着土地整治工作的迅速开展，土地整治的目标不断扩大，除传统意义上的土地整治外，生态保护和村庄文化已经被纳入到土地整治的范畴。现代意义的土地整治终极目标是城乡等值化发展和生态化建设，土地生态状况调查与评估数据库既包括了区域土地利用和生态状况的基础信息，又包括了城镇土地利用和生态状况相关资料，可为土地整治项目的实施提供翔实、全面、有效的数据，为土地整理项目实施监测节省了大量的时间和经济成本。

（3）实施差异化土地生态系统管理和保护措施，有针对性地提高土地生态状况质量

不同的区域影响土地生态状况质量的主要影响因子不一致，应根据不同区域土地生态状况主要限制影响因子，实施差异化土地生态系统管理和保护措施，有针对性地改善土地生态状况质量。在呼伦贝尔、通辽市等地区，要重点保护当地的植被覆盖度不减少，严格保护地表植被，根据实际情况增加植被覆盖率，防止由于植被覆盖度下降引起土地生态状况质量变差。在矿产资源较多的地区，如鄂尔多斯市、乌兰察布市以及乌海市等地，矿产资源丰富，矿产开采过程中对地表的挖损严重影响当地的土地生态状况质量。因此，要加强对地表的保护，严格控制地表挖损面积，避免由地表挖损带来土地生态状况质量的恶化。在水资源量匮乏的西北部地区如阿拉善盟，降雨量的变化对这类地区的土地生态状况质量影响重大，降雨量的微小变化就会对区域土地生态状况质量带来较大的影响。在此类地区要注重对水资源的保护，做区域水资源的匹配分析，使有限的水资源得到高效利用。

# 6.8　结　　论

综合来看，内蒙古自治区的土地生态状况质量处于良好的水平。由于内蒙古自治区地域辽阔，东西跨度较大，土地生态状况质量呈现出一定的地域差异。东部呼伦贝尔市、锡林郭勒盟等地生态质量状况水平较高，中部鄂尔多斯市、呼和浩特市等地生态质量状况水平一般，西部巴彦淖尔市、阿拉善盟生态质量状况水平较差。

（1）呼伦贝尔市、锡林郭勒盟等地土地生态状况质量良好

内蒙古自治区土地生态状况质量高的土地主要分布在呼伦贝尔市，占本等级总面积的比例为 75.57%。其中，对呼伦贝尔市土地生态状况影响较大的指标为植被覆盖度。呼伦贝尔市辖区内有林地面积占全市总面积的 51.14%，草地面积占全市总面积的 34.26%，植被覆盖率较高。对锡林郭勒盟土地生态状况影响较大的指标为人口密度。锡林郭勒盟人口密度较低，避免了人类过度开发土地造成的土地破坏，在很大程度上促进了当地土地生态状况质量的良性循环。

（2）通辽市、赤峰市及呼和浩特市等地生态质量状况中等

内蒙古自治区土地生态状况质量中等的区域主要分布在通辽市、赤峰市、兴

安盟、鄂尔多斯市、呼和浩特市和包头市。通辽市、赤峰市和兴安盟的主要影响因子均为植被覆盖度和挖损土地比例。这三个盟市地理位置较近，处于研究区域的东北部地区，区域内的植被覆盖度处于中等的水平，同时又存在较低水平的土地挖损比例。鄂尔多斯市挖损土地比例对土地生态状况质量影响较大。鄂尔多斯市是新兴能源城市，土地挖损比例的增加较大程度上阻止了土地生态状况质量的良性发展，导致土地生态状况质量处于中等的水平。呼和浩特市人口密度对当地的土地生态状况质量影响较大，呼和浩特市是内蒙古自治区的首府，以其优越的外部条件吸引了众多的外来人员。呼和浩特市其他指标因子大部分处于较好状态，正是由于较大的人口密度在很大程度上影响了当地的土地生态状况质量。包头市人口密度和挖损土地比例土地生态状况质量影响较大。包头市的人口密度居中，但存在一定程度的挖损土地比例，在这两个因素的主要作用下，包头市的土地生态状况质量整体处于中等水平。

（3）阿拉善盟、乌海市等地生态质量状况较差

内蒙古自治区土地生态状况质量偏低的区域主要分布在阿拉善盟、乌海市、巴彦淖尔市以及乌兰察布市，其中 71.80% 分布在阿拉善盟。阿拉善盟的植被覆盖度、年均降水量以及沙化土地面积比例对土地生态状况质量的影响较大。阿拉善盟的年均降雨量不超过 150mm，沙漠分布广泛，巴丹吉林、腾格里、乌兰布和三大沙漠贯穿全境，沙地的面积占了全盟面积的 30% 以上，植被覆盖度偏低。乌海市土地生态状况质量的主要影响因子为土地挖损比例。乌海市是一座新兴的工业城市，是自治区西部的能源、化工、建材、特色冶金生产基地，在评估指标因子中挖损土地比例较高，是乌海市土地生态状况质量较差的主要原因。巴彦淖尔市降水量少，土地沙化程度较严重，是导致区域土地生态状况质量差的主要影响因子。乌兰察布市土壤有效土层厚度较小，土壤肥力不佳，同时存在较大程度的土地挖损比例。在这些土地条件的主要影响下，乌兰察布市的土地生态状况质量处于较差的水平。

# 第7章 黄淮海采煤塌陷区土地生态状况调查与评估

## 7.1 引 言

我国是一个以煤炭为主要能源的国家，在能源结构中煤炭占 74%以上。煤炭产业作为国民经济的支柱产业之一，在经济发展中发挥着举足轻重的作用。但是，随着煤炭的大量开采，我国山西、两淮、山东、徐州等地均出现了地面大面积沉陷的现象。采煤沉陷使地表受到破坏，除了使耕地、地面建筑、道路等遭到破坏之外，有些甚至严重破坏了当地的生态环境。采煤沉陷严重影响了矿区耕地资源的永续利用，甚至引发矛盾冲突，阻碍了矿区社会、经济、生态环境的持续发展。

黄淮海地区分布着河南、冀中、鲁西、两淮等四个煤炭基地，是东部地区重要煤炭生产区域，也是重要粮煤复合区，其土地生态具有典型性。徐州市地处黄淮海地区的中心，苏、鲁、豫、皖交界处，也是重要的煤炭生产基地。经过一百余年的开采，形成关闭矿井、衰竭矿井和生产旺期矿井并存的土地利用格局和土地生态状况，具有黄淮海采煤塌陷区土地生态状况的特征。开展黄淮海采煤塌陷区土地生态状况调查与评估研究，对实现采煤塌陷区土地持续利用、改善矿区土地生态、促进土地资源管理模式转变具有重要的意义。徐州市位于江苏省的西北部，拥有承东接西、沟通南北、双向开放、梯度推进的战略区位优势。它地处苏鲁豫皖四省交界，素有"五省通衢"之称，为东部沿海与中部地带、上海经济区与环渤海经济圈的结合部，是江苏省重点规划建设的四个特大城市和三大都市圈核心城市之一，也是淮海经济区的中心城市。

本研究以徐州市基础地理信息数据、土地资源数据、土壤类型数据、土地利用变更数据、多目标地球化学调查数据、地形地貌、植被、气候、水资源、社会经济数据为依据，摸清徐州市采煤塌陷区土地生态状况，提取徐州市采煤塌陷区土地生态状况基础信息，研究黄淮海地区煤炭开采区土地生态变化规律，为采煤塌陷区土地生态监测和预警提供技术支撑，为全面推进采煤塌陷区土地管理提供依据。

# 7.2 自然环境与社会环境概况

## 7.2.1 地理位置

徐州市位于江苏省西北部，东经 116°22′~118°40′，北纬 33°43′~34°58′，东西宽约 210km，南北约 140km，总面积 11258km²，其中市区面积 963km²。徐州地处苏、鲁、豫、皖四省交接，"东襟淮海，西接中原，南屏江淮，北扼齐鲁"，素有"五省通衢"之称。徐州市交通运输便捷，京沪铁路、陇海铁路、京沪高铁、徐兰客运专线在此交汇，京杭大运河傍城而过贯穿徐州南北，北滨微山湖。公路四通八达，北通京津，南达沪宁，西接兰新，东抵海滨，为我国重要水陆交通枢纽和东西、南北经济联系的重要"十字路口"。徐州市辖区五区三县二市，即泉山区、云龙区、鼓楼区、铜山区、贾汪区、睢宁县、丰县、沛县、邳州市、新沂市，共有 113 个镇、2166 个村民居委会、41 个街道办事处、530 个居民委员会，常住人口 858.05 万人。

## 7.2.2 徐州市自然与经济概况

### 7.2.2.1 基本概况

徐州市地处苏鲁豫皖四省接壤地区，不仅是淮海经济区的区域中心，更是经济中心，在周围 20 个地级城市、17 万 km² 的范围内规模最大。徐州市是国家综合交通枢纽，是江苏省重点规划建设的四个特大城市和三大都市圈核心城市之一。区域优势明显，自然资源丰富，工业基础较好，科教实力较强，极具发展潜力。徐州市土地总面积为 1671.4 万亩。其中，农用地面积 1243.8 万亩，占 74%；建设用地 316.4 万亩，占 19.4%；未利用地 111.2 万亩，占 6.6%。目前，全市耕地保有量为 894 万亩，基本农田保护面积为 853 万亩。徐州作为重要的资源型城市，特别是煤炭资源储量丰富，煤田赋存面积达 1400km²，煤炭资源 25 亿 t，现有煤矿 36 座。徐州的煤炭开采历史已逾百年，累计开采煤炭 10 亿 t 左右。

### 7.2.2.2 自然状况

徐州市地处中纬度带，属北亚热带与暖温带过渡带、湿润和半湿润季风气候区。气候温和，雨量丰富，四季分明，光照充足。冬夏季长，春秋季短。平均气温 14.2℃，极端最高气温 40.1℃，极端最低气温 –23.3℃。年均无霜期 208 天，年日照时数 2280~2440h。全年以东风和东北风最多。自然灾害现象主要有旱、涝、霜冻、连阴雨、干热风、冰雹和龙卷风等。

徐州市地处古淮河的支流沂、沭、泗诸水下游，水系比较发达，以黄河故道为分水岭，形成北部的沂、沭、泗水系和南部的濉河、安河水系。境内河流纵横交错，湖沼、水库星罗棋布，废黄河斜穿东西，京杭大运河横贯南北，东有沂、沭诸水及骆马湖，西有复兴河、大沙河及微山湖。拥有大型水库两座，中型水库5 座，小型水库 84 座，总库容 3.31 亿 $m^3$，初步形成具有防洪、灌溉、航运、水产等多功能的河、湖、渠、库相连的水网系统。徐州市水资源缺乏，地下水主要取自基岩裂隙岩溶水，地下水总蕴藏量为 20 万 t/d。地面水系有四条河流（故黄河、奎河、京杭运河、徐洪河）、一个水库（云龙湖）和远离市区的两个湖泊（微山湖、骆马湖）。区域内年均降水量在 802.4mm，夏热多雨，有利作物生长。因受季风影响，降水时空分布不均匀，年际间降水相对变化大，夏季降水高度集中，冬季少。

### 7.2.2.3　社会经济状况

徐州市是苏北最大城市，是国务院批准的拥有地方立法权的较大的市，是江苏省重点规划建设的三大都市圈核心城市和四个特大城市之一，也是新亚欧大陆桥中国段六大中心城市之一和淮海经济区中心城市，现为第二亚欧大陆桥东端一个人口超过三百万的特大城市。徐州城市定位为国家历史文化名城，全国交通主枢纽，陇海-兰新经济带东部和淮海经济区的中心城市，商贸都会。

徐州是全国重要的煤炭产地、华东地区的电力基地，拥有煤炭、井盐、铁、钛、大理石、石灰石等 30 多种矿产，储量大、品位高。煤炭已探明储量达 39 亿 t 以上，预测储量 69 亿 t，年产量 2500 多万 t；井盐储量为 220 亿 t，且品位很高，发展煤化工、盐化工的资源条件十分优越；钾矿探明储量 22 亿 t，约占国内探明储量的 1/5；石膏年开采能力 500 万 t，为华东地区之首。境内有中国中煤能源集团公司所属的国有大型企业大屯煤电（集团）有限责任公司和中煤第五建设有限公司。

徐州也是国家粮棉生产基地，优质农副产品生产加工出口基地，秸秆养畜示范区、林业科技开发试验示范区和五大蔬菜产区之一，是中国银杏之乡、苹果之乡，全国四大胶合板加工基地之一，农副产品资源十分丰富。

## 7.2.3　徐州市采煤塌陷地概况

### 7.2.3.1　采煤塌陷地总体概况

徐州市煤炭资源储量大、层次多、煤层厚、质量好，煤田赋存面积达 $1400km^2$，煤炭资源 25 亿 t，现有煤矿 36 座，开采历史已逾百年，累计开采煤炭 10 亿 t 左右。采矿活动对矿区内资源环境都造成了相当严重的后果。徐州市矿山企业开采用地及煤矸石堆放情况见表 7-1。

全市采煤塌陷地累计总面积约为 35 万亩，主要分布在沛县、铜山区、贾汪区、九里区和经济开发区 5 个县区，涉及 28 个乡镇（办事处），183 个村庄，41.5 万人。其中沛县采煤塌陷地总面积 7.9 万亩，涉及 7 个镇，村庄 55 个，人口 11.8 万人；铜山区采煤塌陷地总面积 9.5 万亩，涉及 8 个镇，村庄 63 个，人口 10.4 万人；贾汪区采煤塌陷地总面积 8.6 万亩，涉及 6 个镇（办事处），村庄 38 个，人口 12.5 万人；九里区采煤塌陷地总面积 4.3 万亩，涉及 5 个办事处，村庄 16 个，人口 4 万人；经济开发区采煤塌陷地总面积 1.7 万亩，涉及 2 个镇，村庄 11 个，人口 2.8 万人。但采煤塌陷地是动态变化的，我市煤炭年产量 2500 万 t 左右，每年仍新增采煤塌陷地 5000 亩左右。徐州市采煤塌陷地范围如图 7-1 所示。

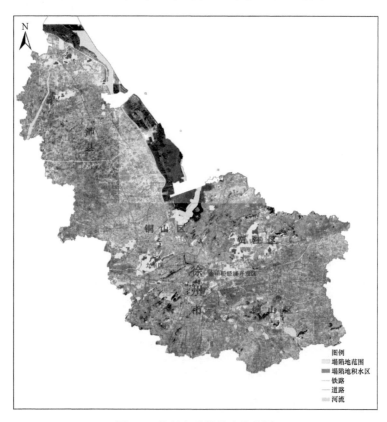

图 7-1　徐州市采煤塌陷地范围

### 7.2.3.2　采煤塌陷造成的危害

徐州煤矿采用垮落法管理顶板进行开采煤炭，即煤炭采出后，采空区顶板全

表 7-1　矿山企业开采用地及煤矸石堆放情况

| 矿山名称 | 矿区面积（km²） | 废矸石山（堆） | 累积存放量（万 t） | 使用土地面积（hm²） | 开采区用地（hm²） | 压占土地（hm²） | 备注 |
| --- | --- | --- | --- | --- | --- | --- | --- |
| 姚桥煤矿 | 63.75 | 1 | 93.77 | 892.5 | 800 | 6.1 | 上海大屯能源股份有限公司 |
| 龙东煤矿 | 24.95 | 1 | 0 | 476.6 | 473.3 | 3.3 | 上海大屯能源股份有限公司 |
| 徐庄煤矿 | 38.44 | 1 | 39 | 246 | 242 | 1.65 | 上海大屯能源股份有限公司 |
| 孔庄煤矿 | 44.14 | 1 | 24.8 | 4401.76 | 4401.76 | 1.27 | 上海大屯能源股份有限公司 |
| 庞庄煤矿 | 18.144 | 1 | 0 | 1794 | 1480 | 3.1 | 徐州矿务集团有限公司 |
| 庞庄煤矿张小楼井 | 14.79 | 1 | 14.7 | 1691 | 480 | 3.5 | 徐州矿务集团有限公司 |
| 夹河煤矿 | 17.74 | 1 | 14852 | 120 | 115 | 5 | 徐州矿务集团有限公司 |
| 张双楼煤矿 | 30.90 | 1 | 12 | 3097 | 625 | 0.8 | 徐州矿务集团有限公司 |
| 权台煤矿 | 15.28 | 1 | 20.1 | 1317 | 0 | 1.1 | 徐州矿务集团有限公司 |
| 旗山煤矿 | 35.72 | 1 | 0.54 | 1318.95 | 1307.3 | 11.65 | 徐州矿务集团有限公司 |
| 三河尖煤矿 | 43.50 | 2 | 0 | 4350.1 | 863.3 | 0 | 徐州矿务集团有限公司 |
| 张集煤矿 | 27.58 | 1 | 59.17 | 2758 | 910 | 2.17 | 徐州矿务集团有限公司 |
| 垞城煤矿 | 40.96 | 1 | 16.6 | 615 | 28 | 1.8 | 徐州矿务集团有限公司 |
| 龙固煤矿 | 14.99 | 1 | 1.8 | 1499 | 816.36 | 0.8 | 华润天能（徐州）煤电有限公司 |
| 沛城煤矿 | 18.32 | 1 | 9 | 1100 | 80 | 0.5 | 华润天能（徐州）煤电有限公司 |
| 柳新煤矿 | 10.67 | 1 | 0.01 | 32.79 | 32.79 | 0 | 华润天能（徐州）煤电有限公司 |
| 大刘煤矿 | 2.92 | 1 | 21.2 | 291.6 | 139 | 0.78 | 华润天能（徐州）煤电有限公司 |
| 马庄煤矿 | 3.11 | 1 | 100 | 300 | 300 | 0 | 华润天能（徐州）煤电有限公司 |
| 新庄煤矿 | 4.86 | 1 | 0 | 9.2 | 2 | 0.3 | 华润天能（徐州）煤电有限公司 |
| 白集煤矿 | 2.13 | 1 | 7.5 | 214.5 | 212.5 | 1.3 | 连云港 |
| 马庄煤矿 | 0.76 | 0 | 0 | 3.35 | 1.95 | 0 | 江苏宏安集团有限公司 |
| 瓦庄煤矿 | 1.22 | 1 | 0 | 4.08 | 4 | 0.5 | 江苏宏安集团有限公司 |
| 王庄煤矿 | 3.90 | 1 | 9 | 23.98 | 0 | 0.65 | 扬州市矿务局 |
| 拾屯煤矿 | 2.78 | 0 | 0 | 278 | 104 | 0 | 宝应县 |
| 九里山矿业公司煤矿 | 1.06 | 1 | 0 | 48 | 47 | 0.25 | 江苏九里山矿业有限公司 |
| 利国煤矿 | 2.33 | 1 | 0 | 28.6 | 26.67 | 2 | 盐城市 |

部垮落，同时采煤时需抽排出大量的地下水，这必然造成开采区上方大面积的土地塌陷，对地表景观造成极大破坏。其主要危害有以下几个方面。

对土地的破坏：由于煤层倾角、厚度、采深等地质采矿因素的不同，不同塌陷区的沉陷深度、积水情况、稳定性也各有不同。因此，塌陷区地形比较复杂，高低不平，坑坑洼洼。沉陷不仅破坏了地表形态，同时也使土壤结构受到严重破坏，使许多土地严重返碱、受渍，无法耕种。目前全市采煤塌陷地中，只有极少数土地可进行正常耕种，大部分已成为低产田，甚至成为绝产田。

对地表设施的破坏：塌陷区内中沟级以上建筑物，干渠及大沟以下水利工程已基本损毁。水利设施的破坏使塌陷区农田旱时不能灌、涝时不能排、有渍降不下，农业生产受到严重影响。沉陷也引起房屋裂缝、变形、倒塌，造成村庄被迫迁移。一些桥梁断裂，路基沉陷变形，塌陷区道路网破坏严重，供电、通信系统基本遭到毁灭性破坏，给人民群众生产、生活带来极大困难。

对水体的破坏：由于采煤破坏了地下岩层，一些灰岩岩溶水相继断流，大批水井干涸，使原本地下水质良好的富水区逐渐变为缺水区，致使工农业生产用水日趋紧张，枯水时节大量居民饮水困难。地表塌陷区积水由于受矿井水排放、矸石淋溶等污染，水质较差，塌陷区积水和地表水系交融汇通，从而使整个塌陷区水系受到严重污染。

矸石山对矿区环境的破坏：矸石山不但严重破坏了矿区景观，而且压占了大量土地，煤矸石中有毒的化学物质由于氧化、溶解，经雨水冲刷对矿区大气、水资源及土壤污染严重。

### 7.2.3.3　采煤塌陷地复垦治理情况

徐州市积极开展采煤塌陷地复垦工作，取得了一定成效。本着"因地制宜，综合利用"的原则，依据土地利用总体规划，按照"抬田造地、增水造绿"理念，合理确定综合整治后的土地用途"宜农则农、宜林则林、宜渔则渔、宜建则建"。利用"分层剥离、交错回填、土壤重构"等一系列工程技术手段，对采煤塌陷地进行全面综合整治，以增加有效耕地面积，提高耕地质量；通过农田水利设施配套建设，田间道路、农田防护林网建设，改善农业生产条件和生态环境，降低农业生产成本，提高耕地产出率；通过对现有水面及荒芜地的整治，提高土地利用率，增强土地收益；通过对水域（湿地）的治理，可改善生态环境，美化区域景观。采煤塌陷地复垦完成总面积 11.2 万亩，其中建成耕地 7.7 万亩，养殖鱼塘 1.5 万亩，建设用地 0.4 万亩，其他土地 1.6 万亩，完成总投入 2.4 亿元。采煤塌陷地的复垦利用不仅增加了耕地面积，实现了耕地占补平衡，缓解了该市较为紧张的土地供求矛盾，而且改善了塌陷区的生态环境和农业生产条件，促进了农村的经济发展，增加了就业机会和农民收入，提高了塌陷区群众的生活水平，为解决"三农"问题做出了积极贡献，经济效益、生态效益和社会效益较为显著。

## 7.3 黄淮海采煤塌陷区土地生态状况调查

### 7.3.1 矿区土地生态系统概念

#### 7.3.1.1 矿区

矿区一词虽属常用，但其含义并不十分明确，通常从狭义和广义两个方面来理解。狭义的矿区理解为采矿工业所涉及的地域空间及埋藏在地下的矿产资源开采范围和影响范围；广义的矿区是指以矿产资源开发和利用为主导产业发展起来的，从而使人口聚集在一起并辐射一定范围而形成的经济与行政社区。介于本课题对土地生态环境研究，首先，考虑由于矿产资源开发，导致土地生态系统受到影响的范围，即土地生态受到破坏和影响的区域；其次，考虑矿区井田界线和行政区域界线。因此，本研究中矿区是指以开发利用矿产资源的生产作业区及其家属生活区为主，在一定范围内对其土地生态环境造成破坏和影响的经济和行政社区，可以是能够反映矿区生态演变而建成的乡镇、县市，甚至是整个流域。

#### 7.3.1.2 矿区土地生态系统

矿区生态系统是人类生态系统的组成部分之一，是在矿区范围内自然环境系统和以矿产资源开发利用为主导的社会环境系统相互作用而形成的复合生态系统，由经济、社会和自然三个亚系统组成。矿区生态系统是人类开始采掘和利用矿产资源后，经过漫长的发展时期才逐渐形成的。从历史发展的角度来看，矿区生态系统先后经历了原始型、掠夺型和协调型三种不同的类型，不同类型代表着不同的历史发展时期和社会生产力，也反映了人们在认识自然界和改造自然界的状况。矿区生态系统是一个由低级到高级的发展演变过程。

#### 7.3.1.3 矿区土地生态的演替

矿区生态系统的演替与矿区煤炭资源生命周期息息相关。一方面，煤炭资源的开发与利用是矿区乃至周边地区的经济社会发展的重要驱动因素；另一方面，矿业城市的发展强烈地依赖矿产资源的大量开发及利用，结构单一、资源枯竭、环境恶化等阻力因素又制约着矿区经济的发展。由于煤炭资源是不可再生资源，其资源的赋存条件和有限性决定了矿产资源的开发和利用必然要经历勘探、开采、发展、稳定、衰退等阶段，虽然不同矿区各有其特殊性，但矿区的资源特性使其成长必然要经历着形成、发展、稳定、衰退等生命周期过程。矿区演变的生命周期示意图如图 7-2 所示。

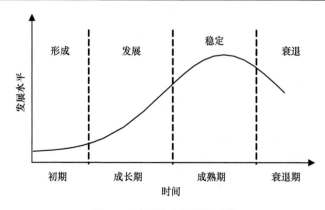

图 7-2　矿区生命周期示意图

　　伴随着矿产资源的开发，矿区生态系统必然会受到矿产资源开发的干扰和影响。在矿区发展初期，探明井田内煤炭资源储量，矿区内各生产要素开始配置，矿井开始建设。这一阶段，煤炭产量较小，基本属于点状活动，占用少量土地，矿区的土地利用、植被覆盖基本没有发生变化，矿区生态系统没有受到影响，具有很好的恢复能力。矿区成长期，矿井建设不断加大，与其相配套的产业链开始形成，矿产资源开采量也不断增加，矿区的范围不断扩大。这一时期，对土地占用较多，一方面矿井及配套设施建设要占用土地，同时建井时的废弃物，采矿过程中的尾矿、煤矸石等也要占用土地，导致农田生态系统逐渐转变为工矿建设用地生态系统，矿区的土地利用、植被覆盖等均发生较大变化，矿区生态质量开始发生变化，但仍能保持原有生态系统的自我恢复的能力。矿区进入成熟期，矿产资源持续大规模的开采，煤炭产量稳步增加，以资源型为主导的工业产业链迅速扩大，并严重影响到矿区原有的产业结构，矿区原有的相对平衡的生态环境被打破，矿区生态系统的稳定状态发生了变化，生态系统开始由稳定状态转向脆弱一面。此时，地表开始下沉、塌陷，废渣、废水排放量显著加大，水资源变化明显，生态系统中生物因子、非生物因子都受到影响，已经超出了生态系统自我恢复能力，并逐渐恶化。矿区进入衰退期，煤炭资源储量减少，资源开采量开始下降，煤炭资源开发与利用过程对矿区生态环境的影响开始减弱。这一时期，由于生态系统的干扰程度明显大于稳定程度，矿区的生态环境继续恶化，原生态系统基本破坏，新的生态系统开始形成，矿区进入新的生命周期循环，从而实现矿区生态系统的演替。

### 7.3.2　矿区土地生态状况调查方案

#### 7.3.2.1　调查内容

　　本次调查在 2012 年调查的基础上，针对徐州重点矿区（塌陷地）进行了补充生态调查,重点对象是矿区工业广场、受采煤影响和破坏的区域,如塌陷地、煤矸石压占地、受污染土地等。

调查范围为矿山矿界范围及其周边受影响区域。矿界范围是指矿产资源采矿许可证登记划定的范围;周边受影响区域是指矿产开采引起的矿界以外的间接影响范围,其边界根据实际破坏影响情况确定。

调查内容具体包括:

1) 矿区的基本情况。包括研究区内的自然地理情况,社会经济概况及植被覆盖情况。其中自然地理情况包括地形地貌、气候条件、水文地质、土壤条件、国土面积等;社会经济概况包括总人口、全部矿业从业人数、国内生产总值、交通及经济概况、土地资源等;植被覆盖情况包括主要森林、草地、自然保护区数量、湿地、野生动植物资源概况等。

2) 矿区矿产资源开发利用情况。包括矿区资源状况如矿种、储量、分布与面积;矿区矿产自由开发利用状况,包括生产阶段、生产规模、生产方式、经济类型的企业个数和产量。

3) 矿区土地资源情况。包括矿区土地利用情况,如分有林地、疏林地和灌木林地、未成林地、苗圃地、无立木林地、宜林地、辅助生产用地面积;湿地资源情况,指天然的或人工的,永久的或暂时的沼泽地、泥炭地、水域地带,带有静止或流动、淡水或半咸水及咸水水体等湿地资源面积,包括面积 $8hm^2$ 以上的面状湿地(如湖泊、沼泽等)和宽度 10m 以上、长度 5km 以上的线状湿地(如河流、灌渠等);土地占用和退化情况,耕地、草地等被占用矿山企业占用情况,土地退化、沙化等情况。

4) 矿产资源开发引起的植被破坏和生态环境问题。矿产开发对植被的影响与破坏,包括挖损、压占、沉陷(包括滑坡、泥石流、地面沉降等地质灾害)的各类土地面积,矿区河流、湖泊、塌陷积水区等水体的面积,水体的质量及受污染状况。

5) 矿区土地复垦与生态修复状况。包括矿区植被保护与生态恢复状况,土地复垦的范围、面积、土地复垦和生态修复的模式与方法,以及复垦土地的土壤重金属含量、土壤肥力、农作物生长情况。

### 7.3.2.2　调查技术路线与方法

采煤塌陷区土地生态状况调查技术路线是通过摸底调查,初步摸清研究矿区土地资源和生态状况,确定矿区本底调查范围。在此基础上,根据本地区实际情况,按照以现有资料统计为主,现地调查和遥感判读为辅的原则,可以采用现有资料统计法、现地调查实测法,获得县级单位的本底调查数据和相关资料,并

经过统计汇总、撰写调查报告，完成矿区本底调查任务。调查技术路线如图 7-3
所示。

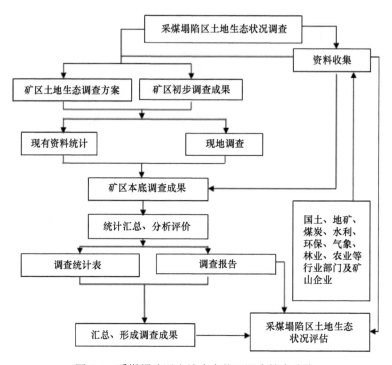

图 7-3　采煤塌陷区土地生态状况调查技术路线

采煤塌陷区土地生态状况调查技术方法包括以下几个方面。

（1）现有资料统计调查

收集资料法包括查阅文献法、座谈访问法和问卷调查法。其中，查阅文献法
是生态环境状况调查最常用的方法之一；问卷调查是一种常用的调查手段，参与
性强，能反映公众的看法与问题。收集矿区所在县、市有关土地资源调查、矿山
企业统计、矿山地质环境调查、地质勘探、地质灾害调查等资料，初步分析掌握
需要调查的县和大、中、小型矿山企业数量及分布情况，矿区植被和生态环境破
坏及恢复状况；在初步掌握矿区土地资源和生态状况的基础上，对确定需要采用
现有资料统计法、现地调查实测法进行实地调查。通过对 CNKI、Engineering Village
等中外电子文献库的查找，共找到关于矿区生态环境调查、分析及评估的文献 500
多篇，为本次调查研究提供技术依据和参考。在现场调查过程中，以问卷调查的
方式咨询矿区周边的农民，了解农民对土地肥力、农作物产量、土地自然状况以
及矿产资源开发对土地、农作物等影响。

（2）现场调查

现场调查方法包括声像摄录方法和实地观测法。声像摄录方法不仅再现了实地景观和生态过程的动态性，还增加调查结果的可视性；实地观测法，在野外考察中，通常需要对一些地区或重点项目进行实地观测、采样和调查，具体包括地形地貌的测量与绘制、小气候观测、水文观测与水样采集、大气质量测定与采样、动植物群落调查与采样、土地破损与污染状况的调查与采样等。

对于缺乏近期森林资源调查、矿山地质环境调查等必备资料或需要重点调查的矿区，开展现地调查实测。本次调查重点对象是矿区工业广场、受采煤影响和破坏的区域如塌陷地、煤矸石压占地、受污染土地等。根据本地实际情况、现有技术和资料条件，采用 1∶1 万或 1∶5 万比例尺地形图进行现地区划调查或结合遥感图像（QuickBird、SPOT 等）进行区划判读，获取矿区土地利用/土地覆被和矿产开发引起的生态破坏的调查数据；统计调查数据，完成相关规划调查表的填写和统计。

（3）遥感调查

遥感调查方法是将 GPS、RS、GIS 技术应用于生态学野外考察。"3S" 技术在土地利用类型调查和植被调查中的应用十分普遍。"3S" 技术方法可使生态环境调查覆盖面广，省时、省力、省钱，可提高外业调查的效率。

### 7.3.3　土地生态状况调查与特征分析

土地生态状况调查指标体系由基础性调查指标和区域性调查指标组成，土地生态状况基础性调查指标体系由土地利用/土地覆被因子、土壤因子、植被因子、地貌与气候因子、土地污染损毁与退化状况、生态建设与保护状况等准则层和系列指标层和元指标构成。

#### 7.3.3.1　土地利用/土地覆被信息提取

根据第二次全国土地调查数据（2013 年），利用 GIS 软件，提取各种自然地表类型信息：耕地（水田，旱地，其他）、林地（有林地，灌木林，其他）、草地、湿地（滩涂，沼泽地）、水面（河流，湖泊，水库）等，统计各种自然地表类型面积，汇总。

根据第二次全国土地调查与变更调查数据，利用 ArcGIS 软件，提取各种自然地表类型信息：耕地（水田，旱地，其他）、林地（有林地，灌木林，其他）、草地、湿地（滩涂，沼泽地）、水域（河流，湖泊，水库）等，统计各种自然地表类型面积，汇总，见表 7-2。

表 7-2　研究区 2013 年土地利用现状数据汇总表（hm$^2$）

| 县市名称 | 耕地 | 林地 | 园地 | 草地 | 水域 | 建设用地 | 其他用地 | 总计 |
|---|---|---|---|---|---|---|---|---|
| 徐州市区 | 17642.63 | 2889.28 | 4119.39 | 3192.14 | 3184.92 | 25109.93 | 4099.28 | 60237.56358 |
| 铜山区 | 108573.92 | 6816.40 | 9200.31 | 3069.09 | 11363.88 | 34966.63 | 25007.37 | 198997.5996 |
| 贾汪区 | 33272.63 | 3012.96 | 2262.33 | 1070.63 | 2419.21 | 13013.13 | 6978.20 | 62029.09062 |
| 丰县 | 80673.87 | 3447.75 | 17476.54 | 0.00 | 5314.39 | 24658.74 | 13461.77 | 145033.0643 |
| 沛县 | 82265.49 | 1199.97 | 4687.47 | 0.00 | 50837.88 | 25910.93 | 15675.96 | 180577.699 |
| 邳州市 | 118427.33 | 4793.82 | 10408.21 | 436.97 | 13317.46 | 36202.12 | 24917.67 | 208503.5788 |
| 新沂市 | 81615.35 | 1649.43 | 9049.77 | 288.22 | 19623.25 | 24439.67 | 22624.32 | 159290.012 |
| 睢宁县 | 105208.80 | 2991.18 | 5643.72 | 30.24 | 11486.31 | 31929.07 | 19674.03 | 176963.3522 |

### 7.3.3.2　土壤因子指标信息提取

土壤信息包括土壤类型、有机质含量、土层厚度和土壤碳蓄积量信息等。获取土壤信息是以多目标地球化学调查数据为基期数据，辅助典型地区野外调查采样数据，结合农业部门基础地力调查数据和土壤图等相关资料。

（1）土壤类型和有效土层厚度

全国第二次土壤普查数据和农用地分等定级数据为基础数据，辅助典型地区野外调查采用数据，结合农业部门基础地力调查数据和土壤图等相关资料，在ArcGIS 中插值得到，有效土层厚度见图 7-4。徐州市有效土层厚度是指有效耕作层的厚度。徐州市平均有效土层厚度 14.05cm，平均有效土层较大的区域有睢宁县（18.74cm）、贾汪区（18.61cm）、新沂市（15.25cm）和沛县（15.15cm），其中，最大土层厚度分布于贾汪区（22cm），平均有效土层较小的区域主要分布于徐州城区，如云龙区（9.64cm）、原九里区（10.9cm）、鼓楼区（11.78cm）、泉山区（12.00cm），最小土层厚度分布在云龙区和原九里区（11.00cm）。

（2）土壤有机质含量

土壤有机质是指土壤中含碳的有机化合物。它是土壤固相部分的重要组成成分，尽管土壤有机质的含量只占土壤总量的很小一部分，但它对土壤形成、土壤肥力、环境保护及农林业可持续发展等方面都有着极其重要的意义。进入土壤中的有机质可以分为三种：新鲜的有机物、分解的有机物和腐殖质。新鲜的有机物是指那些进入土壤中尚未被微生物分解的动植物残体；分解的有机物是指已经被微生物分解，进入土壤中的动植物残体失去了原有的形态等特征的物质；而腐殖质是指有机质经过微生物分解后再合成的一种褐色或者暗褐色的大分子胶体物质。土壤有机质在微生物作用下，分解为简单的无机化合物的过程称作土壤有机质的矿化过程。其主要分为化学的转化过程、活动物的转化过程和微生物的转化过程。土壤有机质的矿化过程使土壤有机质转化为二氧化碳、水、氨和矿质养分

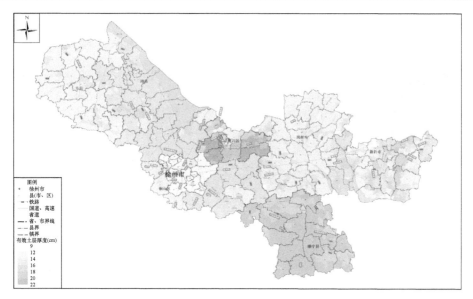

图 7-4　徐州市有效土层厚度分布图

（磷、硫、钾、钙、镁等简单化合物或离子），同时释放出能量。这一过程的主要作用是为植物和微生物提供养分和活动能量，并直接或间接地影响着土壤性质，为腐殖质提供物质基础。

本次调查中，土壤有机质信息提取方法是基于多目标地球化学调查数据，以及农业部门的基础地力调查数据、土壤普查数据进行分析，在 GIS 软件中得到其空间分布，见图 7-5[①]。

徐州市平均土壤有机质含量为 1.83g/kg。含量较高的区域主要分布在徐州市区，其中泉山区土壤有机质平均含量较高，为 2.63g/kg，鼓楼区土壤有机质平均含量 2.22g/kg，九里区土壤有机质平均含量 2.18g/kg；含量较高的区域主要分布在丰县（1.22g/kg）、新沂市（1.51g/kg）、睢宁县（1.58g/kg）。土壤有机质含量最高的地区分布在鼓楼区（7.11g/kg）、贾汪区（6.77g/kg）；土壤有机质含量最低的地区分布于邳州（0.48g/kg）、沛县（0.54g/kg）。

（3）土壤碳蓄积量信息提取方法

针对研究区域农用地和未利用土地类型进行土壤碳蓄积量信息提取。

本次调查中，土壤碳蓄积量提取主要针对的地类为农用地和未利用地，基于地类变化和未变化的两个区来核算土壤碳排放量。根据 2009～2011 年的土地利用变更调查数据进行叠加对比分析，分出土地利用类型变化和未变化的区域，对于

---

① 本章部分徐州市地图绘制单位为中国土地勘测规划院、中国矿业大学。

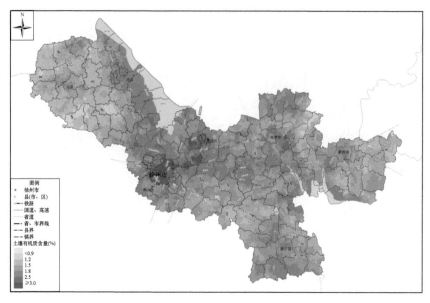

图 7-5　徐州市土壤有机质含量分布图

未变化区域的土壤碳排放量核算方法是利用土壤类型图与农用地利用现状图叠加，以第二次土壤普查的有机碳密度数据为农用地有机碳的参考底质。对于土地利用变化的土壤碳排放核算的方法是根据土地利用类型和不同土壤类型下的有机碳密度，计算各类土地利用类型的平均碳密度，分析土地利用变化对土壤有机碳密度的影响程度，计算变化的土地利用类型的土壤有机碳的变化量，见图 7-6。

徐州市平均土壤碳蓄积量为 972330t，其中，邳州市、睢宁县和铜山区的土壤碳蓄积量最高，分别为 2145140t、1887821t 和 1721838t；而泉山区和九里区的土壤碳蓄积量最低，分别为 6871.94t 和 69382.55t。由于土壤蓄积量与区域的面积有关，因此，从单位面积土壤碳蓄积量来分析，沛县、丰县和睢宁县的单位面积土壤碳蓄积量最高，分别为 12.79t/m²、12.74t/m² 和 12.24t/m²；单位面积土壤碳蓄积量较低的区域有泉山区和贾汪区，分别为 9.04t/m² 和 9.95t/m²。

### 7.3.3.3　植被覆盖信息提取

常用于植被覆盖监测的遥感数据有：NOAA/AVHRR 数据、MODIS 数据、LandsatTM 与 MSS 数据、航片、ATSER 数据、SPOT 数据、IEOS-SAR 雷达数据以及 AVIRIS 高光谱数据等。本研究采用的是最新卫星 Landsat8 影像，分辨率为 30m。其为 2013 年 2 月最新发射的卫星，携带有两个主要载荷：OLI 和 TIRS。由于 Landsat8 新增了一个波段（band1：0.433～0.453）因此其红外波段和近红外

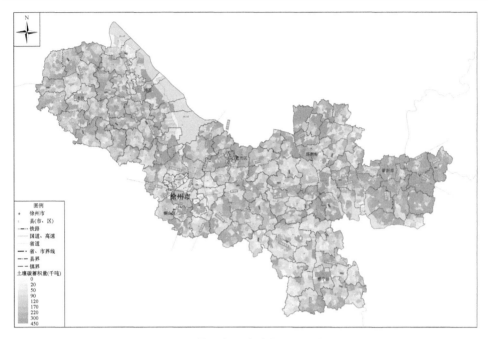

图 7-6　徐州市土壤碳蓄积量分布图

波段分别为（band4：0.630～0.680、band5：0.845～0.885）。本研究采集的是徐州市 2013 年 9 月 3 日、2013 年 8 月 27 日的 Landsat8 影像数字图像，轨道号分别为121/036、121/037、122/036。数字图像的投影类型均为 TransverseMercator，椭球体类型为 Krasovsky。

根据获得的三幅遥感影像，利用 ERDAS Imagine9.2 遥感处理软件中的拼接功能将其组合，由于计算 NDVI 需要红波段和近红外波段，因此还需要进行波段融合，这里选择 4、5、6 波段进行融合。之后对融合影像在 ArcGIS10 中进行配准和矫正处理。为了今后研究的方便，这里使用 Xian1980_3_Degree_GK_Zone_39 坐标系。将提取到的徐州市边界 Shape 文件转为 AOI 格式感兴趣区域的图像，通过 ERDASImage9.2 软件中的 Submit 模块对处理好的影像进行裁剪。

具体技术方法包括：

（1）NDVI 计算方法

NDVI 是反映植物生长状态和植被空间分布密度的最佳指标，是估算植被覆盖度的常用方法。NDVI 的值在–1～1，其中值在–1～0 表示地面有雪、水、云等，对可见光反射高；数值为 0 代表岩石、裸地；数值在 0～1 代表有植被覆盖，且覆盖度越高，数值越大。最初由 Rouse 等人提出，NDVI 是近红外波段与可见光波段之差和这两个波段数值之和的比值，公式为 $NDVI=(NIR-R)/(NIR+R)$。

　　研究采用的是 Landsat8 遥感数字图像，由于新增一个波段，因此利用公式 NDVI=(Band5–Band4)/(Band5+Band4)，在 ERDAS 遥感图像处理软件中编写程序，计算 NDVI，见图 7-7，其中越亮的部分植被覆盖度越高。

　　（2）利用二分法计算植被覆盖度

　　假定一个像元由土壤与植被两部分组成，$S$ 代表整个像元部分，SV 代表植被土壤部分，因此 $S$=SV+SS。混合像元中的有植被覆盖的面积比例即为该像元的植被覆盖度（$f_c$），土壤覆盖占的面积比例为（$1-f_c$）。如果设定该像元全部由植被覆盖时遥感信息为 $S_{veg}$，同理全部为土壤覆盖时的遥感信息为 $S_{soil}$，带入公式为 $S=f_c\times S_{veg}+（1-f_c）S_{soil}$，植被覆盖度为 $f_c=(S-S_{soil})/(S_{veg}-S_{soil})$，只要知道 $S_{soil}$ 和 $S_{veg}$ 两个参数，就可以估算植被覆盖度，见图 7-7。

　　（3）植被覆盖度分级与统计分析

　　为了更好地分析和比较，在 ArcGIS10 软件中，对植被覆盖度进行重分类，初始分类为 5。这 5 类分别表示植被覆盖度为水体、0～20%、20%～40%、40%～60%、60%～80%，然后分别赋予不同色彩（图 7-8）。

　　经过分级统计，徐州市经过土覆盖整治等措施，土地植被覆盖状况得到很大的改善。植被覆盖总体较高，NDVI 主要是集中在 0.2～0.5，其中属丰县、铜山县和睢宁县的覆盖面积广泛，九里区和贾汪区次之。但是在总体上 0.6 以后的覆盖区域几乎为 0。与 2013 所做的植被覆盖度相比，区域有所扩大，铜山县与睢宁县的变化最为突出。

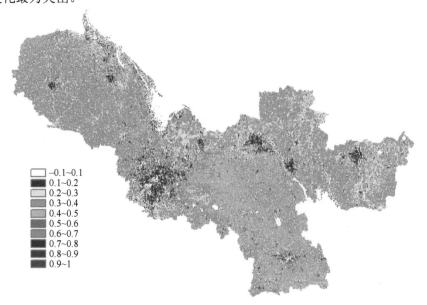

图 7-7　徐州市植被覆盖度分布图

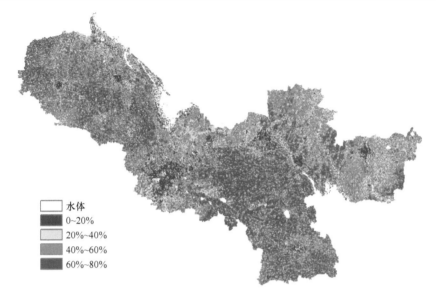

图 7-8　徐州市植被覆盖分级图

在植被覆盖面积分级统计图中，分类依次为水体、低植被覆盖度、较低植被覆盖度、中植被覆盖度、较高植被覆盖度。其中低覆盖度和中植被覆盖所占的面积较高，分别为 21.07% 和 27.78%，较低覆盖度面积为 19.49%，较高覆盖度面积约为 16.18%，从而证明徐州地区的植被覆盖度还是比较低。

### 7.3.3.4　地貌与气候信息提取

地貌因子包括海拔、坡度、坡向等因子，获取的方法是利用研究区的地形图和数字高程模型（DEM）数据，在 ArcGIS 软件中，栅格数据通过空间分析工具获取；气候因子主要是年降雨量，数据主要来源于气象部门提供的降雨资料。

徐州市地貌根据成因和区域特征，自西向东大致可以分为丰、沛黄泛冲积平原，铜、邳、睢低山剥蚀平原和沂、沭河洪冲积平原三个地貌区。地形由平原和山丘岗地两部分组成，以平原为主，约占全市总面积的 90%，属黄淮平原一部分，地势低平，平均海拔为 30～50m，其中，大致由西北向东南降低，系黄河、淮河的支流长期合力冲积所成。丘陵约占 10%，为鲁中南低山丘陵向南延续部分，海拔在 100～300m 之间（图 7-9）。全市海拔最高点在贾汪区中部的大洞山，海拔361m。平均坡度 1/7000～1/800。

徐州属暖温带半湿润季风气候，四季分明，夏无酷暑，冬无严寒。年气温14℃，年日照时数为 2284～2495h，日照率 52%～57%，年均无霜期 200～220天，年均降水量 800～930mm，雨季降水量占全年的 56%。气候资源较为优越，

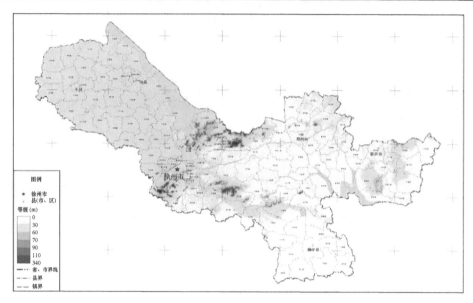

图 7-9　徐州市高程分布图

有利于农作物生长。年平均降雨量为 900mm，降雨量分配较高的地区主要集中于徐州市东部和东南部的邳州市、新沂市和睢宁县，分配量较低的有沛县、丰县，主要集中在徐州市西北部地区。

### 7.3.3.5　土壤污染状况信息提取与特征分析

基于农用地分等定级、多目标地球化学调查数据（土壤污染数据）、环境保护部土壤污染调查等数据，结合样点采样调查，以第二次土地利用调查现状数据为底图，提取不同用地类型的土壤污染状况信息。

根据收集到的徐州市的多目标地球化学调查成果，样点是按照 2km×2km 均匀分布设一个样点，全市共有样点数 2924 个，均匀分布于徐州市各地，利用 ArcGIS 软件的空间分析功能，通过采样点内插形成预测图，进一步分析土地污染状况。采样点情况见表 7-3。利用 ArcGIS 软件对采样点数据与土地利用数据进行叠加分析，可以看出，2924 个采样点涉及耕地样点 2172 个，林地样点 253 个，草地样点 47 个，建设用地（包括工矿用地）427 个。样点均匀分布在全市范围内。

表 7-3　徐州市各县、市、区采样点分布情况

| 县、市、区名称 | 采样点个数 | 所占比例（%） |
| --- | --- | --- |
| 丰县 | 366 | 12.52 |
| 沛县 | 333 | 11.39 |
| 铜山区 | 505 | 17.27 |

续表

| 县、市、区名称 | 采样点个数 | 所占比例（%） |
|---|---|---|
| 邳州市 | 549 | 18.78 |
| 新沂市 | 406 | 13.89 |
| 睢宁县 | 457 | 15.63 |
| 中心城区 | 131 | 4.48 |
| 贾汪区 | 177 | 6.05 |

通过对收集的多目标地球化学数据进行分析，查明土壤中有机碳（C）、N、P、S 元素的含量以及土壤 pH 值；土壤重金属污染物有 Cd、Pb、Cr、Cu、Zn、Hg 及准金属 As 等的含量。通过对土壤元素含量进行统计，计算中位数（median）、最大值（maximum）、最小值（minimum）、算数平均值（Mean）、标准差（SD）和变异系数（$C_V$）的值，统计结果如表 7-4 所示。

表 7-4　多目标地球化学调查采样区表层土壤元素含量统计表

| 元素 | 中位数 | 最大值 | 最小值 | 平均值 | SD | $C_V$ |
|---|---|---|---|---|---|---|
| Cd | 0.1300 | 0.8300 | 0.0330 | 0.1406 | 0.0538 | 0.3827 |
| Pb | 23.1000 | 76.1000 | 13.0000 | 23.8404 | 5.4927 | 0.2304 |
| Cr | 69.5000 | 182.0000 | 34.7000 | 70.2657 | 9.3831 | 0.1335 |
| Cu | 23.4000 | 474.0000 | 9.5800 | 24.6832 | 12.5164 | 0.5071 |
| Zn | 63.3000 | 346.0000 | 21.2000 | 64.7880 | 18.4327 | 0.2845 |
| Hg | 0.0300 | 0.6400 | 0.0100 | 0.0362 | 0.0277 | 0.7657 |
| As | 10.1000 | 47.3000 | 3.7200 | 10.3748 | 2.8267 | 0.2725 |

为了分析土壤有机质、重金属含量的高低，将本区土壤元素含量水平与全国水平进行比较，进而对土壤元素丰度进行评述，全国土壤平均值元素含量数据取自国家"七五"科技项目"中国土壤环境背景值研究"的统计结果。对过选取对应的指标进行对比分析，本研究采用中位数（median）、标准差（SD）和变异系数（$C_V$）与全国水平进行比较，经过比较分析，可以发现，徐州采煤塌陷区土壤中 Cd、Cr、Cu、Zn、As 等元素高于全国水平，其中 Zn 元素最高，为全国水平的 300 多倍，从标准差（SD）和变异系数（$C_V$）中可以看出，研究区由于采煤活动造成地表土壤中重金属含量超标，见表 7-5。

为了分析不同土地利用类型下土壤有机质、土壤重金属含量的差异，在 ArcGIS 软件中，按照耕地、林地、草地、建设用地、工矿用地等土地利用类型分别统计研究区土壤有机质、重金属元素含量，由表 7-6 可以分析不同土地利用类型下土壤重金属污染的差异。

表 7-5　全区土壤元素含量参数与全国比较

| 元素 | 研究区 | | | 中位数/全国 | SD/全国 | $C_V$/全国 | 全国 | | |
|---|---|---|---|---|---|---|---|---|---|
| | 中位数 | SD | $C_V$ | | | | 中位数 | SD | $C_V$ |
| Cd | 0.130 | 0.054 | 0.383 | 1.646 | 0.681 | 0.470 | 0.079 | 0.079 | 0.814 |
| Pb | 23.100 | 5.493 | 0.230 | — | — | — | — | — | — |
| Cr | 69.500 | 9.383 | 0.134 | 1.213 | 0.302 | 0.262 | 57.300 | 31.070 | 0.509 |
| Cu | 23.400 | 12.516 | 0.507 | 1.130 | 1.097 | 1.004 | 20.700 | 11.410 | 0.505 |
| Zn | 63.300 | 18.433 | 0.285 | 305.797 | 72.285 | 0.324 | 0.207 | 0.255 | 0.879 |
| Hg | 0.030 | 0.028 | 0.766 | 0.789 | 0.346 | 0.677 | 0.038 | 0.080 | 1.131 |
| As | 10.100 | 2.827 | 0.273 | 1.052 | 0.360 | 0.388 | 9.600 | 7.860 | 0.702 |
| Corg | 0.920 | 0.327 | 0.345 | — | — | — | — | — | — |
| pH | 8.130 | 0.670 | 0.085 | — | — | — | — | — | — |
| OM | 1.586 | 0.564 | 0.345 | — | — | — | — | — | — |

表 7-6　多目标地球化学调查采样区不同土地利用类型表层土壤元素含量参数统计表

| 土地类型 | 参数 | Cd | Pb | Cr | Cu | Zn | Hg | As | Corg | PH | OM |
|---|---|---|---|---|---|---|---|---|---|---|---|
| 耕地 | 中位数 | 0.14 | 24.79 | 72.20 | 25.60 | 67.70 | 0.03 | 10.10 | 0.95 | 7.93 | 1.57 |
| | 最大值 | 0.53 | 46.40 | 98.60 | 73.40 | 105.00 | 0.22 | 19.70 | 1.92 | 8.51 | 2.62 |
| | 最小值 | 0.05 | 13.00 | 34.70 | 10.20 | 24.60 | 0.01 | 3.72 | 0.30 | 5.33 | 0.79 |
| | Mean | 0.13 | 25.02 | 72.66 | 26.32 | 68.30 | 0.03 | 10.12 | 0.96 | 7.64 | 1.59 |
| | SD | 0.05 | 4.04 | 9.37 | 6.01 | 13.92 | 0.02 | 2.98 | 0.24 | 0.68 | 0.35 |
| | $C_V$ | 0.37 | 0.16 | 0.13 | 0.23 | 0.20 | 0.52 | 0.29 | 0.25 | 0.09 | 0.22 |
| 林地 | 中位数 | 0.13 | 19.80 | 65.30 | 21.50 | 63.50 | 0.03 | 9.40 | 0.85 | 8.22 | 1.86 |
| | 最大值 | 0.31 | 39.10 | 103.00 | 42.80 | 114.00 | 0.21 | 21.00 | 1.91 | 8.70 | 7.19 |
| | 最小值 | 0.09 | 14.50 | 54.80 | 14.30 | 42.70 | 0.01 | 6.32 | 0.30 | 7.68 | 0.81 |
| | Mean | 0.16 | 21.02 | 67.48 | 23.30 | 66.92 | 0.03 | 10.46 | 0.88 | 8.21 | 2.07 |
| | SD | 0.05 | 4.32 | 8.88 | 6.33 | 15.16 | 0.02 | 3.04 | 0.30 | 0.17 | 0.78 |
| | $C_V$ | 0.30 | 0.21 | 0.13 | 0.27 | 0.23 | 0.53 | 0.29 | 0.33 | 0.02 | 0.38 |
| 草地 | 中位数 | 0.14 | 19.80 | 65.30 | 21.50 | 63.50 | 0.03 | 9.40 | 0.85 | 8.22 | 1.47 |
| | 最大值 | 0.35 | 39.10 | 103.00 | 42.80 | 114.00 | 0.21 | 21.00 | 1.91 | 8.70 | 3.29 |
| | 最小值 | 0.08 | 14.50 | 54.80 | 14.30 | 42.70 | 0.01 | 6.32 | 0.30 | 7.68 | 0.52 |
| | Mean | 0.16 | 21.02 | 67.48 | 23.30 | 66.92 | 0.03 | 10.46 | 0.88 | 8.21 | 1.53 |
| | SD | 0.05 | 4.32 | 8.88 | 6.33 | 15.16 | 0.02 | 3.04 | 0.30 | 0.17 | 0.51 |
| | $C_V$ | 0.30 | 0.21 | 0.13 | 0.27 | 0.23 | 0.53 | 0.29 | 0.33 | 0.02 | 0.33 |

续表

| 土地类型 | 参数 | Cd | Pb | Cr | Cu | Zn | Hg | As | Corg | PH | OM |
|---|---|---|---|---|---|---|---|---|---|---|---|
| 建设用地 | 中位数 | 0.17 | 26.50 | 72.10 | 27.40 | 72.40 | 0.07 | 10.80 | 1.27 | 8.16 | 1.17 |
| | 最大值 | 0.83 | 76.10 | 167.00 | 474.00 | 346.00 | 0.64 | 19.20 | 5.20 | 8.61 | 2.53 |
| | 最小值 | 0.03 | 18.00 | 58.10 | 15.30 | 49.60 | 0.02 | 7.36 | 0.65 | 7.61 | 0.53 |
| | Mean | 0.20 | 29.71 | 73.54 | 32.42 | 86.33 | 0.10 | 11.01 | 1.43 | 8.15 | 1.21 |
| | SD | 0.12 | 10.01 | 11.67 | 42.87 | 40.74 | 0.08 | 2.19 | 0.70 | 0.16 | 0.30 |
| | $C_V$ | 0.60 | 0.34 | 0.16 | 1.32 | 0.47 | 0.83 | 0.20 | 0.49 | 0.02 | 0.25 |
| 工矿用地 | 中位数 | 0.12 | 26.10 | 75.00 | 25.80 | 63.00 | 0.03 | 10.80 | 1.08 | 8.13 | 1.45 |
| | 最大值 | 0.67 | 65.20 | 96.20 | 38.80 | 103.00 | 0.21 | 18.90 | 4.17 | 8.52 | 5.24 |
| | 最小值 | 0.07 | 18.50 | 63.30 | 19.10 | 47.80 | 0.02 | 7.05 | 0.47 | 6.72 | 0.66 |
| | Mean | 0.13 | 26.60 | 75.04 | 26.24 | 65.30 | 0.04 | 11.10 | 1.20 | 8.00 | 1.50 |
| | SD | 0.06 | 5.80 | 6.14 | 4.04 | 9.85 | 0.02 | 1.93 | 0.45 | 0.40 | 0.45 |
| | $C_V$ | 0.39 | 0.22 | 0.08 | 0.15 | 0.15 | 0.54 | 0.17 | 0.38 | 0.05 | 0.30 |

　　通过对全市 2924 个采用的不同元素进行空间差值,得到徐州市土地重金属分布图,并通过土壤污染综合指数计算方法得到全市土壤综合污染指数分值及分布图(图 7-10)。

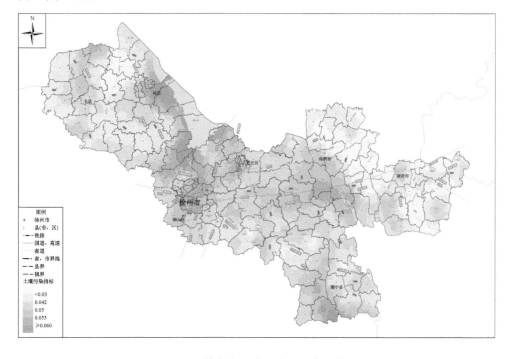

图 7-10　徐州市土地重金属污染分布图

$$土壤综合污染指数 = \sqrt{\frac{(平均单项污染指数)^2 + (最大单项污染指数)^2}{2}}$$

土壤单项污染指数=土壤中该类污染的实测浓度/土壤中该污染评估标准

### 7.3.3.6 土地损毁与压占状况指标信息提取

（1）土地损毁信息提取与分析

黄淮海采煤塌陷区土地损毁情况主要有采煤塌陷损毁和压占损毁，其中采煤塌陷地为主要损毁土地类型。采煤塌陷地信息提取方法是基于2.5～5m遥感数据，采用2012～2013年全国土地利用变更调查底图，参考全国第二次土地调查遥感数据底图，结合2013年土地利用变更调查工程，辅以采煤塌陷区外业调查。采煤塌陷地调查包括采煤塌陷地土地利用现状、权属状况、采煤塌陷地范围、采煤塌陷地复垦利用情况、采煤塌陷地地表破坏情况等。采煤塌陷地调查对已征用和未征用范围均进行调查，对已经征用范围，无论地面沉陷如何，征用范围内全部按塌陷地调查；对地面出现明显沉陷，且未征用的，按现状调查。最终，提取采煤塌陷土地现状信息，见表7-7、图7-11。经过调查分析，徐州市土地退化现象较少，主要是部分塌陷地区域出现盐碱化现象，本次在采煤塌陷地调查的基础上一起进行调查，不再单独进行调查分析。

**表 7-7 徐州市采煤塌陷地统计表** （单位：亩\*）

| 统计类型 | 沛县 | 贾汪 | 铜山 | 九里 | 开发区 |
|---|---|---|---|---|---|
| 塌陷地总面积 | 79627.11 | 86042 | 95208.09 | 42215.33 | 95208.09 |
| 已复垦面积 | 6700 | 40159 | 14337.15 | 15262.5 | 33944.28 |
| 未复垦面积 | 72972.11 | 45883 | 3034.64 | 26952.83 | 61263.81 |

\*1 亩≈666.7m²

（2）压占土地信息提取与分析

研究区内压占土地主要来源于粉煤灰、煤矸石（矸石山）压占，基于2.5～5m遥感影像数据，采用2011～2013年全国土地利用变更调查底图，参考全国第二次土地调查遥感影像底图，以土地利用现状图和野外调查为基础，提取压占土地现状信息，见表7-8和图7-12。

通过表7-8可以看出，研究区内压占土地总面积为344.55hm²，主要分布于铜山区、贾汪区、沛县，共计236.00hm²，占压占总面积的69.50%。其中，铜山区压占面积为78.56hm²，压占比例为17.86%，主要分布于大彭镇、汉王镇、利国镇、

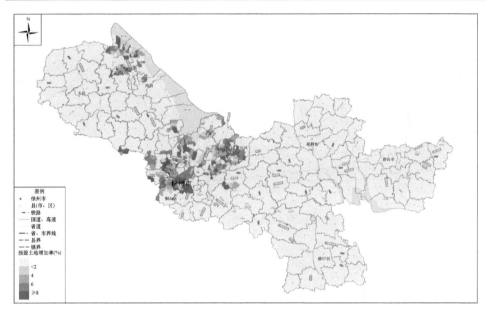

图 7-11　徐州市损毁土地增加率

**表 7-8　徐州市压占土地面积统计**

| 县市区 | 村控面积（hm²） | 压占面积（hm²） | 比例（%） |
| --- | --- | --- | --- |
| 铜山区 | 16713.21 | 78.56 | 17.86 |
| 贾汪区 | 11049.45 | 87.23 | 25.50 |
| 沛县 | 10407.97 | 70.21 | 14.62 |
| 丰县 | 1826.36 | 24.87 | 1.36 |
| 徐州经济开发区 | 1129.35 | 14.21 | 9.79 |
| 邳州市 | 5387.56 | 39.45 | 0.73 |
| 新沂市 | 3597.04 | 25.78 | 0.72 |
| 睢宁县 | 949.17 | 4.24 | 0.45 |

柳泉镇、刘集镇等，共计 27 个村。贾汪区压占土地面积为 87.23hm²，压占面积
比例为 25.50%，主要分布于青山泉镇、紫庄镇、大吴镇、塔山镇等，共计 19 个
村。徐州市区压占土地面积为 14.21hm²，压占面积比例为 5.68%，主要分布于大
庙镇和大黄山镇，共计 4 个村；沛县压占土地面积为 70.21hm²，压占比例为 14.62%，
主要分布于大屯镇、安国镇、胡寨镇、龙固镇、五段镇和沛县经济开发区，共计
29 个行政村。其余，丰县、邳州、新沂、睢宁和徐州市经济开发区的压占面积较
少，共计 108.55hm²，占压占总面积的 31.5%。

#### 7.3.3.7　土地退化状况

根据徐州市分县 2009～2012 年的土地利用变更调查数据、第二次全国土地调

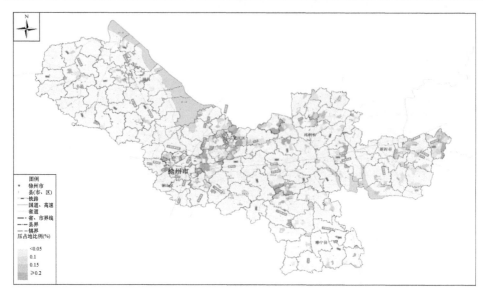

图 7-12 徐州市压占地比例

查数据，采用变化信息检测和实地调查相结合方法，提取了耕地减少、林地减少、湿地减少的情况来反映土地退化指标信息。

### 7.3.3.8 区域性指标信息提取与特征分析

徐州的煤炭开采历史已逾百年，累计开采煤炭达 10 亿 t。大量煤炭开采导致了大面积的地表塌陷，由于地下潜水位较高，积水和坡地是其主要表现形式，积水状况尤为突出，其中深度大于 1.5m 的塌陷地有 9.3 万亩，和淮南、淮北、兖州、焦作等地方煤矿塌陷现状相似，在黄淮海矿区具有典型性和代表性。全市采煤塌陷地主要分布在沛县、铜山区、贾汪区、原九里区和经济开发区 5 个县区，涉及28 个乡镇（办事处），183 个村庄，41.5 万人，累计塌陷区面积约 35 万亩，且每年仍新增采煤塌陷地约 5000 亩。采煤塌陷区不仅占用大量的耕地、好地，严重影响了土地利用效率，而且成为矿区周围环境污染的重要污染源等，进而导致区域资源浪费、生态环境破坏、区域经济发展潜力削弱、矿区各种社会问题加剧，成为实施矿区可持续发展最重要的限制因素。为此，徐州市积极开展采煤塌陷地复垦工作，取得了一定成效。但在矿区塌陷地复垦治理中，其关心的重点是如何通过复垦来增加耕地的数量，忽视了对重构土壤肥力恢复状况和地下水质量污染状况等一些生态环境因素的调查研究，此外，复垦矿区的地下水资源是矿区的重要资源之一，其污染状况特别是重金属累积状况直接关系到农业和人畜用水的安全，也关系到复垦区生态环境的可持续发展。因此，本次调查与评估选择的区域性特色指标分为两类：矿区生态修复指标和矿区生态破坏指标，其中，生态修复指标包括塌陷积水和塌陷土地复垦率，生态破坏指标包括土地沉降比例和工矿用地面积比例。根据前面调查的采煤塌陷地及其土地复垦情况，以土地资源调查数据为评估单元，计算区域性指标，结果见图 7-13～图 7-16。

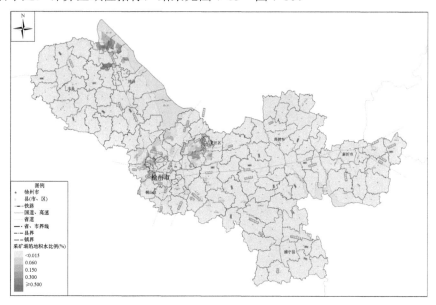

图 7-13　徐州市塌陷积水面积比例分布图

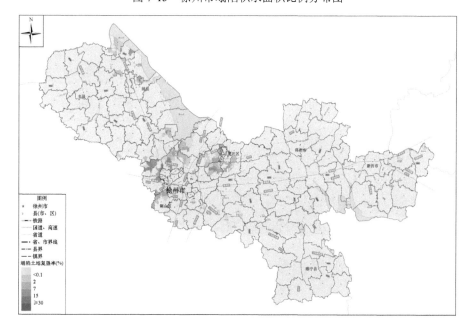

图 7-14　徐州市塌陷土地复垦率分布图

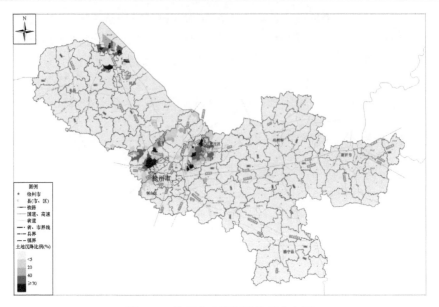

图 7-15　徐州市土地沉降比例分布图

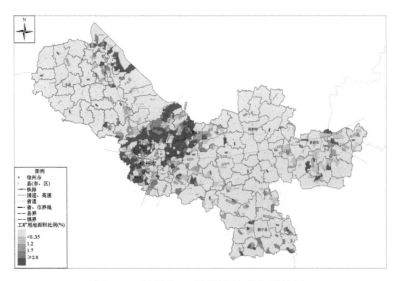

图 7-16　徐州市工矿用地面积比例分布图

# 7.4　黄淮海采煤塌陷区土地生态状况质量综合评估

## 7.4.1　土地生态状况评估技术与方法

　　土地生态状况评估是指对土地生态系统的结构、功能、价值和健康及其生态环境质量所进行的评估。它包括以下几方面的内容：①以土地生态类型为基础，着重进行土地生态系统的结构功能及土地生态价值的评估；②在一般的土地评估的基础上，选择对研究对象（土地及其环境、建设对象）最有意义的若干生态特性，进行专项评估，进而查明土地生态类型与土地利用现状（或将来的利用方向）之间的协调程度及其发展趋势，诊断土地生态系统的健康程度和土地利用的生态风险；③将不涉及社会意义的自然生态系统质量评估与涉及人类社会生活或社会经济过程的生态系统的生态评估相互结合起来，尤其关注人类社会经济过程对土地生态系统的影响。

对于黄淮海采煤塌陷区而言，由于煤炭资源的大规模开采，煤矿区土地资源和生态环境遭受了全方位的破坏，尤其是由于地下开采造成了大面积塌陷地，导致大量土地破坏，耕地减少等一系列的生态环境问题。从而使得矿区成为资源、环境与人口矛盾相对集中显现的区域之一。研究服务于徐州市采煤塌陷地土地数量-质量-生态管护的需要，结合徐州市采煤塌陷地实际状况，开展徐州市范围内采煤塌陷地调查与评估，促进土地集约节约利用，为加强国土资源精细化管理奠定基础，为振兴徐州老工业基地提供基础数据和支持。

### 7.4.1.1　评估指标体系的构建

黄淮海采煤塌陷区土地生态状况综合评估，以生态地质学、可持续发展理论、全球变化等为理论基础，着眼于采煤塌陷区当前的主要生态环境变迁问题，以自然-经济-社会区域复合生态系统为框架基础，运用徐州市第二次土地调查数据、变更调查数据、生态环境遥感监测数据和社会、经济的统计数据，坚持主导性、科学性与区域性、先进性、易获性、稳定性和协调性等原则，构建全面反映黄淮海采煤塌陷区自然生态环境、社会、经济发展现状和变化趋势的指标体系。土地生态环境现状综合评估指标体系的构建主要分为土地生态状况基础性指标、土地生态状况结构性指标、土地污染、损毁与退化状况、生态效益和区域性指标层等共 5 个准则层，其中土地生态状况基础性指标包括气候条件、土壤条件、立地条件、植被状况 3 个指标；土地生态状况结构性指标包括景观多样性指数、不同土地利用/覆盖类型占比；土地污染、损毁与退化状况包括土壤污染指标和土地损毁指标、生态建设指标；生态效益仅用区域环境质量指数。根据黄淮海采煤塌陷区土地生态状况的特点，在进行土地生态状况精细评估指标选取时除了上述土地生态状况评估的指标体系之外，还根据矿区破坏和修复的情况，将区域性指标层分为矿区生态修复指标和矿区生态破坏指标，其中，生态修复指标包括塌陷积水和塌陷土地复垦率，生态破坏指标包括土地沉降比例和工矿用地面积比例。黄淮海土地生态状况综合评估指标体系见表 7-9 所示。

表 7-9　黄淮海土地生态状况综合评估指标体系

| 准则层 | 指标层 | 元指标层 | 单位 | 属性 |
|---|---|---|---|---|
| 基础性指标 | 气候条件 | 年均降水量 | mm | + |
| | | 季节分配 | mm | + |
| | 土壤条件 | 土壤有机质含量 | % | + |
| | | 有效土层厚度 | cm | + |
| | | 表层土壤质地 | — | + |
| | | 障碍层深度 | cm | + |
| | | 土壤碳积蓄量 | Wt | + |
| | 植被状况 | 植被覆盖度 | % | + |
| | | 生物量 | kg/（m²·a） | + |
| 结构性指标 | 景观多样性指数 | 土地多样性指数 | — | + |
| | | 斑块多样性指数 | — | + |
| | 土地利用覆盖指数 | 无污染耕地比例 | % | + |
| | | 有林地比例 | % | + |
| | | 无污染水面比例 | % | + |
| | | 生态基础设施比例 | % | + |
| 土地污染损毁退化状况 | 土壤污染指标 | 土壤综合污染指数 | — | — |
| | 土地损毁指标 | 压占地比例 | % | — |
| | | 废弃地比例 | % | — |
| 生态建设与生态效益指标 | 生态建设指标 | 未利用地增加率 | % | + |
| | | 损毁土地增加率 | % | + |
| | | 湿地增加率 | % | + |
| | 生态效益指标 | 区域环境质量指数 | — | + |
| | 生态压力指数 | 人口密度 | 人/km² | — |
| | 生态建设与保护指数 | 人口与生态弹性系数 | — | — |
| | | GDP 与生态弹性系数 | — | — |
| 区域性指标 | 生态修复指标 | 塌陷积水面积比例 | % | + |
| | | 塌陷土地复垦率 | % | + |
| | 生态破坏指标 | 土地沉降比例 | % | — |
| | | 工矿用地面积比例 | % | — |

### 7.4.1.2　评估单元的确定

评估单元是土地生态环境评估的基本单位，其划分应能客观反映土地质量和生态功能的空间差异。根据国内外生态环境评估研究，评估单元划分方法主要有面状评估单元和栅格单元，如土壤类型单元、土地资源分类单元、土地利用现状图斑单元、行政单元和网格单元等，具体评估单元的选择需要根据评估内容和评估目标来确定。

（1）面状评估单元

基于面状评估单元是根据评估特点划分具有空间范围的评估单位，如行政单元、小流域和景观单元等，其特点是方便获取各类经济社会及统计方面的数据，并且评估结论与现行的管理一致，但基于面状的评估单元以平均数据代替整个单元的整体特性，会出现评估单元内部差异性、统计数据空间的不确定性等问题。目前常用的面状评估单元有：①行政区单元，在国家、省、市尺度进行区域生态评估中常采用；②流域单元，主要依据流域内地形地貌分异及水文过程划分评估单元，常用于小流域范围内的生态环境评估；③景观单元，主要从具有异质性或斑块性的空间单元或以景观类型划分的单元，常用于区域生态保护、生态功能区划等方面的评估。

此外，国外也有从生态土地类型来进行生态评估单元的划分，如加拿大、美国等，常用生态组和生态立地作为评估单元，①生态组，是一系列土地利用类型的有机组合，组成一个生态镶嵌体，大到一个区域或流域，小到一个自然村；②生态立地，是由某一地类为主导的地块生态系统，它是由气候、水文、土壤和生物构成的自然综合体。

（2）栅格评估单元

基于栅格的评估单元是以点状的栅格单元为评估的信息载体，采用栅格单元的优点是具有精确的空间位置，可以利用 GIS 等技术快速完成运算，但缺点是栅格评估单元与地形地貌、景观格局、生态环境等信息缺乏有机联系，并且栅格数据的分辨率受其格网单元大小的影响，是量化和离散的，不能表示连续性地形、景观类型等。

本次评估采用土地利用现状图斑作为评估单元，土地利用现状图斑是土地利用现状调查的基本单元，同一图斑具有相同的土地利用类型，土地生态状况可以视为基本一致。根据徐州市第二次全国土地利用调查数据统计，全市 5 县市 3 区共计 905472 个图斑，其中：市区 28349 个图斑，铜山区 151692 个图斑，贾汪区 70006 个图斑，沛县 100702 个图斑，丰县 118592 个图斑，新沂市 99020 个图斑，邳州市 182915 个图斑，睢宁县 154196 个图斑。

7.4.1.3　评估指标权重的确定

为了提高权重值得准确性和客观性，本次评估首先用层次分析法（AHP）确定指标权重系数，然后通过熵技术对确定的权重系统进行修正。土地生态状况质量评估权重见表 7-10。

表 7-10　　生态评估权重表

| 准则层 | 权重 | 指标层 | 权重 | 元指标层 | 权重 |
|---|---|---|---|---|---|
| 基础性指标 | 0.243 | 气候条件 | 0.253 | 年均降水量 | 0.333 |
| | | | | 季节分配 | 0.667 |
| | | 土壤条件 | 0.446 | 土壤有机质含量 | 0.285 |
| | | | | 有效土层厚度 | 0.308 |
| | | | | 表层土壤质地 | 0.151 |
| | | | | 障碍层深度 | 0.143 |
| | | | | 土壤碳积蓄量 | 0.113 |
| | | 植被状况 | 0.301 | 植被覆盖度 | 0.854 |
| | | | | 生物量 | 0.146 |
| 结构性指标 | 0.195 | 景观多样性指数 | 0.3347 | 土地多样性指数 | 0.815 |
| | | | | 斑块多样性指数 | 0.185 |
| | | 土地利用覆盖指数 | 0.6653 | 无污染耕地比例 | 0.361 |
| | | | | 有林地比例 | 0.109 |
| | | | | 无污染水面比例 | 0.272 |
| | | | | 生态基础设施比例 | 0.258 |
| 土地污染损毁退化状况 | 0.204 | 土壤污染指标 | 0.658 | 土壤综合污染指数 | 1.000 |
| | | 土地损毁指标 | 0.342 | 压占地比例 | 0.499 |
| | | | | 废弃地比例 | 0.501 |
| 生态建设与生态效益指标 | 0.166 | 生态建设指标 | 0.227 | 未利用地增加率 | 0.318 |
| | | | | 损毁土地增加率 | 0.288 |
| | | | | 湿地增加率 | 0.394 |
| | | 生态效益指标 | 0.291 | 区域环境质量指数 | 1.000 |
| | | 生态压力指数 | 0.195 | 人口密度 | 1.000 |
| | | 生态建设与保护指数 | 0.287 | 人口与生态弹性系数 | 0.563 |
| | | | | GDP 与生态弹性系数 | 0.437 |
| 区域性指标 | 0.192 | 生态修复指标 | 0.632 | 采矿塌陷地积水比例 | 0.532 |
| | | | | 塌陷土地复垦率 | 0.468 |
| | | 生态破坏指标 | 0.368 | 土地沉降比例 | 0.528 |
| | | | | 工矿用地面积比例 | 0.472 |

#### 7.4.1.4　综合评估模型的构建

综合评估就是选择描述被评估事物的多个指标信息加以综合，通过某种评估方法做出整体性评估，进一步在时间或空间上进行整体性比较和排序。所谓多指标综合评估方法，就是把描述评估对象不同方面的多个指标的信息综合起来，得到一个综合指标，由此对评估对象做一个整体上的评判，并进行横向或纵向比较，也就是对多属性体系结构描述的对象系统做出全局性、整体性的评估。其数学实质是把高维空间上的样本点投影到一维直线上，通过一维直线上的投影点来对被评估对象进行不同的时间、空间上的整体性比较。由于土地生态状况综合评估对象往往涉及的因素较多，复杂程度也较高，若要评估按照严格、精确的方法进行还有不少困难，因此，目前的评估方法主要依赖于定性与定量相结合、客观统计资料与主观描述资料并重的手段。生态状况综合评估与分析同生态系统密切相关，因此生态系统的范围与特点决定了生态环境综合评估的方法与途径，具有不同尺度的生态系统及生态系统结构的整体性、开放性、区域分异性及可变性的特点，决定了对其生态环境综合评估需要采用多种方法与手段。

　　本研究在综合比较各土地综合评估的常用方法的基础上，选择综合指数法。利用土地生态状况评估指标体系中的指标权重与指标标准化值，计算结果和过程如图 7-17 所示。

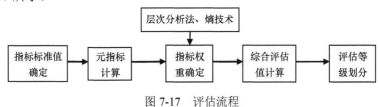

图 7-17　评估流程

　　采用以下公式计算土地生态状况质量综合评估分值：

$$S = \sum_{i-1}^{5} \left\langle w_i \times \left\{ \sum_{j-1}^{n} \times \left[ w_j \times \sum_{k-1}^{m} \left( w_k \times Y_k \right) \right] \right\} \right\rangle$$

式中，$S$ 为土地生态状况质量综合分值；$w_i$ 为准则层的权重；$n$ 为指标层的数量；$w_j$ 为指标层的权重；$m$ 为元指标层数量；$w_k$ 为元指标的权重；$Y_k$ 为元指标分值。

### 7.4.1.5　障碍因子诊断方法

　　土地生态状况障碍度指的是指标因子对某区域土地生态系统的生态质量状况的影响程度。土地生态状况评估目的不仅在于对重点区域土地生态状况进行评判，更重要的是在于寻找土地生态状况的障碍因素，以便有针对性地对现行土地利用行为与政策进行调整。障碍因素研究的具体方法是采用"因子贡献度"、"指标偏离度"和"障碍度" 3 个指标来进行分析诊断。其中，因子贡献度（$U_j$）代表单项因素对总目标的影响程度，即单因素指标与区域土地生态状况的权重；指标偏离度（$V_j$）表示单项指标与区域土地生态状况最好水平之间的差距，一般设为单项指标标准化值与 100%之差；障碍度（$M_j$）分别表示单项指标和分类指标对区域土地生态质量状况的影响值，该指标是土地生态质量状况障碍诊断的目标和结果。具体计算公式如下：

$$U_j = R_j \times W_j$$

$$V_j = 1 - X_j$$

$$M_j = \frac{V_j \times U_j}{\sum_{i=1}^{n}(V_j \times U_j)} \times 100\%$$

式中，$R_j$ 为第 $j$ 层目标层指标权重；$W_j$ 是第 $j$ 项目标所属的第 $i$ 个单项指标的权重；$X_j$ 为单项指标的标准化值，采用极值标准化方法得到；$n$ 为分类指标数量。

由于本次黄淮海采煤塌陷区土地生态状况评估指标体系分为 3 个层次：准则层、指标层和元指标层，因此本研究根据技术方案，采用因子贡献度（$U_j$）、指标偏离度（$V_j$）和障碍度（$M_j$）进行计算。其计算公式分别为：

$$U_j = W_i \times W_j \times W_k$$

$$V_j = 1 - X_{ijk}$$

$$M_j = \frac{U_j \times V_j}{\sum U_j \times V_j}$$

式中，$U_j$ 为指标贡献度；$V_j$ 为指标偏离度；$M_j$ 为障碍带；$W_i$ 为准则层的权重；$W_j$ 为指标层的权重；$W_j$ 为元指标的权重；$X_{ijk}$ 为原指标标准化值。

### 7.4.2  土地生态状况评估结果分析

#### 7.4.2.1  准则层指标评估结果分析

根据黄淮海采煤塌陷区土地生态状况综合评估指标体系和评估模型，利用ArcGIS9.3 软件，分别计算各准则层指标：基础性指标、结构性指标、土地污染损毁退化状况、生态建设与生态效益指标和区域性指标共 5 个准则层的评估结果，评估图如图 7-18～图 7-22 所示。

徐州市的基础性指标包括气候条件、土壤条件、立地条件、植被状况 3 个指标，其中，权重分别为 0.253、0.446 和 0.301。基础性指标反映地区气候、土壤的自然条件，由图 7-19 可以看出，徐州市基础性指标较好的区域分别为贾汪区、丰县和邳州市，平均分值为 0.57、0.50 和 0.47，基础性指标较差的区域主要分布在徐州城区、沛县和睢宁县，平均分值分别为 0.37、0.38、0.41。

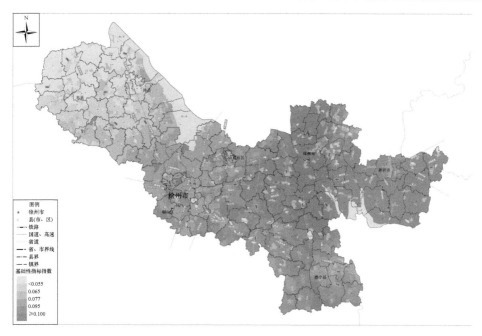

图 7-18 徐州市土地生态基础性指标评估结果

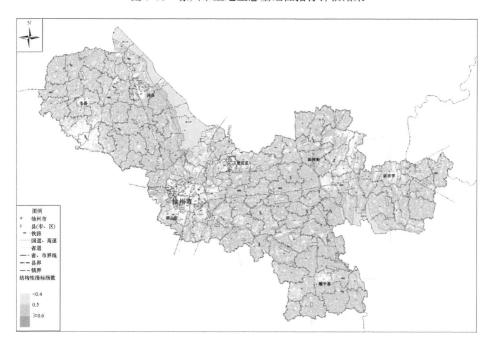

图 7-19 徐州市土地生态结构性指标评估结果

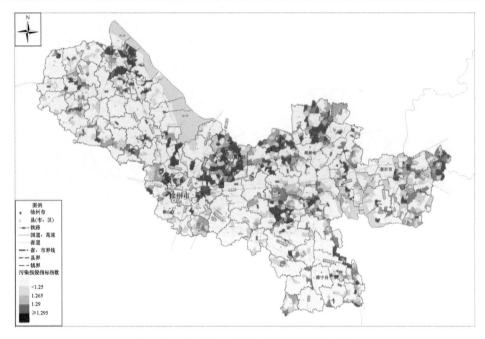

图 7-20　徐州市土地污染损毁指标评估结果

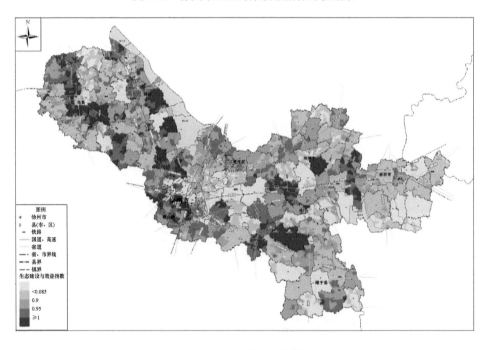

图 7-21　徐州市土地生态建设与效益指标评估结果

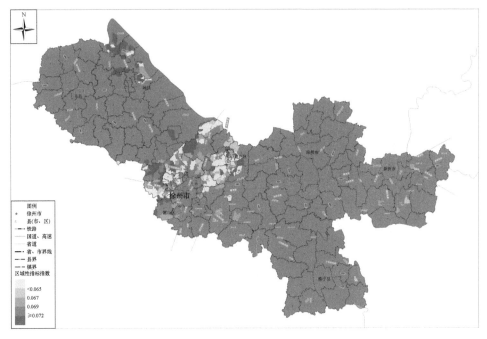

图 7-22  徐州市土地生态区域性指标评估结果

结构性指标包括景观多样性指数和土地利用覆盖指数，共有 6 个元指标，分别为土地多样性指数、斑块多样性指数、无污染耕地比例、有林地比例、无污染水面比例、生态基础设施比例。结构性指标反映出区域的景观生态状况以及区域的开发与破坏情况，由图 7-19 及统计结果可以看出，徐州城区、新沂市部分地区、丰县部分地区的结构性指标分值最低，分别为 0.47、0.47 和 0.48，其他区域的结构性指标分值差别不大。

土地污染损毁退化指标层包括土壤污染指标和土地损毁指标，共有 3 个元指标，分别是土壤综合污染指数、压占地比例、废弃地比例。土地污染损毁退化指标层反映了区域土地受各种重金属、非金属污染状况和压占、挖损及废弃情况，由图 7-20 可以看出，徐州市土地污染损害地区主要分布在贾汪区、沛县、原九里区和经济开发区，这些地区主要是煤炭资源开采较为集中的区域，土壤污染、煤矸石压占土地、采煤造成土地塌陷等较为严重。

生态建设与生态效益指标层包括生态建设指标、生态效益指标、生态压力指数、生态建设与保护指数 4 个指标。由图 7-21 可以看出，徐州市生态建设与生态效益较好的区域零散分布于丰县、沛县、徐州城区、睢宁等部分地区。

根据黄淮海采煤塌陷区土地生态状况的特点，在进行土地生态状况精细评估指标选取时除了上述土地生态状况评估的指标体系之外，还根据矿区破坏和修复的情况，将区域性指标层分为矿区生态修复指标和矿区生态破坏指标，其中，生态修复指标包括塌陷积水和塌陷土地复垦率，生态破坏指标包括土地沉降比例和工矿用地面积比例。由图 7-22 可以看出，徐州市区域性指标变化的区域主要集中在煤炭资源开展较为集中的贾汪区、铜山区、原九里区和沛县等地区，其他地区指标不明显。

### 7.4.2.2　综合评估结果分析

根据评估模型计算得出徐州市的土地生态质量综合值，按照总分值、准则层和指标层分值综合确定，划分的依据可以根据分值区段和障碍因子诊断方法相结合的方法进行划分。原则上根据综合评分值的高低，分为 5 类，即土地生态状况质量优、良好、中等、较差、差 5 个等级，等级划分标准见表 7-11 所示，并按照评估等级将徐州市的土地生态质量综合值进行等级划分，其分布图如图 7-23 所示，各等级土地生态质量面积及比例见统计表 7-12 所示。

表 7-11　评估等级划分

| 等级 | 土地生态状况指数（%） | 土地生态状况 |
|---|---|---|
| I 等（优） | ＞80 | 土地生态系统稳定，生态服务功能稳定、自然生态状况完整 |
| II 等（良好） | 70～80 | 土地生态系统结构发生微弱程度变化，生态服务功能良好，各类生态压力未超出自身承载能力 |
| III 等（中等） | 60～70 | 土地生态系统结构发生一定程度变化，尚在许可范围内，生态服务功能尚能发挥，个别生态压力已超出自身承载能力 |
| IV 等（较差） | 40～60 | 土地生态系统结构发生较大程度变化，生态服务系统功能明显退化，生态压力超出自身承载能力 |
| V 等（差） | ＜40 | 生态服务功能严重退化或丧失、水土流失、土壤污染等生态压力严重超过生态承载能力，系统结构遭到破坏 |

本次参与评估的区域包括徐州市全境范围总评估面积为 1176627.85hm²，共涉及 5 县（市）6 区，即沛县、丰县、铜山区、泉山区、鼓楼区、云龙区、原九里区、贾汪区、睢宁县、邳州市和新沂市，共 160 个乡镇（街道），3111 个行政村，905472 个图斑。按照表 7-12 的等级划分标准，徐州市土地生态状况质量可分为 I～V 等，共五个等级。其中，土地生态状况质量优（I 等）的有 90008 个图斑，面积为 124346.66hm²，占总面积的 10.57%，主要分布于丰县大部分地区，铜山区东南部、贾汪区东部和邳州西北部地区。土地生态质量良好（II 等）的有 257863 个图斑，面积为 348601.38hm²，约占 29.63%，主要分布于沛县、丰县和邳州大部分地区、铜山区和睢宁县东南部。生态质量处于中等的图斑共有 254791 个，面积为 354221.26hm²，占总面积的 26.75%，主要分布于沛县北部、铜山区东部、新沂市南部和睢宁县的大部分地区。土地生态质量较差的地区共计 283899 个图斑，面

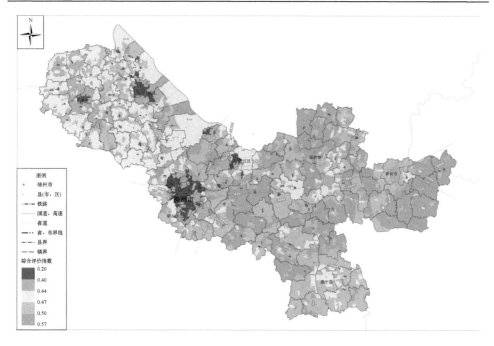

图 7-23　徐州市土地生态质量综合值分布图

**表 7-12　徐州市区土地生态状况质量评估**

| 土地生态质量等级 | 图斑个数 | 面积（hm²） | 比例（%） |
| --- | --- | --- | --- |
| Ⅰ等（优） | 90008 | 124346.66 | 10.57 |
| Ⅱ等（良好） | 257863 | 348601.38 | 29.63 |
| Ⅲ等（中等） | 254791 | 314691.73 | 26.75 |
| Ⅳ等（较差） | 283899 | 354221.26 | 30.10 |
| Ⅴ等（差） | 18911 | 34766.82 | 2.95 |
| 合计 | 905472 | 1176627.85 | 100 |

积为 354221.26hm²，占总面积的 30.10%，主要分布的地区有沛县北部、丰县南部、徐州城区、铜山区北部和南部、邳州市东部和新沂市北部等地区。生态等级为极差的区域共 18911 个图斑，面积为 34766.82hm²，占总面积的 2.95%，主要分布在主城区的工业集聚区、九里矿区和经济开发区。城区中等以上的面积占区域总面积的 66.95%，表明整体上土地生态质量状况为中等或良好状态。但徐州城区以及各县（市）的主城区土地生态质量都较差、甚至极差；另外，沛县北部、贾汪西南部、铜山区北部和徐州市经济开发区内土地生态质量均较差，主要原因是这些地方的煤炭开采导致土地塌陷、压占、土壤重金属污染、空气污染问题严重。

### 7.4.3　徐州市土地生态状况质量障碍因子分析

障碍度旨在于分析实际值偏离某障碍因子理想值的程度，障碍度值越大，表示区域障碍因子的实际值偏离理想值越大。根据障碍度计算公式，对选取的土地生态状况调查指标的障碍度计算，结果见表 7-13，并对影响因子较大的障碍因子进行排序，结果见表 7-14。通过表 7-13 和表 7-14 可以看出，徐州市各县市区土地生态状况的主要障碍因子分别是无污染水面比例（C14），障碍度值在 0.17～0.184、塌陷积水面积（C24），障碍度值在 0.088～0.095，塌陷土地复垦率（C25），障碍度值在 0.078～0.081，植被覆盖指数（C8），障碍度值在 0.050～0.059，土地沉降比例（C26），障碍度值在 0.049～0.053。从主要的障碍因子分析可以看出，徐州市作为矿业城市，煤炭资源的开发对土地生态环境的影响巨大，成为土地生态环境改善的最主要障碍因子。因此，徐州市土地生态环境的改善需要从矿区采煤塌陷区的质量开始，应加大对采煤塌陷地的复垦与生态修复等工作，另外，采煤塌陷造成的积水对矿区生态环境的改善具有一定作用。

表 7-13　计算各县市区土地生态状况评估指标的障碍度计算结果

| 评估指标 | 市区 | 贾汪区 | 铜山区 | 沛县 | 丰县 | 邳州市 | 新沂市 | 睢宁县 |
|---|---|---|---|---|---|---|---|---|
| C1 | 0.014 | 0.007 | 0.011 | 0.021 | 0.010 | 0.012 | 0.017 | 0.016 |
| C2 | 0.027 | 0.014 | 0.022 | 0.041 | 0.020 | 0.023 | 0.035 | 0.033 |
| C3 | 0.033 | 0.036 | 0.035 | 0.036 | 0.039 | 0.036 | 0.036 | 0.035 |
| C4 | 0.040 | 0.013 | 0.026 | 0.025 | 0.031 | 0.030 | 0.024 | 0.011 |
| C5 | 0.002 | 0.011 | 0.012 | 0.019 | 0.018 | 0.018 | 0.018 | 0.011 |
| C6 | 0.022 | 0.009 | 0.022 | 0.001 | 0.003 | 0.002 | 0.002 | 0.019 |
| C7 | 0.004 | 0.006 | 0.004 | 0.002 | 0.003 | 0.004 | 0.004 | 0.017 |
| C8 | 0.058 | 0.056 | 0.054 | 0.056 | 0.050 | 0.056 | 0.059 | 0.059 |
| C9 | 0.009 | 0.009 | 0.009 | 0.008 | 0.008 | 0.008 | 0.008 | 0.008 |
| C10 | 0.035 | 0.035 | 0.033 | 0.032 | 0.033 | 0.035 | 0.043 | 0.037 |
| C11 | 0.020 | 0.021 | 0.020 | 0.020 | 0.020 | 0.019 | 0.019 | 0.019 |
| C12 | 0.040 | 0.043 | 0.040 | 0.038 | 0.040 | 0.038 | 0.034 | 0.034 |
| C13 | 0.046 | 0.050 | 0.046 | 0.047 | 0.047 | 0.047 | 0.045 | 0.045 |
| C14 | 0.172 | 0.184 | 0.173 | 0.172 | 0.176 | 0.174 | 0.172 | 0.170 |
| C15 | 0.047 | 0.050 | 0.049 | 0.048 | 0.049 | 0.048 | 0.048 | 0.047 |
| C16 | 0.049 | 0.051 | 0.049 | 0.048 | 0.049 | 0.049 | 0.048 | 0.048 |
| C17 | 0.014 | 0.010 | 0.013 | 0.011 | 0.015 | 0.015 | 0.015 | 0.013 |
| C18 | 0.013 | 0.014 | 0.013 | 0.014 | 0.015 | 0.015 | 0.015 | 0.015 |
| C19 | 0.021 | 0.022 | 0.021 | 0.018 | 0.016 | 0.021 | 0.021 | 0.020 |

续表

| 评估指标 | 市区 | 贾汪区 | 铜山区 | 沛县 | 丰县 | 邳州市 | 新沂市 | 睢宁县 |
|---|---|---|---|---|---|---|---|---|
| C20 | 0.004 | 0.004 | 0.004 | 0.004 | 0.004 | 0.004 | 0.004 | 0.004 |
| C21 | 0.040 | 0.045 | 0.043 | 0.043 | 0.043 | 0.042 | 0.042 | 0.042 |
| C22 | 0.019 | 0.023 | 0.021 | 0.016 | 0.022 | 0.019 | 0.015 | 0.019 |
| C23 | 0.006 | 0.009 | 0.016 | 0.016 | 0.016 | 0.016 | 0.011 | 0.015 |
| C24 | 0.090 | 0.095 | 0.091 | 0.088 | 0.092 | 0.091 | 0.089 | 0.088 |
| C25 | 0.080 | 0.081 | 0.078 | 0.079 | 0.081 | 0.080 | 0.079 | 0.078 |
| C26 | 0.049 | 0.052 | 0.051 | 0.051 | 0.053 | 0.053 | 0.052 | 0.051 |
| C27 | 0.045 | 0.049 | 0.046 | 0.046 | 0.047 | 0.047 | 0.046 | 0.046 |

注：年均降水量（C1）、季节分配（C2）、土壤有机质含量（C3）、有效土层厚度（C4）、表层土壤质地（C5）、障碍层深度（C6）、土壤碳积蓄量（C7）、植被覆盖度（C8）、生物量（C9）、无污染耕地比例（C10）、有林地比例（C11）、无污染水面比例（C12）、生态基础设施比例（C13）、土壤综合污染指数（C14）、压占地比例（C15）、废弃地比例（C16）、未利用地增加率（C17）、损毁土地增加率（C18）、湿地增加率（C19）、区域环境质量指数（C20）、人口密度（C21）、人口与生态弹性系数（C22）、GDP 与生态弹性系数（C23）、采矿塌陷地积水比例（C24）、塌陷土地复垦率（C25）、土地沉降比例（C26）、工矿用地面积比例（C27）

表 7-14  各县市区土地生态状况主要障碍因子排序

| 县市 | 障碍度排序 | | | | | | | | | | | | | |
|---|---|---|---|---|---|---|---|---|---|---|---|---|---|---|
| | 1 | 2 | 3 | 4 | 5 | 6 | 7 | 8 | 9 | 10 | 11 | 12 | 13 | 14 |
| 市区 | C14 | C24 | C25 | C8 | C26 | C16 | C15 | C13 | C27 | C21 | C12 | C4 | C10 | C3 |
| 贾汪区 | C14 | C24 | C25 | C8 | C26 | C16 | C15 | C13 | C27 | C21 | C12 | C3 | C10 | C22 |
| 铜山区 | C14 | C24 | C25 | C8 | C26 | C15 | C16 | C27 | C13 | C21 | C12 | C3 | C10 | C4 |
| 沛县 | C14 | C24 | C25 | C8 | C26 | C15 | C16 | C13 | C27 | C21 | C2 | C12 | C3 | C10 |
| 丰县 | C14 | C24 | C25 | C26 | C8 | C16 | C15 | C27 | C13 | C21 | C12 | C3 | C10 | C4 |
| 邳州市 | C14 | C24 | C25 | C8 | C26 | C16 | C15 | C27 | C13 | C21 | C12 | C3 | C10 | C4 |
| 新沂市 | C14 | C24 | C25 | C8 | C26 | C16 | C15 | C27 | C13 | C10 | C21 | C3 | C2 | C12 |
| 睢宁县 | C14 | C24 | C25 | C8 | C26 | C16 | C15 | C27 | C13 | C21 | C10 | C3 | C12 | C2 |

# 7.5  煤矿区土地生态环境退化成因与保护对策

## 7.5.1  煤矿区土地生态环境退化成因分析

（1）土地资源过度开发对生态环境破坏

近年来，徐州市城镇建设、工矿企业等占用耕地，导致耕地、林地、草地等面积不断减少，目前，全市人均耕地只有 $682.44\text{m}^2$；人地矛盾日益尖锐，为了养活更多的人口，势必造成滥砍深林、滥垦荒山、围湖造田等掠夺性经营土地，再加之保护措施不够，延续以前的粗放式经营模式，结果加剧了水土流失，山地丘陵开荒，破坏了原有的植被，造成大面积的水土侵蚀，土壤结构不良、贫瘠、土地生态质量下降。

（2）城市化对土地生态环境破坏

随着城市经济的发展，空气污染、水土破坏、自然资源过度开采等问题不可避免的暴露出来，严重影响了土地生态质量，形成生产—破坏—再生产—再破坏的恶循环。当前，城市化建设工程中，废水、废气、固体废弃物已成为城市最突出的三大环境问题，近年来，城市道路扩建，尤其是高速公路建设和轨道交通建设的全面铺开，建筑业蓬勃发展，工地施工日夜不断，大部分工业废渣与生活垃圾在未经处理之前便违规露天堆放等问题加剧了城市土地生态环境的污染与退化。

（3）工矿开发活动对生态环境破坏

徐州矿区煤炭资源开采导致矿区工作面上覆地面塌陷，大量土地的破坏与退化，尤其是耕地显著减少，土地的破坏与退化还使土壤肥力下降、农作物减产、水土流失加剧、土地沙漠化和沙丘活化，大风时灰尘飞扬污染环境，影响农作物生长和人类健康，暴雨时大量泥石流流入河道或水库，污染和淤积水体，影响水利设施的正常使用，增加洪水的危害。水资源的破坏和污染，使矿区区域地质环境恶化，井泉干涸，农田灌溉和人畜饮水（生态用水）带来严重困难。含水层水位的下降，可能引起地面大范围下沉及岩溶塌陷，对土地和建筑物造成损坏。地表水和上部含水层的疏干，使动、植物减少，表土疏松，空气湿度下降，风蚀和水土流失加剧，土壤砂化或土地沙漠化。煤炭开采与加工活动中产生的大量粉尘和排放的二氧化硫、氮氧化物等有害气体，危害岗位工人及矿区群众的身体健康，导致呼吸系统病变，影响动、植物的生存和生长，污染水体、土壤和环境。

### 7.5.2　煤矿区土地生态环境保护对策

（1）矿区污染土壤的治理

要解决好矿区的生态问题，必须先解决土壤的污染问题，目前有的地方采用一种客土排土法。土壤重金属污染大多集中在地表，将其污染层挖出，用无污染的客土覆盖原来的污染层。此方法的弊端在于要耗费大量的劳动力，并且还要寻找到丰富的客土资源，且原来土壤的污染层必须还要找到一个恰当的去处，这远不是解决问题的办法，根本的办法还要从最基本的抓起，立足长远。

改变土壤结构。矿区土壤的表层土大多流失或破坏，其治理的关键首先是维持表土，然后对土壤结构进行改良。实际操作时，可将土表设计成梯田的形状，土表用覆盖物覆盖，减少风蚀，间施有机肥，将土壤初步改造成适宜于某些特殊有抗性的植物生存即可。

改变土壤成分。在有毒的、有重金属离子成分的土壤表层，覆盖一些煤渣等惰性材料，可防止有毒物质向表土迁移，起到稳定作用，然后再施一些污水、污泥、垃圾等，不同程度地降低重金属的浓度，为下一步种植一些耐受型植物打下基础。

种植一些耐受型的自然植物。先不用考虑经济效益，以上经过改良的土壤经过分析测试，只要适合植物生存，就大面积栽植，不管用什么植物先把土壤固定下来。然后再逐步进行品种改良。经专家鉴定：桦树和柳树的一些品种可以耐受铅和锌；柳树和白杨也能从土壤中去除一定量的重金属；一些草本如禾本科和木本豆科的植物均一定程度地对土壤的污染有耐受性，特别是豆科植物不仅具有对重金属的耐受性，并且还能对植物提供有机质的氮源，是用于改良尾矿性质很好的植物选择。我国的植物资源相当丰富，从不同的地区寻找、筛选、繁殖耐受型植物物种，用以恢复不同的植被类型，但选择的物种必须适合当地的气候条件，以乡土物种为宜。通常种植植物与其他方法一同使用，效果会更好。

（2）加强矿区建设的全过程监管

矿区建设、煤炭生产和利用是一项工作量大、工作内容多、周期长、环境影响大的建设和生产项目，这了防治矿区建设、煤炭生产和利用对环境带来的影响，应该事先做好整体规划和选址规划，避开或减轻对环境敏感目标的影响。在进行矿区建设、煤炭生产和利用设计时应该包括环境保护、生态环境影响防治的内容，以达到相应的环境保护或者生态环境影响防治的目标或要求。

进行矿区建设、煤炭生产和利用，在落实开发建设费用的同时，必须落实环保费用。相应的环保工程和措施应该和主体工程同时设计、同时施工、同时投入使用。落头的环保费用应该包括建设和运营期间的防治费用，应该包括或在运营期间提取矿区服务期满后的保护环境的治理费用。减少矿区建设、煤炭生产和利用生态影响的工程措施可以从以下 3 个方面考虑：①方案优化，包括选点、选线、规划环境敏感目标，选择减少资源消耗的方案，采用环境友好的方案，采取环保建设工程如生物通道、生物移植等。②施工方案优化，饰物规范化操作如控制方式作业带，合理安排施工季节、时间次序，改变传统落后的施工组织如"会战"等。③加强工程的环境保护管理，包括加强施工期环境工程监理和队伍管理，加强运行期环境监测与"达标"管理，加强运行期环境建设。在进行矿区建设、煤炭生产和利用环境影响评估时，从环境保护出发考虑替代方案具有很重要的意义，通过替代方案可以使许多敏感的环境保护目标得到有效的保护。替代方案可以有"零方案"、项目总体替代方案、工艺技术替代方案和环保措施替代方案等。

加强煤矿矿区土地复垦和沉陷控制的研究土地复垦和沉陷控制一直是煤矿矿区生态环境保护的重要方面，针对不同矿区的地表、地质和煤炭赋存等应该加强相应的沉陷控制和土地复垦研究、示范和推广工作，使相应的技术科学、规范、经济、实用。除了前述矿区生态保护对策和措施外，为了确保矿区生态保护的有效性还可以采取以下措施：生态监测、生态监理、生态绿化和生态影响补偿。

（3）注重采煤塌陷区复垦、生态重建与景观生态修复

高效复垦与生态重建。由于矿区土地破坏是生态环境恶化的重要原因，因此，高效土地复垦是改善矿区土地生态质量的前提。同时，塌陷地复垦和生态的治理非常复杂，是一个系统工程，需要做好破坏土地的生态环境状况调查与评估，对不同的破坏类型进行生态适宜性分析与规划，因地制宜，挖掘资源潜力，提高土壤肥力质量，使土地复垦与农田改造相结合，农林渔综合复垦与企业生态相结合，经济效益与生态效益相统一的形式。

景观生态修复。生态修复是通过人为措施，使退化的生态系统恢复到能进行自我维持的正常状态，使其能够按照自然规律发展演替。根据研究区生态破坏特点，从构建生态景观的斑块–廊道–基底的角度出发，进行多种景观生态修复。①针对农田生态景观，采用生态农业重建技术为主，地面重塑、土壤修复为辅，采用基底–廊道模式，扩大基底，增加廊道，建立多层次、多结构、多功能的综合生态农业生产系统。②对于水域景观，采用湿地修复技术为主，植被修复为辅，构建湿地生态系统，发展基塘生态农业，通过挖深垫浅形成"基"和"塘"，建立立体的水陆生态互补的景观生态格局。③对于工矿、居住景观，采用生态工业园建设为主，以废弃物综合、循环利用为辅，改善斑块景观格局和生物环境，增强斑块空间变异性和连通性，建立现代化的工业园区和居民生活区。

（4）加大保护生态环境的宣传力度和资金投入

要让民众意识到生态环境的保护的重要性，政府相关部门要加大对于生态环境保护的宣传，充分利用新旧媒体以及地面活动来开展保护生态环境的宣传活动。同时要注意的是，针对国土资源对于保护生态环境作用的宣传活动不仅是针对外部的社会民众，同样也要对政府相关机构的内部员工来开展。甚至还可以组织相关的培训和讲座活动，让相关工作人员充分的了解到如何保护生态环境，这样才能让他们重视起在工作中的生态环境保护意识，让保护生态环境工作不再停留在表面。

进行生态环境保护需要很多资本投入进来。只有拥有了充足的资金，那么才能让生态环境保护工作全面的开展开来，并且引用国外的先进科学技术和理念，让我国的生态环境保护工作得到更好的进行。同时，有了充足的资金，相关的部门和机构能够引入更多的高素质人才，从而开展相关的技术研发工作，全面促进我国生态环境保护工作的开展，在保障社会经济增长的同时，真正的提高我国生态环境的质量，让民众在更加健康的环境中生活。

# 参 考 文 献

边振兴, 刘琳琳, 王秋兵, 等. 2015. 基于 LESA 的城市边缘区永久基本农田划定研究. 资源科学, 37(11): 2172-2178.

陈百明. 1986. 土地分类体系与土地评估问题探讨. 资源科学, (2): 91-96.

陈百明. 2006. 土地资源学. 北京: 北京师范大学出版社.

陈婧, 史培军. 2005. 土地利用功能分类探讨. 北京师范大学学报(自然科学版), 41(5): 536-540.

傅伯杰. 1985. 土地生态系统的特征及其研究的主要方面. 生态学杂志, 4(1): 35-38.

傅伯杰. 2010. 我国生态系统研究的发展趋势与优先领域. 地理研究, 29(3): 383-396.

傅伯杰, 周国逸, 白永飞, 等. 2009. 中国主要陆地生态系统服务功能与生态安全. 地球科学进展, 24(6): 571-576.

李锋, 叶亚平, 宋博文, 王如松. 2011. 城市生态用地的空间结构及其生态系统服务动态演变——以常州市为例. 生态学报, 31(19): 5623-5631.

李文华. 2006. 生态系统服务研究是生态系统评估的核心. 资源科学, 28(4): 4.

李秀霞, 张希. 2011. 基于熵权法的城市化进程中土地生态安全研究. 干旱区资源与环境, 25(09): 13-17.

梁留科, 曹新向, 孙淑英. 2003. 土地生态分类系统研究. 水土保持学报, 17(5): 142-146.

廖兵, 魏康霞, 喻杰, 等. 2012. 基于 GIS 与 RS 的工业园区生态敏感性分析: 以南昌经济技术开发区为例. 江西科学, 30(01): 58-60.

刘凌冰, 李世平. 2014. 西北荒漠化地区土地生态安全评价——以酒泉市为例. 水土保持研究, 219(04): 190-194, 202.

刘树臣, 喻锋. 2009. 国际生态系统管理研究发展趋势. 国土资源情报, 2: 12-17.

刘孝富, 舒俭民, 张林波. 2010. 最小累积阻力模型在城市土地生态适宜性评价中的应用——以厦门为例. 生态学报, 20(02): 421-428.

刘学录, 曹爱霞. 2008. 土地生态功能的特点与保护. 环境科学与管理, 33(10): 54-57.

王静等. 2006. 土地资源遥感监测与评估方法. 北京: 科学出版社.

王静等. 2015. 土地生态管护研究范式及其应用. 北京: 地质出版社.

王静, 郑振源, 邵晓梅. 2012. 中国土地利用变化和可持续发展研究. 北京: 中国财政经济出版社.

王如松, 胡聃, 王祥荣, 唐礼俊. 2004. 城市生态服务. 北京: 气象出版社.

王增. 2011. 区域土地生态系统安全评价: 以河北省武安市为例. 北京: 中国地质大学博士学位论文.

谢高地, 鲁春霞, 成升魁. 2001. 全球生态系统服务价值评估研究进展. 资源科学, 23(6): 5-9.

谢高地, 鲁春霞, 冷允法, 等. 2003. 青藏高原生态资产的价值评估. 自然资源学报, 18(2): 189-192.

于贵瑞. 2001. 略论生态系统管理的科学问题与发展方向. 资源科学, 23(6): 1-4.

于贵瑞, 孙晓敏. 2006. 陆地生态系统通量观测的理论和方法. 北京: 高等教育出版社.

于海霞, 徐礼强, 陈晓宏, 等. 2011. 城市水域生态系统的调控机理及评估模型. 自然资源学报, (10): 1707-1714.

于秀波, 夏少霞, 何洪林, 等. 2010. 鄱阳湖流域主要生态系统服务综合监测评估方法. 资源科学, 32(5): 810-816.

张文柯. 2009. 西安市土地生态安全评价研究. 西安: 西北大学博士学位论文.

赵士洞, 汪业勋. 1997. 生态系统管理的基本问题. 生态学杂志, 16(4): 35-38.

Boyce M S, Haney A. 1997. Ecosystem management: Applications for sustainable forest and wild life resources. New Haven: Yale University Press: 3-37.

Boyd J, Banzhaf S. 2007. What are ecosystem services? The need for standardized environmental accounting units. Ecological Economics, 63(2/3): 616-626.

Carpenter R A. 1995. A consensus among ecologists for ecosystem management. Bulletin of the Ecological Society of America, 76 (3): 161-162.

Chapin F S, Carpenter S R, Kofinas G P, et al. 2009. Ecosystem stewardship: Sustainability strategies for a rapidly changing planet. Trends in Ecology and Evolution, 25(4): 241-249.

Christensen N L, Bartuska A M, Brown J H, et al. 1996. The report of the ecological society of America Committee on the scientific basis for ecosystem management. Ecological Application, 6: 665-691.

Costanza R, D'Arge R, de Groot R, et al. 1997. The value of the world's ecosystem services and natural capital. Nature, 387( 6630): 253-260.

Daliy G. 1997. Nature' services: Societal dependence on natural ecosystem. Washington DC: Island Press.

de Groot R S, Wilson M A, Boumans M R J. 2002. A typology for the classification, description and valuation of ecosystem functions, goods and services. Ecological Economics, 41(3): 393-408.

Losey J E, Vaughan M. 2006. The economic value of ecological services provided by insects. BioScience, 56(4): 311-323.

Millennium Ecosystem Assessment. 2003. Ecosystems and Human Well being: A Framework for Assessment. Washington DC: Island Press.

Millennium Ecosystem Assessment. 2005. Millennium Ecosystem Assessment Synthesis Report. Washington, DC: Island Press.

Pieri C. 1997. Planning of sustainable land management: The hierarchy of user needs. ITC-Journal (Netherlands), (3/4): 223-228.

Pieri C, Dumanski J, Hamblin A, et al. 1995. Land quality indicators. World Bank Discussion Papers: 51.

Stanley T R. 1995. Ecosystem management and the arrogance of humanism. Conservation Biology, 9(2): 255-262.

Vogt K A. 1997. Ecosystems: Balancing science with management. New York: Springer Verlag: 1-470.

Wood C A. 1994. Ecosystem management: Achieving the new land ethic. Renewable Resources Journal, 12: 6-12.

# 附　　录

### 表 1　不同土类有机碳密度（100cm）

| 土类 | 碳密度（kg/m²） | 土类 | 碳密度（kg/m²） | 土类 | 碳密度（kg/m²） | 土类 | 碳密度（kg/m²） |
|---|---|---|---|---|---|---|---|
| 砖红壤 | 9.23 | 灰色森林土 | 29.38 | 石灰（岩）土 | 13.05 | 酸性硫酸盐土 | 27.29 |
| 赤红壤 | 9.15 | 黑钙土 | 16.12 | 火山灰土 | 13.76 | 草原盐土 | 4.15 |
| 红壤 | 9.58 | 栗钙土 | 11.06 | 紫色土 | 5.54 | 碱土 | 5.33 |
| 黄壤 | 10.51 | 栗褐土 | 5.61 | 石质土 | 1.62 | 水稻土 | 11.14 |
| 棕色针叶林土 | 24.74 | 黑垆土 | 8.61 | 粗骨土 | 5.15 | 灌淤土 | 7.21 |
| 漂灰土 | 94.29 | 棕钙土 | 4.25 | 草甸土 | 14.43 | 灌漠土 | 9.52 |
| 黄棕壤 | 13.12 | 灰钙土 | 5.28 | 砂浆黑土 | 7.07 | 草毡土 | 14.79 |
| 黄褐土 | 6.70 | 灰漠土 | 3.60 | 山地草甸土 | 26.91 | 黑毡土 | 18.05 |
| 棕壤 | 12.81 | 灰棕漠土 | 1.53 | 林灌草甸土 | 6.63 | 寒钙土 | 6.08 |
| 暗棕壤 | 18.76 | 棕漠土 | 1.15 | 潮土 | 6.54 | 冷钙土 | 6.20 |
| 白浆土 | 14.00 | 黄绵土 | 3.98 | 沼泽土 | 49.49 | 棕冷钙土 | 6.42 |
| 燥红土 | 9.20 | 红黏土 | 5.30 | 泥炭土 | 146.76 | 寒漠土 | 3.56 |
| 褐土 | 8.25 | 新积土 | 4.67 | 盐土 | 6.36 | 冷漠土 | 1.21 |
| 灰褐土 | 13.38 | 龟裂土 | 3.21 | 漠境盐土 | 5.49 | 寒冻土 | 2.64 |
| 黑土 | 15.42 | 风沙土 | 1.91 | 滨海盐土 | 10.92 | | |

### 表 2　全国各省份土壤微量金属元素背景值（mg/kg）

| 省份 | 砷 As | 镉 Cd | 钴 Co | 铬 Cr | 铜 Cu | 汞 Hg | 镍 Ni | 铅 Pb | 钒 V | 锌 Zn |
|---|---|---|---|---|---|---|---|---|---|---|
| 辽宁 | 8.8 | 0.108 | 17.2 | 57.9 | 19.8 | 0.037 | 25.6 | 21.4 | 82.4 | 63.5 |
| 河北 | 13.6 | 0.094 | 12.4 | 68.3 | 21.8 | 0.036 | 30.8 | 21.5 | 73.2 | 78.4 |
| 山东 | 9.3 | 0.084 | 13.6 | 66.0 | 24.0 | 0.019 | 25.8 | 25.8 | 80.1 | 63.5 |
| 江苏 | 10.0 | 0.126 | 12.6 | 77.8 | 22.3 | 0.289 | 26.7 | 26.2 | 83.4 | 62.6 |
| 浙江 | 9.2 | 0.070 | 13.2 | 52.9 | 17.6 | 0.086 | 24.6 | 23.7 | 69.3 | 70.6 |
| 福建 | 6.3 | 0.074 | 8.8 | 44.0 | 22.8 | 0.093 | 18.2 | 41.3 | 79.5 | 86.1 |
| 广东 | 8.9 | 0.056 | 7.0 | 50.5 | 17.0 | 0.078 | 14.4 | 36.0 | 65.3 | 47.3 |
| 广西 | 20.5 | 0.267 | 10.4 | 82.1 | 27.8 | 0.152 | 26.6 | 24.0 | 129.9 | 75.6 |
| 黑龙江 | 7.3 | 0.086 | 11.9 | 58.6 | 20.0 | 0.037 | 22.8 | 24.2 | 81.9 | 70.7 |
| 吉林 | 8.0 | 0.099 | 11.9 | 46.7 | 17.1 | 0.037 | 21.4 | 28.8 | 68.0 | 80.4 |

续表

| 省份 | 砷 As | 镉 Cd | 钴 Co | 铬 Cr | 铜 Cu | 汞 Hg | 镍 Ni | 铅 Pb | 钒 V | 锌 Zn |
|------|-------|-------|-------|-------|-------|-------|-------|-------|------|-------|
| 内蒙古 | 7.5 | 0.053 | 10.3 | 41.4 | 14.4 | 0.040 | 19.5 | 17.2 | 51.1 | 59.1 |
| 山西 | 9.8 | 0.128 | 9.9 | 61.8 | 26.9 | 0.027 | 32.0 | 15.8 | 68.3 | 75.5 |
| 河南 | 11.4 | 0.074 | 10.0 | 63.8 | 19.7 | 0.034 | 26.7 | 19.6 | 94.2 | 60.1 |
| 安徽 | 9.0 | 0.097 | 16.3 | 66.5 | 20.4 | 0.033 | 29.8 | 26.6 | 98.2 | 62.0 |
| 江西 | 14.9 | 0.108 | 11.5 | 45.9 | 20.3 | 0.084 | 18.9 | 32.3 | 95.8 | 69.4 |
| 湖北 | 12.3 | 0.172 | 15.4 | 86.0 | 30.7 | 0.080 | 37.3 | 26.7 | 110.2 | 83.6 |
| 湖南 | 15.7 | 0.126 | 14.6 | 71.4 | 27.3 | 0.116 | 31.9 | 29.7 | 105.4 | 94.4 |
| 陕西 | 11.1 | 0.094 | 10.6 | 62.5 | 21.4 | 0.030 | 28.8 | 21.4 | 66.9 | 69.4 |
| 四川 | 10.4 | 0.079 | 17.6 | 79.0 | 31.1 | 0.061 | 32.6 | 30.9 | 96.0 | 86.5 |
| 贵州 | 20.0 | 0.659 | 19.2 | 95.9 | 32.0 | 0.110 | 39.1 | 35.2 | 138.8 | 99.5 |
| 云南 | 18.4 | 0.218 | 17.5 | 65.2 | 46.3 | 0.058 | 42.5 | 40.6 | 154.9 | 89.7 |
| 宁夏 | 11.9 | 0.112 | 11.5 | 60.0 | 22.1 | 0.021 | 36.5 | 20.6 | 75.1 | 58.8 |
| 甘肃 | 12.6 | 0.116 | 12.6 | 70.0 | 24.1 | 0.020 | 35.2 | 18.8 | 81.9 | 68.5 |
| 青海 | 14.0 | 0.137 | 10.1 | 70.1 | 22.2 | 0.020 | 29.6 | 20.9 | 71.8 | 80.3 |
| 新疆 | 11.2 | 0.120 | 15.9 | 49.3 | 26.7 | 0.017 | 26.6 | 19.4 | 74.9 | 68.8 |
| 西藏 | 19.7 | 0.081 | 11.8 | 76.6 | 21.9 | 0.024 | 32.1 | 29.1 | 76.6 | 74.0 |
| 北京 | 9.7 | 0.074 | 15.6 | 68.1 | 23.6 | 0.069 | 29.0 | 25.4 | 79.2 | 102.6 |
| 天津 | 9.6 | 0.090 | 13.6 | 84.2 | 28.8 | 0.084 | 33.3 | 21.0 | 85.2 | 79.3 |
| 上海 | 9.1 | 0.138 | 12.4 | 70.2 | 27.2 | 0.095 | 29.9 | 25.0 | 89.7 | 81.3 |

资料来源：国家环境保护局，中国环境监测总站. 中国土壤元素背景值. 北京：中国环境科学出版社，1990

**表3　中华人民共和国国家标准《土壤环境质量标准》（GB 15618—1995）（mg/kg）**

| | | 一级 | 二级 | | | 三级 |
|---|---|------|---------|-----------|---------|------|
| | | | pH<6.5 | pH 6.5～7.5 | pH>7.5 | |
| Cd | | 0.20 | 0.30 | 0.30 | 0.60 | 1.00 |
| Hg | | 0.15 | 0.30 | 0.30 | 1.00 | 1.50 |
| As | 水田 | 15 | 30 | 25 | 20 | 30 |
| | 旱田 | 15 | 40 | 30 | 25 | 40 |
| Cu | 农田 | 35 | 50 | 100 | 100 | 400 |
| | 果园 | 35 | 150 | 200 | 200 | 400 |
| Pb | | 35 | 250 | 300 | 350 | 500 |
| Cr | 水田 | 90 | 250 | 300 | 350 | 400 |
| | 旱田 | 90 | 150 | 200 | 250 | 300 |
| Zn | | 100 | 400 | 250 | 300 | 500 |
| Ni | | 40 | 40 | 50 | 60 | 200 |

**表 4　《全国土壤污染状况评价技术规定》（环发[2008]39号）中土壤环境质量评价标准值（mg/kg）**

| | | 耕地、草地、未利用地 | | | 林地 |
|---|---|---|---|---|---|
| | | pH<6.5 | pH 6.5～7.5 | pH>7.5 | |
| Cd | | 0.30 | 0.30 | 0.60 | 1.00 |
| Hg | | 0.30 | 0.30 | 1.00 | 1.50 |
| As | 旱地 | 40 | 30 | 25 | 40 |
| | 水田 | 30 | 25 | 20 | |
| Cu | | 50 | 100 | 100 | 400 |
| Pb | | 80 | 80 | 80 | 100 |
| Cr | 旱地 | 150 | 200 | 250 | 400 |
| | 水田 | 250 | 300 | 350 | |
| Zn | | 400 | 250 | 300 | 500 |
| Ni | | 40 | 50 | 60 | 200 |

**表 5　区域土地生态状况质量综合评估元指标获取与计算方法**

| 评估指标 | 获取办法及计算方式 |
|---|---|
| 高等级耕地比例 | 各村镇无污染高等级耕地面积/各村镇总面积×100%<br>（无污染高等级指无污染和轻度污染土壤中的1、2、3等级耕地） |
| 有林地和防护林比例 | （各村镇有林地面积+防护林面积）/各村镇总面积×100% |
| 天然草地比例 | 各村镇天然草地面积/各村镇总面积×100% |
| 城镇建设用地比例 | 各村镇城镇建设用地/各村镇总面积×100% |
| 土地利用类型多样性指数 | $$H = -\sum_{i=1}^{m}(P_i)\cdot\log(P_i)$$式中，$H$ 为土地利用类型多样性指数；$P_i$ 为土地利用类型 $i$ 所占比例；$m$ 为土地利用类型的数目 |
| 土地利用格局多样性指数 | $$H(b) = -\sum_{i=1}^{m}(PE_i)\cdot\log(PE_i)$$式中，$H(b)$ 为土地利用格局多样性指数；$PE_i$ 为土地利用地块 $i$ 的边界累积长度占土地利用地块边界总长度的比例；$m$ 为土地利用地块的数目 |
| 人口密度 | 各村镇（评估单元）人口/村镇（评估单元）土地总面积 |
| 容积率 | 引用城镇地籍调查数据 |
| 生态基础设施用地比例 | 各村镇生态基础设施用地面积/各村镇总面积×100%<br>（生态基础设施用地包括湿地、水域、排洪用地、废物处理用地水源地保护区、自然保护核心区、风景旅游保护核心区面积） |
| 土壤综合污染指数 | $\{[(平均单项污染指数)^2+(最大单项污染指数)^2]/2\}^{1/2}$<br>土壤单项污染物污染指数=土壤中该类污染物的实测浓度/土壤中该污染物的评价标准 |

| 评估指标 | 获取办法及计算方式 |
|---|---|
| 土壤污染总面积比例 | （重度土壤污染面积+中度土壤污染面积+轻度土壤污染面积）/总面积×100% |
| 挖损、塌陷、压占土地比例 | 各村镇挖损、塌陷、压占土地面积/各村镇总面积×100% |
| 自然灾毁土地比例 | （重度灾毁土地面积+中度灾毁土地面积+轻度灾毁土地面积）/总面积×100% |
| 耕地年均退化率 | 各村镇基期年前三年（包括基期年）平均减少率<br>当年减少率=[(耕地→沙地)+(耕地→盐碱地)+(耕地→其他草地)+(耕地→裸土地)]<sub>年内转换面积</sub>/上一年耕地总面积×100% |
| 林地年均退化率 | 各村镇基期年前三年(包括基期年)平均减少率<br>当年减少率=[(林地→沙地)+(林地→盐碱地)+(林地→其他草地)+(林地→裸土地)] <sub>年内转换面积</sub>/上一年林地总面积×100% |
| 草地年均退化率 | 各村镇基期年前三年(包括基期年)平均减少率<br>当年减少率=[(草地→沙地)+(草地→盐碱地)+(草地→其他草地)+(草地→裸土地)] <sub>年内转换面积</sub>/上一年林地总面积×100% |
| 湿地年均减少率 | 各村镇基期年前三年(包括基期年)平均减少率<br>当年减少率=[(沼泽地→其他用地)+(苇地→其他用地)+(滩涂→其他用地)] <sub>年内转换面积</sub>/上一年湿地总面积×100% |
| 水域年均减少率 | 各村镇基期年前三年(包括基期年)平均减少率<br>当年减少率= [(河流→其他用地)+(湖泊→其他用地)] <sub>年内转换面积</sub>/上一年水域总面积×100% |
| 污染或退化土地治理与修复年均比例 | 各村镇基期年前三年(包括基期年)平均比例<br>当年比例=[(污染土地治理与修复面积+退化土地治理与修复面积)] /上一年污染或退化土地总面积×100% |
| 生态退耕年均比例 | 各村镇基期年前三年(包括基期年)平均比例<br>生态退耕比例=>25°耕地退耕为林地和草地面积/耕地总面积×100% |
| 湿地年均增长率 | 各村镇基期年前三年(包括基期年)平均增加率<br>当年增加率=[(其他用地→沼泽地)+(其他用地→苇地)+(其他用地→滩涂)] <sub>年内转换面积</sub>/上一年湿地总面积×100% |
| 损毁土地再利用与恢复年均比例 | 各村镇基期年前三年(包括基期年)平均比例<br>当年比例=[(损毁土地→耕地、林地和草地)+(损毁土地→人造湖、水面等)+(损毁土地→绿地、公园等)] <sub>年内转换面积</sub>/上一年损毁土地总面积×100% |
| 生态基础设施建设与保护比例 | 各村镇基期年前三年（包括基期年）平均比例<br>当年比例=(新增生态基础设施用地面积+实施保护措施生态基础设施用地面积)/生态基础设施用地总面积×100% |
| 区域水环境质量指数 | 引用各省/市/县引用环保局公布数据和标准 |
| 区域 PM<sub>2.5</sub> 监测无污染天数 | 各省/市/县 PM<sub>2.5</sub> 监测年均无污染天数 |
| 人口与生态用地增长弹性系数 | 各村镇基期年前三年（包括基期年）总人口三年平均增长幅度/同期各村镇生态用地三年平均增长幅度 |
| 人口与生态用地增长贡献度 | 各村镇 [基期年前三年（包括基期年）总人口三年平均增长量/全部评价单元总人口三年平均增长量] /（同期各村镇生态用地三年平均增长量/全部评价单元总生态用地三年平均增长量） |

续表

| 评估指标 | 获取办法及计算方式 |
|---|---|
| 地区生产总值与生态用地增长弹性系数 | 各村镇基期年前三年（包括基期年）地区生产总值三年平均增长幅度/同期各村镇生态用地三年年均增长幅度 |
| 地区生产总值与生态用地增长贡献度 | 各村镇［基期年前三年（包括基期年）地区生产总值三年平均增长量/全部评价单元总人口三年平均增长量］/（同期各村镇生态用地三年平均增长量/全部评价单元总生态用地三年平均增长量） |
| 水体污染面积比例 | （重度污染水体面积+中度污染水体面积+轻度污染水体面积）/总面积×100% |
| 土地沉降面积比例 | 各村镇沉降土地面积/各村镇土地总面积×100% |
| 林网化比例 | 各村镇林网面积/各村镇土地总面积×100% |
| 土壤盐碱化面积比例 | （重度盐碱化土地面积+中度盐碱化土地面积+轻度盐碱化土地面积）/土地总面积×100% |
| 高风险地质灾害面积比例 | 各村镇高风险地质灾害面积/各村镇土地总面积×100% |
| 防护林面积比例 | 各村镇防护林面积/各村镇土地总面积×100% |
| 土地沙化面积比例 | （重度沙化土地面积+中度沙化土地面积+轻度沙化土地面积）/土地总面积×100% |

### 表6　城镇土地生态状况质量综合评估元指标获取与计算方法

| 元指标 | 获取办法及计算方式 |
|---|---|
| 城市用地类型 | 自然水域、沼泽、公园绿地、防护绿地等类型：赋值3；<br>耕地、林地、草地，水库，坑塘沟渠等类型：赋值2；<br>城乡用地中建设用地等类型：赋值0 |
| 城市非渗透地表 | 城市非渗透地表：赋值0；<br>非城市非渗透地表：赋值1 |
| 人口密度 | 各街道（村镇）人口/街道（村镇）土地总面积 |
| 容积率 | 引用城镇地籍调查数据 |
| 植被覆盖度 | 区域内植物垂直投影面积/总面积×100% |
| 年均降水量-蒸散量 | 基期年前三年（包含基期年）年均降水量，引用气象部门已有数据。非常湿润：降水量>1600mm；湿润：降水量 800～1600mm；半湿润：降水量 400～800mm；半干旱：降水量 200～400mm；干旱：降水量 50～200mm；极干旱：降水量<50mm |
| 水资源丰度 | 单位面积内的水资源量，引用《中国三级流域水资源分布图》每个流域区内的水资源丰度（单位：万 $m^3/km^2$），如果评估单元位于一个流域区内，则直接取该流域区的水资源丰度为该评价单元的丰度值；如果该评估单元跨多个流域区，则用各流域区所占该评估单元的面积加权计算。丰水：>50 万 $m^3/km^2$，平水：20 万～50 万 $m^3/km^2$，少水：5 万～20 万 $m^3/km^2$，贫水：<5 万 $m^3/km^2$ |
| 城市生态基础设施用地重要性等级 | 极重要：赋值5；中等重要：赋值3；重要：赋值1；不重要：赋值0 |
| 土壤典型污染物污染指数 | 土壤中 Hg、挥发性有机污染物等典型污染物污染指数，pH 值的实测浓度/土壤中该污染物的评价标准 |

| 元指标 | 获取办法及计算方式 |
| --- | --- |
| 土地挖损、塌陷、压占程度 | 严重受损：土地挖损、塌陷、压占严重，赋值-3；<br>中度受损：土地挖损、塌陷、压占程度中等，赋值-2；<br>轻度或无受损：轻度或无土地挖损、塌陷、压占现象，赋值 0 |
| 土地自然灾毁程度 | 严重受损：重度灾毁土地，赋值-3；<br>中度受损：中度灾毁土地，赋值-2；<br>轻度或无受损：轻度或无灾毁现象，赋值 0 |
| 污染土地治理与修复程度 | 已污染土地实施治理与修复措施：赋值 1；<br>已污染土地未实施治理与修复措施：赋值 0 |
| 城市绿地、湿地、水面增加程度 | 其他土地转变为湿地、水域：赋值 1；<br>未变化：赋值 0 |
| 损毁土地再利用与恢复程度 | 已损毁土地实施再利用与恢复措施：赋值 1；<br>已损毁土地未实施利用与恢复措施：赋值 0 |
| 城市生态基础设施用地保护程度 | 生态基础设施用地被占用：赋值-3；<br>新增生态基础设施用地：赋值 1；<br>生态基础设施实施保护措施：赋值 0.5 |
| 城市水环境质量指数 | 引用环保局公布数据和标准 |
| 城市空气质量指数 | $PM_{2.5}$ 监测无污染天数，引用监测城市环保局 $PM_{2.5}$ 各监测点无污染天数 |

# 彩　　图

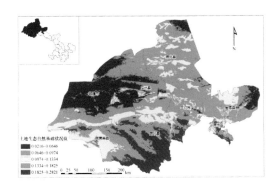

图 2-2　酒泉市土地生态自然基础状况图

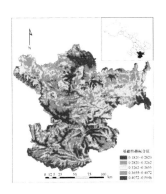

图 2-3　陇南市土地生态状况基础性指标准则层评估图

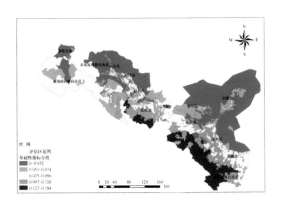

图 2-4　河西走廊土地生态状况基础性
指标准则层评估图

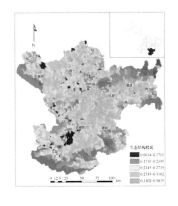

图 2-6　陇南市土地生态结构状况准则层评估图

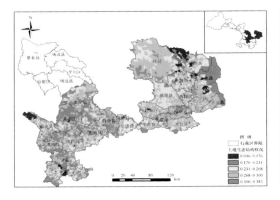

图 2-7　陇东陇中黄土高原地区土地生态结构状况
准则层评估图

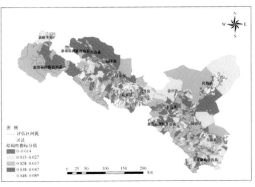

图 2-8　河西走廊土地生态状况结构性指标
准则层评估图

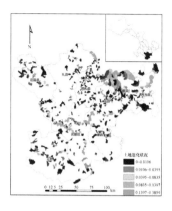

图 2-10　陇南市土地退化指标

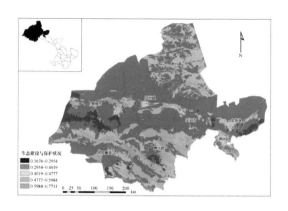

图 2-12　酒泉市生态建设与保护综合效应
准则层评估图

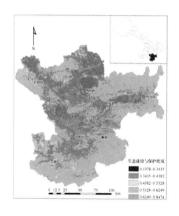

图 2-13　陇南市生态建设与保护综合效应
准则层评估图

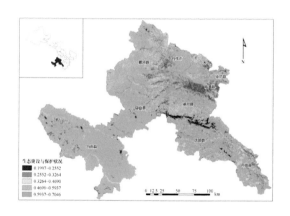

图 2-14　甘南州生态建设与保护综合效应
准则层评估图

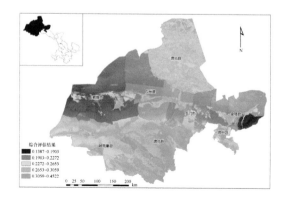

图 2-21　酒泉市土地生态状况质量综合评估图

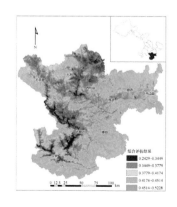

图 2-22　陇南市土地生态状况质量综合评估图

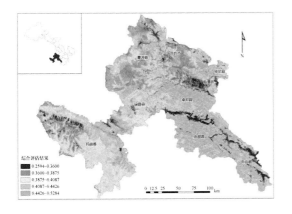

图 2-23 甘南州土地生态状况质量综合评估图

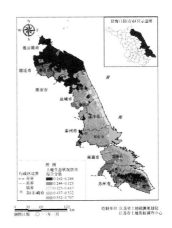

图 3-1 沿海地区土地生态状况质量综合评估图

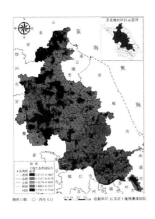

图 3-5 苏北地区土地生态状况质量综合评估图

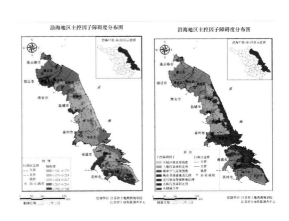

图 3-7 沿海地区障碍因子和障碍度分布图

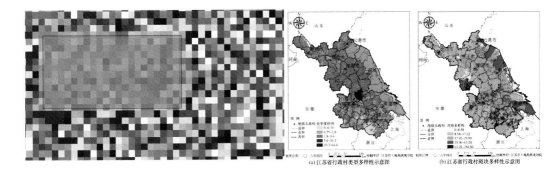

图 3-12 裁剪不对齐示意图

图 3-18 江苏省土地利用类型多样性指数与斑块多样性指数空间分布图

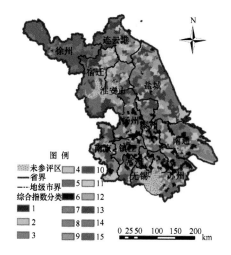

图 3-26　土地生态综合状况的等级分布

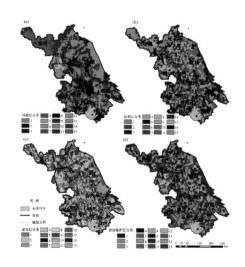

图 3-28　各准则层土地生态状况的等级分布

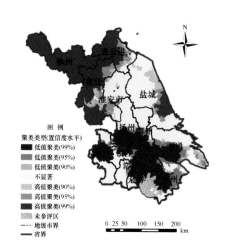

图 3-32　土地生态综合状况的热点分析

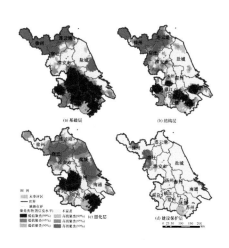

图 3-33　各准则层土地生态状况的热点分析

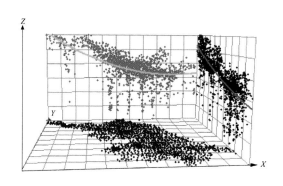

图 3-38　土地生态状况的趋势分析

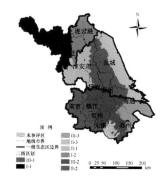

图 3-43　土地生态二级区划

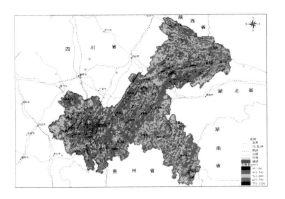

图 4-2　西南山区生态敏感区土地生态状况调查与
评估平衡后生物量分布图

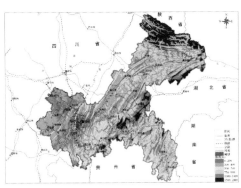

图 4-6　西南山区生态敏感区土地生态状况
调查与评估海拔图

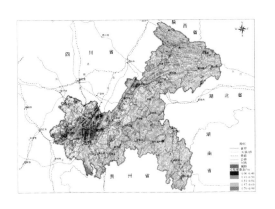

图 4-8　西南山区生态敏感区土地生态状况调查与
评估平衡后植被覆盖度分布图

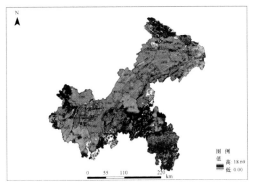

图 4-9　平衡前土壤有机质含量

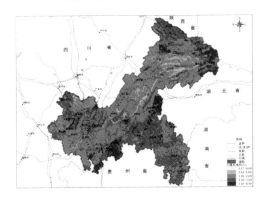

图 4-11　西南山区生态敏感区土地生态状况调查
与评估平衡后土壤有机质分布图

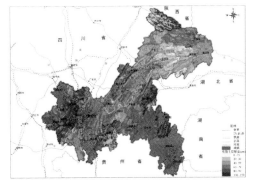

图 4-12　西南山区生态敏感区土地生态状况调查
与评估平衡后有效土层厚度分布图

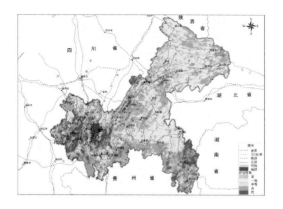

图4-29 区域土地生态状况质量综合评估结果图

图4-30 重庆市主城区城镇土地生态质量状况
综合评估结果图

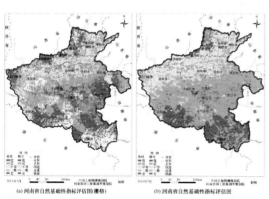

图5-9 河南省自然基础性指标评估值

图5-16 河南省土地生态状况结构性指标评估图

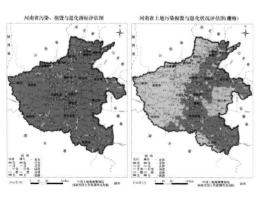

图5-20 河南省土地污染、损毁、退化状况评估值

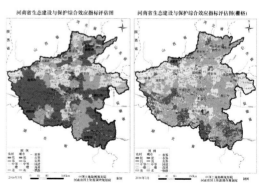

图5-23 河南省生态建设与保护综合效应评估值

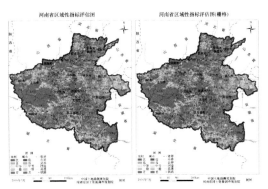
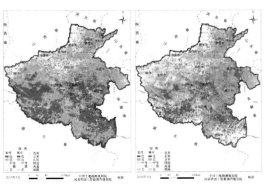

图 5-26　河南省区域性指标评估图　　　　图 5-27　河南省土地生态状况质量综合评估图

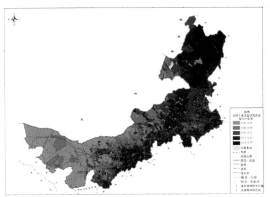
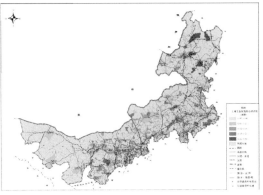

图 6-8　内蒙古自治区土地生态状况质量综合　　图 6-15　内蒙古自治区土地生态状况综合评估
　　　　　　评估结果分布图　　　　　　　　　　　　结果分布图（城镇）

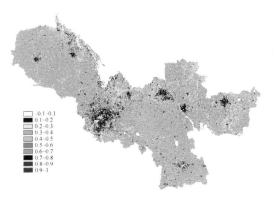
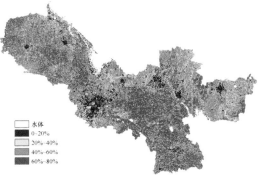

图 7-7　徐州市植被覆盖度分布图　　　　　　图 7-8　徐州市植被覆盖分级图

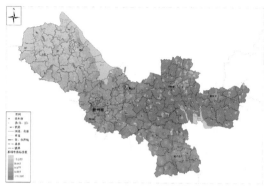

图 7-18　徐州市土地生态基础性指标评估结果

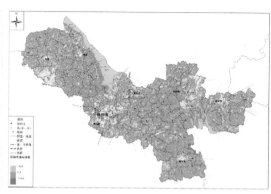

图 7-19　徐州市土地生态结构性指标评估结果

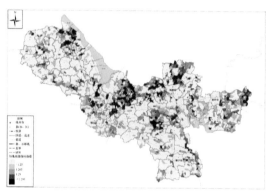

图 7-20　徐州市土地污染损毁指标评估结果

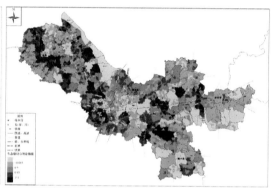

图 7-21　徐州市土地生态建设与效益指标评估结果

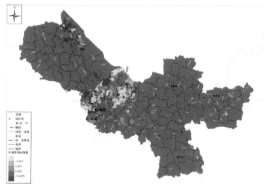

图 7-22　徐州市土地生态区域性指标评估结果

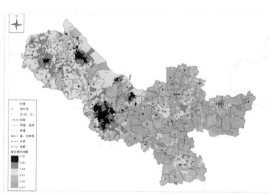

图 7-23　徐州市土地生态质量综合值分布图